新材料领域普通高等教育系列教材
新能源材料与器件教学丛书
科学出版社"十四五"普通高等教育本科规划教材

新能源材料基因工程与应用导论

陈人杰　郁亚娟　郭兴明　编著

科　学　出　版　社
北　京

内 容 简 介

本书主要以材料基因工程理论为核心，按照"理论→工具→应用"的逻辑顺序，对新能源材料基因工程相关知识进行介绍。全书内容包括三部分：第一部分，材料基因工程的理论基础，主要是第 0~5 章，包括新能源材料，环境友好材料，材料设计和模拟计算，材料基因工程的发展、理论和方法等内容；第二部分，材料基因工程的计算工具，主要是第 6 章，包括应用于材料科学研究与设计开发的相关计算软件等内容；第三部分，新能源材料基因工程计算实例，主要是第 7~10 章，包括二次电池材料计算研究实例、氢能及燃料电池材料计算研究实例、太阳电池材料计算研究实例、生物质材料计算研究实例等内容。

本书可作为新能源材料与器件专业本科生及研究生教材，也可作为材料类、能源类、环境类等相关专业的参考书。本书还可供从事材料研究、生产和使用的科研人员和工程技术人员参考使用。

图书在版编目（CIP）数据

新能源材料基因工程与应用导论 / 陈人杰，郁亚娟，郭兴明编著. -- 北京：科学出版社，2024. 9. -- （新材料领域普通高等教育系列教材）（新能源材料与器件教学丛书）（科学出版社"十四五"普通高等教育本科规划教材）. -- ISBN 978-7-03-079458-1

Ⅰ. TK01

中国国家版本馆 CIP 数据核字第 2024DN4745 号

责任编辑：侯晓敏　陈雅娴　李丽娇 / 责任校对：杨　赛
责任印制：张　伟 / 封面设计：无极书装

科　学　出　版　社　出版
北京东黄城根北街 16 号
邮政编码：100717
http://www.sciencep.com

三河市骏杰印刷有限公司印刷
科学出版社发行　各地新华书店经销
*
2024 年 9 月第　一　版　开本：787×1092　1/16
2024 年 9 月第一次印刷　印张：18 1/2
字数：450 000

定价：75.00 元
（如有印装质量问题，我社负责调换）

丛 书 序

材料是人类社会发展的里程碑和现代化的先导，见证了从石器时代到信息时代的跨越。进入新时代以来，新材料领域的发展可谓日新月异、波澜壮阔，低维、高熵、量子、拓扑、异构、超结构等新概念层出不穷，飞秒、增材、三维原子探针、双球差等加工与表征手段迅速普及，超轻、超强、高韧、轻质耐热、高温超导等高新性能不断涌现，为相关领域的科技创新注入了源源不断的活力。

在此背景下，为满足新材料领域对于立德树人的"新"要求，我们精心编撰了这套"新材料领域普通高等教育系列教材"，内容涵盖了"纳米材料""功能材料""新能源材料"以及"材料设计与评价"等板块，旨在为高端装备关键核心材料、信息能源功能材料领域的广大学子和材料工作者提供一套体现时代精神、融汇产学共识、凸显数字赋能的专业教材。

我们邀请了来自南京理工大学、北京理工大学、北京科技大学、中南大学、东南大学等多所高校的知名学者组成了优势教研团队，依托虚拟教研室平台，共同参与编写。他们不仅具有深厚的学术造诣、先进的教育理念，还对新材料产业的发展保持着敏锐的洞察力，在解决新材料领域"卡脖子"难题方面有着成功的经验。不同学科学者的参与，使得本系列教材融合了材料学、物理学、化学、工程学、计算科学等多个学科的理论与实践，能够为读者提供更加深厚的学科底蕴和更加宽广的学术视野。

我们希望，本系列教材能助力广大学子探索新材料领域的广阔天地，为推动我国新材料领域的研究与新材料产业的发展贡献一份力量。

陈光

2024 年 8 月于南京

前　言

　　材料基因组技术融合了材料科学、理论化学、信息科学、先进实验方法等，是材料科学与工程领域的新理念、新方法和最前沿技术，是新能源材料专业研究生培养中的重要方向。以新能源为主体，进行材料-化学-信息多学科交叉融合教育和教学素材的构建，是综合提升能源与环境材料学科方向的本科生、研究生教学质量的必要探索。

　　本书的编著初衷是希望通过对新能源材料和环境材料、材料基因工程等学科方向的融合、交汇，编著出一本适宜于新能源材料与器件、材料科学与工程等专业学生的教材，旨在为我国材料基因工程培养更多的人才而作出贡献。本书涉及的知识内容较多，读者可根据实际需求灵活选取内容进行阅读。

　　材料创新是解决当前我国国民经济和社会生活面临的诸多"卡脖子"技术的关键所在，要解决我国当前面临的国防、航空、新能源开发等领域的重大科技问题，各项新型材料的研发是不可或缺的。阻碍材料学发展的一个很重要的因素是信息缺乏，导致即使在理想条件下也难以制备出满足性能指标的材料样品。从材料研发的整体看，我们仍需大量反复实验，这种"试错实验"的过程极度烦琐，而且耗时较长。因此，材料模拟、仿真、计算就显得尤为重要。

　　"材料基因工程"这一概念相对较新，这一学科涉及的不仅是材料科学与工程这一个专业，而是应该联合有关计算机技术，以及理论化学与计算等，开展多学科联合、跨学科融通的教学科研工作。目前，我国尚未有专门针对"材料基因工程"的教材或专著出版，因此我们尝试开展聚焦新能源材料基因工程的材料-化学-信息多学科交叉融合教材的撰写，这是解决我国材料基因工程领域人才培养问题的一种有意义的尝试。

　　在这样的教学科研背景下，本书从材料基因工程的理论基础、材料基因工程的计算工具、材料基因工程计算实例等三个方面，分别开展论述，以使读者充分理解材料基因工程的理论、工具和应用。

　　在编著过程中，为了满足新时代教学需求，我们努力在以下方面开展了创新实践：

　　（1）按照"理论→工具→应用"的逻辑顺序，将本书分为三大部分。第一部分（第0～5章）介绍新能源材料基因工程的理论基础；第二部分（第6章）介绍新能源材料基因工程的软件和工具；第三部分（第7～10章）介绍新能源材料基因工程的实例应用。

　　（2）为适应不同学科和学习层次的需求，本书采用"定义阐释""典型案例"等多种形式，提供丰富多彩的学习资料，能够激发读者的学习兴趣。

　　（3）本书对各类储能形式的原理进行了全面阐述，描绘原理图，提升书籍的可读性和趣味性。

　　（4）本书配套数字化资源，如重要知识点讲解视频、反应机理彩图、器件结构彩图等，方便读者更好地辨析，还包括课后题答案，读者可以扫描书中二维码获取。

　　本书编写分工为北京理工大学的陈人杰，负责设计提纲、组织撰写和统稿，北京理工大学的郁亚娟和郭兴明参与编写、修改及整理数字资源等工作。作者的研究生在文献查阅、数据整理、图表绘制、书稿校对等方面也做了很多细致认真的辅助性工作，他们是张之琦、余恺昕、李茜、梁耀辉、孙雯、刘子欣、杜嘉豪、吕晓伟、黄清荣、常泽宇、刘子仪、余佩雯、梅杨、刘成财、孟倩倩、伍泓宇、张晓东、林娇、张凤玲、胡正强、侯丽娟、胡凯凯、张喜雪、周安彬、徐李倩昀、温子越、王辉荣、方迪凡、刘毓皓、杨斌斌、王珂、严瑾、代中盛、胡昕、周驰东等。编著本书时，编者参考和引用了一些学者的期刊文章、书籍等，在此表示诚挚的谢意。

　　由于编者学识水平有限，书中难免有疏漏和欠妥之处，敬请读者批评指正。

陈人杰

2024 年 1 月 16 日

目　　录

第0章

绪　论

>>> **学习目标导航**

➢ 了解能源材料与人类文明之间的关系；
➢ 了解尺度之间的关系，认识材料设计中涉及的尺度；
➢ 了解和认识能源材料、新能源材料；
➢ 学习和认识材料基因工程。

0.1　能源材料与人类文明

能源材料，顾名思义，是与能源有关的材料，具体指能够应用于能源工业以及能源技术的材料。众所周知，能源是人类社会发展的基础，与人类文明息息相关。作为与能源相关的材料，能源材料在人类文明发展与进步过程中发挥着不可忽视的作用。在材料发展过程中，存在"新材料"与"旧材料"，二者的不同是相对而言的。曾经的材料也是当时的新材料，现在所有的新材料也都将成为旧材料。人们对材料的认识经历了发现、改进、发明、应用、再改进等几个阶段。在漫长的历史推进中，人类逐渐学会了发明新材料，使之最大限度地发挥人类想要的性能。

在社会发展过程中，人类对能源材料的利用是分阶段进行的。人类出现的早期就在不自觉地利用能源。例如，通过吃各种食物来满足生存的基本需求，其实就是利用蕴涵在食物中的生物能；在阳光下取暖，就是利用太阳光的热能。除此以外，人类发展史上的一大飞跃是对火的利用。同时，人类还靠人力、畜力以及来自太阳、风和水的动力从事生产活动，逐步发展了农业文明。

随着人类文明的向前发展，人类开始了对化石能源的使用。在中国汉代时期，就出现用煤炼铁。利用这种在当时称得上是先进的能源，人们发明了炼铁技术，使人类在制造工具方面又显著地前进了一步，伴随着纺织、造纸等技术的兴起，人类的农业文明得到了显著的发展。在此之后，人类迎来了化石能源的第二次大规模利用，在这个过程中，有三个标志性事件：一是蒸汽机的出现；二是内燃机的出现；三是电能的利用。这三个标志性事件的出现也促进了科技进步。图 0-1 是人类社会的四次工业革命的发展历程。在这四次工业革命中，能源材料也发生相应的变化，并为相应的工业革命提供了支撑。

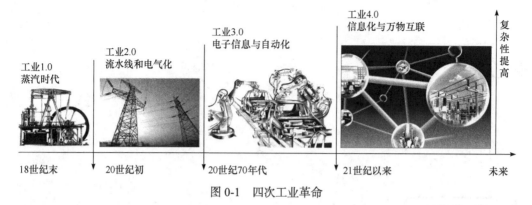

图 0-1　四次工业革命

0.2　宏观宇宙尺度与微观世界尺度

人类生活的空间具有从微观到宏观的不同尺度。图 0-2 展示了从 1m 开始，然后按照 10 的乘方增加，直至无限的宏观世界影像。

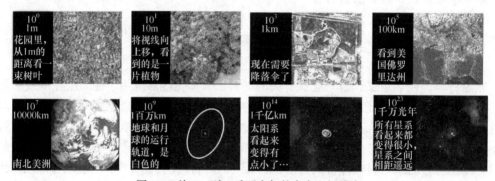

图 0-2　从 1m 到 1 千万光年的宇宙空间维度

在宏观旅行完毕后，继续以 10 的乘方减少旅行距离，直至神奇的微观世界。表 0-1 展示了材料设计的空间尺度。在微观的世界里，世间万物都是由原子组成的，原子是由质子、中子、电子组成的，原子由夸克组成。头发直径大约是 0.05mm，而当前最常使用的单位是纳米（nm），其尺度相当于 1 根头发径向的五万分之一。在 1nm 的长度上，只能排列几个原子。图 0-3 展示了从 1m 到 10^{-10}m 的空间尺度变化。

表 0-1　材料设计的空间尺度

空间尺度/m	模拟方法	典型应用
$10^{-12} \sim 10^{-8}$	第一性原理及分子动力学	晶体结构、能量、晶格缺陷、动力学特征
$10^{-10} \sim 10^{-6}$	分子动力学	晶格缺陷、离子输运动力学
$10^{-10} \sim 10^{-3}$	蒙特卡罗模拟	热力学、扩散动力学
$10^{-10} \sim 10^{-6}$	分子力场模拟	热力学性质
$10^{-9} \sim 10^{-3}$	相场方法	凝固、相变、沉淀相变
$10^{-6} \sim 10^{0}$	有限元方法	微结构力学、凝固过程

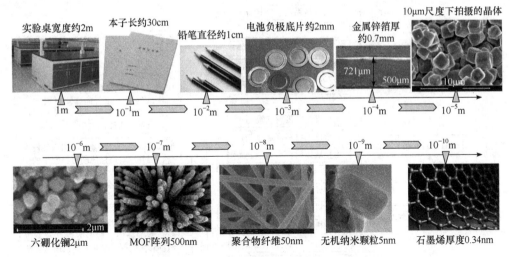

图 0-3 从 1m 到 10^{-10}m 的微观空间尺度示意图

0.3 能源材料、新能源材料与环境材料

广义地说，凡是能源工业及能源技术所需的材料都可称为能源材料（energy material）。目前，能源材料可按化学、物理性能分类，可按结晶形态或按功能特性分类，也可按用途分类。

新能源材料（new energy material）属于功能材料，可在新能源发展过程中提供支撑，可对能量进行储存和转换。本书所研究的主要新能源材料以电池为代表，包括各种类型的二次电池、燃料电池、太阳电池和储备电池。

环境材料（eco-material，environmental conscious material 或 ecological material）即与环境相关的材料，具体是指在与环境相关的场景下，具有良好的使用性能、污染小、资料消耗少，对环境的改善具有促进作用的材料。对环境材料的研究分为理论研究和实用研究两大部分。

0.4 材料基因工程

传统材料研究以大量的材料制备为中心，强调经验积累，具有被动的性能表征，通过经验与不断地循环试错而提高性能。2019 年，美国提出了材料基因组计划，其目标是提高企业发现、开发、生产和应用先进材料的速度。

材料基因工程（material genetic engineering，MGE）（图 0-4）是通过高通量的第一性原理计算，结合已获得的实验数据，用计算模拟方法去尝试尽可能多的各种材料，建立其化学组分、晶体结构和各种物性的数据库；利用统计学和信息学方法，通过研究探寻材料结构和性能之间的关系模式。在此基础上，为材料设计师提供更多的信息，包括拓宽材料筛选范围，减少筛选尝试次数，集中筛选目标，预知材料各项性能，缩短性质优化和测试周期，从而加速材料研究的创新。

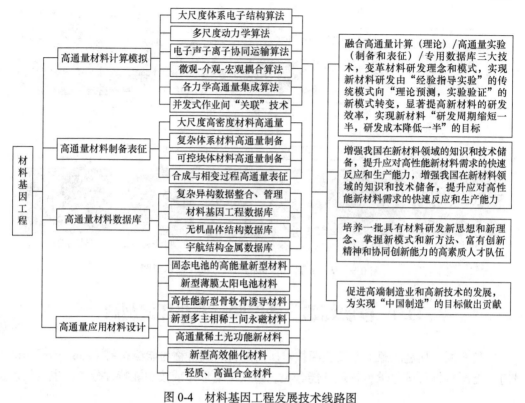

图 0-4　材料基因工程发展技术线路图

材料基因工程旨在计算、理论和实验之间建立紧密集成（图 0-5）。

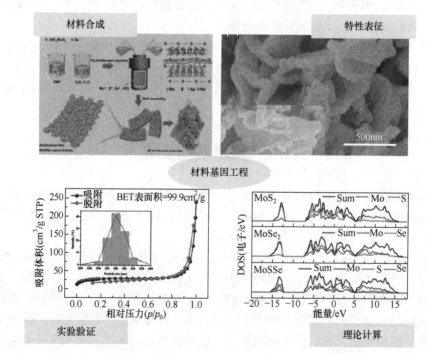

图 0-5　材料基因工程旨在计算、理论和实验之间建立紧密集成

0.5　教材纲要

能源与环境是事关人类生存和长远发展的两大主题，而能源与环境材料则是这两大主题的重要组成部分；材料基因工程是材料领域的颠覆性前沿技术，将对材料研发模式产生革命性的变革。材料基因工程是一门快速发展的新兴材料学科，内容涉及面极广。本书力图以严谨的方式，比较系统地介绍能源与环境材料、材料基因工程的基本内容和有关的基础理论，在此基础上，把国内外学术界有关材料基因工程方法在能源和环境材料上的实际应用介绍给读者。期望通过对本书的学习，读者能对能源与环境材料基因工程有系统和全面的认识。

本书从内容构成上可分为三部分。

第一部分，基础理论，共 6 章，包括第 0~5 章。第 0 章主要介绍能源与人类的关系、能源材料等与材料基因工程基本知识、本书的基本构成；第 1 章主要介绍包括二次电池、燃料电池、太阳电池和储备电池等在内的新能源材料的基本知识和相关基础理论；第 2 章主要介绍环境友好材料的基本知识和相关原理，包括生物质材料、绿色建筑材料、绿色包装材料和环境工程材料；第 3 章介绍当前材料设计和模拟计算的主要方法，包括分子尺度材料计算方法、介观和宏观尺度的材料计算方法、材料环境友好性评价和材料的流动传热模拟与理论计算方法；第 4 章介绍材料基因工程的发展历史与现状；第 5 章介绍材料基因工程的理论和方法，包括高通量计算、机器学习、材料基因数据库等基本知识和相关理论。

第二部分，软件应用，即第 6 章。在第 6 章中，对当前主流的材料设计与计算软件进行了介绍。Materials Studio 软件能够提供分子模拟、材料设计以及化学信息学和生物信息学全面解决方案和相关服务；VASP 软件是根据原子核和电子互相作用的原理及其基本运动规律，运用量子力学原理，从具体要求出发，经过一些近似处理后直接求解薛定谔（Schrödinger）方程的算法；Gaussian 软件基于量子力学而开发，致力于把量子力学理论应用于实际问题，可以通过一些基本命令验证和预测目标体系几乎所有的性质；Pipeline Pilot 软件是一个图形化的科学创新应用平台，通过它可实现科学数据的自动化分析；GeoDict（又称虚拟材料实验室）软件是一款创新且易于使用的建模软件，主要用于解决材料的结构构建、电池模块与燃料电池等应用场景；Q-Chem 软件是采用量子化学方法，研究分子的化学和物理性质，具有较快的计算速度和较高的准确性；COMSOL 软件是以有限元法为基础，通过求解偏微分方程（单场）或偏微分方程组（多场）以实现真实物理现象的仿真，为多物理场的模拟提供了一个友好快速且功能强大的平台；NAMD 软件用于在大规模并行计算机上快速模拟大分子体系的并行分子动力学代码，采用经验力场，通过数值求解运动方程计算原子轨迹。

第三部分，案例分析，共 4 章，包括第 7~10 章。第 7 章主要介绍了二次电池材料的实际计算案例及其分析；第 8 章主要介绍了氢能与燃料电池材料的实际计算案例及其分析；第 9 章主要介绍了太阳电池材料的实际计算案例及其分析；第 10 章主要介绍了生物质材料的实际计算案例及其分析。

课　后　题

1. 什么是新能源材料？其产业呈现什么特点？
2. 传统材料研究与材料基因工程研究各有什么特点？
3. 阐述材料基因工程发展技术路线。

第1章

新能源材料

>>> **学习目标导航**

➢ 学习二次电池基本知识，掌握各种二次电池的基本工作原理；
➢ 学习燃料电池基本知识，掌握各种燃料电池的基本工作原理；
➢ 学习太阳电池基本知识，认识各种太阳电池的特征与不同；
➢ 学习储备电池基本知识，认识各种储备电池的特征与不同。

本章知识构架

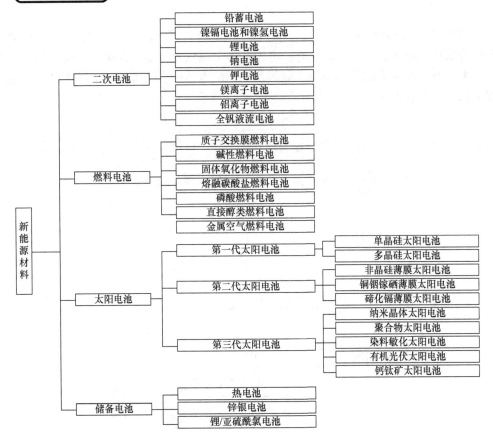

社会的发展和人口的持续增长导致人们对能源的需求逐渐增加。随着人们对能源需求的增加，煤、石油等化石能源的广泛使用，会产生大量的二氧化碳，对环境造成危害，导致全球气候变暖、温室效应加剧、大陆和两极的冰川融化等不利影响，对地球环境造成巨大压力。面对如此情况，人们开始不断寻求解决方案，推动能源转型和优化能源结构，促进人类社会的可持续发展[1]。

在世界各国的能源转型和优化能源结构的过程中，我国的新能源产业发展成就斐然，它正由政策驱动转为市场驱动，进入高质量发展阶段。其中，新能源材料是发展新能源的核心和基础。目前，新能源材料有很多，本书主要介绍二次电池材料、燃料电池材料、太阳电池材料和储备电池材料四种。

1.1　二次电池材料

与不可循环的一次电池不同，二次电池可通过充放电进行循环使用。二次电池的商业化过程中[2]，相关研究人员先后发明出铅蓄电池、镍镉电池、镍氢电池、锂电池、钠电池、钾电池、镁离子电池、铝离子电池、全钒液流电池等二次电池[3]。

1.1.1　铅蓄电池

1. 铅酸电池

铅酸电池在 1859 年问世，1882 年实现商业化应用，经过多年的研究[4-6]，已成为目前技术最为成熟的电池，在通信、交通、电力等多个领域发挥重要作用。目前，其在二次电池市场中占有 75%左右的市场份额，我国作为铅酸电池的生产大国、消耗大国，产量约为全球市场的 45%，发展历程如图 1-1 所示。

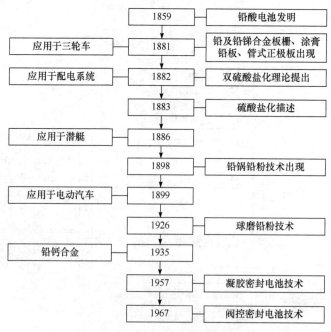

图 1-1　铅酸电池与技术的发展历程

铅酸电池的正极活性物质为二氧化铅（PbO₂），负极活性物质为铅（Pb），电解液为稀硫酸溶液（H₂SO₄），其结构如图 1-2 所示。其工作原理为"双硫酸盐化理论"，放电时，铅负极（Pb）失电子、二氧化铅正极（PbO₂）得电子，转化为硫酸铅（PbSO₄）；充电时，正极的硫酸铅（PbSO₄）首先溶解并解离为 Pb^{2+} 和 SO_4^{2-}，然后发生充电反应：$Pb^{2+} + SO_4^{2-} + 2e^- + H^+ =\!=\!= Pb + HSO_4^-$。负极板上电子转移反应的持续进行取决于是否有足够的反应表面积和 HSO_4^- 通量。

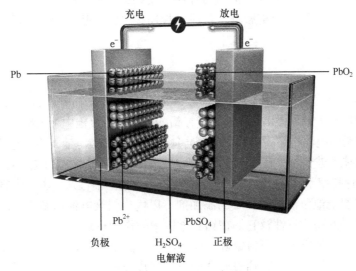

图 1-2　铅酸电池结构图

　　正极活性物质较低的利用率是限制铅酸电池比容量的一个因素，并且对电池的使用寿命有重要影响，但二氧化铅正极的结构较复杂，即使加入少量的其他物质，也可能会被降解或钝化，中空玻璃微球、羟甲纤维素（CMC）、硫酸盐、导电聚合物等正极活性物质添加剂的改善效果并不佳。

　　高倍率部分荷电状态（high-rate partial-state-of-charge，HRPSoC）运行下，铅酸电池的负极板上不断累积硫酸铅，硫酸铅绝缘层不仅会降低负极活性材料（negative electrode active material，NAM）的导电性，而且会阻碍电解液在极板内部的扩散，使负极板的充电接受能力显著降低，最终使电池产生故障。多种添加剂被引入负极活性物质，以提高充电效率和减轻负极的硫酸化，如木质素磺酸盐、硫酸钡、活性炭等，其中石墨烯等碳添加剂应用最为广泛。此外，可作为新型的集流材料或快速储存额外能量的电容器，后续将在铅炭电池部分进行讨论[7]。

　　板栅主要用于负载正负极活性物质，对电流进行传导，选择合适的板栅材料对电池的性能和寿命有重大影响，合格的板栅材料需要满足：①足够的强度和硬度；②良好的导电性；③良好的化学稳定性，不易被腐蚀；④良好的浇铸和焊接性能；⑤环境友好等要求。板栅材料中，除了目前应用最为广泛的铅锑合金和铅钙合金，相关研究人员还对铅-石墨烯合金、铅锡合金、铅-稀土基板栅等进行了研究。

　　铅酸电池使用过程中常会出现负极腐蚀性衰变和氢气析出等问题，令电池失效[8]，研究人员希望能够通过在电解液中加入合适的添加剂，改善上述问题，如传统的有机添加剂（苯甲醛、磷酸和氨基酸的衍生物等），通过将氢过电压转移到更负的电极电位来影响铅析出氢气。许多前人的工作提出铅酸电池用表面活性剂，通过影响析氢和金属腐蚀[9]而提升电池性能，以及可降低阳极氧化膜电阻的稀土元素，但目前对离子液体作添加剂改善铅酸电池性能的研究较少。

铅酸电池在电动汽车、混合动力汽车、不间断电源和可再生能源发电的电网规模储能系统中发挥重要作用[10]。但是其发展受到比能量密度较低、循环寿命较短、加工过程中可能出现的铅污染问题等原因限制。铅的高毒性令废弃铅酸电池成为环保人士关注的焦点，其会对儿童的大脑发育产生严重影响，且成人长期接触铅（盐）会导致肾病和神经系统功能下降[11]。

2. 铅炭电池

澳大利亚联邦科学与工业研究组织（Commonwealth Scientific and Industrial Research Organization，CSIRO）最早提出铅炭电池，在铅酸电池的铅负极中加入碳同素异形体制得铅炭电池，可看作铅酸电池与超级电容器的结合体。相较于铅酸电池，铅炭电池在多项电池性能上都有显著的技术进步[12]，有利于在 HRPSoC 下工作，抑制负极硫酸盐化，防止充电接受能力降低、容量保持率下降[13-14]。研究人员将炭黑、石墨、活性炭、碳纳米管和石墨烯等各种碳材料当作铅炭电池负极活性物质的添加剂，以优化铅炭电池抑制负极硫酸化的能力。下面为常见碳材料的物化特性及它们在铅炭电极中的作用机理。

根据碳材料的添加方式，可将铅炭电池的制备方法分为两种，如图 1-3 所示。①内并式结构：分别制备铅和碳材料，通过并联的方式形成负极，碳材料作为超级电容器，对铅负极起缓冲作用，保护铅负极，有效抑制"硫酸盐化"现象；②内混式结构：将碳材料与铅粉进行混合制得负极，此时碳材料主要作为负极添加剂，在负极上形成导电网络，提高导电性，改善电池的倍率性能和循环性能，减弱"硫酸盐化"现象。其负极的结构和制备工艺与铅酸电池基本相同，只是在制备负极过程中加入碳材料添加剂，因此如何选用合适的碳材料作内混式铅炭电池负极添加剂成为铅炭电池重要的研究课题之一。

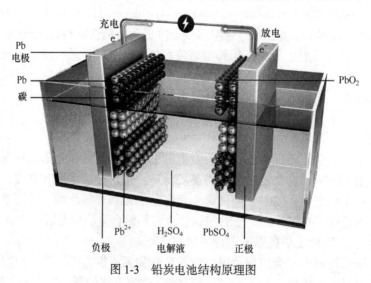

图 1-3　铅炭电池结构原理图

在铅炭电池中，碳比金属铅更具亲水性，可促进酸在负极活性物质内部的扩散，特别是在高充放电速率下；且碳可提高负极活性物质的导电性；是 $PbSO_4$ 的形核中心，有助于抑制其过度生长和不可逆损失；电化学活性炭在负极活性物质上形成导电网络，通过提高导电性，以及在铅酸电池的负极产生超级电容效应，促进 $PbSO_4$ 向 Pb 的转化[15-16]，抑制"硫酸盐化"现象出现，提升电池充放电功率，延长电池使用寿命。铅炭电池可在汽车启动和加速时快速提供动力，目前主要应用于混合动力车。

与铅酸电池相比，铅炭电池的比功率显著提升，同时在较小放电深度下的循环寿命得到大幅提升。在铅炭电池的实用化过程中，还有许多问题等待人们去探究，如碳材料的加入会降低充电时负极的过电位，令电解液更易发生析氢反应，加快电池的失水，降低电池充电效率；碳和氧化铅颗粒密度差异大，会导致接触不良。

1.1.2　镍镉电池和镍氢电池

1. 镍镉电池

镍镉电池的正极活性物质为氢氧化镍（NiOOH），负极活性物质为金属镉（Cd），电解液通常为氢氧化钠（NaOH）溶液。放电时，负极上的镉失去电子与电解液中的氢氧根离子（OH^-）反应生成氢氧化镉[$Cd(OH)_2$]，沉积在负极板上，正极上的 NiOOH 得电子，与电解液中的水反应生成氢氧化亚镍[$Ni(OH)_2$]，沉积在正极板上，OH^- 则再次回到电解液中，故电解液的浓度不会随时间下降。镍镉电池原理图见图 1-4。

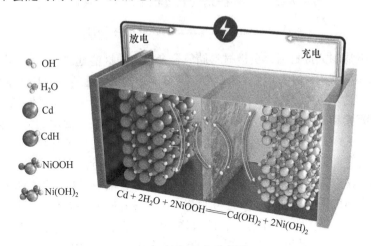

图 1-4　镍镉电池示意图

镍镉电池可循环使用 500 次以上，能量密度较高，且使用温度范围宽（−40～50℃），被应用于手机、相机等便携式电子设备中，但它在充放电过程中会出现记忆效应和过放电现象，电池的性能得不到充分发挥，且重金属元素镉与铅一样是重金属最高危险源，对人体和环境的危害极大，使得镍镉电池在电子设备领域基本已被淘汰。

2. 镍氢电池

镍氢电池诞生于 1970 年，并于 20 世纪 90 年代开始商业化应用，其以储氢合金为负极材料，氢氧化镍（NiOOH）为正极材料，氢氧化钾（KOH）溶液为电解液，正负极间存在多孔聚合物隔膜，图1-5为其工作原理图。

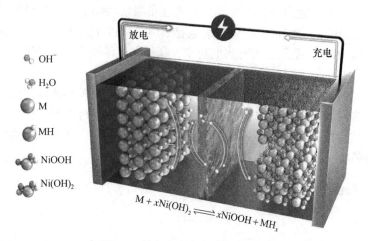

$$M + xNi(OH)_2 \rightleftharpoons xNiOOH + MH_x$$

图 1-5　镍氢电池电化学原理图

与传统水溶液蓄电池不同，镍氢电池[17]在充放电过程中不易出现溶解、析出和生成水溶性金属离子的中间产物等问题，具有良好的可逆性，且其单位体积能量密度和使用寿命较镍镉电池都得到一定程度的提升，且无记忆效应、无毒、无污染，是绿色环保电池，较好地弥补了镍镉电池的两大缺点，其在充放电过程中发生下述电极反应：

$$M + xNi(OH)_2 \rightleftharpoons xNiOOH + MH_x$$

作为镍氢电池的关键材料，负极材料储氢合金对电池性能起决定性作用，根据储氢合金不同的特性和晶体结构，可将其分为：CaCu$_5$型晶体结构的稀土镍基 AB$_5$ 型储氢合金，Laves相结构的钛基、锆基 AB$_2$ 型储氢合金，具有超晶格结构的稀土-镁-镍基储氢合金。A 侧元素主要包括稀土元素和 Ca、Mg、Ti 等元素，主要用于令合金生成稳定的金属氢化物；B 侧元素主要包括 Ni、Fe、Cu、Mn 等元素，主要令合金生成不稳定的氢化物，以确保顺利释放出吸收的氢，同时令储氢合金在吸氢过程中具有稳定的晶体结构。理想的储氢合金需要具有以下特征：①高可逆容量（质量分数≥1%）；②易活化；③能够抵抗碱液的腐蚀；④良好的电催化活性；⑤合适的平衡氢压（0.001～0.1MPa）；⑥良好的循环寿命；⑦制备成本较低。

储氢合金是在一定温度和压力下，能可逆地吸收和释放氢的合金。常见的储氢合金有稀土-镍系储氢合金、镁系储氢合金和钛系储氢合金等[18]。自 1990 年，镍氢电池被商业化以来，镍氢电池产业发展迅速，AA（5 号）镍氢电池的质量能量密度从 54Wh/kg 提升至110Wh/kg，体积能量密度从 190Wh/L 提升至 490Wh/L[19]。1995 年以来，中国先后建成了天津和平海湾电源集团有限公司、辽宁九夷能源科技有限公司、惠州比亚迪电池有限公司、深圳市豪鹏科技股份有限公司等一批大规模生产 MH-Ni 电池的生产基地，但受全球经济危机和锂离子电池兴起的影响，近年来镍氢电池市场呈下降趋势。

1.1.3　锂电池

锂电池是一类由锂金属或锂合金为正/负极材料、使用非水电解质溶液的电池。1912 年，锂金属电池最早由路易斯（G. N. Lewis）提出并研究。20世纪70年代时，M. S. Whittingham提出并开始研究锂离子电池。由于锂金属的化学特性非常活泼，锂金属的加工、保存、使用对环境要求非常高。随着科学技术的发展，锂电池已经成为主流。

作为最轻的碱金属元素，金属锂具有最低的氧化还原电位（−3.04V，相对于标准氢电极）、高理论容量（3860mAh/g），在20世纪60年代的石油危机后，其被人们视为替代能源之一。20世纪70年代，美国国家航空航天局（National Aeronautics and Space Administration，NASA）和日本松下电器产业株式会社共同研发出以氟化石墨为正极的锂金属一次电池，使锂电池正式出现在人们的视野中。此后，在相关研究人员的不懈努力下，锂金属电池成功二次化，实现可逆充放电。

锂电池大致可分为两类：锂金属电池和锂离子电池。锂离子电池不含有金属态的锂，并且是可以充电的。可充电电池的第五代产品锂金属电池在1996年诞生，其安全性、比容量、自放电率和性能价格比均优于锂离子电池。但由于其自身的高技术要求限制，只有少数几个国家的公司在生产这种锂金属电池。锂金属电池包括锂硫电池、锂空电池等。相对于锂金属电池，锂离子电池是当前商业化应用最好的锂电池。

1. 锂离子电池

锂离子电池（lithium-ion battery，LIB）沿用镍氢电池的基本框架，由正极、负极、电解质、隔膜等部分构成，自1991年由索尼公司首次推出后，即成为消费电子、储能系统和其他重要应用领域的全球革命的推动力。锂离子电池的结构和工作原理见图1-6。在几十年内，锂离子电池的能量和功率密度、循环寿命和电池设计都得到了显著改善。为了有效合理地替代化石燃料能源，需要进一步提高电池性能。

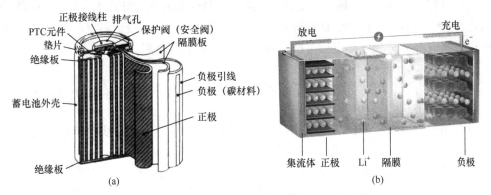

图1-6 锂离子电池的结构(a)与工作原理(b)示意图

LIB技术最有前途的应用之一是电动汽车（electric vehicle，EV）。从1991年到现在的三十多年间，锂离子电池的质量能量密度（Wh/kg）和体积能量密度（Wh/L）提升了近4倍，目前高能密度锂离子电池的质量能量密度可达到300Wh/kg。2019年，宁德时代率先制造出质量能量密度达304Wh/kg的电池样品，突破了锂电池能量密度的瓶颈。

此外，锂离子电池的平均输出电压为镍镉电池和镍氢电池的3倍（约为3.6V），促进了电池向轻量、小型化发展；循环寿命长，一般可达2000次以上；自放电小，每月平均自放电率约为2%，不到镍镉电池和镍氢电池的一半；同时，锂离子电池充电效率高，无记忆效应，不会污染环境。

1）正极材料

现代锂离子电池的正极是决定电池整体性能的关键部件，常见的正极材料[20]包括层状结构的钴酸锂（$LiCoO_2$，LCO，约 140mAh/g）、尖晶石结构的锰酸锂（$LiMn_2O_4$，LMO，约 120mAh/g）、橄榄石结构的磷酸铁锂（$LiFePO_4$，LFP，约 140mAh/g）、层状结构的三元镍钴锰酸锂（$Li[Ni,Co,Mn]O_2$，NCM，约 140mAh/g）。常见正极材料的性能[21]见表 1-1。

表 1-1　常见正极材料的性能对比

性能指标	$LiCoO_2$	$Li[Co,Ni,Mn]O_2$	$LiMn_2O_4$	$LiFePO_4$
工作电压/V	3.6	3.7	3.8	3.4
比容量/（mAh/g）	140	170	110	160
能量密度	较高	较高	较低	较低
循环性能/次	≈500	>500	>1000	>2000
成本	高	较高	低	较低
安全稳定性	较差	一般	良好	较高

但这些材料的容量都相对较低，不足以满足日益增长的能源需求。新型高能量密度阳极材料需要能够在大容量（>200mAh/g）和/或在高压（>4.0V）下操作[22-23]。层状氧化物中，最有希望的候选材料包括富镍 $LiNi_{1-x}M_xO_2$（M=Co、Mn、Al 等）和富锂 $Li_{1+x}M_1{}_{-x}O_2$（M=Mn、Co、Ni 等）材料。最近，有一类新型富锂材料，其具有阳离子无序岩盐晶体结构，可提供高容量，可在高达 4.8V 的高压下工作；此外，高压尖晶石氧化物 $LiNi_{0.5}Mn_{1.5}O_4$ 和聚阴离子氧化物也是具有高电位的活跃研究对象。不同于传统插层阴极材料以转化反应为基础，这种材料具有高容量和中等电压范围，可作为潜在的阴极材料。

2）负极材料

负极材料可分为层状结构的人造石墨和天然改性石墨、尖晶石结构的 $Li_{14}Ti_5O_{12}$。电解质一般为溶有锂盐的非水有机电解液。

与采用水性电解液的铅酸电池、镍镉电池和镍氢电池不同，有机电解液解决了水系电解液在高电压下易分解这一缺点，提高了电池的工作电压。在充放电过程中，锂离子通过从正负极间不断嵌入脱出的方式，储存和释放电能，充电时，Li^+ 从正极脱嵌，经过电解质嵌入负极，负极处于富锂状态；放电时则相反。以氧化钴锂（$LiCoO_2$）正极和石墨负极为例，锂离子电池在充放电过程中发生下述电极反应：

$$6C + 6LiCoO_2 \rightleftharpoons 6Li_{1-x}CoO_2 + Li_xC_6$$

锂离子电池推动了手机、笔记本电脑等便携式数码产品的快速发展。但锂离子电池仍存在一些不足之处，如：制造成本较高；需要特殊的保护电路，以防止过充电现象产生；有机电解液可燃，在热失控情况下可能会发生严重的安全问题。根据已有的研究报道，使用固态电解质替代可燃有机电解液是未来锂离子电池的主流发展趋势，但目前锂离子固态电池距离技术成熟还有一段距离，还有许多问题待探究。此外，锂离子电池和下一代可充电电池的可持续问题需要得到关注,其中回收在未来电池的整体可持续性中发挥重要作用,因此在开发电池系统时考虑回收利用,需要开发高效、高经济回报、高环境效益和高安全性的电池回收策略[24-25]。

2. 锂硫电池

近年来,锂离子电池在商业化过程中获得巨大成功,但其理论能量密度难以满足目前高速发展的新能源技术,因此仍需发展能量密度更高的电池体系。其中锂硫电池以单质硫为正极,理论能量密度可达 2600Wh/kg,又因硫成本低廉、来源丰富及环境友好等优点,成为当前的研究热点[26]。

锂硫电池与锂离子的结构相似,由含硫正极材料、金属锂负极、隔膜和电解液构成。放电时,锂离子(Li^+)在硫正极被还原成硫化锂(Li_2S);充电时,硫化锂(Li_2S)被氧化成硫单质,释放的锂离子(Li^+)在锂负极表面被还原成单质锂。锂硫电池在充放电过程中发生下述电极反应:$2Li + S \rightleftharpoons Li_2S$。锂硫电池的工作原理[27]如图 1-7 所示。

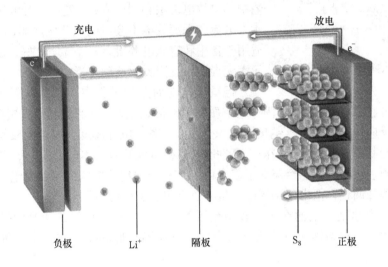

图 1-7 锂硫电池工作原理示意图

但是锂硫电池在商业化过程中存在以下挑战:①室温下硫及其放电产物的导电性差;②硫正极在充放电过程中会生成可溶性多硫化物(Li_2S_n,$4 \leqslant n \leqslant 8$),与锂负极反应,产生穿梭效应,令活性物质利用率降低,出现严重的自放电问题;③锂负极表面的枝晶生长问题,这是锂硫电池商业化过程中的一大难题。上述问题导致锂硫电池容量衰减严重,循环性能降低,甚至可能引发安全问题,可借助一些表征和电化学方法进行研究[28]。

1.1.4 钠电池

锂电池的市场份额不断增加,而金属锂在地球上的丰度仅为 $17\sim20\mu g/g$,因此锂资源变得越加紧张,而钠作为第二轻的碱金属元素,具有与锂相似的化学性质,氧化还原电位(-2.71V 相对于标准氢电极)仅高于锂 0.3V,且丰度高达 2.3%~2.8%,资源储量丰富;此外,锂资源开采难度大、开采成本高,而钠资源在地球上分布广泛。因此,钠电池技术能够对目前锂电池主导的大规模储能领域进行补充[29]。

1. 钠硫电池

钠硫电池在 1968 年由福特公司发明，主要由含硫正极材料、熔融的液态金属钠负极、固体电解质陶瓷隔膜等部分构成。典型的钠硫电池结构为管式结构，如图 1-8 所示。

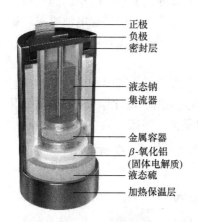

正极
负极
密封层

液态钠
集流器

金属容器
β-氧化铝
（固体电解质）
液态硫

加热保温层

图 1-8　钠硫电池结构图

钠硫电池的工作温度在 300～350℃，钠离子（Na^+）通过从钠负极迁移至硫正极，在硫正极表面发生氧化还原反应（oxygen reduction reaction，ORR），实现能量的储存和释放。其在充放电过程中发生下述电极反应：

$$2Na + xS \longrightarrow Na_2S_x，其中 3 < x < 5。$$

钠硫电池主要有以下优势：①理论比能量为 760Wh/kg，且实际比能量高，有助于减小储能电池的体积和质量；②充放电效率高，钠硫电池为固态电池，不易出现液态电池中的自放电现象和副反应；③使用寿命可达 15 年以上；④大电流和深度放电不会对电池产生损坏，可瞬间放电，适用于备用和应急电源设备；⑤环境友好，原材料钠和硫元素无毒性，且回收率达到将近 100%。

但钠硫电池商业化过程中，受到以下问题的限制：①其工作温度在 300℃左右，若固体电解质发生破损，熔融状态的钠和硫直接接触，会发生剧烈的放热反应；②室温下，钠负极体积变化大，离子电导率低，以及钠枝晶生长问题；③钠硫电池的制备成本较高。当前，高性能的钠硫电池只有日本的 NKG 公司能批量生产。在美、日、德、法等国家已经建立了多个由 50kW 模块组成的大容量储能电站，主要用于对新能源的调峰调频，但由于钠硫电池价格过高仍没有广泛应用。

近几年，室温钠硫电池在工业领域受到关注，它的安全性远高于高温钠硫电池，可用于固定电网，但室温钠硫电池运行时会出现可逆容量低和循环过程中容量衰减加快等问题[30]。

2. 钠离子电池

钠离子电池与锂离子电池的存储机制相同，都属于"摇椅电池"——通过离子在正负极间的不断往返穿梭，实现充放电，被视为可替代锂离子电池的新技术之一。又因为钠与铝不会形成合金，可用铝箔代替铜箔作负极的集流体，降低制备成本，提高能量密度。钠离子电池的工作原理见图 1-9。其在充放电过程中发生下述电极反应：

$$NaMO_2 + nC \rightleftharpoons Na_{1-x}MO_2 + Na_xC_n$$

钠硫电池虽已获得商业化应用，但其在高温下运行，存在严重的安全隐患，令其无法得到大规模应用，因此在室温下运行的钠离子电池引起了研究人员的兴趣。但枝晶生长问题和与钠金属相关的安全问题是目前钠离子电池商业化过程中面临的主要挑战，且锂离子电池中最常见的石墨碳无法嵌入钠离子，还需寻找合适的负极材料，能否开发安全高效的

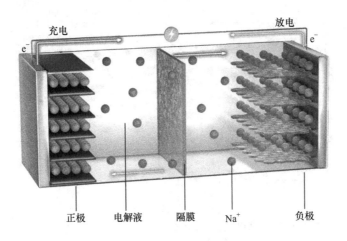

图 1-9 钠离子电池示意图

负极材料是钠离子电池商业化成功的关键[31]。此外，还需对一些基本的科学问题进行探究：①钠和锂在模拟电极中的运输和动力学行为的差异；②钠的插入/提取机理；③不同电解质体系电极上的 SEI 层的界面传输机理[32-33]。2018 年，首辆钠离子电池低速电动车在中国科学院物理研究所亮相，标志着钠离子电池的商业化之路即将开启。

1.1.5 钾电池

金属钾在地壳中含量丰富，钾离子电池可获得更高的电压和能量密度，与钠离子电池相同，被视为可替代锂电池的电池技术之一。将钾过渡金属化合物作为阴极，石墨等含碳材料作为阳极，并将二者连接起来，以生产钾离子电池（KIB）（图 1-10）。钾离子电池与锂离子电池相同，采用"摇椅"式机制，其阴极和阳极材料都使用拓扑结构插层化学来存储电荷。除了 KIB，钾硫（K-S）电池和钾氧（K-O₂）电池都因其低成本和高比能量密度，已成为有前途的室温可充电金属硫电池和金属氧电池。与 Li-S 电池类似，K-S 电池在进行转换反应的同时能够容纳更多的离子和电子，它们都具有较高的比容量，但其钾存储机制仍然存在争议。

钾是继钠之后的下一种碱金属，钾氧化还原电位（−2.93V 相对于标准氢电极）比钠的低，这使得 KIB 能够在更高的电位下工作，可使 KIB 获得更高的能量密度。且钾是地壳中第七种最丰富的元素，钾负极的原材料碳酸钾（K_2CO_3）的价格与钠负极的原材料碳酸钠（Na_2CO_3）相差不大，都比碳酸锂（Li_2CO_3）低得多，此外，其电解质盐（KPF_6）比相应的钠盐（$NaPF_6$）更便宜。且与钠相同，钾不会与铝形成合金，可使用铝箔代替铜箔作负极的集流体，上述优点令钾离子电池同钠离子电池一样，获得了研究人员的关注。

金属钾对水分和电解质成分的高反应性导致循环效率低和严重的安全隐患，因此不能在 KIB 中使用金属钾作为阳极。近年来非金属阳极材料的发展激发了人们对 KIB 的兴趣。KIB 潜在阳极材料的研究主要集中在三大类，即基于钾化/脱钾过程中的反应机理。在这些类别中，插层化合物、转化化合物和合金化合物已被广泛研究。

此外，若要开发出能保持高能量输出的高比能的钾离子电池，并保证高能量输出，还需解决以下几个问题：①钾离子在石墨负极中嵌入/脱出时发生的体积膨胀现象，是锂化的

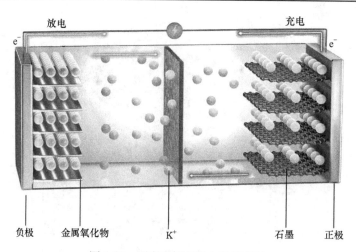

图 1-10　可充电钾离子电池示意图

6 倍；②钾离子在固体电极中较低的离子扩散率，影响充放电过程中的电荷转移过程；③钾的氧化还原电位较低，溶剂易在电极表面被还原，出现严重的副反应和电解液消耗，导致钾离子电池的库仑效率严重下降，使用寿命降低；④钾离子的不均匀沉积会引发枝晶生长问题，可能会引起安全问题。

1.1.6　镁离子电池

由于镁的自然丰度高、大气稳定性好、低成本和环境友好等性质，可充电镁电池被认为是可充电锂电池最有潜力的替代品之一[34-35]。此外，镁可达到 2205mAh/g 的理论比容量和 3833mAh/cm³ 的体积容量，是石墨的 4 倍多，锂金属的 2 倍多，并且相对于标准氢电极具有-2.4V 的低还原电位[36-37]。

1990 年，Gregory 等[38]以 $Mg(BR_4)$ 溶液（其中 R 为有机基团）作为电解液，Mg_xCoO_y 为正极，金属镁作负极，首次尝试构建镁离子电池（MIB）。在过去的几十年中，人们对基于镁金属的二次电池给予了很大的关注，但镁金属负极的表面严重钝化问题仍然没有以实用的方式得到解决，从而极大地阻碍了商业化进程。镁离子和锂离子具有相似的半径（Mg^{2+} 为 0.86Å，Li^+ 为 0.9Å），研究人员认为通过使用单个 Mg^{2+} 而非两个 Li^+，可使主晶格的膨胀最小化，但 Mg^{2+} 的二价性导致强极化，阻碍了 Mg^{2+} 的插入/嵌出和扩散到主体材料中[39-42]。与锂离子电池不同，镁离子电池的有机电解质如碳酸盐、腈类和普通镁盐{如 $Mg(ClO_4)_2$、$Mg(SO_3CF_3)_2$ 和 $Mg[N(SO_2CF_3)_2]_2$}在镁金属表面形成钝化膜，沉积在镁表面阻碍了后续反应的进行。此外，电解质和正极的窄电压窗口不能满足高能量密度的要求，因此，到目前为止，MIB 只被认为是镍镉或铅酸电池的替代品。面对上述限制，MIB 发展的主要挑战主要归因于[43]开发具有更快 Mg^{2+} 插入的新型阴极材料和有利于 Mg^{2+} 快速溶解的电解质。

尖晶石通常为 AB_2O_4 型晶体结构，由于其三维离子迁移率、高工作电压和结构稳定性而成为引人注目的 LIB 材料。Ichitsubo 等[44]研究了镁基尖晶石 $MgCo_2O_4$ 和 $MgNi_2O_4$ 作为高压镁离子电池的潜在正极，氧化还原机理如图 1-11 所示，充放电时进行下述电极反应：

$$Mg_{1-x}Co_2O_4 + yMg^{2+} + 2ye^- \longrightarrow Mg_{1-x+y}Co_2O_4$$

$$y\mathrm{Mg} \longrightarrow y\mathrm{Mg}^{2+} + 2ye^-$$

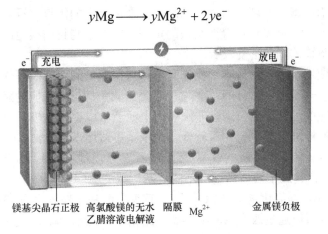

镁基尖晶石正极　　高氯酸镁的无水　隔膜　Mg^{2+}　　金属镁负极
　　　　　　　　　乙腈溶液电解液

图 1-11　以 $\mathrm{MgCo_2O_4}$ 作正极，金属镁作负极，高氯酸镁的无水乙腈溶液[$\mathrm{Mg(ClO_4)_2/AN}$]为电解质的镁离子电池示意图

但在 MIB 中，有机电极材料与无机电极材料相比具有明显的优势[45]，无机电极的"摇椅"机制需要合适的嵌入主体来插入和移除电荷载体[46]。由于尺寸和电荷数不匹配，经典的无机 LIB 电极材料如 $\mathrm{CoO_2}$、$\mathrm{FePO_4}$ 和石墨不能在含有 $\mathrm{Mg^{2+}}$ 的二次电池中提供相同的性能。相比之下，有机材料的离子储存行为源自其官能团和离子电荷载体之间的相互作用，即使在非晶态[47]。利用这些特征，基于有机物种的电极可被用于具有不同电荷载体的二次电池，可简化有机二次电池的设计。

通过定制纳米结构、改变层间距以及化学掺杂等策略，MIB 的正极性能得到了极大的改善，且近年来，在具有更高电压和更好可逆性的电解质方面也取得了巨大进展。然而，与 LIB 相比，MIB 提供的有限性能远低于其理论容量，不能完全满足实际应用的要求。实际上，具有高电压窗口和稳定的镁插入/释放可逆性的新型电极和电解质仍然是一个巨大的挑战。根据上述挑战，为充分满足实际需求，镁金属电池及相关研究领域可从以下几个方面进行探究：①设计具有改进的扩散动力学、扩大的电压范围和高容量的新型正极材料。缓慢的扩散动力学极大地阻碍了镁的动力学，通过纳米结构剪裁和结构创新的阴极设计的进步将极大地规避该问题并提供高能量密度。②通过电化学测试和其他表征手段研究电极与电解质的界面，为阴极设计和电解质选择提供更多信息。③开发无钝化、宽电压窗口、化学安全的电解液，可为开发高能量密度的镁金属电池提供更多的机会。④双离子MIB 具有容量大、锂钠离子插入速度快、长期稳定和安全等优点，具有广阔的应用前景。在双离子电解质中采用 LIB 作为阴极，可能会为 MIB 提供更有趣的性能。

1.1.7　铝离子电池

铝与钠、钾、镁一样被认为是电化学储存装置的合适候选金属负极材料，有望降低电化学储存系统的成本，并实现长期可持续性。二价镁[48]和三价铝作为多价离子，它的使用增加了电化学过程中设计的电子数量，因此原则上导致高容量值（对于可比的克当量质量），铝因其质轻和在电化学过程中交换三个电子的能力而受到关注。事实上，铝具有最高的容量（8040mAh/cm³），比锂高 4 倍，高达 2980mAh/g 的质量容量，且铝是地壳中最丰富的金属元素。此外，铝可露天处理，这为电池制造带来了巨大的优势，极大地提升了电化学储存系统的安全水平[49]。但是，铝金属负极的负极性极低，与目前报道的其他元素相比，标准还原电位导致系统的能量密度较低。

水系电解质使用时具有低成本、操作简单和减少环境问题方面等优点，但纯铝在水溶液中的可逆沉积（–1.66V 相对于标准氢电极）受到竞争性析氢反应的阻碍，该反应发生在更正的依赖于酸碱度的标准电位下。非水系铝电池通常以铝为负极，氯铝酸盐类离子液体为电解质，因铝的标准电极电位相对较低，比水系更适用于铝电池，铝在被还原电镀前，会不可避免地产氢，降低铝负极的效率。目前，铝离子电池（AIB）中最常用的电解质体系为氯化铝（$AlCl_3$），其离子液体由带有不同烷基侧链的咪唑氯化物盐（[EMIm]Cl）组成，包括 1-乙基-3-甲基咪唑氯化物（EMIC）和 1-丁基-3-甲基咪唑氯化物（BMIC）[50-51]。这种体系的路易斯酸度可以通过改变 $AlCl_3$ 与离子液体的摩尔比来调节，这对镀铝非常重要。在酸性情况下（摩尔量：$AlCl_3 >$ 离子液体），主要物质是 $Al_2Cl_7^-$，而在中性熔体中（摩尔量：$AlCl_3 =$ 离子液体），唯一的阴离子物质是四氯化铝，在碱性熔体中（摩尔量：$AlCl_3 <$ 离子液体），$AlCl_4^-$ 和 Cl^- 共存。基于以下可逆反应，铝的电镀/剥离只能在酸性条件下进行。

图 1-12 展示了可充电铝/石墨电池放电原理，它使用了 $AlCl_3$/[EMIm]Cl 离子液体电解质。在负极侧，金属 Al 和 $AlCl_4^-$ 在放电过程中转化为 $Al_2Cl_7^-$，在充电过程中发生逆反应。在正极侧，$AlCl_4^-$ 在充放电过程中嵌入和脱离石墨层。

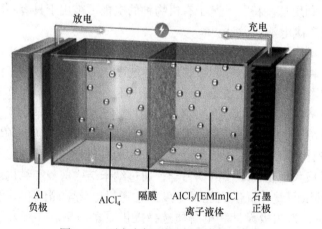

图 1-12　可充电铝/石墨电池放电示意图

1.1.8　全钒液流电池

全钒液流电池（原理见图 1-13）通过钒离子的价态变化，实现电能的储存和释放，具有寿命长、设计灵活、响应速度快等优点。全钒液流电池正极电解质的活性组分为 VO^{2+} / VO_2^+，负极电解质的活性组分为 V^{2+} / V^{3+}，正负极均以硫酸（H_2SO_4）溶液作溶剂。其在充放电过程中发生下述电极反应[52]：

$$V^{2+} + VO_2^+ + 2H^+ \rightleftharpoons VO^{2+} + V^{3+} + H_2O$$

近年来，全钒液流电池在智能电网、可再生能源并网等方面得到广泛应用，技术工艺日益成熟，产业链初具规模，并在不断扩大中。

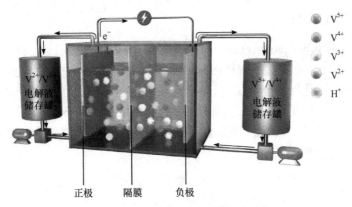

图 1-13 全钒液流电池结构原理图

1.2 燃料电池材料

　　燃料电池同内燃机的工作原理相似，是将化学燃料转化为能源，但其是将化学能直接转化为电能，没有能量转换率较低的燃烧步骤，是一种环境友好型技术。其利用电化学反应进行工作，反应过程不受卡诺循环限制，具有高能密度、高能量转换率等优点[53]。研究和开发燃料电池，对降低使用化石燃料对环境带来的不良影响具有重要意义。根据电解质的性质分类，包括低温质子交换膜燃料电池、碱性燃料电池、固体氧化物燃料电池、高温熔融碳酸盐燃料电池和磷酸燃料电池，燃料电池的工作温度和离子转移过程由电解质的性质决定。燃料电池特点和应用领域比较见表 1-2。

表 1-2 燃料电池特点和应用领域

燃料电池类型	电解质	电解质形态	阳极	阴极	工作温度/℃	电化学效率/%	燃料/氧化剂	启动时间	输出功率/kW	应用
AFC	KOH溶液	液态	Pt/Ni	Pt/Ag	50~200	60~70	氢气/氧气	几分钟	0.3~5.0	航天、机动车
PAFC	磷酸	液态	Pt/C	Pt/C	160~220	45~55	氢气、天然气/空气	几分钟	200	清洁电站、轻便电源
MCFC	碱金属碳酸盐熔融混合物	液态	Ni/Al Ni/Cr	Li/NiO	620~660	50~65	氢气、天然气、沼气、煤气/空气	>10min	2000~10000	清洁电站
SOFC	氧离子导电陶瓷	固态	Ni/YSZ	Sr/LaMnO$_3$	800~1000	60~65	氢气、天然气、沼气、煤气/空气	>10min	1~100	清洁电站、联合循环发电
PEMFC	含氟质子膜	固态	Pt/C	Pt/C	60~80	40~60	氢气、甲醇、天然气/空气	<5s	0.5~300	机动车、清洁电站、潜艇、便携电源、航天

1.2.1　质子交换膜燃料电池

质子交换膜燃料电池（proton exchange membrane fuel cell，PEMFC）如图 1-14 所示，由质子交换膜、气体扩散层、催化层、双极板、端板等结构构成，其中燃料电池的膜电极由质子交换膜、气体扩散层和催化层复合而成，决定燃料电池中的电化学反应能否高效运行，影响电池性能和制造成本[54-55]。质子交换膜隔离燃料流和氧化剂流，并用于传输质子，是 PEMFC 的关键部件之一，全氟磺酸膜（Nafion）因其全质子电导率高、力学性能好、化学稳定性好等优点，是目前最常用的质子交换膜之一。

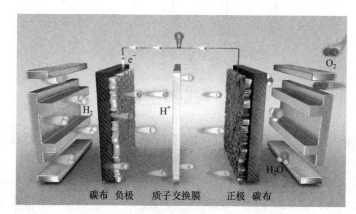

图 1-14　质子交换膜燃料电池单元构造

PEMFC 工艺技术较为成熟，具有高功率密度、高能量转换效率、低启动温度等优点，可为车辆和小型发电装置提供动力，但其依赖于贵金属铂作催化剂，限制了它的发展，并且铂催化剂易发生一氧化碳中毒失活。

1.2.2　碱性燃料电池

质子交换膜燃料电池对铂、复杂的水管理和质子交换膜的依赖性，无法在酸性介质中长期稳定工作等问题，阻碍了其大规模应用。而碱性燃料电池（alkaline fuel cell，AFC）（反应示意图见图 1-15）使用碱性离子交换膜，使阴极上缓慢的氧化还原反应得到明显改善，电池效率得到提高，且电池基本环境的腐蚀性较低，允许使用非贵金属（如镍和银）作为阴极催化剂，有利于降低制备成本[56]。

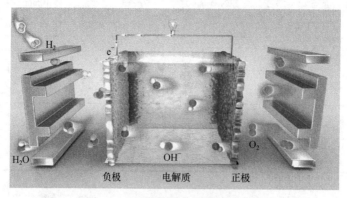

图 1-15　碱性燃料电池反应示意图

目前，AFC 多应用于太空和深潜等隔绝空气的环境，如美国的阿波罗登月飞船和航天飞机、德国西门子公司研制的潜水艇等均采用 AFC 作为搭载电源。虽然 AFC 具有阴极活化过电位较低、可使用成本较低的非贵金属催化剂、结构简单、运行稳定等优点，但阳极产生的水是阴极消耗水的 2 倍，因此必须将多余的水从系统中排出，否则会使电解液浓度降低，导致性能下降，水管理系统较为复杂。同时，电解质膜导 OH⁻ 的速率相对较低、寿命较短、功率密度比其他的燃料电池低等诸多问题限制了 AFC 的发展应用。

1.2.3　固体氧化物燃料电池

固体氧化物燃料电池（solid oxide fuel cell，SOFC）运行温度在所有燃料电池中最高，为固态结构，能量密度高，且将天然气、煤气等多种气体作为燃料气，其一般由空气正极、燃料负极、电解质构成的单电池片组装而成，反应示意图如图 1-16 所示。

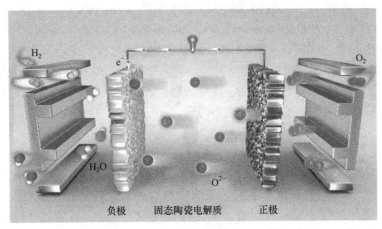

图 1-16　固体氧化物燃料电池反应示意图

SOFC 的电解质主要为氧离子导电氧化物，如萤石型钇稳定氧化锆（YSZ）和掺杂氧化铈，氧离子传输的活化能很大，为最小化电池的欧姆降，SOFC 通常在高温下工作。但高工作温度会导致高成本、热管理的技术复杂性、运行过程中的性能退化等问题，严重阻碍 SOFC 的实际商业应用，因此降低工作温度是 SOFC 应用推广中的关键，但如何在中低温中保持足够高的电解液电导率和电极反应动力学还需进一步探究[57]。因此，SOFC 主要用于中、大功率的固定式热电联产发电站。

1.2.4　熔融碳酸盐燃料电池

熔融碳酸盐燃料电池（molten carbonate fuel cell，MCFC）的正极一般采用碳酸锂（LiCO₃）锂化后的 $NiO(Li_xNi_{x-1}O)$ 半导体材料作催化剂，负极采用多孔的 Ni-Al 或 Ni-Cr 合金材料作催化剂，隔膜为多孔 $LiAlO_2$ 膜。其工作原理如图 1-17 所示。

MCFC 与 SOFC 因工作温度较高，相较于其他燃料电池，具有更高的能量转换效率，被广泛用作固定发电系统。工作温度高意味着不可逆损耗，如激活、欧姆和连接损耗比其他类型的燃料电池更小。此外，未反应的氢和从燃料电池堆中释放的二氧化碳含有相当高的化学能，这些化学能应被回收并转化为电能或热能，以提高系统效率[58]。

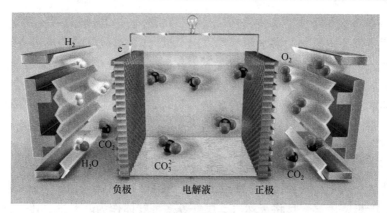

图 1-17 熔融碳酸盐燃料电池工作原理图

目前，MCFC 主要应用在一些大型电站、热电联产（combined heat and power generation，CHP）、热电冷联产（combined cooling heating and power，CCHP），转换效率高达 60%，联产效率高达 80%以上。美国是从事 MCFC 最早和技术高度发展的国家之一，对 MCFC 的开发重点在大容量的兆瓦级机组的开发上。日本从 20 世纪 80 年代开始相关研究，随后逐步建立起不同功率的 MCFC 分散电站。研究表明，成本高、寿命短、启动时间长、机械稳定性差和不耐硫是影响 MCFC 发展的主要障碍。

1.2.5 磷酸燃料电池

磷酸燃料电池（phosphoric acid fuel cell，PAFC）的正负极采用铂催化剂，电解质为浓磷酸，在 150～220℃的温度下工作，铂催化剂对一氧化碳的敏感性较低[59]，且 PAFC 启动时间短，使用过程中稳定性良好。作为中型电源，PAFC 目前已开始在进行商业化应用，是民用燃料电池的首选[60]。

PAFC 在运行过程中会出现气体被电解液吸收、电解液干燥等问题，若要稳定运行，需保持酸浓度恒定，若电解液酸浓度下降，则其离子导电性将降低，若要弥补这一缺陷，需要提高运行温度，或增加进气湿度，降低酸浓度。需要注意的是，进气湿度不宜过高，过量的水会增加催化剂孔中的分馏液体，导致催化剂缺氧和酸浸。

1.2.6 直接醇类燃料电池

氢和液态醇是质子交换膜燃料电池（原理见图 1-18）的燃料选择，一些醇具有良好的能量密度，接近于汽油和其他碳氢化合物。其中，甲醇是所有类型的液态燃料电池中便携式应用的最佳燃料选择，也被称为醇燃料电池或直接甲醇燃料电池。其他醇类燃料在反应生成二氧化碳的过程中会出现 C—C 键的断裂，而这并未在甲醇反应中出现[61]。

与其他燃料电池相比，直接甲醇燃料电池（direct methanol fuel cell，DMFC）的优点是体积小、质量轻、工作温度低、能量密度高和易于储存燃料。携带较小容器的甲醇也比携带重型电池方便且便宜。

DMFC 主要分为被动式和主动式两类，在被动式 DMFC 中，反应物（甲醇和氧气）被供应到催化剂层，产物（二氧化碳和水）通过被动方式（即扩散、自然对流、毛细管作用等）被移出电池。在主动式 DMFC 中，燃料和氧气由泵、鼓风机等外部机械提供。与主动式

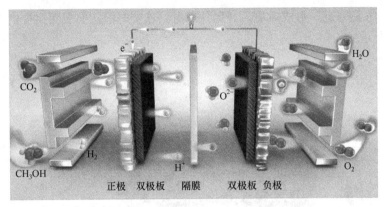

图 1-18 DMFC 电化学原理图

DMFC 相比，被动式 DMFC 体积小，结构简单，功率损耗更低。因此，被动式 DMFC 是便携式应用的一个很好的选择[62]。更长时间的高能量、体积的减小和立即充电将使被动式 DMFC 成为最有希望商业化的能源。然而，被动式 DMFC 在商业化方面存在一些问题，如材料成本、性能、稳定性和耐久性[63]。

被动式 DMFC 中的氧化还原反应发生在电解质膜组成的膜电极（MEA）组件中，负极氧化反应产生的电子通过外部电路向正极侧移动，在负极和正极发生氧化还原反应。其中

负极反应： $$CH_3OH + H_2O \longrightarrow CO_2 + 6H^+ + 6e^-$$

正极反应： $$\frac{3}{2}O_2 + 6H^+ + 6e^- \longrightarrow 3H_2O$$

总反应： $$CH_3OH + \frac{3}{2}O_2 \longrightarrow CO_2 + 2H_2O$$

1.2.7 金属空气燃料电池

金属空气燃料电池以空气中的氧气或纯氧作正极活性物质，金属单质或其混合物作负极，将含有可溶性金属盐的导电介质作为电解质，发生氧化还原反应，是将化学能转化为电能的装置。不同的金属负极制成的金属空气电池的性质会发生改变，目前，探究较多的金属空气电池有锌-空气电池、铝-空气电池、镁-空气电池、锂-空气电池等[64-70]。

1.3 太阳电池材料

与传统化石燃料相比，阳光是一种有前途的清洁和易得能源，太阳电池是将太阳能直接转化为电能的装置。每年太阳照射地球的能量高达 $3 \times 10^{24} J$，是目前全球总消耗量的 10000 倍，若使用太阳电池以 10% 的能量转换效率覆盖地球表面 0.1% 的面积，将满足全世界目前的能源需求。然而，目前太阳电池所产生的电力不足全世界总能源需求的 0.1%[71]。

太阳电池是光伏系统的核心部分，是一种光电半导体薄片，其基本结构由 p 型和 n 型半导体接合而成，当阳光照射到太阳电池上时，吸收能量后，半导体内的电子获得能量而从基态变成激发态，产生自由电子的同时，形成空穴，在势垒电场的作用下，电子向 n 型

移动，空穴向 p 型移动，形成对流。利用外部电路连接电极，形成回路提供电能，工作原理如图 1-19 所示。

前电极(−)

减反射膜

n型硅(p+)

p型硅(n−)

背电极(+)

图 1-19　太阳电池工作原理示意图

自 1954 年第一个太阳电池在美国贝尔实验室诞生以来，经过 70 多年的发展，太阳电池制备技术得到不断完善，向商业化、大规模化发展。目前，太阳电池的种类繁多，按太阳电池的发展可分为三代，第一代为硅晶太阳电池，第二代为薄膜太阳电池，第三代为具有高转换效率的一些新概念电池。不同类型太阳电池的实验效率及特性[72-88]见表 1-3。

表 1-3　不同类型太阳电池的实验效率及特性

电池类型	理论效率/%	最高实验效率/%	优点	缺点
单晶硅	30	25.6	效率高，工作寿命长	成本较高，进一步提高效率困难
多晶硅	30	21.3	成本较低，制备简单	效率还需提高且有提高空间
非晶硅	30	19.4	成本低廉，工艺简单	效率低且衰减较快，稳定性较差
CdTe	28	21.5	成本低廉，工艺简单	含有毒稀有元素 Cd
GIGS	29	22.3	成本低，稳定性较好，抗辐射能力较强	含稀有元素 In 和 Se
单晶 GaAs	30	27.5	效率高，抗辐射能力强	成本高，生产复杂且周期长
薄膜 GaAs	30	28.8	效率高，抗辐射能力强	成本高，生产复杂且周期长
InP	29	22.6	抗辐射能力最强，稳定性好	成本过高，原材料具有稀缺性
CZTS	32.2	12.6	成本低，原材料来源广泛且廉价	效率低
有机（聚合物）太阳电池	25	14	成本低廉，原材料来源广泛	效率低
染料敏化太阳电池	—	14.7	成本低廉，工艺简单	效率低
量子点太阳电池	44	14.98	可拓展吸收光谱，稳定性较好	效率低
钙钛矿太阳电池	31	27.7	成本很低，工艺简单，效率较高	含有毒元素 Pb，稳定性较差

1.4　储备电池材料

储备电池作为导弹、火箭弹等现代武器系统的化学电源，在储备期间，电极与电解质不直接接触，或电解质不导电，使用时注入液体电解质或熔融固体电解质，激活储备电池令其具有放电活性。具有以下特点：①储存期间，电池处于惰性状态，其活性物质组分几乎不发生化学反应，可储存几年甚至几十年；②一次电池，无法在使用前做无损检测，一次生产要求高，可靠性高；③可使用活性高、比能量大的活性物质和腐蚀性强的电解质溶液进行大功率输出；④使用温度范围宽，可在低温下使用。常见的储备电池有热电池（Li | LiCl-KCl | FeS$_2$）、锌银电池（Zn | KOH | AgO）、锂/亚硫酰氯电池（Li | SOCl$_2$ | SOCl$_2$）等。表 1-4 为常见储备电池的性能对比。

表 1-4　常见储备电池性能对比

电池类型	比功率/（W/kg）	比能量/（Wh/kg）	额定电压/V
脉冲热电池（Li-Si/FeS$_2$）	8000	3	1.95
长寿命热电池（Li-Si/FeS$_2$）	18	22	1.95
Li/ SOCl$_2$	145	500	3.60
铅酸电池	90	30	2.15
锌银电池	400	300	1.60

课 后 题

1. 铅酸电池合格的板栅材料需要满足哪些要求？
2. 铅炭电池在使用过程中，较铅酸电池有哪些优势？其实用化过程中受到哪些问题的阻碍？
3. 用于镍氢电池的储氢合金有哪些类型？
4. 锂硫电池在商业化过程中存在哪些挑战？
5. 钠硫电池具有哪些优势？在商业化过程中存在哪些挑战？
6. 钾离子电池在推广应用方面有哪些优势？其实用化过程中受到哪些问题的阻碍？
7. 用于光催化制氢的光催化剂主要分为几种？
8. 燃料电池分为哪些类型？
9. 染料敏化太阳电池的组成有哪些？优势是什么？光敏衰减效应对染料敏化太阳电池的影响有哪些？
10. 热电池可用于哪些领域？主要有哪些电池结构？它们分别有哪些优缺点？

参 考 文 献

[1] Liu Y, Kong Z Y, Jiang Q Z, et al. The potential strategy of promoting China's participation in arctic energy development[J]. Renewable and Sustainable Energy Reviews, 2023, 183: 113438.

[2] Tarascon J M, Armand M. Issues and challenges facing rechargeable lithium batteries[J]. Nature, 2001,

414(6861): 359-367.

[3] Armand M, Tarascon J M. Building better batteries[J]. Nature, 2008, 451(7179): 652-657.

[4] Zhang S, Zhang H, Xue W, et al. A layered-carbon/PbSO₄ composite as a new additive for negative active material of lead-acid batteries[J]. Electrochim Acta, 2018, 290: 46-54.

[5] Lach J, Wróbel K, Wróbel J, et al. Applications of carbon in lead-acid batteries: A review[J]. Journal of Solid State Electrochemistry, 2019, 23(3): 693-705.

[6] Dufo-López R, Lujano-Rojas J M, Bernal-Agustín J L. Comparison of different lead-acid battery lifetime prediction models for use in simulation of stand-alone photovoltaic systems[J]. Applied Energy, 2014, 115: 242-253.

[7] Rohit A K, Rangnekar S. An overview of energy storage and its importance in Indian renewable energy sector: Part II-energy storage applications, benefits and market potential[J]. Journal of Energy Storage, 2017, 13: 447-456.

[8] Kamenev Y, Shtompel G, Ostapenko E, et al. Influence of the active mass particle suspension in electrolyte upon corrosion of negative electrode of a lead-acid battery[J]. Journal of Power Sources, 2014, 257: 181-185.

[9] Khayat G R, Kameli F, Shirojan A, et al. Effects of surfactants on sulfation of negative active material in lead acid battery under PSOC condition[J]. Journal of Energy Storage, 2016, 7: 121-130.

[10] Hao H. A review of the positive electrode additives in lead-acid batteries[J]. International Journal of Electrochemical Science, 2018, 13: 2329-2340.

[11] Sun Z, Cao H B, Zhang X H, et al. Spent lead-acid battery recycling in China: A review and sustainable analyses on mass flow of lead[J]. Waste Management, 2017, 64: 190-201.

[12] Li J H, Zhang T Y, Duan S M, et al. Design and implementation of lead-carbon battery storage system[J]. IEEE Access, 2019, 7: 32989-33000.

[13] Yin J, Lin N, Lin Z Q, et al. Optimized lead carbon composite for enhancing the performance of lead-carbon battery under HRPSoC operation[J]. Journal of Electroanalytical Chemistry, 2019, 832: 266-274.

[14] Yin J, Lin N, Lin Z Q, et al. Towards renewable energy storage: Understanding the roles of rice husk-based hierarchical porous carbon in the negative electrode of lead-carbon battery[J]. Journal of Energy Storage, 2019, 24: 100756.

[15] Fan Z, Yan J, Wei T, et al. Asymmetric supercapacitors based on graphene/MnO₂ and activated carbon nanofiber electrodes with high power and energy density[J]. Advanced Functional Materials, 2011, 21(12): 2366-2375.

[16] Hu Y C, Yang J K, Hu J P, et al. Synthesis of nanostructured PbO@C composite derived from spent lead-acid battery for next-generation lead-carbon battery[J]. Advanced Functional Materials, 2018, 28(9): 1705294.

[17] Marouf S, Nekouei R K, Hossain R, et al. Recovery of rare earth (i.e., La, Ce, Nd, and Pr) oxides from end-of-life Ni-MH battery via thermal isolation[J]. ACS Sustainable Chemistry & Engineering, 2018, 6: 11811-11818.

[18] Cheng F Y, Liang J, Tao Z L, et al. Functional materials for rechargeable batteries[J]. Advanced Materials, 2011, 23(15): 1695-1715.

[19] Ouyang L Z, Huang J L, Wang H, et al. Progress of hydrogen storage alloys for Ni-MH rechargeable power batteries in electric vehicles: A review[J]. Materials Chemistry and Physics, 2017, 200: 164-178.

[20] Lee W, Muhammad S, Sergey C, et al. Advances in the cathode materials for lithium rechargeable batteries[J]. Angewandte Chemie International Edition, 2020, 59(7): 2578-2605.

[21] Liu H, Li W, Shen D K, et al. Graphitic carbon conformal coating of mesoporous TiO₂ hollow spheres for high-performance lithium ion battery anodes[J]. Journal of the American Chemical Society, 2015, 137(40): 13161-13166.

[22] Croguennec L, Palacin M R. Recent achievements on inorganic electrode materials for lithium-ion batteries[J].

Journal of the American Chemical Society, 2015, 137(9): 3140-3156.

[23] Choi J W, Aurbach D. Promise and reality of post-lithium-ion batteries with high energy densities[J]. Nature Reviews Materials, 2016, 1(4): 16013.

[24] Fan E S, Li L, Wang Z P, et al. Sustainable recycling technology for Li-ion batteries and beyond: Challenges and future prospects[J]. Chemical Reviews, 2020, 120(14): 7020-7063.

[25] Zhang X X, Li L, Fan E S, et al. Toward sustainable and systematic recycling of spent rechargeable batteries[J]. Chemical Society Reviews, 2018, 47(19): 7239-7302.

[26] Qu Z Y, Zhang X Y, Xiao R, et al. Application of organosulfur compounds in lithium-sulfur batteries[J]. Acta Physico-Chimica Sinica, 2023, 39(8): 2301019.

[27] Lim W G, Kim S, Jo C, et al. A comprehensive review of materials with catalytic effects in Li-S batteries: Enhanced redox kinetics[J]. Angewandte Chemie International Edition, 2019, 58(52): 18746-18757.

[28] Cheng X B, Zhang R, Zhao C Z, et al. Toward safe lithium metal anode in rechargeable batteries: A review[J]. Chemical Reviews, 2017, 117: 10403-10473.

[29] Xu X F, Zhou D, Qin X Y, et al. A room-temperature sodium-sulfur battery with high capacity and stable cycling performance[J]. Nature Communication, 2018, 9(1): 3870.

[30] Wang Y X, Zhang B, Lai W, et al. Room-temperature sodium-sulfur batteries: A comprehensive review on research progress and cell chemistry[J]. Advanced Energy Materials, 2017, 7(24): 1602829.

[31] Kundu D, Talaie E, Duffort V, et al. The emerging chemistry of sodium ion batteries for electrochemical energy storage[J]. Angewandte Chemie International Edition, 2015, 54(11): 3431-3448.

[32] Tang M J, Yang J, Liu H, et al. Spinel-layered intergrowth composite cathodes for sodium-ion batteries[J]. ACS Applied Materials & Interface, 2020, 12: 45997-46004.

[33] Pan H, Hu Y S, Chen L. Ionic liquid electrolytes for sodium-ion batteries to control thermal runaway[J]. Journal of Energy Chemistry, 2023, 81(6): 321-338.

[34] Su S J, Huang Z G, Nuli Y N, et al. A novel rechargeable battery with a magnesium anode, a titanium dioxide cathode, and a magnesium borohydride/tetraglyme electrolyte[J]. Chemical Communications, 2015, 51(13): 2641-2644.

[35] Doe R E, Han R, Hwang J, et al. Novel, electrolyte solutions comprising fully inorganic salts with high anodic stability for rechargeable magnesium batteries[J]. Chemical Communications, 2014, 50(2): 243-245.

[36] Truong Q D, Kempaiah D M, Nguyen D N, et al. Disulfide-bridged (Mo_3S_{11}) cluster polymer: Molecular dynamics and application as electrode material for a rechargeable magnesium battery[J]. Nano Letters, 2016, 16(9): 5829-5835.

[37] Aurbach D, Lu Z, Schechter A Y, et al. Prototype systems for rechargeable magnesium batteries[J]. Nature, 2000, 407: 724-727.

[38] Gregory T D, Hoffman R J, Winterton R C. Nonaqueous electrochemistry of magnesium: Applications to energy storage[J]. Journal of the Electrochemical Society, 1990, 137(3): 775-780.

[39] Whittingham M S. Ultimate limits to intercalation reactions for lithium batteries[J]. Chemical Reviews, 2014, 114(23): 11414-11443.

[40] Whittingham M S, Siu C, Ding J. Can multielectron intercalation reactions Be the basis of next generation batteries?[J]. Accounts of Chemical Research, 2018, 51(2): 258-264.

[41] Woo S G, Yoo J Y, Cho W, et al. Copper incorporated $Cu_xMo_6S_8$ ($x \geqslant 1$) chevrel-phase cathode materials synthesized by chemical intercalation process for rechargeable magnesium batteries[J]. RSC Advances, 2014, 4(103): 59048-59055.

[42] Yoo H D, Shterenberg I, Gofer Y, et al. Mg rechargeable batteries: An on-going challenge[J]. Energy & Environmental Science, 2013, 6(8): 2265-2279.

[43] Zhang Y F, Geng H B, Wei W F, et al. Challenges and recent progress in the design of advanced electrode

materials for rechargeable Mg batteries[J]. Energy Storage Materials, 2019, 20: 118-138.

[44] Ichitsubo T, Adachi T, Yagi S, et al. Potential positive electrodes for high-voltage magnesium-ion batteries[J]. Journal of Materials Chemistry, 2011, 21(32): 11764-11772.

[45] Bitenc J, Pirnat K, Bančič T, et al. Anthraquinone-based polymer as cathode in rechargeable magnesium batteries[J]. ChemSusChem, 2015, 8(24): 4128-4132.

[46] Huie M M, Bock D C, Takeuchi E S, et al. Cathode materials for magnesium and magnesium-ion based batteries[J]. Coordination Chemical Reviews, 2015, 287: 15-27.

[47] Muench S, Wild A, Friebe C, et al. Polymer-based organic batteries[J]. Chemical Reviews, 2016, 116(16): 9438-9484.

[48] Muldoon J, Bucur C B, Gregory T. Quest for nonaqueous multivalent secondary batteries: Magnesium and beyond[J]. Chemical Reviews, 2014, 114(23): 11683-11720.

[49] Elia G A, Marquardt K, Hoeppner K, et al. An overview and future perspectives of aluminum batteries[J]. Advanced Materials, 2016, 28(35): 7564-7579.

[50] Lin M C, Gong M, Lu B, et al. An ultrafast rechargeable aluminium-ion battery[J]. Nature, 2015, 520(7547): 325-328.

[51] Li Q, Bjerrum N J. Aluminum as anode for energy storage and conversion: A review[J]. Journal of Power Sources, 2002, 110(1): 1-10.

[52] Lv Y R, Li Y H, Han C, et al. Application of porous biomass carbon materials in vanadium redox flow battery[J]. Journal of Colloid and Interface Science, 2020, 566(15): 434-443.

[53] Chein R, Chen W H. Hydrogen production from coal-derived syngas undergoing high-temperature water gas shift reaction in a membrane reactor[J]. International Journal of Energy Research, 2018, 42(9): 2940-2952.

[54] Iulianelli A, Liguori S, Wilcox J, et al. Advances on methane steam reforming to produce hydrogen through membrane reactors technology: A review[J]. Catalysis Reviews-Science and Engineering, 2016, 58(1): 1-35.

[55] Chen L, Dong X L, Wang Y G, et al. Separating hydrogen and oxygen evolution in alkaline water electrolysis using nickel hydroxide[J]. Nature Communications, 2016, 7: 11741.

[56] Sun Z, Lin B C, Yan F. Anion-exchange membranes for alkaline fuel-cell applications: The effects of cations[J]. ChemSusChem, 2018, 11(1): 58-70.

[57] He F, Teng Z Y, Yang G M, et al. Manipulating cation nonstoichiometry towards developing better electrolyte for self-humidified dual-ion solid oxide fuel cells[J]. Journal of Power Sources, 2020, 460: 228105.

[58] Ryu J Y, Ko A, Park S H, et al. Thermo-economic assessment of molten carbonat fuel cell hybrid system combined between individual sCO$_2$ power cycle and district heating[J]. Applied Thermal Engineering, 2020, 169: 114911.

[59] Chen X H, Wang Y, Cai L, et al. Maximum power output and load matching of a phosphoric acid fuel cell-thermoelectric generator hybrid system[J]. Journal of Power Sources, 2015, 294: 430-436.

[60] Hiroshi I. Economic and environmental assessment of phosphoric acid fuel cell-based combined heat and power system for an apartment complex[J]. International Journal of Hydrogen Energy, 2017, 42: 15449-15463.

[61] Zhao T S, Chen R, Yang W W, et al. Small direct methanol fuel cells with passive supply of reactants[J]. Journal of Power Sources, 2009, 191(2): 185-202.

[62] Lamy C, Lima A, Lerhun V, et al. Recent advances in the development of direct alcohol fuel cells (DAFC)[J]. Journal of Power Sources, 2002, 105(2): 283-296.

[63] Munjewar S S, Thombre S B, Mallick R K. A comprehensive review on recent material development of passive direct methanol fuel cell[J]. Ionics, 2016, 23(1): 1-18.

[64] Sun W, Wang F, Zhang B, et al. A rechargeable zinc-air battery based on zinc peroxide chemistry[J]. Science, 2021, 371(6524): 46.

[65] Rahman M A, Wang X, Wen C. A review of high energy density lithium-air battery technology[J]. Journal of

Applied Electrochemistry, 2013, 44(1): 5-22.

[66] Gaurav A, Ng F T T, Rempel G L. A new green process for biodiesel production from waste oils via catalytic distillation using a solid acid catalyst: Modeling, economic and environmental analysis[J]. Green Energy & Environment, 2016, 4: 62-74.

[67] Girishkumar G, Mccloskey B, Luntz A C, et al. Lithium-air battery: Promise and challenges[J]. The Journal of Physical Chemistry Letters, 2010, 1(14): 2193-2203.

[68] Mori R. Electrochemical properties of a rechargeable aluminum-air battery with a metal-organic framework as air cathode material[J]. RSC Advances, 2017, 7(11): 6389-6395.

[69] Mokhtar M, Talib M Z M, Majlan E H, et al. Recent developments in materials for aluminum-air batteries: A review[J]. Journal of Industrial and Engineering Chemistry, 2015, 32: 1-20.

[70] Liu Y S, Sun Q, Li W Z, et al. A comprehensive review on recent progress in aluminum-air batteries[J]. Green Energy & Environment, 2017, 2(3): 246-277.

[71] Siddiki M K, Li J, Galipeau D, et al. A review of polymer multijunction solar cells[J]. Energy & Environmental Science, 2010, 3(7): 867.

[72] Pan Z X, Rao H S, Mora-Sero I, et al. Quantum dot-sensitized solar cells[J]. Chemical Society Reviews, 2018, 47(20): 7659-7702.

[73] Wang D H, Yin F E, Du Z L, et al. Recent progress in quantum dot-sensitized solar cells employing metal chalcogenides[J]. Journal of Materials Chemistry A, 2019, 46(7): 26205-26226.

[74] Lee T D, Ebong A U. A review of thin film solar cell technologies and challenges[J]. Renewable and Sustainable Energy Reviews, 2017, 70: 1286-1297.

[75] Sharafi M, Oveisi H. A high-performance perovskite solar cell with a designed nanoarchitecture and modified mesoporous titania electron transport layer by zinc nanoparticles impurity[J]. Materials Science & Engineering B, 2023, 6(296): 116608.

[76] Zhang S Q, Qin Y P, Zhu J, et al. Over 14% efficiency in polymer solar cells enabled by a chlorinated polymer donor[J]. Advanced Materials, 2018, 30(20): 1800868.

[77] Polman A, Knight M, Garnett E C, et al. Photovoltaic materials: Present efficiencies and future challenges[J]. Science, 2016, 352(6283): aad4424.

[78] Hou J, Inganäs O, Friend R H, et al. Organic solar cells based on non-fullerene acceptors[J]. Nature Materials, 2018, 17(2): 119-128.

[79] Meng L X, Zhang Y M, Wan X J, et al. Organic and solution-processed tandem solar cells with 17.3% efficiency[J]. Science, 2018, 361(6407): 1094.

[80] Yoshikawa K, Kawasaki H, Yoshida W, et al. Silicon heterojunction solar cell with interdigitated back contacts for a photoconversion efficiency over 26%[J]. Nature Energy, 2017, 2(5): 17032.

[81] Burlingame Q, Coburn C, Che X, et al. Centimetre-scale electron diffusion in photoactive organic heterostructures[J]. Nature, 2018, 554(7690): 77-80.

[82] Würfel U, Neher D, Spies A, et al. Impact of charge transport on current-voltage characteristics and power-conversion efficiency of organic solar cells[J]. Nature Communications, 2015, 6: 6951.

[83] Cui Y, Yao H F, Gao B W, et al. Fine-tuned photoactive and interconnection layers for achieving over 13% efficiency in a fullerene-free tandem organic solar cell[J]. Journal of the American Chemical Society, 2017, 139(21): 7302-7309.

[84] Li M M, Gao K, Wan X J, et al. Solution-processed organic tandem solar cells with power conversion efficiencies >12%[J]. Nature Photonics, 2017, 11(2): 85-90.

[85] Cheng P, Li G, Zhan X W, et al. Next-generation organic photovoltaics based on non-fullerene acceptors[J]. Nature Photonics, 2018, 12(3): 131-142.

[86] Liu X P, Luo D Y, Zhang W, et al. Stabilization of photoactive phases for perovskite photovoltaics[J]. Nature

Reviews Chemistry, 2023, 4(26): 1-18.

[87] Xiao Z, Jia X, Ding L M. Ternary organic solar cells offer 14% power conversion efficiency[J]. Science Bulletin, 2017, 62(23): 1562-1564.

[88] Duong T, Pham H, Kho T C, et al. High efficiency perovskite-silicon tandem solar cells: Effect of surface coating versus bulk incorporation of 2D perovskite[J]. Advanced Energy Materials, 2020: 201903553.

第2章

环境友好材料

学习目标导航

> 了解材料与环境的关系，认识环境友好材料；
> 学习生物质材料基本知识，掌握各种生物质材料的结构与特征；
> 学习绿色建筑材料基本知识，掌握各种绿色建筑材料的特征与应用；
> 学习绿色包装材料基本知识，掌握各种绿色包装材料的特征与应用；
> 学习环境工程材料基本知识，掌握各种环境工程材料的结构与特征。

本章知识构架

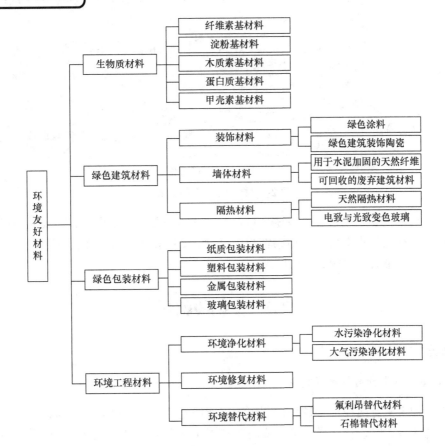

2.1 概　述

材料是国民经济和社会发展的基础和先导，它不但服务国家建设与发展，还服务人们生活的各个领域，它是当代科技发展的主要支柱之一。因此，世界各国都十分重视材料产业，并采取各种措施大力发展材料产业。

然而，材料产业的发展也带来了一些环境问题。从资源与环境角度分析，材料的提取、制备、生产、使用和废弃过程是一个资源消耗和环境污染的过程。一方面，材料推动着人类社会的文明与进步；另一方面，材料在生产过程中会消耗大量的资源与能源[1]，在材料使用和废弃过程中排放大量的废气、废水和固体废弃物，污染环境、恶化人类的生存空间。

面对这些环境问题，人们发现不能再按以前的思路发展材料产业，必须重视这些环境问题，并找到合适的解决办法，从而使材料产业的发展进入可持续发展阶段。

环境友好材料，即与环境相协调的材料，指在光、水或其他条件的作用下，出现分子量、物理性能等下降的现象，并逐渐被环境所吸收的一种材料，也可称为可降解材料。

人类赖以生存的环境与材料之间存在不可分割的关系，如图 2-1 所示，它们密切相关并且共同组成一个庞大的系统。

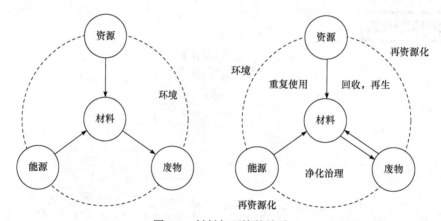

图 2-1 材料与环境的关系

将材料与环境联系起来有三条途径：资源、能源与废物。生产材料需要从环境中获取能源和资源，在此过程中会产生污染物与废弃物，最终排放到环境中。通过这种方式，材料生产与环境污染有了更深层次的联系。

2.2 生物质材料

2.2.1 概况

1. 生物质与生物质材料的定义

生物质的定义有两种：一种是指利用太阳能经光合作用合成的有机物，如木本、草本和藤本植物的茎、叶、花、果实等，或间接利用光合作用产物形成的有机物质，如水产业的虾皮、蟹壳等。另一种是指主要来源于农业的可生物降解的产品组分、剩余物和废弃物，以及工业和城市垃圾中的可生物降解的组分，一般不包括人类食用的农作物、家养动物，以及常规木材生产。

生物质材料（biomass）是指由动物、植物及微生物等生命体衍生得到的材料，主要由有机高分子物质组成，在化学成分上生物质材料主要由碳、氢和氧三种元素组成。由于是动物、植物及微生物等生命体衍生得来，未经化学修饰的生物质材料容易被自然界微生物降解为水、二氧化碳和其他小分子，其产物能再次进入自然界循环，因此生物质材料具备可再生和可生物降解的重要特征。常见的生物质材料有木材、秸秆、竹材、淀粉、树皮、纤维素、木质素、半纤维素、蛋白质、甲壳素等，光合作用[2]对其的影响不可忽视。

2. 生物质材料的分类与特征

生物质材料种类繁多且有多种分类方式，分类与物性如表 2-1 所示。

表 2-1　生物质材料的分类与物性

分类	优势	应用
纤维素基材料	分布最广、储量最大、可完全生物降解、无毒、无污染、易于改性、生物相容性好、可再生	生物应用、水处理和分离、传感器
淀粉基材料	成本低、来源广泛、储量丰富且降解产物无污染	食品行业、造纸、材料、纺织工业
木质素基材料	自然丰度方面仅次于纤维素，可生物降解，未充分用于化学和材料开发	农业和染料分散剂、乳化剂、水泥添加剂、造粒助剂、电池膨胀剂、黏合剂、螯合剂
蛋白质基材料	易获取、成为原材料循环经济的一部分，具有生物相容性和可生物降解性	
甲壳素基材料	氨基、羟基和乙酰氨基等活性因子丰富，生理适应性和生物可降解性非常强大	医用纳米材料、绿色环保材料、食品保鲜和包装材料

1）按来源分

按来源分为植物基生物质材料、动物基生物质材料和微生物基生物质材料。

（1）植物基生物质材料：是指由植物衍生得到的生物质材料，或直接利用具有细胞结构的植物本体作为材料。常见的植物衍生得到的生物质材料有纤维素、木质素、半纤维素、淀粉、植物蛋白、果胶、木聚糖、果阿胶等；直接利用具有细胞结构的植物本体实际上是由上述植物衍生的生物质"复合"组成的材料，如木材、作物秸秆、藤类、树皮等。

（2）动物基生物质材料：是指由动物衍生得到的生物质材料，或直接利用具有细胞结构的动物部分组织作为材料。由动物衍生得到的常见的生物质材料有甲壳素、壳聚糖、动物蛋白、透明质酸、紫虫胶、丝素蛋白、核酸、磷脂等；直接利用具有细胞结构的动物的部分组织主要是皮、毛等。

（3）微生物基生物质材料：是指通过微生物的生命活动合成出的一种可生物降解的聚合物。主要有出芽酶聚糖、凝胶多糖、黄原胶、聚氨基酸等。

2）按组分分

按组分可分为均质生物质材料和复合生物质材料。

（1）均质生物质材料：均质指每个生物质材料分子都具有相同或相似的化学结构组分。

它们的特征是结构已知或者用化学结构式可以表达。对于均质生物质材料又可分为均聚型生物质材料和共聚型生物质材料。前者表示生物质材料由一种化学结构组成（类似均聚高分子材料），组成单一、易于纯化、化学性质差异小，如纤维素和聚木糖分别只由吡喃型 D-葡萄糖基和吡喃型 D-木糖基聚合而得，如图 2-2 所示；后者表示生物质材料分子链中由多种化学结构组成，如海藻酸钠是由 α-L-古洛糖醛酸（G）和 β-D-甘露醛酸（M）形成的共聚物，如图 2-3 所示。

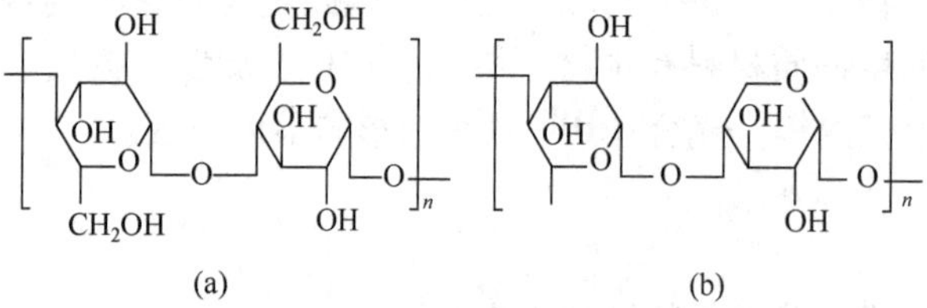

图 2-2   纤维素（a）和聚木糖（b）的结构单元 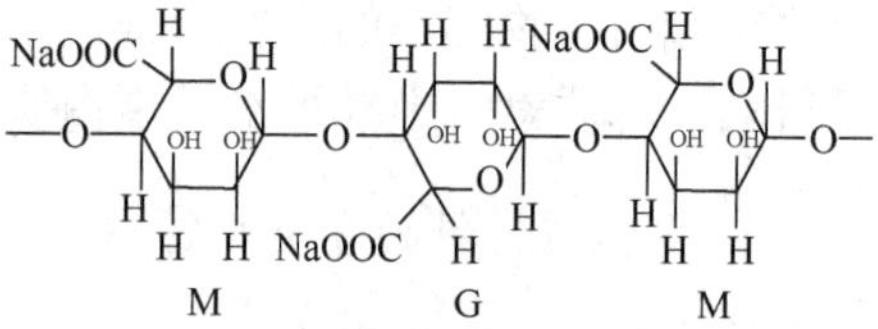   图 2-3   海藻酸钠的结构单元

（2）复合生物质材料：复合是指材料中同时含有两种以上结构单元组成不同的分子，它是一种混合物或复合体，其主要特点是多组分，通常具有细胞残留结构。

3）按化学结构单元分

按照化学结构单元可分为：多糖类、蛋白质类、核酸、脂类（脂质）、酚类、聚氨基酸、综合类等。多糖类生物质材料指分子的结构单元由吡喃糖基或/和呋喃糖基组成的有机高分子物质。蛋白质类生物质材料指分子的结构单元含有肽键（由一个氨基酸的氨基与另一个氨基酸羧基反应形成的酰胺键）的有机高分子物质。核酸是由核苷酸聚合而成的大分子，它是构成生命现象非常重要的一种高分子，主要指核糖核酸（RNA）和脱氧核糖核酸（DNA）。脂类指分子的结构单元含有机酯键的有机高分子物质，它包含由动物体内衍生出的脂质和微生物的生命活动合成出的聚酯。酚类指分子的结构单元含有丰富的酚基或者酚的衍生物，属于多酚类的生物质材料有木质素、大漆、单宁等。聚氨基酸是指分子的结构单元含有一种氨基酸形成的酰胺键的有机高分子物质，这里所说的聚氨基酸指由微生物通过生命活动合成出的一种可生物降解的聚合物。综合类生物质材料指材料或者分子中同时含有两种以上不同类别的化学结构单元，如木材和作物秸秆是由多糖类（纤维素与半纤维素）和多酚类（木质素）生物质材料复合而成。

生物质材料的主要特征可以概括为：①利用效率高，其原材料实现了资源的综合利用和有效利用；②适用范围广，可根据使用要求生产出不同性能和形状的制品；③节能环保，发电、建筑用材及成品均安全环保；④经济效益好，实现了低价值材料向高附加值产品的转变；⑤可再生，其报废产品和回收废料均可 100%再利用。

3. 生物质材料的应用

生物质材料具有资源丰富、来源广泛、可再生及可生物降解等特点。它的利用方法主要有以下四方面。

（1）直接利用：通过物理或机械加工，直接将生物质材料制成各种产品，如将木材制成各种实木家具、饰品，或者制成各种用途的板条、圆木、木方等。

（2）改性利用：基于生物质材料所含的功能基，通过聚合物化学反应，制备出化学结构和性能与反应前不同的材料。主要的聚合物化学反应有接枝、衍生化与交联。

（3）复合或共混：将一种生物质材料与另一种生物质材料或者合成高分子材料通过复合或共混的方法，制备具有更好品质的新材料。

（4）转化利用：在热、催化剂存在下，将生物质材料转化成分子量较小的化工原料，是近十几年逐渐兴起的一种生物质材料利用途径。目前，生物质的转化利用技术主要包括物理、热化学、生物化学和直接化学转化技术，如图 2-4 所示。

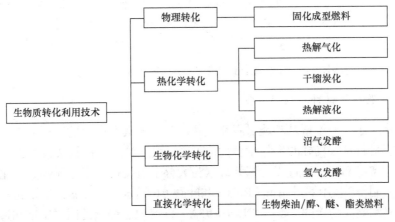

图 2-4　生物质材料的转化利用技术

接枝指大分子链上通过化学键结合适当的支链或功能性侧基的反应。

衍生化是利用化学变换将化合物转化成类似化学结构的物质。

交联为线型或支型高分子链间以共价键连接成网状或体型高分子的过程。

目前，生物质材料的加工利用受到各国政府和学者的密切关注，大量的人力、物力投入到高效、低成本、高性能的生物质材料研究与开发上，生物质材料科学与工程将不断发展，其应用也不断扩展，在未来必将能够支撑人类的持续发展。

2.2.2　纤维素基材料

1. 纤维素结构与性质

纤维素是由 β-1,4-糖苷键连接的 D-脱水葡萄糖吡喃糖-氨基糖单元组成的线型均聚物，与其他葡聚糖聚合物中的葡萄糖不同，该天然聚合物的重复单元是葡萄糖的二聚体，称为纤维二糖。这些线型葡萄糖链聚集形成牢固的微纤维。纤维素的许多特性取决于聚合度，聚合度可根据纤维素来源而变化。由于沿着骨架的葡萄糖环上有大量的羟基，因此在各个纤维素链之间存在广泛的氢键，如图 2-5 所示。这导致多条纤维素链结晶成不溶的微原纤维和两个结构区域，即结晶和非晶区域，使纤维素具有高强度、耐用性和生物相容性。每个单体单元中三羟基的存在及其高反应性赋予了纤维素如亲水性、手性和生物降解性的特性。这些羟基还促进纤维素的化学改性，从而通过纤维素中重复单元上的一些或全部羟基反应，得到纤维素衍生物。纤维素中丰富的羟基使其适合于化学功能化，如醚化、羧甲基化、氰基乙基化和羟丙基化。纤维素衍生物可以根据它们的生产方法和取代基来分类，如通过酯化的酯-乙酸纤维素和通过醚化的醚-甲基纤维素/羧甲基纤维素。

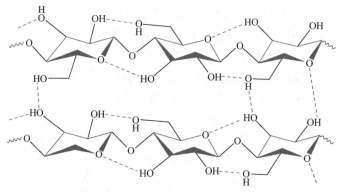

图 2-5　纤维素分子结构中的分子内和分子间氢键[3-4]

2. 纤维素及功能材料的应用

（1）生物应用。纤维素基功能材料在生物医学领域具有广泛的应用潜力。例如，基于纤维素的功能材料具有良好的生物相容性，可用于癌症治疗。梳状共聚物乙基纤维素-*g*-聚（*ε*-己内酯）（EC-*g*-PCL）通过以乙基纤维素为大分子引发剂、辛酸亚锡为催化剂的己内酯开环聚合反应制得[5]。用罗丹明 B（RhB）和叶酸（FA）进行 EC-*g*-PCL 的进一步修饰，以获得具有荧光和靶向功能的 EC-*g*-PCL-RhB/FA，以实现癌细胞的同时鉴定和追踪。

（2）水处理和分离。纤维素基功能材料经常应用于分离领域，如在水处理中。已知基于壳聚糖的纳米纤维、木质纤维素、壳聚糖、甲壳素、纤维素和木质素等生物聚合物可吸收水溶液中的重金属离子。纤维素基功能材料为水处理领域的应用提供了良好的吸附能力。

（3）传感器。纤维素基功能材料作为传感材料具有新的应用前景，符合人工智能的科学技术发展趋势。利用喷墨打印机将数百个自行设计的金电极阵列组装在纤维素膜上，作为薄膜传感器平台，该材料具有良好的导电性、灵活性、高集成度和低成本等特点[6]。

2.2.3　淀粉基材料

淀粉是地球上储量最丰富的多糖类天然高分子材料之一，是植物经光合作用形成的碳水化合物[7]。

1. 淀粉结构

淀粉通常以直径为 2～200μm 的球形存在，化学结构上，淀粉由直链淀粉（呈线型）和支链淀粉（呈枝状）组成，二者分子结构如图 2-6 所示。即使是同一来源的淀粉，由于淀粉中直链淀粉含量不同，其结构和性能，如糊化、老化、玻璃化转变、热降解、流变学特性等也有显著不同。直链淀粉主要呈线型或是轻微支状，分子量一般为 $1.5 \times 10^5 \sim 6.0 \times 10^5$，可溶于热水。每个分子中至少含有 1000 个 *α*-D-葡萄糖结构单元，各单元之间通过 1,4-糖苷键相互连接形成单链结构，在每个分子链上，还原性的末端基团和非还原性的末端基团都仅有一个。任意两条淀粉分子链之间，通过氢键作用或范德华力相互作用，缠绕成双螺旋结构。淀粉的基本骨架由高度枝化的支链淀粉构成，支链淀粉中除了 *α*-1,4-糖苷键连接 *α*-D-葡萄糖形成的单链以外，还有通过 *α*-1,6-糖苷键连接在还原端的短链，因此支链淀粉有一个还原性末端和很多非还原末端，其分子量高达上百万。

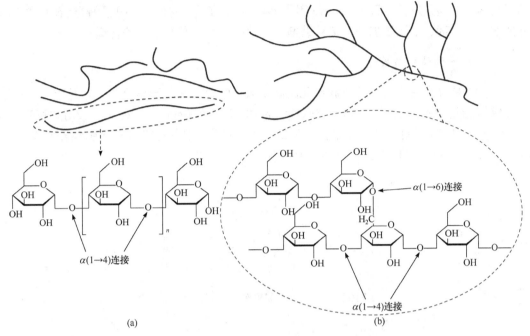

图 2-6　直链淀粉(a)和支链淀粉(b)的化学结构[8]

2. 淀粉基复合材料

由于资源短缺及白色污染问题，研究和开发可降解的天然高分子复合材料已成为各国的研究重点。淀粉由于具有成本低、储量丰富、可再生、可完全生物降解等优势，可以有效地解决塑料废弃物的污染问题。淀粉基可降解复合材料的研究内容主要有：①对淀粉进行改性，提高淀粉与合成高分子之间的相容性；②淀粉与其他可降解高分子，如普鲁兰多糖、纤维素等，直接进行物理混合填充；③在淀粉和合成高分子原料混合体系中添加增塑剂，提高二者的共混性能。

淀粉基可降解复合材料分为淀粉-高分子共混材料、淀粉直接填充材料、全淀粉材料。淀粉-高分子共混材料的研究主要包括淀粉改性、聚合物改性和加入增塑剂等，从而使淀粉与高分子之间的氢键作用增强，提高共混性能。淀粉改性手段是通过恰当的改性手段，实现淀粉表面基团发生变化，提高淀粉基膜材料的力学强度。聚合物高分子改性是通过化学反应在高分子表面接枝某些链段或者基团，提高自身与淀粉的亲和性能。淀粉直接填充材料即淀粉为物理填充，与高分子之间并无化学键作用。全淀粉材料是一种可以完全生物降解的材料，其中淀粉的含量在 90% 以上，除了无机物或可降解添加剂外，不含有其他高分子物质。

2.2.4　木质素基材料

木质素在自然丰度方面仅次于纤维素，它作为绿色、非食品的石油来源替代品具有较广的应用前景。据估计，生物圈中存在超过 3000 亿吨木质素，全世界每年约有 200 亿吨生物合成[9-10]。尽管木质素是顽固的底物，但是某些微生物，如白腐真菌可以降解木质素，促进土壤有机质的形成，从而使木质素成为可生物降解的天然聚合物。目前，木质素未充分用于化学和材料开发，大部分（98%）用作燃料燃烧。它的一些大分子应用包括农业和染料分散剂、乳化剂、水泥添加剂、造粒助剂、电池膨胀剂、黏合剂、螯合剂等。

1. 木质素的结构与性能

木质素是具有脂肪族和芳香族单元的高度氧化的复合无定形聚合物。它是通过生化过程形成的，该过程涉及松柏醇（coniferyl alcohol）、芥子醇（sinapyl alcohol）或对香豆醇（p-coumaryl alcohol）的自由基交联聚合（图 2-7）。在木质素中所对应的芳环基本结构单元为：愈疮木酚基（G）、紫丁香基（S）和对羟基苯基丙烷（H）单元。

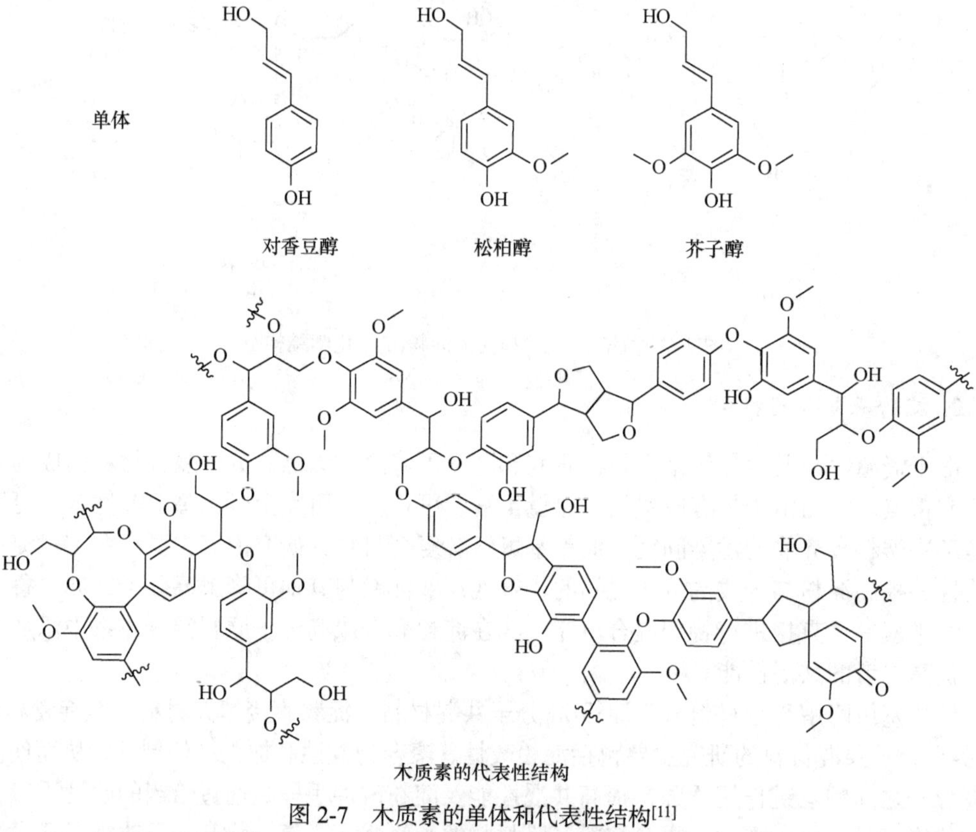

图 2-7　木质素的单体和代表性结构[11]

木质化：植物细胞壁中被木素浸填的过程。在维管植物中，细胞不同程度地被木质化，木素成为植物体内不可缺少的结构物质。木素具有增强细胞壁坚固性和黏结纤维的作用。高等植物在生长期间木素不断地在细胞壁中沉积。从初生壁至次生壁，积聚的木素越多，木质化程度越高[12]。

2. 聚合物基木质素复合材料

木质素具有有用的特性，如抗氧化剂、紫外线保护剂和增强载体。因此，已经开发出许多方法来制备含有木质素的聚合物材料。生产木质素基聚合物的途径主要有三种[13]。

第一种途径是将木质素作为热塑性聚合物共混物中的生物聚合物组分。木质素与许多生物基聚合物的不相容性使得生产具有增强性能的共混物/复合材料具有挑战性。另外，木

质素的高 T_g 和高温下的自缩合倾向使聚合物共混物的开发复杂化。木质素的极性导致强烈的自相互作用并阻碍与非极性聚合物的混溶性[14]。木质素与聚烯烃、乙烯基聚合物、聚酯、聚氨酯以及天然和合成橡胶的共混物引起了人们的极大关注[15]。

作为第二种途径，木质素的化学改性和接枝聚合物对于改善木质素的界面性质与合成聚合物更好地相容化具有重大意义。尽管从木质素接枝聚合物已有很长的历史，但缺乏分子控制却几乎没有进展。受控聚合方法的最新进展，如原子转移自由基聚合（atom transfer radical polymerization，ATRP）、可逆加成断裂链转移聚合（reversible addition fragmentation chain transfer polymerization，RAFTP）和开环聚合（ring opening polymerization，ROP），促进了木质素基接枝聚合物的合成[16]。例如，Tang 等用 ATRP 生产松香聚合物接枝的木质素疏水聚合物复合材料，其 T_g 为 20～100℃；他们还开发了具有紫外线吸收和改善的机械性能的木质素基星形热塑性弹性体[17]。此外，基于 ATRP 的响应材料、自修复水凝胶、紫外线防护剂、基于 RAFTP 的高效减水剂、表面活性剂、絮凝剂和生物复合物也已见报道。

第三种途径是将木质素解聚为平台化学物质，然后可以将其转化为单体，再转化为聚合物。最近有许多关于使用木质素模型化合物（如香兰素、愈创木酚和丁子香酚）通过聚合技术制备各种聚合物的报道。Epps 等对基于 RAFTP 的木质素聚合物进行了几项研究[18-20]。他们最近通过直接的生物质解聚和功能化以及最少的纯化步骤开发了木质素衍生的 RAFTP 的聚合物[21]。

2.2.5　蛋白质基材料

蛋白质材料在人类社会中有悠久的历史。这些材料具有卓越的物理特性，它们本质上是可生物降解的，并最终返回到地球的生物质中。因此，研究并制造蛋白质基材料一直是各国学者的研究重点。

时至今日，基于蛋白质材料的新设计已被广泛研究。研究人员可以很容易地编程任何蛋白质的表达，并在许多吸引人的生物材料应用中使用蛋白质。基于蛋白质的材料除了易于获取和成为原材料循环经济的一部分外，还具有生物相容性和可生物降解性，这些特性极具吸引力[22]。此外，由于许多结构蛋白是由氨基酸序列的离散重复组成的聚合材料，因此它们具有高度的模块化，从而易于操作[23]。被发现具有吸引力的特定氨基酸序列通常可以与另一种蛋白质融合，从而兼具两者的吸引力。例如，将赋予蛋白质强度的序列与赋予弹性的序列相结合，可以产生坚固而又有弹性的材料。天然蛋白质（如丝、弹性蛋白、纤维蛋白、胶原蛋白和角蛋白）的固有强度和弹性使这些蛋白质成为此类研究的重点[24]。此外，蛋白质之间进行组合或掺入无机成分的复合材料在许多生物材料应用中也被证明是有前途的。

1. 蛋白质结构

蛋白质的平均基本成分包含 50%～55%的碳、6%～7%的氢、20%～23%的氧、12%～19%的氮和 0.2%～3%的硫。蛋白质通常折叠成唯一的三维结构，并且该结构在四个不同的方向进行组织[25]。蛋白质在执行其功能时可以在几种相关结构之间转换。在功能重排的情况下，通常将三级或四级结构称为构象，而将过渡称为构象变化。这些变化通常是由于底物分子与参与化学催化的酶中的活性位点结合而引起的。

2. 蛋白质材料分类

1）丝

丝（silk）是由专门的上皮细胞分泌的纤维蛋白，这些细胞排列在节肢动物的腺体上，如蚕、蜘蛛、蝎子和一些果蝇。这些昆虫在变态过程中使丝纤维旋转。已经被驯化了数千年的蚕茧获得的丝纤维在纺织工业中得到广泛应用。蜘蛛生产的丝绸在结构上与桑蚕衍生的丝绸不同，并且具有出色的机械性能。蚕丝主要由丝素蛋白组成，而蜘蛛丝的主要蛋白是蜘蛛蛋白。近年来，丝以其优异的材料性能和广阔的应用前景引起了人们的广泛关注。

从蚕中分离出来的丝素蛋白由单根纤维组成，其长度为 700～1500m，直径为 10～20μm。典型的丝素蛋白分子由分子质量为 350～390kDa 的重链（H 链）和分子质量为 26kDa 的轻链或 L 链组成，它们通过单个二硫键相互连接，除此以外，还有一个分子质量为 30kDa 的辅助糖蛋白。H 链、L 链和辅助链以 6∶6∶1 的比例组装在一起以形成高分子质量的基本单元。丝素蛋白的特征在于存在由疏水和亲水嵌段组成的嵌段共聚物，它们共同为纤维提供弹性和韧性[26]。

丝素蛋白的主要结构是由氨基酸序列-(Gly-Ser-Gly-Ala-Gly-Ala)$_n$-的反平行链折叠片层构成。这些重复 β-折叠的组成部分，其中甘氨酸是整个结构中最主要的氨基酸（45.9%）。高甘氨酸含量使蚕丝形成更紧密的包裹，使蚕丝具有较高的抗拉强度和刚性结构。刚性和韧性的结合使其成为一种应用于多个领域的材料，包括生物医学和纺织制造业[27]。

2）弹性蛋白

弹性蛋白（elastin）是一种主要的哺乳动物结构蛋白，存在于血管、肺上皮、皮肤和其他组织中[28]。在结构水平上，弹性蛋白由连续的四肽、五肽和六肽重复序列组成，这些肽序列主要由疏水性残基组成，如缬氨酸、丙氨酸、甘氨酸和脯氨酸。这些序列中穿插着更多的富含赖氨酸和丙氨酸重复序列的亲水结构域。弹性蛋白的模型表明，拉伸会降低熵（即从结构中排出水分子），从而为弹性蛋白的标记弹性提供熵驱动力。

3）胶原蛋白

像弹性蛋白一样，胶原蛋白（collagen）是高度保守的结构蛋白。它是哺乳动物组织中最丰富的结构蛋白，基本结构是三个 α-螺旋链，它们以同三聚体或杂三聚体缔合，如图 2-8 所示[29]（人Ⅲ型胶原蛋白结构图）。然后这些三聚体组装成更复杂的超分子结构，包括原纤维、珠状长丝、锚定纤维、网络和六边形网络[30]。胶原蛋白的主要结构是甘氨酸-X-Y 重复序列，其中 X 通常为羟脯氨酸，Y 为脯氨酸。胶原蛋白中羟脯氨酸的存在被认为有助于其热稳定性，从胶原序列中各位点缺失羟脯氨酸的突变显著降低了其热变性温度。

4）纤维蛋白

纤维蛋白（fibrin）是一种纤维基质蛋白，是细胞外基质的主要成分，由纤维蛋白原裂解后通过凝血酶活化和单体聚合而成。纤维蛋白原是一种分子质量为 340kDa 的糖蛋白，由三对多肽链组成，即 Aα、Bβ 和 γ，29 个二硫键将这些蛋白质对结合在一起。由纤维蛋白原合成的纤维蛋白如图 2-9 所示。每条多肽链由两个外部 D 结构域组成，两个外部 D 结构域通过卷曲螺旋形片段连接至中心 E 结构域。Bβ 和 γC 末端位于 D 区域，而 E 区域则拥有所有 6 条链的 N 末端。纤维蛋白的聚合分为两个步骤：首先是纤维蛋白原水解为纤维蛋白，

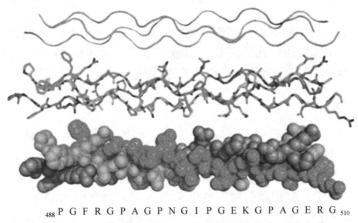

$_{488}$P G F R G P A G P N G I P G E K G P A G E R G$_{510}$
$_{488}$P G F R G P A G P N G I P G E K G P A G E R G$_{510}$
$_{488}$P G F R G P A G P N G I P G E K G P A G E R G$_{510}$

图 2-8　人Ⅲ型胶原蛋白 Pro488 到 Gly510 的区域三螺旋结构及原子水平结构示意图[29]

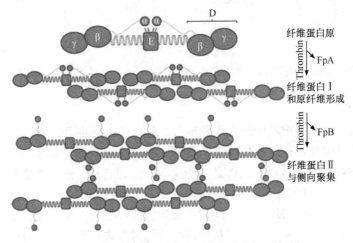

图 2-9　凝血酶将血纤蛋白原转化为血纤蛋白[31]

切割纤维蛋白肽 A（FPA）序列。第二步是通过因子ⅩⅢa 的作用来稳定纤维蛋白。

已知纤维蛋白与多种蛋白相互作用，如纤连蛋白、玻连蛋白、纤溶酶原，以及组织纤溶酶原激活剂和生长因子，如 FGF、VEGF 和胰岛素样生长因子-1。纤维蛋白满足组织工程学对生物材料特性的许多要求。基于纤维蛋白的生物材料高度黏附于许多生物表面，并用于修复尿道、心脏、肝脏和肾脏的组织[32]。

5）角蛋白

角蛋白（keratin）是一种结构蛋白，存在于爬行动物的鳞片和爪、鸟类的喙和羽毛（β-角蛋白）以及哺乳动物的毛发和羊毛（α-角蛋白）中[33]。尽管 α-角蛋白和 β-角蛋白都含有丰富的半胱氨酸氨基酸，并且有大量的二硫键交联，但它们在结构上却截然不同。α-角蛋白是一种螺旋状蛋白，可聚集成卷曲螺旋，最终形成螺旋状的丝状物。相比之下，β-角蛋白形成 β 片，也可组装成高阶纤维。通常，α-角蛋白和 β-角蛋白都以其功能形式嵌入无定形角蛋白基质中。β-角蛋白也可以以非晶体形式出现，并参与其他功能，包括作为某些鸟羽结构颜色的基础。

角蛋白在农业废料中的不溶性和普遍性，使其在生物材料应用中特别有吸引力。角蛋白天然序列中存在细胞黏附序列的精氨酸-甘氨酸-天冬氨酸（RGD）和亮氨酸-天冬氨酸-缬氨酸（LDV），也增加了其作为细胞生长基质的潜力。

2.2.6 甲壳素基材料

在生物基材料中，自然界中含量最高的两种是纤维素（存在于木质纤维素植物中）和甲壳素（存在于甲壳动物、昆虫的外骨骼中或真菌的细胞壁中）。两者在结构上相似：纤维素由 D-葡萄糖单元通过 β-1,4-糖苷键连接，而甲壳素由重复的 2-（乙酰氨基）-2-脱氧-D-葡萄糖单元组成（图 2-10）。壳聚糖的脱乙酰化形式——壳聚糖也已得到广泛研究。截至今天，许多甲壳素基材料已经满足了对性能的要求，如湿度敏感性、强度和弹性。

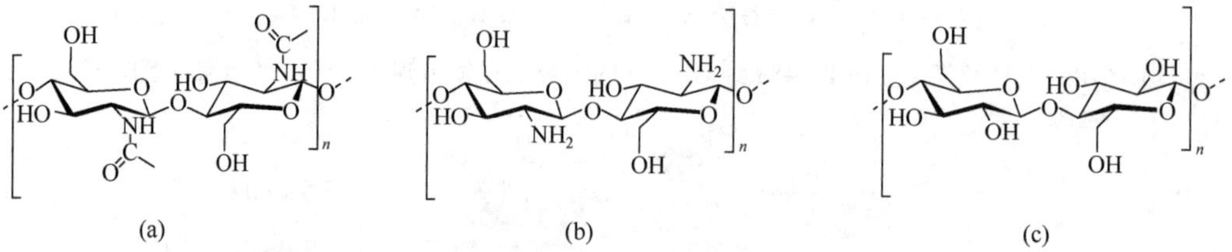

图 2-10　甲壳素（a）及其衍生物壳聚糖（b）和纤维素（c）的结构[34]

1. 甲壳素纤维

合成纤维在全球纺织市场中仍占主导地位，占所有纤维使用量的一半左右，其中尼龙、聚酯、丙烯酸和聚烯烃占全球合成纤维产量的 98%。由于对人类健康和环境的关注日益增加，甲壳素纤维对于纺织市场来说将是一场变革，因为它是天然可生物降解的。另外，当考虑将纤维用于医疗应用时，甲壳素是一种重要的聚合物，因为它具有生物惰性，既不会引起也不会促进并发症或组织反应，而这对于理想的可植入纺织品至关重要。理想的可植入织物也应该是坚固的，并且在组织获得强度的同时失去强度。在这方面，甲壳素纤维与其他天然或合成材料[如纤维素、竹子、聚乳酸（PLA）]复合而成的聚合物材料将是理想的选择。

2. 甲壳素珠子

最近在个人护理产品和用于生物医学研究的产品中，塑料微珠的研究增加，导致在其生产中使用了多种合成聚合物（如 PLA、聚乙醇酸、聚 ε-己内酯）。然而，由于其对环境的污染，《美国联邦食品、药品和化妆品法案》禁止所有含漂洗微珠的化妆品的制造（自 2017年 7 月 1 日起）和进口（自 2018 年 1 月 1 日起）[35]。在这种背景下，甲壳素因其特性（无毒、可生物相容、可生物降解以及自然短期累积）而可作为合成聚合物的生物替代品，用于化妆品和个人护理产品，包括沐浴露、磨砂膏、牙膏。

3. 甲壳素薄膜

甲壳素薄膜应用的两个主要行业是包装和医疗设备。包装是全球生物聚合物市场最大的终端用户（市场规模超过 65%），大多数需求来自对生态友好型包装的需求，因为包装通常是一次性产品。食品包装可保护食品，防止水分流失并延长食品保鲜期。甲壳素薄膜在这方面非常有前途，因为它们可以控制水蒸气透过率，即控制食物中的水分流失。在生物医学行业中，甲壳素薄膜也可以作为干燥或轻度渗液性创面的创面敷料，这同样归因于水蒸气透过率的控制[36]。它们既可以防止速干（产生疤痕），也可以防止渗出液积聚（延缓愈合）。

甲壳素市场正在快速扩张，预计到 2027 年将增长 2 倍，达到 29.41 亿美元。然而，壳聚糖作为生物材料的原料被生物医学研究团体广泛研究，甲壳素却没有被充分利用。目前，甲壳素的大规模使用由于缺乏足够数量的稳定的、高分子量的原材料聚合物而受到限制，因此期待更多研究者致力于甲壳素基材料的研究与开发。

2.3　绿色建筑材料

绿色建筑是指在建筑的整个生命周期中，从规划到设计、施工、运营、维护、改造、拆除等过程中对环境负责、节约资源的结构和应用。建筑师提出了 3R 原则：减少不可再生能源和资源的使用，以节约能源或减少对环境的影响，尽可能地重复利用建筑构件或建筑产品，并加强对旧建筑物的修复。考虑到环境和舒适性，绿色建筑研究已变得意义重大。绿色建筑可以最大程度地节省资源，包括节能、节约土地、节水和节省材料，从而在整个建筑生命周期中保护环境并减少污染[37]。此外，在某些领域，绿色建筑还被用于可持续建筑和高性能建筑[38]。

绿色建筑材料：指材料从生产制造到使用废弃的过程中消耗较少的天然资源或可循环利用某些天然资源、不对环境产生负面影响或负面影响很小的建筑材料，旨在减少资源浪费、最大限度地节约资源。

绿色建筑兴起后，世界上许多国家都建立了相关的认证标准，以更好地规范绿色建筑的发展，更好地改善人类的居住环境。根据评估体系，可以设计出具有绿色节能新特征的绿色建筑，还促进了可回收材料和室内空气改善材料的开发。绿色建筑材料是运用清洁生产技术，没有或很少使用自然资源和能源，大量使用工业、农业或市政固体废物进行生产，无公害，可回收利用，对环境保护和人类健康有益的一种建筑材料。绿色建筑材料的使用涉及建筑的各个方面。绿色建筑材料的发展历程如图 2-11 所示。

绿色建筑材料通常包括：绿色生态水泥、绿色墙体、生态透水砖、绿色玻璃、绿色屋顶、绿色涂料等[39]。绿色建筑材料分为装饰材料、墙体材料、隔热材料。

2.3.1　装饰材料

建筑装饰材料在整个建筑中占有重要的地位，根据资料分析，装饰材料占总建筑材料成本的 50%左右。装饰材料不仅能美化建筑，还能起到保护作用，如提高建筑对自然侵蚀的抵抗能力以及防止微生物的侵蚀作用等，从而提高建筑物的耐久性。

目前广泛使用的传统装饰材料的功能较为单一，甚至有些材料在使用过程中还会放出有害气体，危害人类健康。因此，采取高新技术制造多功能、有益于人体健康的绿色建筑装饰材料是今后的发展方向。

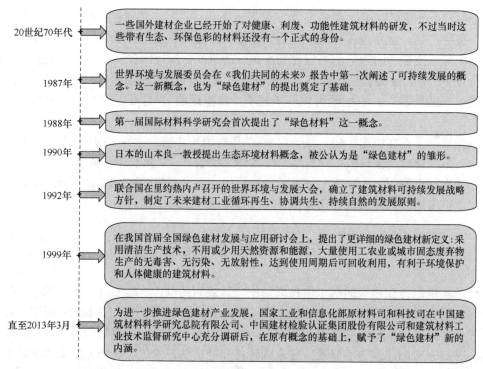

图 2-11　绿色建筑材料的发展历程图

1. 绿色涂料

目前被广泛研究的绿色涂料包括水性涂料、高固体分涂料、粉末涂料以及辐射固化涂料等。水性涂料是一类用水作溶剂或分散介质的涂料，于 20 世纪 60 年代初被研制出。在所有的合成树脂水性涂料中，聚氨酯水性涂料发展最快，其新开发的品种有：自动氧化固化聚氨酯涂料、单组分自交联聚氨酯水性涂料、双组分聚氨酯水性涂料、生物降解型聚氨酯涂料等。高固体分涂料简称 HSC（high solid coat），一般固体分在 65%～85% 的涂料均可称为 HSC。HSC 发展到极限就是无溶剂涂料，如 2012 年迅速崛起的聚脲弹性体涂料就是此类涂料的代表。粉末涂料具有无溶剂污染、100% 成膜、能耗较低等优点，成为建筑涂料发展的重要方向之一。粉末涂料可以应用于门窗、围墙、护栏等材料及建筑用管材的涂装。辐射固化材料主要有紫外光和电子束固化两种方式，具有高效节能等优势，目前已进入较为成熟的发展阶段。

2. 绿色建筑装饰陶瓷

近年来，在建筑材料领域出现的绿色陶瓷装饰材料主要有陶瓷薄板、发泡陶瓷、陶瓷透水砖等主要用于内外墙装饰、幕墙饰面以及墙体保温材料。

日本最先于 20 世纪 80 年代提出陶瓷薄板的概念，随后意大利 System 公司发明了干法陶瓷薄板制造技术，从而大大加快了其工业化和市场化进程。陶瓷薄板的厚度只有普通砖的 1/3，其通过减少原材料用量达到节约矿产资源以及降低生产能耗的目的。陶瓷薄板在原料制备、成型技术和烧成工艺等方面均有所创新，具有良好的经济效益和社会效益。

发泡陶瓷材料是经高温烧制，自然发泡生长而成，气孔间不贯通、不吸水，孔径为毫米级；具有耐火、隔声及装饰效果等优点，作为保温隔热等材料具有广泛的应用前景。发泡陶粒最早作为轻质、不吸水材料用于建筑混凝土中，制作混凝土保温砂浆，现在主要用作绿色建筑外墙保温隔热材料。发泡陶瓷板可用于军事和民生领域，对环境不会造成二次污染。

陶瓷透水砖是一种以炉渣废料为原料，经两次成型高温烧制而成的绿色装饰材料。其可作为路面铺设材料，广泛应用于公园、广场、人行道、停车场、住宅区等，美化人类的生活环境。

2.3.2　墙体材料

墙是建筑的主要结构，承担着建筑的重量，也起到部分隔音和隔热的作用。墙体材料在建筑建造过程中会产生巨大的消耗，但是如果以绿色的方式会大大节约成本。

1. 用于水泥加固的天然纤维

混凝土是通过在搅拌条件下将材料（水泥）、集料（沙子、石头）和水胶结而成的。作为一种重要的工程材料，混凝土具有低成本、高抗压强度、良好的可塑性、耐久性等优点。但是，混凝土的生产和使用消耗了大量的矿产资源，给人类的生活环境带来了严重的副作用。矿物掺合料的使用在国内外已经非常流行。将矿渣、粉煤灰、硅粉和再生骨料混合到混凝土中以代替部分水泥，可以减少对环境的污染。目前，世界上有许多对用作水泥增强材料的植物纤维的研究[39]。

用植物纤维增强混凝土性能具有较为突出的优势。首先，植物纤维材料的导热系数低于其他材料，具有良好的隔热效果。其次，植物纤维作为混凝土的增强材料，可以抑制混凝土裂缝的发展。植物纤维混凝土已应用于一些项目并取得了良好的效果，它可以在广泛的领域中推广和应用。

2. 可回收的废弃建筑材料

在建筑材料中，传统材料主要由沙子、烧制品、木材和混凝土组成。因此，在房屋建筑或房屋拆除过程中，经常产生大量的砖、木、混凝土浪费。如果这些传统的建筑材料能够被有效地再次利用，就可以有效地减少施工现场的垃圾，进而减少对环境的污染。

根据统计，木制回收材料的回收率约为 90%（包括刨花板、中密度纤维板和木制家具），其他回收材料（主要是石材）的回收率为 15%~80%。再生木材是具有巨大回收潜力的再生材料之一。木材在城市基础设施、家庭和企业的建筑中发挥着非常重要的作用，可用作木板、木质门窗、建筑构件、地板等。

2.3.3　隔热材料

在建筑物中，隔热材料的存在至关重要，其可以大大减少能源消耗。隔热材料广泛分布在建筑物中，数千种材料具有隔热功能。其中天然绝缘材料和光致变色玻璃由于具有巨大的可持续发展潜力而受到特别关注。

1. 天然隔热材料

一般的建筑保温材料来自石油化工产品，这些材料的生产过程会对环境造成污染。尽管某些工业材料具有良好的性能，包括发泡聚苯乙烯板（EPS）、挤塑聚苯乙烯板（XPS）、岩棉板、玻璃棉板和其他材料，但天然隔热材料的前景更好。建筑物隔热加固材料可以用纤维或其他农业废弃复合材料代替。

在大多数天然绝热材料中，稻草、椰子、玉米壳和花生壳的导热系数最低，甚至低于泡沫聚氨酯[0.024 W/（m·K）]。天然隔热材料具有广泛应用。例如，椰子壳和蔗渣可以制成低密度的隔热板；棉秆纤维板可以用作墙壁和天花板材料；大麻、亚麻和黄麻可用于建筑外墙和屋顶等。

2. 电致与光致变色玻璃

变色玻璃最初是由瑞典的 Grangrist 提出的，它是一种调光智能设备，由玻璃或其他透明材料（如基板和调光材料）组成。在某些物理条件下（如光、电场、温度），设备会通过着色或褪色反应改变其颜色状态。因此，它可以选择性地吸收或反射外界的热辐射并防止内部的热扩散，从而通过调节光强度和室内温度达到节能的目的。

根据激发方式的不同，变色原理包括电致变色、热致变色、光致变色和气相色谱，其中电致变色具有广阔的市场前景。电致变色玻璃通常仅需要一个低转换电压（0～10V，AC），该电压可以在整个转换范围内保持透明，并且可以调整为透明和完全着色之间的任何中间状态。由基本玻璃和电致变色系统组成的设备利用了电致变色材料在电场作用下的透射率（或吸收率）的可调性，它可以实现根据人的意愿调节照明的目的。同时，电致变色系统选择性地吸收或反射外部热辐射并防止内部热损失，可以减少建筑物在夏天保持凉爽或冬天保持温暖所消耗的能量。

像电致变色玻璃一样，根据所用材料的不同，光致变色玻璃可分为两类：有机光致变色玻璃和无机光致变色玻璃。无机光致变色玻璃由光学敏感材料和基质玻璃组成，光学敏感材料主要是银、铜和卤化镉或稀土离子。通常认为基础玻璃使用碱金属硼硅酸盐玻璃作为基材，其光致变色性能是最好的。与有机光致变色材料相比，无机光致变色材料具有更高的热稳定性、长的变色持续时间和强大的抗氧化性，因此在某些领域比有机光致变色材料得到更广泛的应用。

2.4 绿色包装材料

随着经济与生活水平的不断提高，人们的消费能力得到加强，这造就了包装行业的快速发展。由于纸包装和树皮包装会加剧森林资源的消耗，因此塑料袋因造价便宜而被大量使用。塑料袋的确为人们带来许多便利，但是塑料的过度使用和不恰当处理，造成了对自然环境的不可逆的"白色污染"，破坏了生态平衡。为了尽量降低由包装带来的环境负因子的影响，提高包装生态环境的友好性，人们对于包装材料的要求也大大提高，由此绿色包装应运而生。

2.4.1 概况

绿色包装（green package）又可以称为无公害包装和环境友好包装（environmental friendly package），指对生态环境和人类健康无害，能重复使用和再生，符合可持续发展的包装。它的理念有两个方面的含义：一个是保护环境，另一个是节约资源。其中保护环境是核心，节约资源与保护环境又密切相关，因为节约资源可减少废弃物，其实也就是从源头上对环境的保护。从技术角度讲，绿色包装是指以天然植物和有关矿物质为原料研制成对生态环境和人类健康无害，有利于回收利用，易于降解、可持续发展的一种环保型包装，也就是说，其包装产品从原料选择、产品的制造到使用和废弃的整个生命周期，均应符合生态环境保护的要求，应从绿色包装材料、包装设计和大力发展绿色包装产业三方面入手实现绿色包装。绿色包装设计一般遵循的原则是所谓的"3R+1D"原则，即 reduce（减少包装）、reuse（重复再利用包装）、recycle（回收包装及掩埋和处理）和 degradable（可降解）。发达国家在"3R+1D"的基础上增加了焚烧不污染空气且能量可再生（recover）这一新内涵，从而成为绿色包装的"4R+1D"原则。

绿色包装发源于 1987 年世界环境与发展委员会发表的《我们共同的未来》，到 1992 年6 月世界环境与发展大会通过了《里约环境与发展宣言》《21 世纪议程》，随即在全世界范围内掀起了以保护生态环境为核心的绿色浪潮。根据人们对绿色包装理念认识的不同层次，可以将绿色包装的发展划分为 3 个阶段，如图 2-12 所示。

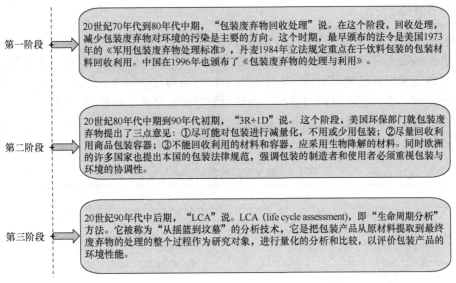

图 2-12 绿色包装的发展历程

2.4.2 选材要素

绿色包装选材是一个复杂的多目标决策过程，它要综合考虑材料的功能性、经济性和环境友好性等三大要素。功能性包含材料的成分、结构、工艺和性能因素，它保证包装的保护性、方便运输等基本功能的顺利实现；经济性是指材料的成本低，能节省人力、能源和机械设备费用，保证包装的定价合理；环境友好性是指包装产品在整个生命周期中，包装产品的使用及其材料的回收与处理对环境负荷低、可再循环、资源利用率高，它决定着包装对环境的影响程度。

在传统包装设计中，对材料的选择主要考查其功能性和经济性，见图 2-13，低成本材料位于 C 区，高性能先进材料位于 B 区，天然材料位于 A 区。而在现代绿色包装设计中，对包装材料的选择则更加注重高功能性、低成本性和低环境负荷，要求三者互相协调平衡，位于 D 区。

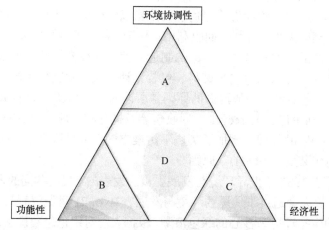

图 2-13　绿色包装材料的性能框架

2.4.3　材料分类

1987 年世界环境与发展委员会首次提出绿色包装材料（green packaging material），随即在全世界掀起了以环境保护为核心的绿色浪潮。如今，绿色包装材料已经大量投入使用，人们对绿色包装材料已经有所认识。绿色包装材料是指通过制造、运用、废弃及回收管理再利用等过程，达到节约原料和成本、丢弃后能够迅速自然分解或再运用的目的，不会影响生态稳定，而且原材料广泛，易回收且再生循环利用率高的材料。四大主要包装材料包括纸质、塑料、金属和玻璃包装材料，分类与物性如表 2-2 所示。

表 2-2　绿色包装材料的分类与物性

分类	优势	缺陷	应用
纸质包装材料	1. 来源广，价格低； 2. 具有刚度和强度，良好的弹性和韧性； 3. 质量轻，可折叠，降低运输费用； 4. 无毒、卫生； 5. 可回收利用，降低成本； 6. 易分解为二氧化碳和水，重新在自然界循环	1. 防水、防油、阻气性差； 2. 生产过程污染大、成本高等，使其应用范围受到一定的限制	一次性纸制品容器，纸包装薄膜，可食性纸制品，蜂窝夹心纸板
塑料包装材料	1. 质轻、比强度高； 2. 优异的电绝缘性能，优良的化学稳定性能； 3. 减磨、耐磨性能好； 4. 透光及防护性能好； 5. 减震、消音性能优良； 6. 防水、防潮性好； 7. 易加工成型	1. 耐热性比金属等材料差； 2. 热膨胀系数大； 3. 塑料在大气、阳光、长期的压力或某些物质作用下会发生老化； 4. 不易降解	轻量、高性能塑料，无氟化泡沫塑料，可复用再生塑料，可降解塑料

续表

分类	优势	缺陷	应用
金属包装材料	1. 机械性能优良、强度高； 2. 加工性能优良，加工工艺成熟，能连续化、自动化生产； 3. 具有极优良的综合防护性能； 4. 资源丰富，能耗和成本比较低； 5. 可以回收再生	1. 化学稳定性差； 2. 加工工艺复杂； 3. 相对成本较高	食物、医药、生活用品、金属仪器甚至是枪弹方面的包装
玻璃包装材料	1. 化学惰性； 2. 阻隔性高、透明度高； 3. 刚性大、耐内部压力强、耐热性好； 4. 制造原料易得充分，成本低廉	1. 脆性，质量大； 2. 耐冲击强度不大； 3. 二次加工难	酒类包装、日用品包装、医药用瓶、化学试剂瓶

2.4.4　包装分级

绿色包装包括 A 级和 AA 级。A 级绿色包装是指废弃物能够循环复用、再生利用或降解腐化，含有毒物质在规定限量范围内的适度包装。AA 级绿色包装是指废弃物能够循环复用、再生利用或降解腐化，且在产品整个生命周期中对人体及环境不造成公害，含有毒物质在规定限量范围内的适度包装。上述分级主要是考虑首先要解决包装使用后的废弃物问题，这是世界各国保护环境关注过程中的污染问题，是一个需持续关注和解决的问题。生命周期分析法（life cycle assessment，LCA）是分级绿色包装的常见方法，可以全面评价包装材料的环境性能与优劣。这种方法具有全面、系统、科学性等特点，已经得到人们的重视与承认，并作为 ISO14000 中一个重要的子系统存在。

2.4.5　纸质包装材料

在四大主要包装材料中，纸质材料占所有包装材料的 40%以上。纸质包装材料具有成本低、绿色环保、易降解等优点，符合当下可持续发展的设计理念，已广泛引起各国学者的重视。纸质包装材料具有以下特性：①价格低廉。纸质包装材料的来源十分广泛，同时其生产和制作成本较低。例如，用木材做成木箱与将木材加工做成纸质箱相比，纸箱的用料不到木箱的 1/7，既节约木材资源，也降低了运费和成本。②防护性好。纸箱结构设计较紧密，耐磨性、缓冲性、牢固度等性能较优良。③易于制造。纸张剪切方便、易折叠黏合，既适用于大规模机械化和自动化生产加工，也适用于小批量手工加工生产。④环保性能好。纸质材料具有透气性好、可自然降解、可回收等优点，可以减少资源浪费，同时减轻对环境的污染。

纸质包装材料具有上述种种优点，但由于其生产和回收过程存在一些缺陷，仍给环境带来一定影响。例如，其生产过程产生的废水可能污染环境、废旧产品回收率较低等。近年来，随着对环境污染的重视，越来越多的新型绿色包装材料涌现，从而也刺激了纸质包装新材料的研发。

（1）纸浆模塑包装材料：以废弃纸制品（纸箱边角料、新闻纸等）或植物纤维（芦苇）浆为原料，在特制的模具上经真空吸附成型，后经干燥冷却而成的绿色环保包装制品。纸浆模塑包装材料目前已被广泛地应用于食品类包装、药品类包装、电子类产品包装以及其他类商品包装。

（2）蜂窝纸板包装材料：蜂窝纸板包装材料以再生纸浆为原料，根据六边形蜂巢结构仿生制成。其具有质量轻、成本低、强度高、缓冲性能好等优点，可代替传统的塑料包装材料。

（3）可食性纸质材料：可食性纸质材料是一种利用植物纤维、淀粉、蛋白质及其他天然物质经过改性或其他方法处理制成的环保材料。从大豆中提取蛋白质或从贝类中提取壳聚糖经改性后都可以制成性能优良的环保包装材料。

2.4.6　塑料包装材料

塑料包装材料具有机械强度大、相对密度小、耐化学腐蚀以及易加工成型等特点，在商品包装中有重要的地位。目前，塑料包装材料的使用已占包装总量的 30%，仅次于纸质包装材料。但传统的包装材料无法降解，会产生白色污染，给环境带来严重的负担。随着科技发展和合成加工技术的提高，塑料包装材料不断被赋予更高的功能性。其中，绿色可降解塑料包装材料是解决白色污染问题的最彻底方案，近年来被广泛研究。

可降解塑料包装材料一般分为两种，一种是部分降解塑料，另一种是完全降解塑料，其需要在特定的环境条件下才能达到部分或完全的降解。经测试发现，可降解塑料在生命周期中基本不产生污染，不会对环境产生影响，符合循环经济的要求。可降解塑料包装材料是基于实用性、降解性、安全性、经济性的综合条件下研究开发的，具有质量轻、对环境无污染、选材天然、可降解等优势，目前被广泛用于食品及生活领域。

聚乳酸（polylactic acid，PLA）是一种具有代表性的新型可降解塑料包装材料，被产业界认为是最有发展前途的绿色材料。PLA 也称为聚丙交酯（polylactide），属于聚酯类材料。其以玉米、木薯等为原料（图 2-14），原材料可再生且易得，适合大规模生产。PLA 制品使用后能被微生物完全降解，最终生成 CO_2 和 H_2O，产物不污染环境，优势较为突出。目前，世界上最大的 PLA 原料生产商为美国 Nature Works 公司，拥有全球 85% 的 PLA 产量。我国现有多家单位从事 PLA 材料的研发工作，但与国外相比，仍处于起步阶段。国内最大的PLA 原料厂商为浙江海正生物材料股份有限公司。

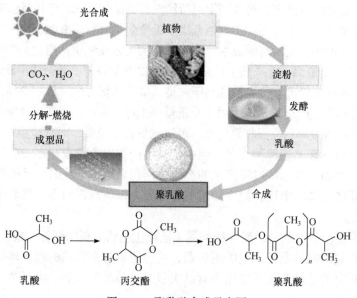

图 2-14　聚乳酸合成示意图

2.4.7 金属包装材料

金属包装材料最主要的形式是金属薄板或箔材，它们在进行加工制作之后变成不同类别的包装容器，对金属包装材料最早的利用是在 200 多年以前，其后就被大量运用在食物、医药、生活用品、金属仪器甚至是枪弹方面的包装，因此其涉及范围广。

金属包装材料具有一系列优势：首先是它能够较好地保护内部食品，让食品的保存时间得以维持或者延长；其次具有良好的抗拉、抗压、抗弯强度，密封性好，稳定性高；最后废旧金属材料的回收难度比较小、重复利用率高，这正符合了当前的绿色环保理念。

2.4.8 玻璃包装材料

与其他的包装材料相比，玻璃自身拥有优良的特殊性能，如易制造加工、化学稳定性强、具有一定的防腐性、成本低、易回收等优势。但是玻璃易破裂，这也限制了它的应用推广。玻璃包装材料的应用范围大致有酒类包装、日用品包装、医药用瓶、化学试剂瓶等。

2.5 环境工程材料

随着科学技术的快速发展，人类的活动也开始变得活跃，工业的发展对人类居住的环境造成了很大的压力，虽然人们的生活水平随着工业经济的发展得到了很大的提高，但是同时也面临着非常严峻的环境问题。特别是人类社会进入 20 世纪，科学技术的快速发展和工业经济的发展，以及城市化的推进使得人类居住的环境压力不断增大，"环境工程"这一专业名词逐渐出现在大众眼前。

环境工程材料是指用于预防、处理和修复环境污染的一类功能材料。

一般认为环境材料是具有满意的使用性能同时又被赋予优异的环境协调性的材料。此类材料的开发可以很好地解决环境问题。环境工程材料是用于防止、治理或修复环境污染的一类功能材料。按照在解决环境问题中所起的作用，环境工程材料可分为环境净化材料、环境修复材料及环境替代材料，详细分类如图 2-15 所示。

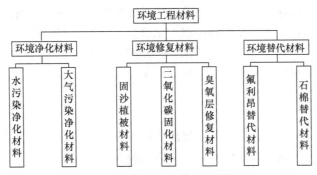

图 2-15　环境工程材料的分类

2.5.1 环境净化材料

环境净化材料是指能净化或吸附环境中有害物质的材料，包括治理大气污染的吸附、催化转化材料，治理水污染的过滤、吸附材料，减少有害固态废弃物污染的固体隔离材料，噪声、电磁防护等物理污染控制材料。

1. 水污染净化材料

1）氧化还原材料

氧化还原属于一种污水化学转换处理工艺。用于氧化还原处理的材料主要是各种化学试剂，包括氧化剂、还原剂及催化剂等。常用的氧化还原材料有活泼非金属材料和含氧酸盐；常用的还原材料有活泼金属原子或离子；常用的催化剂有活性炭、黏土、金属氧化物及高能射线等。

Ⅰ. 氧化剂

（1）空气：目前，利用空气中的氧或纯氧处理废水的方法已被广泛使用，由于氧具有较强的氧化性，使其在处理污水方面高效便捷且环境友好。石油化工厂、皮革厂、制药厂等经常排放含硫废水，其中含有大量还原性极强的硫化物[以钠盐 $NaHS$、Na_2S 或铵盐 NH_4HS、$(NH_4)_2S$ 的形式存在]，用空气氧化的方法可以很好地处理此类废水。

（2）臭氧：臭氧是一种氧化性极强的环境友好型水处理剂，对废水中的污染物有很好的氧化分解作用。用臭氧处理难以生物降解的有机污染物，使其转化成容易降解的有机化合物，在污水处理中已开始广泛应用，如用臭氧分解污水中的聚羟基壬基酚。对工业循环冷却排放的废水，用臭氧去除废水中的活化剂，可明显改善废水的水质，有效地减轻公共污水处理系统的负担。

（3）过氧化氢：过氧化氢与紫外线合并使用，可分解氧化卤代脂肪烃、有机酸等有机污染物。通过添加低剂量的过氧化氢，控制氧化程度，使废水中的有机物发生部分氧化、耦合或聚合，形成分子量适当的中间产物，改善其可生物降解性、溶解性及混凝沉淀性，然后通过生化法或混凝沉淀法去除。与深度氧化法相比，过氧化氢部分氧化法可大大节约氧化剂用量，降低处理成本。

（4）高锰酸盐氧化剂：高锰酸盐氧化剂中最常用的是高锰酸钾，一种强氧化剂，其氧化性随 pH 降低而增强。在有机废水处理中，高锰酸盐氧化法主要用于去除酚、硫化物等有害污染物。在给水处理中，高锰酸盐可用于消灭藻类、除臭、除味、除二价铁和二价锰等。高锰酸盐氧化法的优点是出水无异味，易于投配和监测，并易于利用原有水处理设备，如混凝沉淀设备、过滤设备等。反应所生成的水合二氧化锰有利于凝聚和沉淀，特别适合于对低浊度废水的处理。其主要缺点是成本高，尚缺乏废水处理的运行经验。若将此法与其他处理方法，如空气曝气、氯氧化、活性炭吸附等工艺配合使用，可使处理效率提高、成本下降。

Ⅱ. 还原剂

还原剂的作用是将废水中的高价金属离子还原到较低价态，再通过分离的方法除去。常用的还原剂包括电极电位较低的金属、带负电的离子、带正电的离子等。目前，含铬和含汞废水常用还原剂还原的方法进行处理，还原剂可选铁、锌、铝、铜等金属。

2）沉淀分离材料

沉淀分离方法也是水处理中经常使用的分离工艺。治理水污染的沉淀分离材料，包括用于絮凝沉淀的絮凝剂和化学沉淀的沉淀剂两种。高铁酸盐絮凝剂是水处理中已广泛使用的絮凝剂，能够有效降解有机物，去除悬浮颗粒及凝胶，其瓶颈在于产率比较低，前处理工艺对其治理效果有一定的影响。因此，研究主要集中在改善制备工艺、提高产率以及产物的稳定性、寻找替代次氯酸盐以及氯化物的氧化剂等方面。

2. 大气污染净化材料

当空气中的有害物质含量超过正常值或大气的自净能力时，即发生了大气污染。大气污染源可分为自然污染源和人为污染源两类，其中人为污染源按人类的社会活动功能可分为生活污染源、工业污染源及交通运输污染源，大气污染来源如图 2-16 所示。大气污染物主要有硫的化合物（SO_2、SO_3、H_2S 等）、氮/碳的氧化物、碳氢化合物及烟尘等。目前，处理大气污染物通常有吸附法、吸收法和催化转化法。从材料科学与工程的角度看，相关处理要借助于一定的材料介质才能实现，因此相应的大气污染净化材料包括吸附剂、吸收剂和催化剂。

吸附剂是一类表面存在分子引力或化学键力，能吸附分子的物质。吸附法净化气态污染物就是使废气与大表面多孔的固体物质相接触，将废气中的有害组分吸附在固体表面上，从而达到净化的目的。吸附剂种类很多，包括天然矿产品、活性炭、硅胶、活性氧化铝、沸石分子筛（两种常用沸石分子筛的结构如图 2-17 所示）等。

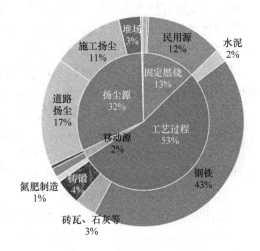

图 2-16　大气污染源分布图

(a) A型

(b) X型

图 2-17　两种常用沸石分子筛的结构[40]

吸收剂的作用是使混合气体中各成分在吸收剂中的溶解度不同，或与其发生化学反应从而将有害组分从混合气体中分离出来。吸收剂被广泛应用于净化含 SO_2、NO_x、HF、H_2S、HCl 等废气。吸收剂可分为碱性吸收剂（包括碱金属和碱金属的盐类、铵盐，它能与 SO_2、HF、HCl、NO_x 等发生反应）、中性吸收剂（水，吸收易溶于水的污染气体，如 SO_2、HF、NH_3、HCl 等）和酸性吸收剂（包括硫酸和硝酸）。以吸收剂处理污染气体中含量较大的 SO_2 气体为例，有三类方法：①用各种液体和固体物料优先吸收或吸附 SO_2；②在气流中将 SO_2 氧化为 SO_3，再冷凝为硫酸；③在气流中将 SO_2 还原为单质硫，再将单质硫冷凝分离出来。

在化学反应中能改变其他物质的化学反应速率（既能提高也能降低），而本身的质量和化学性质在化学反应前后都没有发生改变的物质称为催化剂。催化剂通常由主活性物质、载体和助催化剂组成。例如，V_2O_5 催化剂可以将 SO_2 氧化为 SO_3，在其中加入 K_2SO_4 助催化剂，可以使 V_2O_5 的催化活性大大提高。

2.5.2　环境修复材料

环境修复是指对已污染或破坏的环境进行包括生态方面的多种技术处理与治理，以恢复被污染或破坏的生态环境。常见的环境修复材料有防止土壤沙化的固沙植被材料、二氧化碳固化材料以及臭氧层修复材料等。不同国家与地区对环境修复材料的研究有不同侧重，美国注重于对土壤和水体的修复与治理，欧洲重点关注对传统工艺以及废物处理系统进行改进，日本则将其重点放在解决全球性的环境修复上。与上述国家不同，我国最主要研究的环境修复材料是固沙植被材料。

土地荒漠化是由于气候变化和人类不合理的经济活动等多种因素造成的，是人为因素和自然因素综合作用的结果。目前，我国荒漠化土地面积 261.16 万平方千米，约占国土面积的 1/4；沙化土地面积达 172.12 万平方千米，占国土面积的近 1/5。土地荒漠化已成为建设生态文明和美丽中国的重要制约因素，因此对土地荒漠化进行治理刻不容缓。

目前的固沙植被材料主要有两大类，一类是高吸水性树脂，另一类是高分子乳液。其中高吸水性树脂有丙烯酸型等类型，加以淀粉接枝、天然纤维接枝等措施改性，在去离子水中吸水率可达 3000～5000 倍。可用于各种土壤、沙地环境中，特别是无灌溉条件的旱地和沙地等，促进作物、草类生长，从而保持水土。高分子乳液类固沙植被材料是把增黏剂、养生剂等高分子乳液和草籽、肥料、水混合在一起制成。使用时将这些乳液喷柄在沙地表面，可临时固定沙尘。待种子发芽生根，则草的毛根对沙尘起到永久性固定作用，达到绿化沙漠的目的。这些乳液类固沙植被材料不仅可以用于沙漠绿化、海滩绿化，也可用于沙漠公路路基表面保护层，公路、铁路、管道沿线坡道固沙，黄土坡固定，尾矿、粉煤灰等粉料固定。

2.5.3　环境替代材料

人们曾经广泛使用的一些材料，由于在生产、使用和废弃过程中会造成对环境的极大破坏，因而必须逐渐予以废除或取代，代替这些材料的被称为环境替代材料。例如，替代氟利昂的新型环保型制冷剂材料，工业和民用的无磷洗涤剂化学品材料，工业石棉替代材料及其他工业有害物（如水银的应用替代材料）的替代材料，与资源相关的铝门窗的替代材料，用竹、木等天然材料替代那些环境负荷较大的结构材料也属于环境替代材料的一类。用环境负荷小的材料替代环境负荷大的材料以减少对生态环境的影响，或将环境负荷虽小、但对人体健康不利的材料替换为对人体健康有利的材料，是提高人们生活质量的关键。

　1. 氟利昂替代材料

氟氯烃的化学性质稳定、在大气中寿命极长，其在平流层会发生如图 2-18 所示的光化学降解反应。氯原子一旦释放出来，即发生一系列的连锁反应，不断地消耗臭氧。据测算，每一个氯自由基可消耗十万个臭氧分子，从而使臭氧含量不断下降，最终使臭氧层变薄并形成臭氧空洞。

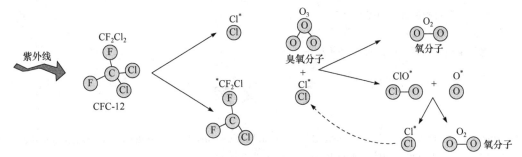

图 2-18 氟氯烃的光化学降解反应[41]

目前，氟利昂（CFC）的替代品有两大类：一类是过渡性替代材料，另一类是永久性替代材料。过渡性替代材料主要有氟代烃类化合物（HCFC）、丙烷、异丁烷等；永久性替代材料目前开发出来的有环戊烷、四氟乙烷 HFC-134a 等。为了有效保护臭氧层，研究新的永久性氟利昂制冷剂替代材料是环境工程材料今后的一个努力方向。

（1）异丁烷：异丁烷作为制冷剂应用较早，其具有成本低、对臭氧层无破坏、循环率高等特点。

（2）二氟乙烷与二氟一氯甲烷的混合剂：此类材料具有制冷性能优良、环保、节能等优点，用于部分冰箱的生产。此外，还有三氟二氯乙烷与三氯甲烷、五氯乙烷、四氯乙烷的混合剂等，这些制冷剂中含有能破坏臭氧层的氯，但由于制冷性能较好，尚未被淘汰。

（3）HFC-134a：它是一种无色、无毒、不燃烧的化学物质，在安全性上可以与 CFC-12 相媲美，已被公认为是 CFC-12 的最佳替代物。尽管 HFC-134a 存在一定的温室效应（HGWP＝0.28），这并未影响其成为首选 ODS（消耗臭氧层物质）替代品。HFC-134a 在空调、电冰箱、塑料发泡、医药、化妆品气雾剂和医用气雾抛射剂等行业得到了广泛应用。

2. 石棉替代材料

石棉经加工后的各种制品过去曾被广泛应用，但由于其对人体具有刺激与致癌作用，我国早在 20 世纪 80 年代初就限制使用、生产和销售石棉制品。

（1）膨胀石墨：是由天然鳞片石墨经插层、水浇、干燥、高温膨化得到的一种疏松多孔的蠕虫状物质。它既保留了天然石墨的耐热性、耐腐蚀性、耐辐射性、无毒害等性质，又具有天然石墨所没有的吸附性、环境协调性、生物相容性等特性，不造成二次污染，在石油化工、原子能、电力等工业中广泛应用。

（2）柔性石墨：是以鳞片石墨为原料，经化工处理生成层间化合物，其在高温下变成气体，使鳞片石墨膨胀形成的材料。柔性石墨疏松多孔、富有弹性，在高温高压条件下不发生分解、老化、变形，具有导热性优良、化学性质稳定等特点。

课 后 题

1. 生物质和生物质材料的区别是什么？生物质材料如何分类？生物质的定义有广义与狭义之分，广义的生物质与狭义的生物质定义分别是什么？

2. 生物质材料种类繁多且有多种分类方式，用三种方法对其进行分类。

3. 生产木质素基聚合物的途径主要有哪三种？

4. 纸质包装材料的优缺点是什么？

5. 环境工程材料是什么？有哪几类材料？

6. 氟利昂和石墨的替代材料分别有哪些？

参 考 文 献

[1] Zhang Y L. Analysis of China's energy efficiency and influencing factors under carbon peaking and carbon neutrality goals[J]. Journal of Cleaner Production, 2022, 8: 1-11.

[2] Martins A P, Colepicolo P, Yokoya N S. Concise review on seaweed photosynthesis: From physiological bases to biotechnological applications[J]. Journal of Photochemistry and Photobiology, 2023, 16: 100194.

[3] Maganthran G G, Thomas A F. Hydrogen bonds, improper hydrogen bonds and dihydrogen bonds[J]. Journal of Molecular Structure-theochem, 2003, 7: 11-16.

[4] Shaghaleh H, Xu X, Wang S. Current progress in production of biopolymeric materials based on cellulose, cellulose nanofibers, and cellulose derivatives[J]. RSC Advances, 2018, 8(2): 825-842.

[5] Jian C, Gong C, Wang S, et al. Multifunctional comb copolymer ethyl cellulose-g-poly(ε-caprolactone)-rhodamine B/folate: Synthesis, characterization and targeted bonding application[J]. European Polymer Journal, 2014, 55: 235-244.

[6] Hu C, Bai X, Wang Y, et al. Inkjet printing of nanoporous gold electrode arrays on cellulose membranes for high-sensitive paper-like electrochemical oxygen sensors using ionic liquid electrolytes[J]. Analytical Chemistry, 2012, 84(8): 3745-3750.

[7] Geng D H, Tang N, Zhang X J, et al. Insights into the textural properties and starch digestibility on rice noodles as affected by the addition of maize starch and rice starch[J]. LWT-FOOD Science and Technology, 2023, 1(173): 114265.

[8] Xie F, Pollet E, Halley P J, et al. Starch-based nano-biocomposites[J]. Progress in Polymer Science, 2013, 38(10): 1590-1628.

[9] Kaplan D L. Biopolymers from Renewable Resources[M]. Berlin Heidelberg: Springer, 1998.

[10] Tuomela M, Vikman M, Hatakka A, et al. Biodegradation of lignin in a compost environment: a review[J]. Bioresour Technology, 2000, 72(2): 169-183.

[11] Wang Z, Ganewatta M S, Tang C. Sustainable polymers from biomass: Bridging chemistry with materials and processing[J]. Progress in Polymer Science, 2020, 101: 101197.

[12] Lei L. Lignification cytosolic engine[J]. Nature Plants, 2019, 5: 557.

[13] Rico-García D, Ruiz-Rubio L, Pérez-Alvarez L, et al. Lignin-based hydrogels: synthesis and applications[J]. Polymers, 2020, 12(1): 81.

[14] Kun D, Pukánszky B. Polymer/lignin blends: Interactions, properties, applications[J]. European Polymer Journal, 2017, 93: 618-641.

[15] Doherty W O S, Mousavioun P, Fellows C M. Value-adding to cellulosic ethanol: Lignin polymers[J]. Industrial Crops and Products, 2011, 33(2): 259-276.

[16] Yao K, Tang C. Controlled polymerization of next-generation renewable monomers and beyond[J]. Macromolecules, 2013, 46(5): 1689-1712.

[17] Yu J, Wang J F, Wang C P, et al. UV-absorbent lignin-based multi-arm star thermoplastic elastomers[J]. Macromolecular Rapid Communications, 2015, 36(4): 398-404.

[18] Holmberg A L, Stanzione J F, Wool R P, et al. A facile method for generating designer block copolymers from functionalized lignin model compounds[J]. ACS Sustainable Chemistry & Engineering, 2014, 2(4): 569-573.

[19] Holmberg A L, Reno K H, Nguyen N A, et al. Syringyl methacrylate, a hardwood lignin-based monomer for

high-T_g polymeric materials[J]. ACS Macro Letters, 2016, 5(5): 574-578.

[20] Holmberg A L, Karavolias M G, Epps T H. RAFT polymerization and associated reactivity ratios of methacrylate-functionalized mixed bio-oil constituents[J]. Polymer Chemistry, 2015, 6(31): 5728-5739.

[21] Wang S, Shuai L, Saha B, et al. From tree to tape: direct synthesis of pressure sensitive adhesives from depolymerized raw lignocellulosic biomass[J]. ACS Central Science, 2018, 4(6): 701-708.

[22] Lin C Y, Liu J C. Modular protein domains: an engineering approach toward functional biomaterials[J]. Current Opinion in Biotechnology, 2016, 40: 56-63.

[23] Freeman R, Boekhoven J, Dickerson M B, et al. Biopolymers and supramolecular polymers as biomaterials for biomedical applications[J]. MRS Bull, 2015, 40(12): 1089-1101.

[24] Desai M S, Lee S W. Protein-based functional nanomaterial design for bioengineering applications[J]. WIREs Nanomedicine and Nanobiotechnology, 2015, 7(1): 69-97.

[25] Maccarthy E, Perry D, Dukka B K C. Advances in protein super-secondary structure prediction and application to protein structure prediction[J]. Methods in Molecular Biology, 2019, (1958): 15-45.

[26] Kasoju N, Bora U. Silk fibroin in tissue engineering[J]. Advanced Healthcare Materials, 2012, 1(4): 393-412.

[27] Zhou C Z, Confalonieri F, Jacquet M, et al. Silk fibroin: Structural implications of a remarkable amino acid sequence [J]. Proteins: Structure, Function, and Bioinformatics, 2001, 44(2): 119-122.

[28] Wise S G, Mithieux S M, Weiss A S. Engineered tropoelastin and elastin-based biomaterials[J]. Advances in Protein Chemistry & Structural Biology, 2009, 78(8): 1-24.

[29] Hua C, Zhu Y, Xu W, et al. Characterization by high-resolution crystal structure analysis of a triple-helix region of human collagen type Ⅲ with potent cell adhesion activity[J]. Biochemical and Biophysical Research Communications, 2019, 508(4): 1018-1023.

[30] Ricard-Blum S. The collagen family[J]. Cold Spring Harbor Perspectives in Biology, 2011, 3(1): a004978.

[31] Li Y T, Meng H, Liu Y, et al. Fibrin gel as an injectable biodegradable scaffold and cell carrier for tissue engineering[J]. The Scientific World Journal, 2015, 2015: 685690.

[32] Ehrbar M, Metters A, Zammaretti P, et al. Endothelial cell proliferation and progenitor maturation by fibrin-bound VEGF variants with differential susceptibilities to local cellular activity[J]. Journal of Controlled Release, 2005, 101(1): 93-109.

[33] Dickerson M B, Sierra A A, Bedford N M, et al. Keratin-based antimicrobial textiles, films, and nanofibers[J]. Journal of Materials Chemistry B, 2013, 1(40): 5505-5514.

[34] Shamshina J L, Berton P, Rogers R D. Advances in functional chitin materials: a review[J]. ACS Sustainable Chemistry & Engineering, 2019, 7(7): 6444-6457.

[35] Wu H D, Hou J, Wang X K. A review of microplastic pollution in aquaculture: Sources, effects, removal strategies and prospects[J]. Ecotoxicology and Environmental Safety, 2023, 252(3): 114567.

[36] Queen D, Gaylor J D S, Evans J H, et al. The preclinical evaluation of the water vapour transmission rate through burn wound dressings[J]. Biomaterials, 1987, 8(5): 367-371.

[37] Lai F, Zhou J Z, Lu L, et al. Green building technologies in Southeast Asia: A review[J]. Sustainable Energy Technology and Assessments, 2023, 55(2): 102946.

[38] Li Y Y, Li M, Sang P D, et al. Stakeholder studies of green buildings: A literature review[J]. Journal of Building Engineering, 2022, 5: 104667.

[39] Soltan D G, Das Neves P, Olvera A, et al. Introducing a curauá fiber reinforced cement-based composite with strain-hardening behavior[J]. Industrial Crops and Products, 2017, 103: 1-12.

[40] Díaz J C, Gil-Chávez I D, Giraldo L, et al. Separation of ethanol-water mixture using type-A zeolite molecular sieve[J]. Journal of Chemistry, 2010, 7: 597346.

[41] Pereira R G, Lopes de Lima T M, de Andrade R B, et al. Photoinduced formation of H-bonded ion pair in HCFC-133a[J]. The Journal of Physical Chemistry A, 2019, 123(10): 1953-1961.

第3章

材料设计和模拟计算

>>> **学习目标导航**

> ➤ 了解材料设计与模拟计算的目的及意义；
> ➤ 基于实例初步掌握分子尺度的材料计算方法；
> ➤ 熟知介观和宏观尺度的材料计算方法；
> ➤ 掌握材料环境友好性评价的意义和常用方法；
> ➤ 理解并学习材料的流动传热模拟和理论计算方法。

本章知识构架

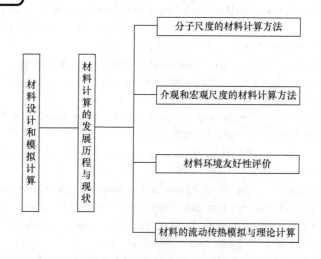

3.1　发展历程与现状

　　进入 21 世纪，计算化学领域具有很强的预测性，且适用范围广泛，可帮助开发催化剂、发现能量存储材料、辅助药物设计，对化合物的性质进行预测。目前，密度泛函理论（density functional theory，DFT）能够准确地对计算固体结构和行为进行模拟，帮助技术人员开发有机和无机晶体、单分子和金属合金材料的基因工程数据库。但是大量数据缺乏组织性，有效数据不能及时地被有效筛选出，计算材料学仍有很大的进步空间[1]。发展计算材料学，可帮助科研人员缩短寻找具有目标特性的材料的研发周期和成本，因此需要加大对材料设计

和模拟计算的探索研究。

　　材料设计计算通过材料的理论模型和数值计算,对新材料结构与性能进行预测与设计,侧重于理论研究与预见性;材料的模拟计算结合实验数据,建模进行数值计算,对实际工艺过程进行模拟重现,侧重实验研究和应用性。它们可以帮助科研人员在大量描述材料特性的数据中获取目标数据,理解材料结构、性能和功能之间的关系,减小前期的研发投入成本和试错成本[2]。

3.2　分子尺度的材料计算方法

　　理论计算可以在不同的时间尺度、空间尺度上获得许多重要信息。在分子尺度上有第一性原理、自洽场迭代(Hartree-Fock,HF)方法、DFT[3]、分子动力学[4]、蒙特卡罗方法;在介观和宏观尺度上有 CALPHAD 和相场模拟。不同的计算方法有其各自的优缺点,下面对所列的方法进行简单介绍。

3.2.1　第一性原理

　　第一性原理是材料研究的理想方法,其基本思想是将多原子构成的物质体系理解为由电子和原子核组成的多原子体系,通过原子力学的基本原理最大限度地“非经验性”地处理问题。大多数情况,原子核的量子性对系统整体的影响不大,因此计算时常将原子核作为带电质子,但需要注意的是,原子核周围电子的量子性至关重要,计算时不容忽视。若忽略电子的量子性,而采用经典力学对电子进行处理,会出现辐射光子能量损失,导致“原子塌陷”,所建立的原子体系模型将存在重大问题。量子力学认为模型中原子的原子核是静止不动的,除光吸收和光发射外,原子中的电子处于稳定态,且其概率分布由量子力学的规律决定,这些电子的概率分布可被称为电子云。

　　总的来说,第一性原理是在描述电子状态和作用于各个原子间力的基础上进行分子动力学模拟的方法,其对处于绝对零度的多电子体系进行模拟的方法大致分为 DFT 方法和 Hartree-Fock 方法。这两种方法都是基于单电子近似进行描述,近几年来为材料科学的发展和创新提供了许多机遇。

　　DFT 能够对简单性和准确性进行良好的平衡,是目前应用最为广泛的固体、表面和纳米结构基态性质的工具。尽管 DFT 的信息通常被解释为激发态的近似值,但 DFT 在形式上是一种基态理论,因此需要了解一些能到达激发态的途径,这些途径在理论上有更坚实的基础。例如:①第一种是准粒子激发的 GW 方法,它是从 N-电子态跃迁到 $(N+1)$-电子态,这些直接对应于光电发射(电子移除)和反向光电发射(电子添加)实验中探测到的激发。②第二类激发态方法包括与含时 DFT 和 Bethe-Salpeter 理论,它们产生与光学实验相关的中性粒子-空穴跃迁。

　　此外,DFT 在涉及强电子相关效应的情况下也表现不佳。量子蒙特卡罗(quantum Monte Carlo,QMC)方法可以包括周期系统的电子关联,也可以访问单个激发态,在固态领域中,QMC 基本上被认为是精确的,但是其计算条件相当苛刻。因此,可对低成本的强相关电子方法进行深入研究,包括对 DFT 的扩展,如混合泛函和 DFT+U 方案。

3.2.2 Hartree-Fock 方法

使用第一性原理计算的关键就是求解薛定谔方程，从而获取用来描述模型体系的电子波函数 Ψ，即求解以下方程：

$$ih\frac{\partial}{\partial t}\Psi = H\Psi \qquad (3-1)$$

波函数 Ψ 包含了计算模型中的很多重要内容，当研究的是计算模型中的电子能级，只需对构成模型的所有离子（原子核和电子）在一个恒定势场中的运动情况进行考虑。由于哈密顿算符 H 与粒子的波函数 Ψ 都与时间变量无关。因此，可认为粒子在空间中的分布与时间无关。此时，H 和 Ψ 满足"不含时间的薛定谔方程"这一条件，因此可被称为"定态薛定谔方程"（stationary state Schrödinger equation），其表达形式为

$$H\Psi = E\Psi \qquad (3-2)$$

1. 绝热近似

由于固体中原子由原子核和核外绕核旋转的电子构成，因此可以通过研究原子以及核外电子的运动进而对原子的运动进行研究。核外电子的质量较原子核小多个数量级，导致电子的运动速度比原子核高多个数量级。电子在核外较大的范围内处于高速运动，而原子核在固定位置做小幅度热振动。当原子核发生位置变化时，其核外电子的库仑场也会相应地发生位移，因此可认为原子核和核外电子的运动相互绝热。绝热近似将电子与原子核的运动分开处理：在研究大质量的原子核运动的过程时，可忽略核外电子的空间分布，将其近似视为静止的；当研究小质量的核外电子运动过程时，忽略其质量因素。这样，通过将运动分开处理便可以得出电子分系统所满足的薛定谔方程：

$$H\Psi(r,R) = E^H\Psi(r,R)$$

$$\left[\sum_i \frac{1}{2}\nabla_{r_i}^2 + \sum_i V(r_i) + \frac{1}{2}\sum_{i,i'}\frac{1}{2|r_i - r_{i'}|}\right]\Phi = \left[\sum_i H_i + \sum_{i,i'} H_{i,i'}\right]\Phi = E^H\Phi \qquad (3-3)$$

此处已采用原子单位：$e^2 = 1$，$h = m_0 = 1$。其中哈密顿量包含的是：单电子动能部分、单电子-单电子相互作用能部分和原子核中心势场部分。

2. Hartree-Fock 近似

方程式（3-3）为电子分系统所满足的薛定谔方程，完全求解该方程具有一定难度。使用绝热近似分开处理电子和原子核后，$\dfrac{1}{|r_i - r_j|}$ 项的存在导致变量无法分离。此外，因为每个单电子波函数的自变量彼此独立，处理多电子体系的波函数的最佳方式是将其写成各单电子波函数的乘积形式：$\Phi(r) = \varphi_1(r_1)\varphi_2(r_2)\cdots\varphi_n(r_n)$，将其代入方程式（3-3）中，得到 Hartree 方程：

$$\left[-\nabla^2 + V(r) + \sum_{i'(\neq i)}\int dr'\frac{|\varphi_{i'}(r')|}{|r' - r|}\right]\varphi_i(r) = E_i\varphi_i(r) \qquad (3-4)$$

式中，$\sum\limits_{i'(\neq i)}\int \mathrm{d}r'\dfrac{\left|\varphi_i(r')\right|}{\left|r'-r\right|}$ 算符项属于势场算符，被称为 Hartree 项。它的意义是其他电子 $(i'\neq i)$ 共同产生一个"合"平均场。

Fock 等注意到 Hartree 方程中的多电子波函数忽略了电子的费米子性质等因素，并提出了运用泡利不相容原理来改进波函数的方法，以 Slater 行列式的形式将其表示为

$$\phi = \frac{1}{\sqrt{N!}}\begin{vmatrix} \varphi_1(r_1,s_1) & \varphi_2(r_1,s_1) & \cdots & \varphi_N(r_1,s_1) \\ \varphi_1(r_2,s_2) & \varphi_2(r_2,s_2) & \cdots & \varphi_N(r_2,s_2) \\ \vdots & \vdots & & \vdots \\ \varphi_1(r_N,s_N) & \varphi_2(r_N,s_N) & \cdots & \varphi_N(r_N,s_N) \end{vmatrix} \tag{3-5}$$

将式（3-5）代入式（3-3）中，求出电子波函数的总能量，即可得到 Hartree-Fock 方程：

$$\left[\left[-\nabla^2+V_{(r)}\right]+\sum_{i'(\neq i)}\int \mathrm{d}r'\frac{\left|\varphi_{i'}(r')\right|}{\left|r'-r\right|}\right]\varphi_i(r)\left[-\nabla^2+V_{(r)}\right]=E_i\varphi_i(r)$$

$$\left[-\nabla^2+V_{(r)}\right]\varphi_i(r)+\sum_{i'(\neq i)}\int \mathrm{d}r'\frac{\left|\varphi_{i'}(r')\right|}{\left|r'-r\right|}\varphi_i(r)-\sum_{i'(\neq i)}\int \mathrm{d}r'\frac{\left|\varphi_{i'}^*(r')\varphi_{i'}(r')\right|}{\left|r'-r\right|}=E_i\varphi_i(r) \tag{3-6}$$

需要指出的是，在 Hartree-Fock 近似中，只考虑了多电子之间的交换相互作用，而忽略了电子间自旋反平行的排斥作用。

Hartree 方程和 Hartree-Fock 方程都具有平均场形式的方程：

$$\left[-\nabla^2+V_{\mathrm{eff}}(r)\right]\varphi(r)=E\varphi(r) \tag{3-7}$$

3.2.3　密度泛函理论

DFT 的早期基础由 Hohenberg 和 Kohn 建立，他们将密度 $\rho(r)$ 作为基本变量，从中可以导出所有基态性质。此外，他们证明了存在一个具有普适性的能量泛函 $E(\rho)$，其最小值对应于精确的基态能量 E_0。虽然这代表了相互作用多电子问题的一个极大简化，但 $E(\rho)$ 的精确函数依赖性尚不清楚。Kohn 和 Sham 随后设计了将外部电势 v_{ion} 中的 N 个相互作用电子的问题映射到有效电势 v_{s} 中的一组虚拟的 N 个非相互作用的电子上，但这个理论更适用于一般的外部电势。在 Hartree-Fock 理论中的非相互作用问题：总能量是单电子轨道 Ψ_j 的一个显函数，其形式是

$$E = T_{\mathrm{s}}\left[\{\Psi_j\}\right]+J[\rho]+E_{\mathrm{xc}}[\rho]+\int \mathrm{d}r\rho(r)v_{\mathrm{ion}}(r) \tag{3-8}$$

其中，$\rho(r)=\sum\limits_j^{\mathrm{OCC}}\left|\Psi_j r\right|^2$，表示密度；$T_{\mathrm{s}}$ 为精确的、非相互作用的动能。

$$T_{\mathrm{s}}\left[\{\Psi_j\}\right]=-\frac{1}{2}\sum\limits_j^{\mathrm{OCC}}\left\langle\Psi_j\left|\nabla^2\right|\Psi_j\right\rangle \tag{3-9}$$

其中，J 为经典 Hartree 能量。

$$J[\rho] = \frac{1}{2}\int \mathrm{d}r\mathrm{d}r' \frac{\rho(r)\rho(r')}{|r-r'|} \tag{3-10}$$

E_{xc} 被称为交换相关能，定义为包含所有未被 J 和 T_s 捕获的剩余量子效应，这个量通常是未知的，但 E_{xc} 存在有用的近似值。由于没有系统地改进 E_{xc} 的通用策略，使用近似的 E_{xc} 是不可控误差的主要来源，寻找高质量的 E_{xc} 近似是目前正在进行的研究课题。交换相关能的选择对 DFT 计算的准确性起至关重要的作用，虽然理论研究人员通常利用更复杂的功能来提高计算的准确性，令计算成本更高，但由于存在高度相关的电子系统，大多数功能都失效。一些研究人员则完全放弃轨道，采用一个明确依赖于 ρ 的近似 $T_s[\rho]$，并使用 $T_s[\rho]$ 和 $E_{xc}[\rho]$ 的近似，这构成了无轨道密度泛函方法（orbital-free DFT，OF-DFT）的基础，避免处理轨道时的计算费用，但由于没有普适性的 $T_s[\rho]$，因此 OF-DFT 的使用范围仍然有限。

式（3-11）相当于轨道的最小化结果。

$$\left\{-\frac{1}{2}\nabla^2 + v_s[\rho](r)\right\}\Psi_j(r) = \varepsilon_j\Psi_j(r) \tag{3-11}$$

其中，ε_j 为轨道特征值；v_s 为沈昌九（Kohn-Sham，K-S）有效势。

$$v_s[\rho](r) = \frac{\delta J[\rho]}{\delta\rho(r)} + \frac{\delta E_{xc}[\rho]}{\delta\rho(r)} + v_{ion}(r) \tag{3-12}$$

最高占据 K-S 轨道的本征值可用电离势或功函数来确定。但除此以外，对于实际相互作用系统，K-S 波函数和本征值不能保证产生实际的单粒子量，基于 K-S 轨道显式使用的解释应该谨慎进行。DFT 能隙通常为 $\varepsilon_g = \varepsilon_{N+1} - \varepsilon_N$，其中 ε_{N+1} 和 ε_N 分别是从 N 电子基态的 K-S 计算中获得的最低未占据态和最高占据态的本征值。尽管 Koopman 定理为 HF 本征值，解释为一个电子移除/添加加成能，但 K-S 特征值并不对应于任何激发能。结果表明 ε_g 与实验带隙不同之处在于导数不连续性 Δ，它表示交换相关势相对于粒子变化的不连续性。但即使是精确的交换相关势，导数不连续性 Δ 的出现仍是不可避免的，并不是由近似交换相关泛函的失效导致的。目前，研究人员对实际固体中导数不连续性 Δ 的大小知之甚少。

1. 局部和半局部逼近

目前，固态问题中最常见的交换相关近似是基于局域密度近似（local-density approximation，LDA）和广义梯度近似（generalized gradient approximation，GGA）。在 LDA 中，交换相关能是密度的局部函数，其形式为

$$E_{xc}^{\mathrm{LDA}}[\rho\uparrow,\rho\downarrow] = \int \mathrm{d}r\rho(r)\varepsilon_{xc}^{\mathrm{unif}}[\rho(r),\zeta(r)], \qquad \zeta(r) = \frac{\rho\uparrow(r),\rho\downarrow(r)}{\rho(r)} \tag{3-13}$$

其中，ζ 为自旋极化密度；$\varepsilon_{xc}^{\mathrm{unif}} = \varepsilon_x^{\mathrm{unif}} + \varepsilon_c^{\mathrm{unif}}$ 是每个粒子的均匀电子气关联能，由交换系数 $\varepsilon_x^{\mathrm{unif}}$ 和相关系数 $\varepsilon_c^{\mathrm{unif}}$ 构成。常用的 LDA 版本适用于 $\varepsilon_c^{\mathrm{unif}}$ 的数值，由计算得到的未极化（$\zeta = 0$）和完全极化（$\zeta = 1$）的均匀电子气体。它们在拟合和在 ζ 依赖关系 $\varepsilon_c^{\mathrm{unif}}$ 的建模中使用的功能形式的细节不同。尽管 LDA 看似简单，但它的成功可归因于它精确交换和相关空穴的求和规则，并对顶部空穴密度的描述良好。

GGA 考虑了与均匀电子气体缓慢变化的偏差，并且是密度及其梯度的函数，

$$E_{xc}^{GGA}\left[\rho\uparrow,\rho\downarrow,\left|\nabla\rho\uparrow\right|,\left|\nabla\rho\downarrow\right|\right]$$
$$=\int dr\rho(r)\grave{o}_{xc}^{GGA}\left[\rho\uparrow(r),\rho\downarrow(r),\left|\nabla\rho\uparrow(r)\right|,\left|\nabla\rho\downarrow(r)\right|\right] \tag{3-14}$$

尽管有时被称为非局部的，但 GGA 依赖于密度值及其在 r 处的梯度，是半局部的。GGA 并不代表对 LDA 的系统改进，在某些情况下，它可能会给出比 LDA 更差的一致性。然而，没有唯一的方法来指定 $\grave{o}_{xc}^{GGA}$，因此与 LDA 相比，GGA 函数的种类更多。

　　LDA 和 GGA 积累了大量经验，可看出只需要进行很小一部分的实验，LDA 和 GGA 就可以给出很好的基态结构特性（如晶格参数）。但 LDA 倾向于过度约束：晶格参数被低估，体积模量过高。GGA 通常会对 LDA 的结构特性进行改善，有轻微的欠约束倾向，尽管 GGA 的误差通常比 LDA 小。在 LDA 中，内聚能被高估的误差可能非常大，GGA 通常会在此基础上有所改进。内聚能的误差可追溯到孤立的参考原子的不良描述，LDA 的带隙太小，如硅的 LDA 间隙约为实验值的 50%，GGA 没有帮助。尽管 DFT 带隙与实验带隙的关联不合理，但是对半导体中的带隙的低估，可能会导致导带与价带重叠，对金属基态（如锗）的错误预测。

　　在只有一个电子的情况下，K-S 总能量应减小到非相互作用动能 T_s 和电子-离子能量的总和，即当 $N=1$ 时，精确的 E_{xc} 应该完全抵消 J。在高频理论中，非局域 Fock 交换：

$$E_x^{LDHF}=-\frac{1}{2}\sum_{i,j}^{OCC}\int drdr'\frac{\Psi_i^*(r)\Psi_j(r)\Psi_j^*(r)\Psi_i(r)}{|r-r'|} \tag{3-15}$$

取代了 E_{xc}。但标准用法中的局部和半局部功能并没有表现出这种完全的消去；剩余的伪贡献为自交互误差。对于强局域化密度，如后过渡金属氧化物中的 d-电子或 f-电子，这种误差往往更严重，在这种情况下，自相互作用误差往往倾向于电子离域。

2. 杂化泛函

　　添加一些 Fock 交换量，是减小自相互作用误差的一种方法，该功能被称为杂化泛函，与 GGA 一样，没有一种独特的方法可以从 E_x^{HF} 中构造一个杂化泛函。相反，分子应用中流行的杂化泛函（如 B3LYP）通过引入通常适合热化学数据的参数（有时很多）实现化学精度。用于固体最简单的杂化泛函是 PBE0[PBE 表示柏德-伯克-恩泽霍夫（Perdew-Burke-Ernzerhof，PBE）]功能，

$$E_{xc}^{PBEO}=E_{xc}^{PBE}+a\left(E_x^{HF}-E_x^{PBE}\right)=aE_x^{HF}\left(1-a\right)E_x^{PBE}+E_c^{PBE} \tag{3-16}$$

其中，E_x^{PBE} 和 E_c^{PBE} 分别为半局部 PBE 泛函的交换和相关分量，$a=1/4$ 的混合因子在理论基础上论证得出，而不是从拟合中推导出来的。虽然与 LDA/GGA 相比，杂化泛函能提供更好的实验结果，但周期性固体中非局部交换比 LDA/GGA 的计算代价更高。尽管如此，在许多电子结构封装中（如 GAUSSIAN03、CRYSTAL），使用具有周期性边界条件的非局部 Fock 交换是可行的。

　　对于零带隙系统（金属），E_x^{HF} 是长程的，这为它的评估带来额外的困难。这也是金属的 HF 理论产生 $\partial\varepsilon(k)/\partial k$ 的原因，在费米能级附近 k 态下，该理论呈对数发散，屏蔽交换

算符中出现的库仑势$1/|r-r'|$可消除发散。在托马斯-费米屏蔽理论中，可通过用$e^{-k_{TF}|r-r'|}/|r-r'|$代替E_x^{HF}中的$1/|r-r'|$来实现，其中k_{TF}是托马斯-费米屏蔽长度。在多体格林函数理论中，自能算符中出现的库仑势被反介电函数ε屏蔽。Bylander和Kleinman提出了一种结合托马斯-费米屏蔽的混合函数，发现硅的带隙比LDA有很大改善。后Seidl等使用DFT的约束搜索公式论证了这一程序的有效性。并表明：原则上从这种屏蔽交换算子导出的DFT带隙可以包括一定数量的导数不连续性。杂化泛函在固体中的表现不如LDA/GGA，杂化泛函做出的最显著的改进可能在DFT带隙中，特别是LDA/GGA中的窄间隙半导体被正确地预测为半导体。大间隙绝缘体的带隙仍被低估。金属的性能并不令人满意，内聚能比从PBE得到的要差，且价带宽度太大。

3. DFT+U方法

DFT+U方法也可用于处理自相互作用误差，其通常用于对强相关材料建模。在DFT+U中，总DFT能量泛函中加入一个附加的（U-J）参数，以模拟具有相同轨道角动量的电子间的有效场内库仑（U）和交换（J），这种类高频校正由高频理论没有自相互作用误差引起。与上述杂化泛函相比，DFT+U的一个优点是额外的计算成本最小，而周期固体中非局部Fock交换的计算要求更高。

虽然可以根据经验选择（U-J）参数，但更严格的方法是由第一性原理确定（U-J）。一种方法是通过约束DFT，其中电子占据在特定位置上并保持不变，后可从总能量的变化中提取有效的U和J值，作为固定电子数的函数。这种方法的缺点是（U-J）从非物理约束的情况导出，并且底层的DFT计算仍然受到近似交换相关问题的影响。

有研究人员提出了一种估计（U-J）的替代方法，他们将铬（Cr_2O_3）建模为嵌入在经典静电环境中的团簇，并从严格无自相互作用的无限制HF理论中推导出有效的U和J参数[5]。得到的参数比以前的约束DFT估计值略高，但在随后的DFT+U计算中的使用给出了与实验一致的结果。DFT+U方法的一个扩展是动态平均场理论，它超越了对相关电子的现场HF描述，因此可在同一理论中一致地处理诸如金属-绝缘体转变之类的情况。然而，动力学平均场理论仍然假设了Hubbard-Anderson形式的关联，这可能会限制结果的物理结果。

3.2.4　分子动力学

分子动力学（molecular dynamics，MD）模拟，是目前物理、生物、化学和材料领域中最为广泛应用的计算模拟方法之一，通过精确计算数百个相互作用的经典粒子行为，处理统计力学中的平衡和非平衡问题的求解。其模拟过程如图3-1所示。

分子动力学中最重要的一部分是对模型的力场进行模拟，Lennard-Jones势是最常用的一种原子对间的范德华相互作用的近似模型，其公式为

$$E\left(r_{ij}\right)=4\varepsilon\left[\left(\frac{\sigma_{ij}}{r_{ij}}\right)^{12}-\left(\frac{\sigma_{ij}}{r_{ij}}\right)^{6}\right] \tag{3-17}$$

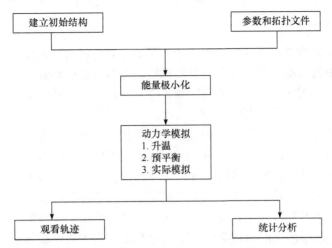

图 3-1　分子动力学模拟过程示意图

其中，ε 为相互作用强度的势阱深度；r_{ij} 为两个原子间的距离；σ_{ij} 为粒子间电势为零的有限距离；$\left(\dfrac{\sigma_{ij}}{r_{ij}}\right)^{12}$ 为排斥项；$\left(\dfrac{\sigma_{ij}}{r_{ij}}\right)^{6}$ 为吸引项。通过这个势方程，可以计算出粒子间势能 $E\left(r_{ij}\right)$。此外，使用 Lorentz-Berthelot 混合方法可获得不同类型粒子间相互作用的力场参数。

对于原子对间的库仑相互作用，可采用基于原子的部荷模型，并使用以下公式计算库仑相互作用：

$$E_Q\left(r_{ij}\right)=\frac{Cq_iq_j}{\varepsilon r_{ij}}\tag{3-18}$$

其中，C 为能量转换常数；q_i 和 q_j 为两个原子的电荷；ε 为介电常数。

对于刚性模型，由于键和角度是刚性的，只需考虑原子间的能量；对于柔性模型，需要考虑原子间能量和分子内能量。分子内能量项可通过调和函数计算：

$$E_{\mathrm{b}}=\frac{1}{2}k_{\mathrm{b}}\left(r-r_0\right)^2\tag{3-19}$$

$$E_{\mathrm{a}}=\frac{1}{2}k_{\mathrm{a}}\left(\theta-\theta_0\right)^2\tag{3-20}$$

其中，r_0 和 θ_0 为分子的平衡构型；k_{b} 和 k_{a} 为能量常数。当外力改变分子的构型时，分子内势能将增大[6]。

MD 可以帮助研究人员对粒子在空间中随时间的演变过程进行模拟，处理体系中的动力学问题，对目标材料的动力学相关性质进行预测，如对材料的相变、晶体生长、动态弛豫等过程进行模拟。如何选择势函数在 MD 模拟中至关重要，直接影响模型结果的合理性和可靠度，尤其是对具有强关联电子体系的固相材料进行预测时。但需要注意的是，获得精确合理的势函数具有一定难度，对此可通过第一性原理计算材料中粒子间的相互作用力，帮助提高模拟结果的可靠度。所以，现阶段针对固体材料的 MD 都是基于第一性原理，但由于第一性原理需要大量的计算，导致 MD 难以推广应用于建立各种物质模型[7]。

1. 模拟硅的金刚石加工

目前 95% 以上的半导体器件和 99% 以上的集成电路由硅材料制作而成，因此硅材料的生产加工在工业中具有重大意义，而一般的机械加工对过程很难做到实时监控，特别是由于热流密度大和切屑飞向操作者等危险问题，并且一旦切割材料，加工过程将无法逆转，因此很难在无穷小的时间步长内检查加工实验。MD 模拟为研究具有高度可逆性和安全性的加工过程提供了灵活性，虽然 MD 模拟具有很多优点，但是它在一定程度上受到仿真规模和执行仿真时间的限制。近年来，为克服 MD 的局限性，人们对时间齐次化、模型简化技术、移动元胞自动机、离散元法以及有限元与 MD 模拟的耦合等方法进行研究，希望能够解决尺寸尺度问题，但是实际应用中并未成功缓解时间尺度问题。但 MD 仍是一个有效的现象学工具，可帮助研究人员理解离散过程，如材料晶体结构的影响、高压相变、加工中刀具的磨损和过程中涉及的摩擦化学，适当的 MD 模拟需要理解势能函数的重要性，以模拟延性和脆性相加工[8]。

2. 模拟锂枝晶沉积

在锂金属负极表面涂覆一层软聚合物，可有效抑制枝晶生长，即使在高电流密度下也能获得均匀的锂沉积，一个有效涂层可延缓甚至阻止枝晶在沉积过程中穿透聚合物层。通过建立粗晶三维分子模型，反映材料介电非均质性，并利用该模型研究聚合物涂层抑制锂枝晶生长的机理。模拟不同分子参数下的沉积动力学，包括刚度、弛豫时间、介电常数和涂层厚度。

在锂枝晶沉积的模拟计算研究中，线性稳定性分析应用最为广泛，但其仅可在成核阶段使用，不能模拟锂枝晶的生长动力学，此外，线性稳定性分析需要采用许多简化性假设，并且只能用于计算二维系统。相场模型也可被用于研究锂沉积过程中枝晶生长过程，但也无法准确地捕获远离枝晶表面的过程，如通过聚合物涂层的离子传输改变。而 MD 模型简单，可获得关于沉积动力学和枝晶形貌的诸多信息，如聚合物涂层如何抑制锂枝晶在金属锂负极表面的沉积，锂枝晶形貌受聚合物涂层刚性、弛豫时间、介电常数和涂层厚度的影响，通过研究这些因素对锂枝晶沉积的影响，后进行优化，达到抑制锂枝晶生长的目的，帮助了解如何在锂离子电池中设计聚合物涂层[9]。

3.2.5　蒙特卡罗方法

蒙特卡罗方法（Monte Carlo method，MCM）也被称为随机模拟，通过计算机生成随机对象或过程，目的是在特定的热力学条件下为复杂的大分子系统生成具有代表性的构型集合。将随机扰动应用于系统生成配置，为了对代表性空间进行适当采样，扰动必须足够大，能量上可行，且高度可能。蒙特卡罗不提供有关时间演变的信息，而提供代表性构型的集合，因此，可根据构象计算概率和相关的热力学观测值，如自由能。此外，蒙特卡罗模拟在设计复杂的混合分子动力学算法中也起基础性作用[10]。

Metropolis 和 Ulam 1949 年发表的论文被认为是蒙特卡罗方法诞生的标志。此后，蒙特卡罗方法开始在物理过程的模拟中发挥重要作用，以及对化学动力学和生物组织传输进行模拟，在天体物理学中的应用也在不断扩大。在材料科学中，蒙特卡罗方法被用于有机发光二极管、有机太阳电池和锂离子电池等领域的新材料和结构的开发和分析。蒙特卡罗方法结合实验数据生成材料的随机模型，通过模拟和数值计算帮助设计虚拟材料，蒙特卡罗方法比实际实验容易获得更多的数据，同时可以使用多种不同的生成参数对材料进行虚拟生成和研究。

蒙特卡罗方法在分子模拟中的计算过程可以描述为：①通过随机数生成器随机产生一个分子构型。②将该分子构型中的粒子坐标进行无规则改变，从而产生一个新的分子构型。③计算新分子构型的能量。④比较两种分子构型间的能量变化，以确定能否接受该构型。⑤如果新分子构型的能量低于改变前的，则接受新构型，并在下一次迭代中重复该构型；若新构型的能量较高，则需要计算玻尔兹曼因子并生成随机数。⑥比较玻尔兹曼因子与随机数的大小：若随机数较大，则丢弃配置并重新计算；若随机数较小，则接受该配置，并使用该配置进行下一次迭代。⑦对上述过程进行迭代计算，直至得到给定能量条件下的分子构型。

晶界结构的动力学蒙特卡罗自动建模方法[11]是：①第一步，由粗晶粒分子动力学确定晶粒中心位置。②第二步，定义晶粒区域为 Voronoi 单元。③第三步和第四步，钨原子沿晶体轴分布，每一个晶粒随机变化，后在整个模拟框中用分子动力学方法松弛所有原子的结构。④第五步和第六步，由局部分子动力学在小区域内评估局部最小能点和迁移势垒能，白球为杂质原子用于第五步中的结构弛豫，并作为第六步中过渡态计算（nudged elastic band，NEB）的初始和最终状态。在结构弛豫和 NEB 中，小区域内层的黑色球是可移动原子，而灰色小区域外层的球在松弛过程中是固定原子。⑤最后，在小区域的内层和外层中原子位置的示例，编号为 1～3 的球体表示原子 1～3 的位置，曲线是内层和外层的边界，如果外层 w_f 的厚度小于截止长度的两倍 $2r_c$ 时，边界为曲线虚线。

蒙特卡罗方法具有以下优点：①轻松高效，蒙特卡罗算法趋向于简单、灵活和可扩展，对于物理系统，可将复杂的模型简化为一组基本的事件和交互，为通过一组可在计算机上有效实现的规则对模型进行编码提供可能性。这允许在计算机上实现和研究比使用分析方法更可能实现的一般模型。且蒙特卡罗算法是可以并行的，各个部件可在不同的计算机和/或处理器上独立运行，节省计算时间。②随机性，蒙特卡罗方法的固有随机性对真实随机系统的仿真和确定性数值计算都有很大帮助，如进行随机优化时，随机性允许随机算法避免局部最优，拥有更好的探索空间。③洞察随机性，作为一种探索和理解随机系统和数据行为的工具，蒙特卡罗方法具有很高的教学价值，可通过蒙特卡罗模拟进行随机实验，帮助理解概率和统计学。此外，现代统计学越来越依赖于计算工具，如重新采样和蒙特卡罗方法来分析非常大的或高维数据集。④理论依据，有大量（且迅速增长）的数学和统计知识支持蒙特卡罗技术，如允许对给定蒙特卡罗估计的精度（如平方根收敛）或蒙特卡罗算法的效率进行精确说明。当前蒙特卡罗技术的大部分研究都致力于寻找改进的规则集或事件编码，以提高处理困难的采样、估计和优化问题的计算效率。

与分子动力学模拟相比，蒙特卡罗方法采用的模型不必在哈密顿性成立的超平面上运动，由于是在系统势能和温度决定的玻尔兹曼分布中抽取"典型样本"，所以在大系统中"时间平均"会收敛到"状态平均"，因此蒙特卡罗模拟产生的估计结果通常和分子动力学模拟产生的结果有高度相似性。对于大部分问题，往往两种方法都能现实，但相对而言，其中某种方法会更容易实现，目前许多研究人员都将分子动力学和蒙特卡罗模型结合使用。

3.3　介观和宏观尺度的材料计算方法

3.3.1　CALPHAD

在 20 世纪末，材料工程师们已清楚地意识到，CALPHAD 作为一种材料计算方法，已发展成一种强大的工程工具。CALPHAD 方法十分独特，它不是经验性和基础性的，而是用热力学语言对实验和理论结果进行编码，令其适用于比原始实验或计算更广泛的背景。

CALPHAD 的目的是：假设系统的吉布斯能量为函数 $G(p,T,x_1,\cdots,x_n,\xi_1,\cdots,\xi_q)$，其中 $p,T,x_1,\cdots,x_n$ 是 G 的自然变量，分别是压力、温度和不同组分的含量，$\xi_1,\cdots,\xi_q$ 是内部变量，其性质视情况而定。通过对 G 的计算可获得许多材料性质有关信息，如给定条件下的平衡状态、不同类型的相图、热化学性质（如混合热）、化学活性和蒸汽压，以及热物理性质（如热膨胀和体积模量）。此外，通过对不确定是否平衡的系统进行一般情况的计算，可计算出驱动力，该驱动力可以与动力学信息相结合，预测系统的动态演化。

从上面的介绍可以看出，CALPHAD 的主要挑战是如何获得函数 $G(p,T,x_1,\cdots,x_n,\xi_1,\cdots,\xi_q)$。显然，其无法通过实验数据直接得到。量子力学中的从头计算也只能在极为简化的情况下使用，在这种情况下，得到的结果精确性可能不令人满意。CALPHAD 方法背后的原理其实是基于这样一个事实：从吉布斯能量函数中提取有关量的信息也间接地可推算 CALPHAD 中的一些信息。基于统计力学中的某些模型，得到含有若干未知参数的 G 的数学表达式，然后可以调整这些参数，直到与所选择的模型相对应的 G 函数能够很好地表示所选择的信息。因此，CALPHAD 程序包括以下步骤：①选择要表示的信息；②选择热力学模型，系统中每个相都选择一个模型；③拟合模型参数，可最好地表示所选信息；④将参数编译到数据库中。从①到④的整个周期通常称为 CALPHAD 评估。需要强调的是，所选信息可以是实验测量、理论计算或以其他方式做出的估计。循环通常需要迭代执行几次，如在模拟时可能需要对至少一个过程用更高级的模型，或当发现某些选定的信息可靠性不足时，应在拟合中给予较低的权重再进行下一轮迭代。

第二代 CALPHAD 在 20 世纪 80 年代后期开始发展，随着更先进的模型出现，被相关研究人员迅速接受。这些模型源于 1970 年 Hillert 和 Staffansson 的论文，该论文给出了正则解模型的两个子格版本，可应用于两种阳离子和两种阴离子的离子混合物，或一种具有间隙原子的三元体系。当时，该模型被认为是正则解形式主义单纯的形式扩展。在 1981 年，Sundman 和 Agren 将其推广到任意数量的分量和子格，人们后来才开始认识到，该模型非常适合用复杂的晶体学来处理相位和各种有序现象。后续，出现了许多新的计算机代码，如 Thermo-Calc、MTDATA、PANDAT 等，可用来处理更复杂的问题，同时增加了量子力学计算的使用。普遍认为将非平衡现象引入 CALPHAD 方案中，是 CALPHAD 得到如此大发展的一个重要原因，从仅需要热力学数据的 Scheil 凝固模拟到多组分扩散动力学。除热力学数据外，后者还需扩散迁移率，即在化学势梯度影响下给出物种扩散通量的量。Andersson 和 Agren 建议，应以类似吉布斯能量函数的方式处理扩散波动，即该过程应包括以下步骤：①选择要表示的信息；②选择扩散模型，每个项都需要建立一个对应的模型；③拟合模型参数，使所选信息得到最佳表示；④将参数汇编成数据库。对于热力学而言，可选择用不同类型的模型对扩散过程进行建模，如示踪扩散系数、扩散偶中的浓度分布、量子力学计算的活化势垒。一个重要的例子是 Campbell 等的工作，他们为镍基合金编制了一个扩散数据库。

在 CALPHAD 框架中加入非平衡情况，可对材料加工和使用过程中的动态现象进行分析，更接近实际问题。可看出 CALPHAD 的前两代已经具有材料基因组的所有特征，因为 CALPHAD 的前两代已经具有材料基因组的所有特征。CALPHAD 热力学数据库能够计算"真实"工程材料的平衡状态和材料对加工和环境的响应，以及一些普遍可用的软件程序和数据库（免费软件或商业软件）允许任何经过技术培训的人都可进行计算。图 3-2 对整个框架进行总结，基于 DFT 的量子力学计算在确定难以通过实验精确测量的数据方面起重要作用。

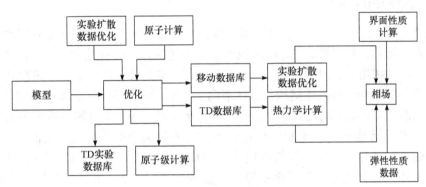

图 3-2　具有材料基因组特征的 CALPHAD 工程路线图

CALPHAD 技术已发展到相对成熟的阶段，可用于工业生产中，但仍然存在一些问题，现有的第二代数据库往往是基于旧的数据和估计，其范围和质量往往不足以满足实际需要。在第一代 CALPHAD 数据库的开发过程中，缺乏对纯元素吉布斯能量（它们的晶格稳定性）的通用描述。为开发第二代数据库，这种描述已或多或少被国际所接受，并由 Dinsdale 于 1991 年出版了这些功能。

CALPHAD 方法将在未来材料基因组学领域发挥重要作用。但是，它必须以适当的方式应对一些挑战：通过 CALPHAD 数据库的"高通量评估"应对高通量实验（high-throughput experimentation，HTE）的发展；扩展数据库，以涵盖一般的弹性特性和界面特性以及各种功能特性[12]。

锂离子电池中锂离子通过化学反应在两个电极间转移，在这一过程中发生电荷/质量转移、界面形成、结构变化、相变等多个步骤，这些步骤直接关系到锂离子电池系统的性能。了解锂离子电池的基本知识，需要建立电极材料的组成-结构-性能关系。目前，计算方法已成为提高锂离子电池开发效率的有力工具，基于 DFT 的从头算可测原子和电子尺度上的基本性质后，将从头算的结果输入到 CALPHAD 方法中，用于相图计算[13]。

相图是理解锂离子电池工作过程的有力工具，不同相区对应于不同组分的反应过程，如在恒温的二元体系中，元素的化学势在两相区中是恒定的。在锂离子电池中，锂的化学式与电动势 E 有关，遵循能斯特方程：

$$\mu_{Li} - \mu_{Li}^{0,ref} = -nEF \tag{3-21}$$

其中，F 为法拉第常量；n 为离子的电子数。因此，在每个成分/温度点结合已知吉布斯能量的相位关系有助于阐明电池性能。CALPHAD 方法用解析表达式描述了每个单相的吉布斯能量，生成相图。

在收集和评估现有的实验和理论数据时，需要选择合适系统所有阶段的模型，建立可靠的热力学数据库后，利用完善的热力学数据库，除了得到典型的组成和温度关系相图外，还可得到化学势相图和特性图，如开路电压和吉布斯形成能，帮助研究人员理解充电过程中的成分-结构-性能关系和电池充放电过程。目前，利用 CALPHAD 对锂离子电池电极材料（Li-Co-O、Li-Ni-O、Li-Co-Ni-O、Li-Mn-O、Li-Cu-O、Li-Si、Li-Sb 和 Li-Sn 体系）的电化学性能和电池性能进行预测，帮助研究人员开发更高效的电极材料。

3.3.2 介观尺度的相场模拟

相场法（phase field method）可以用于解释材料在不同外场条件下随时间的习惯尺度和微观结构的演化，在相场法中，用两组场变量描述材料的微观结构，一个是描述感兴趣物种空间分布的浓度场，包括杂质、裂变气体原子、空位等；另一个是描述微观结构特征空间分布的序参量场，如晶体结构、晶体取向、空洞、位错环、气泡和铁磁域等。在化学封闭系统的假设下，浓度场是守恒的，而序参量场不是守恒的。相场法模型中的所有场变量在界面上都平滑地变化，因此界面是漫射的（不是尖锐的）。扩散界面不需要显式地跟踪界面的精确位置，可消除界面处应力场等场的奇异性。相场法的这一关键特性与锐界面微观结构演化方法（如需要跟踪界面位置的水平集方法）相比，计算效率得到很大提升。

作为一种多尺度模拟工具，相场法基于基本热力学定律、受检系统动力学的缺陷及对材料过程背后机理的理解，已被成功应用于预测重要材料的三维微结构演化动力学过程，如凝固与熔化、铁电与铁磁相变、相分离与析出、马氏体相变、位错动力虚弱、孪晶和去孪晶及电化学过程。相场法有多种优点，包括：①无需预先假设微观结构形态；②无需显式跟踪界面位置；③多维（二维，三维）具有短距离和长距离相互作用的多材料过程的计算有效表示；④多维（二维，三维）缺陷和材料的非均匀和各向异性特性的计算有效表示[14]。

锡锑（SnSb）等金属化合物作为一种很有前途的钠离子电池负极材料，目前对其纳米级钠化机理尚不清楚。结合原位透射电子显微镜（transmission electron microscope，TEM）、第一性原理电子结构计算、计算热力学模型和相场模拟，对锡锑电极的钠化机理进行揭示，可量化微观结构对锡锑电极潜在反应动力学的影响。先由原位 TEM 和电子衍射实验确定，原位钠化实验中，纳米锡锑薄膜在钠化过程中经历了快速的非晶相变。后利用相场模型进一步了解 Na^+ 传输机制与锡锑薄膜中观察到的变化间的关系，帮助理解钠离子电池金属负极材料的钠化机理。

在锡锑薄膜钠化过程的相场模拟中，由于每个晶粒的取向、形状和特性需通过大视场上的晶粒取向映射来确定，将纳米晶薄膜电极中观察到的真实微观结构特征与建模和模拟结果联系起来具有一定困难。此外，在非晶碳膜支撑的 Cu-TEM 栅极上射频磁控溅射锡锑薄膜时，会产生缺陷和内应力，这些缺陷和内应力会改变薄膜在被腐蚀前的初始应力状态。在当前的相场模拟中，假设晶粒结构由一组具有各向同性晶界的随机取向晶粒组成，后利用 MOOSE 软件进行基于相场的数值模拟[15]。

3.4　材料环境友好性评价

3.4.1　材料环境友好性

　　环境友好材料也称生态环境材料，简称环境材料，是由日本学者山本良一于 20 世纪 90 年代初提出的，即 ecomaterial，由英语单词 ecology（生态学）的前缀（eco-）和 material（材料）构成。1993 年，在日本举办的"材料服务于人类生活、行为的未来状况与环境关系"讨论会上，学者对 ecomaterial 的解释定义为 environmentally conscious material，即具有环境意识的材料。环境材料这一概念诞生于世界环境问题愈发严重、人类的低碳意识和寻求可持续发展的意识不断增强的背景下，代表了 21 世纪材料科学发展的新方向。

　　环境友好材料是指从原材料采集、生产、制造、使用、回收再利用及废弃等整个生命周期具有最大使用性能和最低环境负荷的材料。这就要求材料不仅自身不会对环境造成破坏，并且从生产到回收整个周期内对环境仅有最低限度的负面影响，图 3-3 显示了环境友好材料的生命周期特征。环境材料按不同的标准有不同的分类方式，按照材料的用途可分为生物质材料、绿色建筑材料、绿色包装材料、环境工程材料四大类。环境材料的开发可以分为两方面，一方面以纯天然材料为原料，通过绿色环保的加工制造过程，得到具有功能性的新型材料；另一方面可以通过改进现有材料，使其从生产到回收整个周期内具有优异的环境协调性。

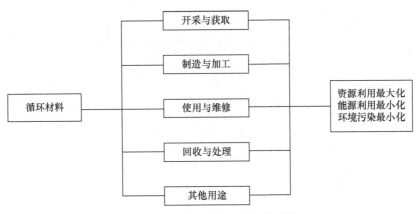

图 3-3　环境友好材料生命周期特征

　　环境材料具有功能性、经济性和环境协调性等特征。环境材料的设计思路是：在兼顾传统材料研究所寻求的使用性能进步的同时，充分考虑可能带来的资源消耗和环境污染等问题，采取相应措施，使材料尽可能降低环境负担。以材料的设计阶段作为起点，在整个材料使用过程中，时时刻刻将材料的性能与生态环境的保护与生活舒适的保障紧密结合，这是对传统材料与工程未来发展的新方向[16]。

　　新一代环境友好关键材料的研究与相关产业的发展对于建立循环经济构建和谐社会具有重要意义。国家和社会的发展离不开环境友好材料的开发与产业化，环境友好材料已成为材料高新技术发展与应用的重要方向。

环境友好材料的应用，不仅减少了对自然资源的消耗和对环境的污染，而且减少了垃圾的产生和垃圾处理的消耗。同时拓宽了废旧材料、循环材料等利用的方式和领域，将更多的材料纳入再利用的范畴，大大减少其对环境的负面影响。我国目前正处于经济和社会的高速发展阶段，资源与能源更是发展的重中之重，环境友好材料是实现我国循环经济和可持续发展的必然选择。

3.4.2 生命周期评价方法

生命周期评价（life cycle assessment，LCA），有时也称为"生命周期分析""从摇篮到坟墓""生态衡算"等，起源于 20 世纪 60 年代化学工程中应用的"物质-能量流平衡方法"，其理论基础是利用能量守恒原理和物质不灭定律，对产品生产和使用过程中的物质或能量的使用和消耗进行平衡计算。LCA 的发展历史[17]如图 3-4 所示。

1997 年国际标准化协会推出 ISO14040 标准，其中对产品生命周期评价做了如图 3-4 所示的描述，它的基本结构[18]包括四个组成部分：①目标与范围定义；②清单分析（图 3-5）；③影响评价[19-20]（图 3-6）；④解释。

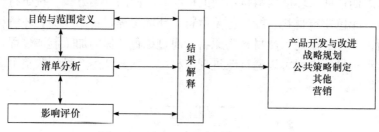

图 3-4　ISO14040 生命周期评价框架

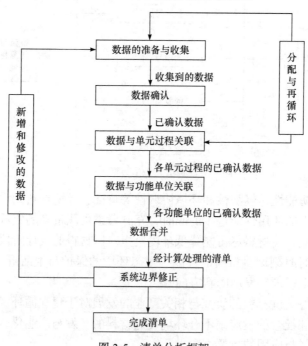

图 3-5　清单分析框架

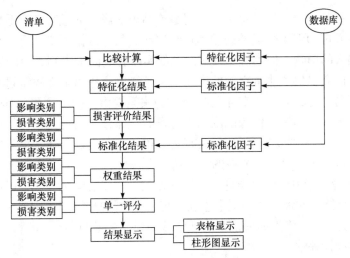

图 3-6   环境影响评价的实现过程[20]

    LCA 是"从摇篮到坟墓"的分析工具，可捕获与产品、过程或人类活动相关的所有生命周期阶段的整体环境影响。这种全面的观点使 LCA 成为决策者可以使用的一套环境管理工具中的独特方法。LCA 已经发展成为一个用来获取信息的重要工具，以便在各个领域进行分析、讨论、行动和监管[21]。LCA 最重要的方面是它可以帮助人们将影响评估的整个系统思维纳入其中。例如，生物基材料和产品长期以来一直被视为首选。直到最近，有关 LCA 研究的报道才开始讨论由生物原料生产导致的水和土壤质量下降[22]。LCA 方法最初是为了提供用于区分产品或服务的环境信息而开发的，现在已经发展为将产品和过程的整体环境绩效传达给利益相关者的基础。例如，基于 LCA 制定环境产品声明（environmental product declaration，EPD）是传达有关产品环境性能的可靠信息的有效方法[23]。

    与所有复杂的评估工具一样，生命周期评价方法也有其局限性。虽然 ISO 标准对 LCA 给出了一致的定义，并提供了进行评估的一般框架，但它给进行评估的人员留下了很多解释。因此，LCA 研究因对看似相同的产品产生不同的结果而受到批评。此外，如果 LCA 方法的特征不能满足用户的即时需求，则可以将其视为一种限制。1990 年的环境毒理与化学学会（Society of Environmental Toxicology and Chemistry，SETAC）为 LCA 方法奠定了基础，但不久之后，人们意识到一个非常重要的方面被忽视了，即在研究开始时就设定目标。ISO 中 LCA 阶段的后续版本包括最初的"目标和范围定义"阶段[24]，如图 3-7 所示，一个明确的目标使定义研究范围和数据收集更容易。

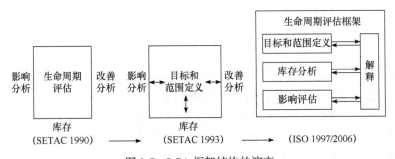

图 3-7   LCA 框架结构的演变

不确定性分析是确定数据的可变性和对最终结果的影响的过程。它适用于清单数据和影响评估指标，并可归因于数据的误差和正常波动。虽然数据可变性会对结果在决策中的使用方式产生很大的影响，但不确定性对决策的实际影响尚未得到充分的研究[25]。

虽然 LCA 研究提供了非常有用的资料，但其结果应作为全面决策过程的一个组成部分。可能需要用其他工具或方法来补充 LCA，为决策提供基础。这些工具包括风险评估、现场环境评估、成本评估等。作为范围确定过程的一部分，确定将在何处以及如何使用这些其他工具来增强 LCA 的发现是很有用的。需要进一步开发或创建一个集成的框架来减少复杂性，同时澄清在集成分析中所做的简化选择[26]。

LCA 作为一种基于科学的环境评估方法的结构一直没有太大变化，但近年来出现了新的发展（或者在可持续性评估的情况下重新发现）。出现的趋势[27-28]主要有：①使生命周期评估更简单，更灵活；②将生命周期影响评估减少到一个影响类别；③将 LCA 扩展到基于生命周期的可持续性评估。

3.4.3 足迹家族及人体健康风险评价

20 世纪 90 年代，加拿大学者 Ress 提出生态足迹[29]，开启了足迹指标的研究。足迹的基本思想是从微观、中观或宏观的角度评估与生产和消费有关的人类压力和对环境的影响。根据定义，"足迹"是人类对自然资源占用的度量[30]，可用于描述人类活动如何对环境造成不同类型的负担，从而影响全球可持续性。2012 年，足迹家族概念被提出[31]，足迹家族从整体角度评价，为产品设计者提高产品的环境友好性提供理论支持，为政策决策者系统评估与权衡人类活动的环境影响提供技术支持。足迹家族的发展阶段如图 3-8 所示[32]。

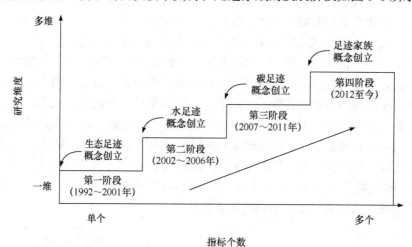

图 3-8 足迹家族 4 个发展阶段

足迹家族的概念在逐步形成框架，足迹可分为影响导向型和对象导向型。影响导向型足迹包括碳足迹、水足迹[33]和生态足迹以及磷足迹[34]、氮足迹[35]、化学足迹、生物多样性足迹和能源足迹等。对象导向型足迹包括国家足迹、部门足迹[36]等。

人体健康风险评价这种评估方法将人体的健康状况和环境的污染有效地联系在一起，通过计算环境中对人体有害的环境因子对人类健康产生的影响得出概率，并通过该概率来评估人体可能受到的危害程度。这种评价体系的主要特点是评价指标定量化，将人和环境污染通过风险度联系在一起，从而准确地用数字显示污染因子对人体产生怎样的危害。它是环境风险评价的重要组成部分。

3.4.4 材料环境友好性算例：锂离子电池

锂离子电池综合评价是指在锂离子电池的生产阶段通过对电池各项指标进行分析，从而选出性能最佳的电池。构建的电池评价体系共包含 1 个一级指标、3 个二级指标和 11 个三级指标。一级指标可以表示为 G——电池综合评价体系。二级指标分别表示为：X——经济性能指标；Y——电化学性能指标；Z——环境性能指标。三级指标分别表示为：X_1——电池粗成本价格；X_2——电池能源消耗成本；Y_1——电池比容量；Y_2——电池循环效率；Y_3——电池开路电压；Y_4——电池循环寿命；Y_5——荷电保持能力；Y_6——耐热峰值；Z_1——碳足迹；Z_2——水足迹；Z_3——生态足迹。

通过采集各项数据，建立相应的评价清单和数据集建立锂离子电池的综合评价体系，对 $LiFePO_4/C$ 锂离子电池（A 电池）、$LiFe_{0.98}Mn_{0.02}PO_4/C$ 锂离子电池（B 电池）、$FeF_3(H_2O)_3/C$ 锂离子电池（C 电池）和 $LiMn_2O_4/C$（D 电池）这 4 种二次电池进行评价。

借助蒙特卡罗模拟的方法为每一个电池的电池循环寿命指标模拟生成 2000 个随机数值。由于电池的循环寿命是一个范围值，期望在给定的循环寿命范围内，获得一个电池的最大概率得分。在得到 11 个三级指标的相应权重后，采用熵权法计算 4 种电池的综合性能指标得分，并对目前常见的锂离子电池的性能进行综合评价。

以上述 4 种电池作为研究对象，功能单位为合成 1kg 电池正极材料。电池外包装统一采用铝塑材料。电池尺寸均为 11mm 圆形极片，包括铜箔和铝箔。通过上述方法进行数据采集与处理，并利用软件进行计算，结果如表 3-1 所示。

表 3-1　电池三级指标值

缩写	三级指标	A	B	C	D
X_1	粗成本价格 /（\$/kg）	1.553	1.597	1.864	1.161
X_2	能源消耗成本/kJ	190	195	132	194
Y_1	电池比容量/（mAh/g）	130	135	150	134
Y_2	电池循环效率/%	94	95	97	93
Y_3	电池开路电压/V	3.4	4.1	4.3	4.2
Y_4	电池循环寿命/次	1400～2300	1500～2400	2500～3500	300～1300
Y_5	荷电保持能力/%	3.10	2.90	2.10	2.98
Y_6	耐热峰值/℃	450	230	510	200
Z_1	碳足迹/kg CO_2 eq	12.973	13.02	8.712	11.051
Z_2	水足迹/m³	23.340	23.865	16.308	25.013
Z_3	生态足迹/（m² · a）	38.300	38.432	26.317	36.151

将环境足迹作为第三级环境性指标来表征合成 1kg 电池材料的环境影响。利用足迹家族来替代人类健康、生态环境损失和资源损耗三类环境影响评价指标。电池环境性能的三个指标与产生的环境影响正相关,与环境性能负相关。

3.5　材料的流动传热模拟与理论计算

3.5.1　概述

计算流体力学(computational fluid dynamics,CFD)是一门利用数值分析方法求解数学方程,对流体流动、传热、化学反应等进行研究的科学,在物理方面受到三大基本守恒定律的约束。CFD 的基本思想可以归结为:基于离散化的数值方法,将原本在时间域及空间域中连续的物理场用有限数量离散点上的变量值集合替代,然后构建相关变量之间的代数方程组,求解该方程组可以获得场变量的近似值。计算机硬件上不断进步,特别是在储存和执行速度方面的进步,使得 CFD 技术能在解决精细和复杂的问题上得到广泛应用。

计算机革命彻底改变了 CFD 的研究领域,从一门研究人员使用专门开发的代码进行独特项目的科学学科,转变为工程设计、优化和分析的日常工具,被用于原型设计和其他设计技术的替代或补充。FLUENT、STAR-CD、CFX、OpenFOAM 和 COMSOL 等为常用的CFD 通用软件。它们在外观和功能上有所不同,但本质上都是带有附加物理和湍流模型的偏微分方程的数值解算器,用于网格生成和结果后处理的模块[37]。

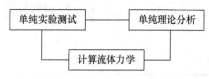

图 3-9　"三维"流体力学示意图

如今,CFD 在工程预测中的作用已经变得十分强大,被视为纯实验测试和纯理论分析之外的流体力学的一个新的"第三维度",这三者之间的关系示意图如图 3-9 所示。从 17 世纪 80 年代,牛顿出版《自然哲学的数学原理》,将力学理论体系建立完整,到 20 世纪 60 年代中期,在开创性实验和基本理论分析的协同作用下流体力学取得进步,这些分析几乎总是需要使用简化的流动模型来获得控制方程的封闭解。这些封闭形式的解可瞬间识别出给定问题的一些基本参数,并清楚地说明这些参数的变化会对问题的答案产生何种影响,但它们没有包括所有必要的流体物理特性。而在此时,CFD 技术被引入到这一领域,以"精确"的形式处理控制方程,并包含了如有限速率化学反应等详细物理现象,因此 CFD迅速成为工程分析中的一个常用工具。如今,CFD 支持和补充了纯实验和纯理论。相信随着 CFD 的不断发展,其在基础研究到工程设计中都将发挥重要作用[38]。

近年来,CFD 替代了经典流体力学中一些近似算法和图解法,作为研究工具、教学工具、设计工具,在航空航天、加工、化工、民用和环境等领域均得到应用,已成为工程师们工作中不可或缺的工具之一。

3.5.2　建模

采用 CFD 对流体问题的求解过程,通常包括以下步骤:①建立控制方程;②确定边界条件与初始条件;③划分网格;④建立离散方程;⑤离散初始条件和边界条件;⑥给定求解控制参数；⑦求解离散方程；⑧判断解的收敛性；⑨显示和输出计算结果。在这个过程中，建模和求解是两个不可忽视的组成部分。

建模是通过建立数学模型反映工程问题（如物理问题）的本质，该模型包括控制方程和确定相应的解条件，这些条件对各种问题间的关系进行反映，是数值模拟的出发点。合适的数学模型是进行数值模拟的前提条件。建模是解决所有问题前的必要步骤，对于一般的流体流动，可以直接写出控制方程式。

建模包括建立控制方程和确立边界条件及初始条件，除三大基本守恒方程外，还需根据流体状态，给出相应的控制方程，如当流体为湍流状态时，需要添加湍流运输方程，下面为 CFD 的基本控制方程。

1. 质量守恒方程

质量守恒定律即单位时间内微元体内的质量增加等于同一时间间隔在内流入该微元体的净质量，质量守恒方程表达式如下：

$$\frac{\partial \rho}{\partial t} + \frac{\partial(\rho u)}{\partial x} + \frac{\partial(\rho v)}{\partial y} + \frac{\partial(\rho w)}{\partial z} = 0 \tag{3-22}$$

引入矢量符号 $\mathrm{div}(a) = \dfrac{\partial a_x}{\partial x} + \dfrac{\partial a_y}{\partial y} + \dfrac{\partial a_z}{\partial z}$，式（3-22）可写成：

$$\frac{\partial \rho}{\partial t} + \mathrm{div}(\rho u) = 0 \tag{3-23}$$

其中，t 为时间；ρ 为密度，$\mathrm{kg/m^3}$；u、v 和 w 为速度矢量分别在 x、y 和 z 方向上的分量。当流体处于稳态，且不可压时，密度 ρ 为常数。

2. 动量守恒方程

动量守恒定律实际上是牛顿第二定律，可表述为：微元体中流体动量的增加率等于外界作用在微元体上各种力之和。动量守恒方程表达式如下：

$$\frac{\partial(\rho u)}{\partial t} + \mathrm{div}(\rho uu) = -\frac{\partial \rho}{\partial x} + \frac{\partial \tau_{xx}}{\partial x} + \frac{\partial \tau_{xy}}{\partial y} + \frac{\partial \tau_{xz}}{\partial z} + F_x \tag{3-24a}$$

$$\frac{\partial(\rho v)}{\partial t} + \mathrm{div}(\rho vu) = -\frac{\partial \rho}{\partial y} + \frac{\partial \tau_{xy}}{\partial x} + \frac{\partial \tau_{yy}}{\partial y} + \frac{\partial \tau_{yz}}{\partial z} + F_y \tag{3-24b}$$

$$\frac{\partial(\rho w)}{\partial t} + \mathrm{div}(\rho wu) = -\frac{\partial \rho}{\partial z} + \frac{\partial \tau_{xz}}{\partial x} + \frac{\partial \tau_{yz}}{\partial y} + \frac{\partial \tau_{zz}}{\partial z} + F_z \tag{3-24c}$$

其中，ρ 为流体微元体上的压力；τ_{xx}、τ_{xy}、τ_{xz}、τ_{yy}、τ_{yz}、τ_{zz} 为因分子黏性作用而产生的作用在微元体表面上的黏性应力 τ 的分量；F_x、F_y 和 F_z 为微元体上的体力，当体力只有重力，同时 z 轴竖直向上时，$F_x = 0$，$F_y = 0$，$F_z = -\rho g$。上式对任何类型的流体（包括非牛顿流体）均成立。

对于牛顿流体，动量守恒方程可表示为

$$\frac{\partial(\rho u)}{\partial t} + \mathrm{div}(\rho uu) = \mathrm{div}(\mu\,\mathrm{grad}\,u) - \frac{\partial p}{\partial x} + S_u \tag{3-25a}$$

$$\frac{\partial(\rho v)}{\partial t} + \mathrm{div}(\rho vu) = \mathrm{div}(\mu\,\mathrm{grad}\,v) - \frac{\partial p}{\partial y} + S_v \tag{3-25b}$$

$$\frac{\partial(\rho w)}{\partial t} + \mathrm{div}(\rho wu) = \mathrm{div}(\mu\,\mathrm{grad}\,w) - \frac{\partial p}{\partial z} + S_w \tag{3-25c}$$

其中，$\mathrm{div}(\ )$ 表示散度；$\mathrm{grad}(\ )$ 表示梯度；u 为流体速度，m/s；μ 为流体黏度；S_u、S_v、S_w 分别为 x、y、z 方向的广义源项。

3. 能量守恒方程

能量守恒定律可表述为：微元体中能量的增加率等于进入该微元体的净热流量加上体积力和表面力对该微元体所做的功。其表达式如下：

$$\frac{\partial(\rho T)}{\partial t} + \mathrm{div}(\rho uT) = \mathrm{div}\left(\frac{k}{c}\,\mathrm{grad}\,T\right) + S_T \tag{3-26}$$

其中，c 为比热容；T 为温度；k 为流体传热系数；S_T 为黏性耗散项。

4. 组分质量守恒方程

在特定系统中，可能存在质的交换或多种化学组分，每种组分都需遵守组分质量守恒定律。对于一个确定的系统而言，组分质量守恒定律可表述为：系统内某化学组分质量随时间的变化关系。

对于组分 s 而言，其组分质量守恒方程表达式如下：

$$\frac{\partial(\rho C_v)}{\partial t} + \mathrm{div}(\rho uC_s) = \mathrm{div}\left[D_v\,\mathrm{grad}(\rho)\right] + S_s \tag{3-27}$$

其中，C_s 为组分 s 的体积浓度；ρC_v 为该组分的质量浓度；D_v 为该组分的扩散系数；S_s 为系统内部单位时间内单位体积通过化学反应产生的该组分的质量。

比较上述四个基本控制方程可以看出，它们均反映单位时间单位体积内物理量的守恒性质。若用 φ 表示通用变量，则上述四个控制方程均可表示为以下通用形式：

$$\frac{\partial\rho\varphi}{\partial t} + \mathrm{div}(\rho\varphi u) = \mathrm{div}\left(\Gamma_\varphi\,\mathrm{grad}\,\varphi\right) + S_\varphi \tag{3-28}$$

其中，φ 为通用变量，可以代表 u、v、w、T 等求解变量；Γ_φ 为广义扩散系数；S_φ 为广义源项。Γ_φ 与 S_φ 位置上的项可以是数值计算模型方程中的一种定义，不同求解变量之间的区别除了边界条件与初始条件外，就在于 Γ_φ 与 S_φ 的表达式不同[39]。

3.5.3 求解

对流场进行求解，具体为对流场中的所需参数进行程序编制和计算，包括计算网格划分、初始条件和边界条件的输入、控制参数的设定等，是整个工作中最耗时的部分。

划分计算网格是利用网格生成技术对空间区域进行离散化，网格生产是计算平面到物理平面的坐标映射过程，解决不同问题时，采用的数值解法和网格形式不同，分为结构网络和非结构网络两大类，但生成方法基本一样。

在求解域中建立离散方程，由于问题自身的复杂性，获得方程的真解较为困难，需要通过数值方法将计算域内有限数量位置（网格节点或网格中心点）上的因变量做基本未知量处理，建立代数方程，通过求解得到节点值，再根据求得的节点值，取得计算域内其他位置的值。根据引入因变量在节点间的分布假设和推导离散化方程的方法差异，可以分为有限差分法（finite difference method，FDM）、有限体积法（finite volume method，FVM）、有限元法（finite element method，FEM）等离散化方法。根据离散方式将初始条件和边界条件施加到相应节点后，还需给定流体的物理参数和湍流模型的经验系数等。此外，还需给定迭代计算的控制精度、瞬态问题的时间步长和输出频率，这些参数对于实际计算的计算精度和效率有重要影响。完成以上设置后，将生成具有定解条件的代数方程组，对于这些方程组，数学上已有相应的解法。

求解稳态问题或某个特定时间步长上的瞬态问题时，通常需要多次迭代才能得到，且可能会因网格形式或大小、离散插值格式等原因导致解的发散。求解瞬态问题时，若采用显式格式进行时间域上的积分，可能会因为时间步长太大导致解的振荡或发散。因此，在迭代过程中，需随时关注解的收敛性，及时结束迭代。针对不同情况，需要利用不同的分析方法处理。

由于求解问题较为复杂，仅依靠数值求解方法在理论上不是绝对完善的，还需要进行实验加以验证，这部分工作为数值模拟，又称为数值实验，同样是 CFD 的核心内容。如流场进行求解计算包括给定求解控制参数，求解离散方程和判断解的收敛性三个方面。

数值求解过程包括将偏微分方程及其辅助（边界和初始）条件转换为离散代数方程的离散过程和用数值方法对代数方程的求解过程两个步骤。

1. 控制方程的离散

离散化可以理解为用离散域中的近似数值解替换连续介质中的 PDE 或 PDE 系统的精确解，可以通过不同的方法实现。计算流体力学和传热中常用的离散方法为 FDM、FVM 和 FEM。

1）FDM

FDM 是 CFD 中最早使用的离散方法，它基于多项式、勒让德多项式、傅里叶级数和泰勒级数展开来表示微分方程，推动了偏微分方程积分形式的应用，以及随后有限元和有限体积技术的发展。但是其难以处理复杂的几何结构，因此目前 CFD 多采用 FVM 和 FEM。

2）FEM

FEM 将区域划分为若干较小的区域（有限元），计算区域基于解的分段近似，求解的偏微分方程通常通过在弱公式中重新建立守恒方程获得。有限元法具有以下基本特征：①几乎可使用任何类型的网格元素，网格本身不需结构化，可使用非结构网格和曲面单元轻松处理复杂的几何图形。②假定离散问题的解为具有给定形式的先验解，解必须属于一个由给定方式的函数值（如线性或二次）在节点之间变化而形成的函数空间，由于这种选择，解的表示域的几何表示紧密相连。③FEM 不寻找偏微分方程本身的解，而是寻找偏微分方程的一个积分形式的解。积分形式一般由加权残差公式得到，通过该公式，FEM 获得了包含微分型边界条件的能力，能够容易构造高阶精度方法。此外，FEM 可较易获得较高阶的精度和实现边界条件，在精度方面，由于 FVM 的高阶精度公式十分复杂，FEM 优于 FVM。④FEM 采用模块化方法实现离散化，它的离散方程由离散单元构成，然后再将其进行组合。

CFD 的发展史表明，它的每一个重要突破都是在 FDM 或 FVM 的背景下首先取得，将同样的思想融入有限元方法通常要花费十年以上的时间。FEM 虽然能够处理复杂几何图形和获得更高阶精度的解，但它只是对原微分方程的数学近似，无法反映物理特征，因此在 CFD 中 FEM 的应用并不广泛，但在固体力学的计算方面得到广泛应用[40]。

3）FVM

FVM 的原理是局部守恒，与 FEM 一样，FVM 将计算域细分为一组覆盖区域整体的非重叠单元，后用守恒定律确定变量单元中的一些离散点（节点），这些节点位于单元的典型位置，如单元中心、单元顶点或中间。选择单元和节点时有相当大的自由度，可以为三角形、四边形等，它们可形成结构化网格或非结构化网格。

此外，FVM 也与 FEM 一样，可通过插值结构表示解的方式控制节点的选择，其中较为典型的是将单元中心表示为分段常数函数，或将单元顶点表示为分段线性（或双线性）函数。但在 FVM 中，不需定义解的函数空间，并且也可选择不包含插值结构的节点。

其中前两个选择表示插值结构，最后一个示例中，没有在所有节点中定义函数值。定义压力和密度的节点网格不同于在定义速度 x 分量和速度 y 分量的节点网格，这种方法为交错网格方法。

该方法的第三个基本要素是选择适用守恒定律的体积。通过体积与单元的解耦，FVM 中流场函数表示的自由度要比 FDM 和 FEM 大得多，特别是它将控制体积上流动问题的公式（获得离散化的最实际的方法）与网格选择的几何灵活性和定义离散流动变量的灵活性的结合，令 FVM 在工程应用中受到关注。

FVM 试图将 FEM 的几何柔度，与 FDM 定义离散流场的灵活性相结合。其中一些与有限元公式相似的公式，可解释为子域配置有限元方法；与有限差分公式相似的公式，可解释为保守的有限差分方法；其他公式介于这些限制之间。

从上述描述可知，FVM 相对于 FEM 和 FDM 具有很大优势[40]，但是由于计算网格不一定是正交和等间距的，导致 FVM 在定义导数精度方面受到限制，这也是并非所有 CFD 求解方式都是基于 FVM 的原因。在没有黏性项（欧拉方程）或不占主导地位（高雷诺数 Navier-Stokes 方程）的原始变量中，FVM 最适合于流动问题。此外，FVM 在获得更高阶精度方面存在困难，大多数 FVM 只有二阶精度，虽然足以满足大多数工程应用，但发展高精度 FVM 是目前的一个研究热点。目前，如何有效获得更高精度的解还需进一步研究，若通过减小网格尺寸降低数值误差，会导致盲目减少单元大小而产生大量单元，增加计算成本和时间。如何找到一种快速且准确的方法来解决工程问题，是 CFD 工程师最重要的任务之一。

2. 代数方程的数值解法

对偏微分方程离散后，将得到一组代数方程，需要通过某种数值方法对其进行求解[41]。

1）可还原为矩阵方程的问题

用一个椭圆方程描述稳态物理过程或零调整时间的过程，如物体内的最终温度分布或不可压缩流体流动中的压力分布。表示椭圆偏微分方程类的最简单模型方程是拉普拉斯方程：

$$\frac{\partial^2 u}{\partial x^2} + \frac{\partial^2 u}{\partial y^2} = 0 \qquad (3\text{-}29)$$

和泊松方程：

$$\frac{\partial^2 u}{\partial x^2} + \frac{\partial^2 u}{\partial y^2} = f(x, y) \qquad (3\text{-}30)$$

求解稳态方程式，必须在空间域中对其求解，受到边界处的某些边界条件的限制，边界条件通常是狄利克雷型、诺伊曼型或罗宾型，由于椭圆型偏微分方程的特性，离散化后的方程组会将整个计算区域内的所有网格点（包括边界上的网格点）关联起来，形成一个整体的解。

2）直接法

从初等线性代数出发，解矩阵方程有两种直接方法：克莱姆法则和标准高斯消去法，这些方法虽然对于小矩阵十分有用，但在需要大量计算的 CFD 中用处不大。设矩阵 A 的总阶数为未知数 N，在 CFD 中可能是一个相当大的数字，如在每个方向有 100 个网格点的三维问题中，N 将是变量数的 10^6 倍；在简单不可压缩流的情况中，有 4 个变量（3 个速度分量和压力）。因计算 N 个行列式，需要（$N+1$）! 次操作，使用克莱姆法则求解的效果并不好，虽然高斯消去法效率更高，但仍需要约 $2N^3/3$ 次的乘法和加法。克莱姆法不能有效地修改为大型矩阵，在 CFD 中未被使用过，相比之下，改进的高斯消去法得到了有限的应用。

Ⅰ. 带对角矩阵和块对角矩阵

若矩阵 A 为带对角或块对角结构，可大大加快高斯消去的速度。此外，对于带对角矩阵，可以进行消除操作，令消除带在填充带之外的零点保持不变，可以完全忽略这些元素，只对非零元素执行操作，使得算术运算的总数为 N。托马斯算法就是一个适合于三对角的算法，类似的方法（尽管更复杂）也存在于具有五个或更多填充对角线的矩阵中，甚至推广到块三对角矩阵中。广义托马斯算法前向扫描的每一步都是对一个对角子矩阵求逆，再对随后的两个块行执行矩阵运算以消除子对角块，每个这样的矩阵运算都等于一系列的初等行变换，对解不会产生影响。

Ⅱ. LU 分解

高斯消去法的另一种变体在 CFD 中得到了应用，如在谱方法中，矩阵 A 不是稀疏的，是基于将 A 分解为下三角矩阵 L 和上三角矩阵 U 的乘积，分解求解需要 N^3 次运算。重写为

$$L \cdot U \cdot v = c \qquad (3\text{-}31)$$

引入一个新的向量 $w = U \cdot v$，可将方程分为两部分：

$$L \cdot w = c \qquad (3\text{-}32)$$

$$U \cdot v = w \qquad (3\text{-}33)$$

按顺序求解方程，矩阵 L 和 U 均为三角矩阵，可通过逆代换（运算计数为 N^2）得到解。该方法只有一个需要计算的部分，即 A 的分解法，不使用等式右边的向量 c。若线性方程需

要对同一个矩阵 A 多次求解，但等式右边的矩阵不同，则该方法十分有用，可执行一次分解后，根据需要多次求解式（3-32）和式（3-33）即可。

3）迭代法

与直接法不同，迭代法不是为了找到矩阵方程的精确解，而是通过连续的迭代得到收敛解。在 CFD 中，由于矩阵方程是通过离散化生成的，其解不可避免地存在一定的离散误差。若该误差比离散化误差小得多，可允许在迭代过程中出现额外误差，却不会显著降低整体精度，因此迭代法在 CFD 中具有一定的合理性。此外，迭代方法可利用矩阵的稀疏性，大大降低计算成本，使得迭代法特别适合应用于 FEM 和 FVM。

迭代法的主要特点是它的收敛能力（在给定公差范围内获得精确的近似）和过程中的计算成本，成本由收敛所需的迭代次数（收敛速度）和完成单个迭代所需的计算量决定，只有两者都不是很大时，这样迭代过程才有效。在过去的几十年里，已发展出多种迭代方法。

Ⅰ．一般方法

求解矩阵方程的一般迭代过程如下：首先，猜测解的初始近似值 $v^{(0)}$，后将近似解代入迭代公式得出下一个更精确的近似值 $v^{(k)}$，重复多次，满足收敛条件。通常，初始猜测值 $v^{(0)}$ 可以是任意向量，但为了加快收敛速度，$v^{(0)}$ 应尽可能接近精确解。

Ⅱ．雅可比迭代法

雅可比迭代法是最简单的迭代方法，但是这种方法效率很低。其计算公式为

$$v_i^{(k+1)} = \frac{1}{a_{ii}} - \sum_{j=1}^{i-1} a_{ij} v_j^{(k)} - \sum_{j=i+1}^{n} a_{ij} v_j^{(k)} \qquad （3\text{-}34）$$

Ⅲ．高斯-赛德尔迭代法

高斯-赛德尔迭代法是雅可比算法的改进，收敛速度更快，其使用求得的 $v^{(k+1)}$ 不断更新式（3-45）的右侧，其计算公式为

$$v_i^{(k+1)} = \frac{1}{a_{ii}} \Big[c_i - \sum_{j=1}^{i-1} a_{ij} v_j^{(k)} - \sum_{j=i+1}^{n} a_{ij} v_j^{(k)} \Big] \qquad （3\text{-}35）$$

Ⅳ．连续的过度松弛和不足松弛

逐次超松弛和欠松弛是加速迭代方法（如高斯-赛德尔迭代法）收敛技术，其主要思想是解决 $v^{(k)}$ 随 k 演化的方向，并在迭代时对解进行校正，以加速演化。校正通过执行简单的操作来实现：

$$v^* = v^{(k)} + w\Big[v^{(k+1)} - v^{(k)} \Big] \qquad （3\text{-}36）$$

用 v^* 代替 $v^{(k+1)}$ 作为更精确的新近似。

4）非线性方程组

最后，对非线性方程组的求解方法进行讨论，对流换热和流体流动的描述方程为非线性；动量、质量和能量守恒方程的对流通量项中也总是存在非线性；若物理性质随温度的变化不可忽略，则传导传热过程也可能需要非线性方程。任何此类问题的 CFD 求解都涉及由有限差分、有限体积或其他离散化产生的非线性代数方程组的求解。

非线性系统求解困难且计算量大，几乎所有实际的 CFD 方法都避免了直接求解非线性方程，通过依靠线性化和/或多步算法将任务简化为求解线性矩阵方程。下面简要解释三种

用于非线性系统的方法：为了完整起见而包括的牛顿算法，以及基于线性化和顺序迭代的迭代过程。

Ⅰ. 牛顿算法

将非线性方程（3-37）以矢量形式表示为式（3-38），假定函数 f_j 具有可微性和连续性。

$$f_j(v_1,\cdots,v_n)=0, \quad j=1,\cdots,n \tag{3-37}$$

$$F(v)=0 \tag{3-38}$$

求解这类方程的许多方法都是基于牛顿-拉斐逊算法，其基本公式是由式（3-38）的多维泰勒级数展开后除一阶项外所有项的截断得到的。假设已经求得解的近似值 $v^{(k)}$，对于其中第 j 个方程，其周围的截断扩展式为

$$f_j(v_1,\cdots,v_n)=f_j\left[v_1^{(k)},\cdots,v_n^{(k)}\right]\left[v_1-v_1^{(k)}\right]=-f_j\left[v_1^{(k)},\cdots,v_n^{(k)}\right] \tag{3-39}$$

Ⅱ. 使用线性化的迭代方法

上述的线性方程组的迭代方法也可用于非线性方程组，常用的方法是将方程线性化，用迭代得到的估计值替代未知系数，如动量方程中的对流项 v 和 w（此处 v 和 w 为速度分量），可以在（$k+1$）次迭代时线性化为

$$v^{k+1}w^{k+1} \approx v^k w^{k+1} \tag{3-40}$$

使用直接或迭代方法对线性方程求解，进行多次迭代，直至收敛到足够精确的非线性问题的解。非线性使收敛问题变得复杂，通常收敛性不能预先得到保证，必须通过实验来确定。非线性的另一个结果是迭代过程的收敛可能出现强的欠松弛，该方法需要比牛顿算法更多的迭代次数，但每次迭代的计算成本较低，应用优化欠松弛和多重网格技术可以进一步提高效率。

Ⅲ. 顺序解

线性化迭代法可用于求解流体力学和对流换热中的稳态问题，但对于多维流动来说，线性化迭代法计算量大且烦琐。目前，利用偏微分方程系统描述流体的特定特性，已开发出更有效的方法。

对迭代法进行改进，使各偏微分方程的主变量分别作为未知变量求解，方程中的其他变量由当前可用的最佳估计值代替，并按已知值处理。这一过程针对整个系统进行，但大部分是按偏微分方程顺序进行的，但由于忽略方程间的耦合，所得结果不是正确解。因此，迭代是必要的，在每次迭代中，用前一次迭代的结果解方程，作为非线性变量的最佳估计。

该算法为序贯迭代法，由两组迭代组成，一组嵌入另一组。有两个主要步骤：①求解主变量的每个偏微分方程，其他变量替换为可用的最佳估计。由于方程本身并不精确，在这一步不需要获得非常高的精度，通常使用循环相对较少的迭代过程，这些循环称为内部迭代。②验证了新的近似解 $v^{(k)}$ 的收敛性，并将其代入非线性方程组，计算了残差范数。若没有达到收敛，重复步骤①，使用 $v^{(k)}$ 作为非显性变量的新估计，循环形成外部迭代。

3.5.4 计算结果分析

计算结果分析是 CFD 中十分重要的一个部分，通过离散将偏微分控制方程转换为代数方程，求解获得近似解，这些近似解也可被称为数值解。在 CFD 领域中，讨论得最多的是如何保证数值解逼近偏微分方程的精确解，以及在何种条件下，才能逼近精确解。

将离散的偏微分方程化为代数方程后，一般很难直接证明其收敛性。收敛的间接证明涉及相容性和稳定性等问题，只有兼具稳定性和相容性，才能保证收敛。此外，数值解的准确性受数值计算误差和建模或数值计算可能产生的不准确性的影响，须对其进行评估和限制；可靠性取决于误差和不确切性，与初始差无关。

系统误差的不断减少，可以帮助研究人员更准确地对实际物理流动问题进行描述，通过网格收敛检验方法与实际结果或精确解进行比较，评估 CFD 计算过程中的误差和不确切性。

1. 相容性

相容性是与偏微分方程离散有关的一个重要性质，它意味着通过泰勒级展开式，能够将离散代数方程还原为原始控制方程，即为当时间、空间的网格步长趋于零时，离散方程的截断误差趋于零。通过许多实例，可知若近似解要收敛到偏微分方程解，必须满足相容性，但值得注意的是，这不是收敛的充分条件。

2. 稳定性

稳定性与相容性一样，对数值求解方法有重要影响，与计算过程中每个阶段有效数字舍入和不准确的初始条件误差的增加与减少所导致的误差有关。若在数值求解过程中没有增加计算误差，则认为该求解方法是稳定的。如果可以得到精确解，则通过稳定性，也可保证数值解有解，迭代过程中，保证得到的解不发散。当求解复杂、非线性及含有复杂边界的耦合方程组时，判断解的稳定性十分困难。在这种情况下，需要研究人员依靠经验和直觉确保能够稳定进行数值计算。

3. 收敛性

在初始和边界条件相同时，不断减小网格，代数方程组的精确解向偏微分方程不断逼近，即为收敛。拉克斯等价定理（LAX equivalence theorem）揭示了差分方程相容性、稳定性与收敛性三者之间的关系——对于适定的线性偏微分方程初值问题，与之相容的线性差分格式收敛的充要条件是该格式稳定。拉克斯等价定理将困难的收敛性研究，转变为对相容性和稳定性的讨论。只有兼具稳定性和相容性，才能保证收敛。虽然没有直接结论证明该结论一定正确，但目前几乎所有 CFD 中的非线性偏微分方程计算问题都可使用这一定理。

4. 计算精度

通过上述内容对有限量进行初步探讨后，由于控制流动和能量交换的传输方程的离散形式总是在有限网格中进行数值求解，且通常用近似理论模型计算湍流对流动的影响，获得的解总是近似的，因此得到的解的计算精度是数值计算中需要考虑的一个问题。对于足够精细的网格，高阶近似可通过细化网格提高计算精度，但由于计算能力的限制，即使是耗时的高阶格式也可能无法达到期望中的精度。可用有限网格上的特定算法对计算精度进行评估，应用于具有精确解的相关但相对简单的问题中，但计算精度往往与求解的问题有关，对于一种模型问题，需要找到与之对应的算法。

5. 求解效率

在解决复杂的工程问题时，需要在计算区域内划分足够多的网格节点，以此获得目标的精确解，但若一味细化网格，则会降低迭代求解时的收敛速度，因此需要提高求解效率。常用的提高求解效率的方法为多重网格、并行计算。

3.5.5 CFD 设计与计算实例

福特 Fusion 混合动力车和 Mercury Milan 混合动力车的电池子系统由两个模块组成，每个模块由 4 个圆柱形单元组成，由一个近似矩形的外壳保持。冷却设计的目的是为每个电池提供均匀和充分的冷却，利用 CFD 对动力电池组冷却系统进行设计，通过分配适当的空气为每个子系统提供均匀的冷却。

D 型氢化物-金属镍电池中四个电池端对端焊接形成一个电池模块，两个模块彼此平行放置，并固定在称为架构的塑料外壳中（图 3-10）。外壳内部包含两个近似圆柱形的腔室，外部采用近似矩形，便于组装和固定。多块电池模组并排放置，通过电气总线连接模块，形成电池阵列，因此该阵列可以从 8 个单元的任意倍数发展而来。模组块设计允许电气总线在同一块模组块内的两个模块之间垂直运行，唯一的垂直（电池模组间）总线位于阵列的电气中点，实际上是阵列的左端。这允许电气总线在阵列的同一端有牵引蓄电池正极和牵引蓄电池负极。

将大量电池构成电池模组，需要在电池模组前创建一个多分支调节空气的进气室，以便为每块电池模组提供均匀的气流，类似于每一块电池模组都包含一个小型的通风室，这个小型的通风室需要能够使电池模组中的八个电池各自接收正确的气流。绿色轮廓的空腔空间沿模组的整个长度轴向延伸，用于上述小型通风室的功能，这种微型增压室允许适当的气流进入每个电池的顶部和底部。

将这两个模块部分移除，以显示出图 3-11 中的空气路径，剩余的单元部分显示为

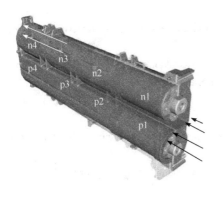

图 3-10　电池模组内的电池[42]　　　　　图 3-11　电池模组内调节空气通道[42]

浅蓝色圆圈。该图同时显示了电池模组内的气流路径，以右侧箭头表示空气轴向进入模组块内，填充以绿色轮廓投影的小型通风室，后以半圆形方式绕着电池绕圈，通过电池和塑料外壳间狭窄的径向间隙流动，最后通过顶部和底部的排气槽排出电池模组。离开电池模组后，空气以轴向流动（最左侧箭头）作为重新组合的废物流进入出口室。采用 CFD 模型和模拟，可根据实验数据对基准模组设计进行改进，以提高电池模组的热性能。

首先采用单个模组块模型进行 CFD 分析，使得模型尺寸较小，计算分析运行的时间较短。基于单个电池模组的 CAD 模型，采用混合网格策略对模组块进行建模，使用商业软件 GAMBIT 创建网格，并在 FLUENT 上运行分析。流动方向的六面体网格占据了网格的大部分领域，复杂的区域被四面体网格化，单个电池模组的总模型大小为 150 万～200 万个单元格。此外，还需考虑模组块的气流入口和出口效应，相关的压降损失和热传导增强。希望能够保持电池在其期望的工作温度范围内，使容器中电池之间的温度接近均匀，同时将与压降相关的能量损失降至最低。

将多个此类容器组合起来进行台架试验确认，采用 CFD 对模组内电池的风冷进行分析，多次迭代后，模拟识别出电池模组内潜在的热点和冷点，温度梯度估计值与试验数据吻合得很好。通过基于模拟的设计和优化，电池的冷却性能比基准设计有了显著的提高。模组块内部的最高电池温度并没有随着设计的变化而升高。测试数据显示，模组的热性能提高 35% 以上，物理性质内的热梯度降低至 1.8℃，系统压降没有显著增加。

课　后　题

1. 什么是材料计算？
2. 在进行分子尺度的材料计算时，有哪些常用的理论体系？
3. 介观和宏观尺度的材料计算有哪些常用方法？
4. 什么是材料的环境友好性？
5. 计算流体力学在新能源材料的优化方面有哪些应用？

参　考　文　献

[1] Butler K T, Davies D W, Cartwright H, et al. Machine learning for molecular and materials science[J]. Nature, 2018, 559(7715): 547-555.

[2] Liu X, Furrer D. Vision 2040: A roadmap for integrated, multiscale modeling and simulation of materials and systems[R]. Hampton: NASA Scientific and Technical Information Program, 2018: 4-20.

[3] Song T, Chen Z, Cui X. et al. Strong and ductile titanium-oxygen-iron alloys by additive manufacturing[J]. Nature, 2023, 618: 63-68.

[4] Hu C Y, Achari A, Rowe P, et al. pH-dependent water permeability switching and its memory in MoS_2 membranes[J]. Nature, 2023, 616: 719-723 .

[5] Mosey N J, Carter E A. *Ab initio* evaluation of coulomb and exchange parameters for DFT+ *U* calculations[J]. Physical Review B, 2007, 76(15): 155123.

[6] Chen L, Wang S Y, Tao W Q. A study on thermodynamic and transport properties of carbon dioxide using molecular dynamics simulation[J]. Energy, 2019, 179: 1094-1102.

[7] Shi S Q, Gao J, Liu Y, et al. Multi-scale computation methods: Their applications in lithium-ion battery research and development[J]. Chinese Physics B, 2016, 25(1): 018212.

[8] Goel S, Luo X, Agrawal A, et al. Diamond machining of silicon: a review of advances in molecular dynamics simulation[J]. International Journal of Machine Tools and Manufacture, 2015, 88: 131-164.

[9] Kong X, Rudnicki P E, Choudhury S, et al. Dendrite suppression by a polymer coating: a Coarse-Grained molecular study[J]. Advanced Functional Materials, 2020, 30(15): 1910138.

[10] Neyts E C, Duin A, Bogaerts A. Changing chirality during single-walled carbon nanotube growth: a reactive molecular dynamics/Monte Carlo study[J]. Journal of the American Chemical Society, 2011, 133(43): 17225.

[11] Ito A M, Kato S, Takayama A, et al. Automatic kinetic Monte-Carlo modeling for impurity atom diffusion in grain boundary structure of tungsten material[J]. Nuclear Materials and Energy, 2017, 12: 353-360.

[12] Kaufman L, Ågren J. CALPHAD, first and second generation: Birth of the materials genome[J]. Scripta Materialia, 2014, 70: 3-6.

[13] Li N, Li D J, Zhang W B, et al. Development and application of phase diagrams for Li-ion batteries using CALPHAD approach[J]. Progress in Natural Science: Materials International, 2019, 29(3): 265-276.

[14] Li Y L, Hu S Y, Sun X, et al. A review: applications of the phase field method in predicting microstructure and property evolution of irradiated nuclear materials[J]. Computational Materials, 2017, 3(1): 1-17.

[15] Gutiérrez-Kolar J S, Baggetto L, Sang X, et al. Interpreting electrochemical and chemical sodiation mechanisms and kinetics in tin antimony battery anodes using in situ transmission electron microscopy and computational methods[J]. ACS Applied Energy Materials, 2019, 2(5): 3578-3586.

[16] Gong Y, Yu Y, Huang K, et al. Evaluation of lithium-ion batteries through the simultaneous consideration of environmental, economic and electrochemical performance indicators[J]. Journal of Cleaner Production, 2018, 170: 915-923.

[17] Samani P, Meer Y V D. Life cycle assessment (LCA) studies on flame retardants: A systematic review[J]. Journal of Cleaner Production, 2020: 123259.

[18] Wu H H, Hu Y C, Yu Y J, et al. The environmental footprint of electric vehicle battery packs during the production and use phases with different functional units[J]. The International Journal of Life Cycle Assessment, 2021, 26: 97-113.

[19] Prasad S, Singh A, Korres N E, et al. Sustainable utilization of crop residues for energy generation: a life cycle assessment (LCA) perspective[J]. Bioresource Technology, 2020, 303: 122964.

[20] Martin P. Dynamic life cycle assessment (LCA) of renewable energy technologies[J]. Renewable Energy, 2006, 31(1): 55-71.

[21] Ngo A K. Environmental Accountability: A New Paradigm for World Trade is Emerging[M]. Hoboken: John Wiley & Sons Inc, 2012.

[22] Zucaro A, Forte A, Fierro A. Life cycle assessment of wheat straw lignocellulosic bio-ethanol fuel in a local biorefinery prospective[J]. Journal of Cleaner Production, 2018, 194(SEP.1): 138-149.

[23] Borghi A D. LCA and communication: environmental product declaration[J]. The International Journal of Life Cycle Assessment, 2013, 18(2): 293-295.

[24] Zhen S, Wang M, Su D, et al. Ontology based social life cycle assessment for product development[J]. Advances in Mechanical Engineering, 2018, 10(11): 1687814018812277.

[25] Walker S, Rothman R. Life cycle assessment of bio-based and fossil-based plastic: A review[J]. Journal of Cleaner Production, 2020, 261: 121158.

[26] Zamagni A, Buttol P, Porta P L, et al. Critical review of the current research needs and limitations related to ISO-LCA practice ENEA[M]. Rome: ENEA-Italian National Agency for New Technologies-Communication Unit, 2008.

[27] Nie Z. Development and application of life cycle assessment in China over the last decade[J]. International

Journal of Life Cycle Assessment, 2013, 18: 1435-1439.

[28] Khoo Z, Ho E H Z, Li Y, et al. Life cycle assessment of a CO_2 mineralisation technology for carbon capture and utilisation in Singapore[J]. Journal of CO_2 Utilization, 2021, 44: 101378.

[29] Rees W E. Ecological footprints and appropriated carrying capacity: what urban economics leaves out[J]. Environment and Urbanization, 1992, 4(2): 121-130.

[30] Zhu Y L, Liang J, Yang Q, et al. Water use of a biomass direct-combustion power generation system in China: A combination of life cycle assessment and water footprint analysis[J]. Renewable & Sustainable Energy Reviews, 2019, 115: 109396.1-16.

[31] Galli A, Wiedmann T, Ercin E, et al. Integrating ecological, carbon and water footprint into a "Footprint Family" of indicators: Definition and role in tracking human pressure on the planet[J]. Ecological Indicators, 2012, 16: 100-112.

[32] Fang K, Heijungs R, Snoo G D. The footprint family: comparison and interaction of the ecological, energy, carbon and water footprints[J]. Revue De Metallurgie Cahiers Dinformations Techniques, 2013, 110(1): 77-86.

[33] Hoekstra A Y, Hung P Q. Virtual water trade: A quantification of virtual water flows between nations in relation to international crop trade[R]. Deft: Internationalinstitute for Infrastructural, Hydraulic and Environmental Engineering, 2002: 7-11.

[34] Sun J X, Yin Y L, Sun S K, et al. Review on research status of virtual water: The perspective of accounting methods, impact assessment and limitations[J]. Agricultural Water Management, 2021, 243: 106407.

[35] Leach A M, Galloway J N, Bleeker A, et al. A nitrogen footprint model to help consumers understand their role in nitrogen losses to the environment[J]. Environmental Development, 2012, 1(1): 40-66.

[36] Pelletier N, Allacker K, Pant R, et al. The European Commission Organisation Environmental Footprint method: comparison with other methods, and rationales for key requirements[J]. International Journal of Life Cycle Assessment, 2014, 19(2): 387-404.

[37] Jeong W, Seong J. Comparison of effects on technical variances of computational fluid dynamics (CFD) software based on finite element and finite volume methods[J]. International Journal of Mechanical Sciences, 2014, 78: 19-26.

[38] Anderson J D. Basic Philosophy of CFD[M]. Berlin: Spinger, 2009.

[39] Anderson J D. Computational Fluid Dynamics: the Basics with Applications[M]. Singapore: McGraw-Hill, 1995.

[40] Dick E. Computational Fluid Dynamics[M]. Berlin: Spinger, 2009.

[41] Zikanov O. Essential Computational Fluid Dynamics[M]. Hoboken: John Wiley & Sons, 2010.

[42] Ghosh D, Maguire P D, Zhu D X. Design and CFD Simulation of a Battery Module for a Hybrid Electric Vehicle Battery Pack[C]. Detroit: SAE World Congress & Exhibition, 2009: 2-6.

第4章

材料基因工程的发展

本章知识构架

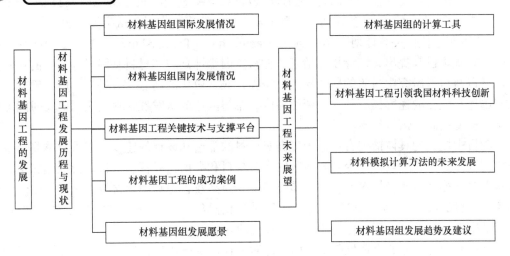

4.1　发展历程与现状

4.1.1　材料基因工程的提出

现阶段阻碍材料学发展的一个很重要的问题是信息的缺乏。研究人员对于新假设的化合物，通常只能通过直觉和先前的经验，来解决材料研发过程中的几个重要的问题：材料能否被合成？电子是什么属性？可能形成什么缺陷？由于这些材料特性信息的缺乏，可能导致研究人员专注于错误化合物的合成，以及陷入对这些错误化合物不断的优化，导致即使材料在理想条件下也难以制备出满足性能指标的材料样品。本章将会介绍当代材料科学家如何解决这样的难题。

新材料的发现往往能极大地推动技术进步。从最早的青铜和钢铁的发现，到 20 世纪聚合物的发展，毫无疑问材料的发展使得人类文明出现了多次重大变革。直到今天，材料的创新仍旧是解决当前很多社会问题的关键，如全球气候变暖和未来能源的供应等问题。

现在的材料研发整体上看仍旧需要大量的反复实验，这个"试错实验"的过程极度烦琐，而且很可能要经历数十年才能确定合适的材料选择，在这之后还需要同样耗时的过程来优化材料结构及工艺，以适应商业化的应用。材料设计如此耗时的原因是材料的设计是一个复杂的多维优化过程，设计材料的过程中对于决定哪些材料需要关注，哪些实验需要执行这类问题的时候往往缺少相关的数据，致使很多的选择只能通过经验来决定，这导致整个过程包含了很多主观性和随机性。

材料的模拟和计算就是针对漫长的材料设计过程而发展起来的。早在提出"材料基因组计划"（Materials Genome Initiative，MGI）之前，材料计算模拟与计算就受到了美国、欧盟、日本、中国等国家和地区的关注和重视。为了研发新的科学模拟计算机，在 2001 年，美国能源部（Department of Energy，DOE）提出了"高级计算科学发展项目"。美国国家科学研究委员会（United States National Research Council，NRC）在 2003 年根据美国国防部（United States Department of Defense，DOD）对材料的需要进行了调研，根据调研结果，计算材料设计成为重要的投资方向。无独有偶，欧洲科学基金会（European Science Foundation，ESF）提出了与其相似的概念计划，着重研发原子层级凝聚态材料从头算方法。

"先进制造伙伴关系计划"（Advanced Manufacturing Partnership，AMP）在 2011 年由时任美国总统奥巴马提出，该计划包括了"材料基因组计划"。"材料基因组计划"的目的在于改变以往材料研究中封闭的研究模式，培养开放、协作的新型"大科学"研发模式，将材料筛选和优化的速度提高到一个新的高度，希望能达成从发现材料到应用研发时间缩短一半，速度提高一倍的目的。

项目中提出的具体措施有：①为提高对材料的筛选和设计的速度，着重研发高通量材料模型计算方法和工具；②为高效地获取有关材料和数据，对备选材料进行挑选和检验，着重发展和推广高通量材料实验技术和装备；③为高效管理和利用材料从研发初始阶段到结束全阶段的数据链，设立和建立完备的数据库/信息学工具。"材料基因组计划"[1]中提到的对基础设施要求以及新型材料的研发流程见图 4-1 和图 4-2。

材料基因组计划的出现反映了当前全球对取代传统试错法，加速新材料发展进程的需要。材料基因组计划可行的重要依据在于，现在材料的很多属性可以使用诸如 DFT 之类的量子化学方法，来近似地求解薛定谔方程从而预测材料的特性。

在材料基因组中实验、计算和表征之间的无缝交互是必不可少的。要想得到令人满意的材料，新材料的预测理论和模拟必须与它们的合成和表征齐头并进。这要求项目中必须在理论、计算和实验之间建立紧密的联系，消除学术界内部以及在学术界和工业界之间共享信息和数据的障碍，并开发能够处理分布、传输和交换的基础设施以分析大量的计算和实验数据。

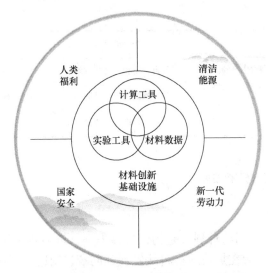

图 4-1　材料基因组计划中物质创新基础设施的含义[1]

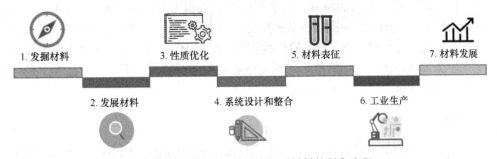

图 4-2　材料基因组计划中新型材料的研发流程

2018 年，NASA 发布《2040 愿景：材料体系多尺度模拟仿真与集成路径》(Vision 2040：A Roadmap for Integrated，Multiscale Modeling and Simulation of Materials and Systems)。该文中，NASA 提出了关于材料基因计算项目的技术分解的规划。这个规划很大程度反映了美国材料基因工程的实施和发展情况[2-3]。

该项规划提出需要协同发展的九大要素[2]，其中有：计算模型和理论方法、多尺度测试表征工具和方法、材料优化和优化方法、决策与不确定度量化及管理、验证与确认、数据信息与可视化、工作流程和组织框架、教育培训及计算基础设施。在技术不断进步的背景下，预计到 2040 年，这些要素会发展成协调的综合计算技术能力，一同组成材料基因组计划的重要基石而不再是现在独立分散的技术[2]。在 NASA 的规划中，2040 年将会达成的五个主旨目标，如表 4-1 所示。

表 4-1　NASA 预测的能力与现实材料设计制造能力对比[2]

方向	当今能力	未来（期望）能力
材料设计和工程设计过程	过程相对独立	一体化过程
产品每一步发展和产品过程	相对不连续	无缝对接

续表

方向	当今能力	未来（期望）能力
工具、知识体系和方法理论所依托的领域	各自属于相对独立领域	具有实用性的共同体
材料数据来源	源于测试曲线或经验值	通过模拟计算获得特定环境下的实际值
产品鉴定方法	依靠物理测试方法	依靠模拟测试方法

4.1.2　材料基因组计划在国外的发展

1. 美国

美国政府启动"材料基因组计划"，是为保持在先进材料和高端制造业领域的领先地位，而采取的一项重大举措。旨在加快新材料从发现、创新、制造到商业化的步伐，将研发模式从"经验导向"转变为"精准预测"，并试图将新材料的研发周期缩短一半[4]。

自项目提出以来，美国能源部、美国国防部、美国国家科学基金会（National Science Foundation, NSF）、美国国家标准与技术研究院（National Institute of Standards and Technology, NIST）和 NASA，与大学、企业和科研机构按照 MGI 的目标和宗旨，致力于资源和基础设施建设。在加快材料研发、缩短材料市场化进程等方面开展了一系列规划部署，在典型材料重点示范应用领域取得了一系列成果。

2. 欧盟

2011 年，欧盟启动了"加速冶金"（Accelerated Metallurgy，AccMet）项目，专注于合金设计与仿真，旨在将传统方法所需的合金配方研发周期从 5～6 年缩短至 1 年。2012 年，欧洲科学基金会启动了"2012～2022 冶金欧洲"项目，将高通量合成和组合筛选技术作为项目中的重要内容，加速高性能合金和新一代材料的发现和应用。2013 年，欧盟批准实施"地平线 2020"项目，这是欧盟最大的科研创新框架计划，总预算 770 亿欧元，该项目旨在整合欧盟国家的科学资源、提高研究效率、促进科技创新，其中包括由德国马克斯·普朗克研究所（Max Planck Institute，MPI）牵头的"NoMatD"项目，旨在建立物质百科全书和开发用于大数据分析的工具。英国方面还在"e-Science"项目资助下开展了高通量材料计算模拟和材料计算基础数据库的研究。而在西班牙、意大利和法国则建立了核聚变铅锂共晶材料专家系统数据库。

3. 亚洲

日本是亚洲最早收集、处理和应用材料数据的国家之一，在多个材料领域建立了多个材料知识库及数据库。其中，日本国立材料科学研究所（National Institute for Material Science，NIMS）就建立了许多关于金属材料和复合材料力学性能的数据库。韩国建立了一个关于金属、化学和陶瓷材料的在线数据库。在印度甘地原子研究中心（Indira Gandhi Centre for Atomic Research，IGCAR）整合了来自印度研究机构和大学的材料科学数据，并建立了一个在线材料数据库，为材料的机械性能、腐蚀性能、无损评估以及热光学性能提供数据服务。

4.1.3　材料基因组计划在我国的发展

20 世纪 80 年代，在国家政府的资助下，中国的大学和研究机构开发了 23 个小型材料数据库，但是这些数据库很少得到使用和更新[5-6]。

2000 年，中国启动了两个涉及 18 个研究机构的国家集中式材料数据库。首次以标准格式收集和输入材料数据（参见 http://www.materdata.cn）。

自 MGI 项目提出以后，在 2011 年 12 月，我国组织了香山科学大会，以"材料科学系统工程"为题讨论了"中国版材料基因组计划"的可能性。其中大会的主题包括：①高通量材料的制备和表征工具；②开发计算方法和软件；③MGI 数据库；④关键材料研究与突破。

2012 年 12 月，中国工程院启动了关键顾问项目"系统材料科学与工程的战略研究——中国 MGI"。2015 年 2 月，中国工程院向国务院报送有关中国 MGI 的咨询建议。2016 年，依据多部门有关基因组的相关报告，中国工业和信息化部等多部门等联合编撰《材料基因工程关键技术和支撑平台重点专项实施方案》，逐步确立了 30 多个重要研究方向，标志着"材料基因组研究"专项研究计划全面启动。

目前，为实现"中国制造 2025"，中国政府已建立了多个 MGI 中心，如上海材料基因组工程研究所（2014 年 8 月）、材料基因组北京市重点实验室（2015 年 3 月）和宁波国际材料基因工程研究院（2015 年 8 月）等。中国的材料基因组计划于 2016 年正式启动，这个项目旨在对标美国的材料基因组计划。2018 年国家自然科学基金向包括材料基因组计划、纳米技术和先进电子材料等 701 个项目投入了超过 20 亿元。同年科学技术部宣布对 6 个特殊项目的投入总资金超过 16 亿元。

"第一届材料基因工程高层论坛"于 2017 年在广州成功举办，对推动材料研发颠覆性新理念、新方法的形成和传播、促进材料基因工程关键技术的发展和应用起到了积极的作用。"第二届材料基因工程高层论坛"于 2018 年在北京召开。论坛由中国工程院、中国材料研究学会、北京材料基因工程高精尖创新中心等多个单位联合承办。它的目的在于，进一步促进我国材料相关技术与装备的发展和应用，促进国际交流。"第三届材料基因工程高层论坛"在昆明开幕，论坛由中国工程院等多部门联合承办。为进一步发展材料有关技术，促进国内外交流提供平台[7-8]。

4.2　材料基因工程的优势特征和前景展望

4.2.1　材料基因组的特点

"材料基因"和"材料基因组"借鉴自"人类基因"和"人类基因组"的概念[9]。如图 4-3 所示，DNA 或 RNA 片段决定生物的属性与特征，这两种物质由碱基对组成并决定生物表达的部分，人类基因组是研究这两种物质的科学，探究碱基对组成-DNA 或 RNA 片段-生物特征这一内在构效关系，逐步帮助人类学习和利用自然及战胜各种疾病，这是人类基因组计划的实质。材料研究显示，不同元素原子物理性质不同，即使同种原子，不同的组合也会组成不同结构的物质，工艺也会影响物质形态，最终影响性能。上述研究显示，"材料基因"的本质是材料成分-结构-工艺-性能这一构效关系。"材料基因组"研究的目标是探究材料成分-结构-工艺-性能构效关系。

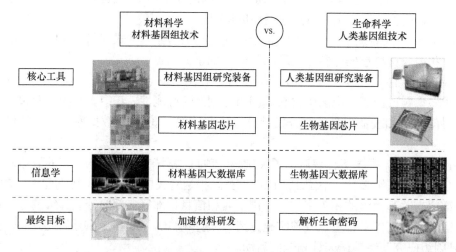

图 4-3　　"人类基因组"与"材料基因组"组成与概念对比

材料基因组是材料研发与现代信息技术深度融合的产物，如高性能计算、材料基因芯片、大数据和"Internet+"，它的目的在于加快新材料从研发到应用的过程，减少成本并缩短周期，改变材料研发的概念和方式。它从应用需求出发，向后推导符合相应结构和功能的材料，并揭示材料组成、不同元素排列和材料功能之间的关系，从而实现新材料的目标设计，以支持先进制造和高新技术的发展。

4.2.2　材料基因组计划的工具

基因组是用 DNA 语言编码的一组信息，是生物体生长发育的蓝图。材料基因组计划是一项新的、多方利益相关者的努力目标，旨在开发基础设施，以加速先进材料的发现和部署。在过去的几十年里，部分发达国家对设计先进材料的新实验工艺和技术进行了大量投资，以确保国家在先进材料的制造和使用方面保持竞争力。先进材料对经济安全和人类福祉至关重要，在多个行业都有应用，包括那些旨在应对清洁能源、国家安全和人类福利方面挑战的行业。因此，加快发现和部署先进材料系统的步伐，对于在 21 世纪实现全球竞争力至关重要。材料基因组计划将开创材料创新的新时代，为加强这些领域的国内产业奠定基础[10-11]。

1. 计算工具

在建模和预测材料行为方面的重大进展为使用模拟软件解决材料问题带来了巨大的机遇。新的计算工具可以加速材料的发展。例如，软件可以指导新材料的实验发现，通过筛选大量的化合物并分离出那些需要的性能。在下游，通过计算机辅助分析进行的虚拟测试可能会取代目前认证新材料所需的一些昂贵和耗时的物理测试。

但是目前，这些计算工具仍未被广泛使用。材料科学家已经开发了强大的计算工具来预测材料的行为，但这些工具具有的基本缺陷限制了它们的用途。主要问题是目前的预测算法没有能力跨多个时空尺度进行建模；例如，研究人员可以测量一种材料在皮秒内的原子振动，但根据这些信息，他们无法预测这种材料在多年后的磨损情况。此外，利用这些算法的软件工具通常是由不同大学的学者出于学术目的编写的，因此缺乏用户友好的界面、文档和扩展到工业级的能力。这些缺陷阻碍了软件的发展，因此需要对软件和材料行为模型的准确性进行改进。

开放创新将在加速先进计算工具的开发中发挥关键作用。一个允许研究人员分享算法并在创造新工具方面进行合作的系统，将迅速加快创新的步伐。通向开放式创新的一个很好的例子——nanoHUB，其是一项通过计算纳米技术网络运行的美国国家科学基金会计划。通过提供建模和仿真应用程序，研究人员可以下载并使用其数据，nanoHUB.org 支持在纳米技术研究中使用计算工具。研究人员可以访问最新的建模算法，并通过该网站与同事进行协作。为了迅速增加对第一性原理的认识并改进建模算法，材料行业必须接受开放式创新并在开放平台上设计这些工具。

要实现上述目标，需要在以下三个必要的领域进行重点研究：①建立准确的材料性能模型，并从理论和经验数据中验证模型预测；②实现一个开放平台框架，确保从学术界到工业界，所有涉及材料创新和部署的人员都能轻松使用和维护所有代码；③开发模块化的、用户友好的软件，使广大用户群体受益。

2. 实验工具

除了利用现有的实验工作，还需要在实验和表征方面使用新技术，以实现实验和计算方法之间的协同作用。新的实验和表征工具必须植根于基础物理、化学和材料科学。材料性能将作为关键变量的函数进行测量，如组成和加工历史，因为它们与经验理论和现有数据相关。所需的实验输入远超出一组测量值。在大多数情况下，研究人员必须将来自许多实验的数据合并，并校准为一个更大的数据集，该数据集代表整个系统。

该计划的实验部分将实施现有以及新的方法和技术，在合成和加工期间或在一系列操作条件和环境下有效定量地表征相关性能。在现场表征技术确定材料性质的过程中，将配合计算工具，快速筛选材料、反应和过程。实验输出还将用于提供模型参数、验证关键预测并补充和扩展模型的有效性和可靠性范围。

3. 数据支持

1）数字数据

数据是驱动材料发展的信息基础。该计划旨在让研究人员能将自己获得的数据合并到模型中，同时还能让不同研究人员能够合并相互的数据。数据的共享将为每个研究或工程师提供更广泛的信息，从而提供更精确的模型。数据共享系统还将促进材料在开发过程的不同阶段中，科学家之间的多学科交流。加快创新速度的关键是如何将数据合并到模型和实验中，并允许不同机构的不同软件系统之间的数据传输。

2）材料数据库

材料数据管理和传播技术的演变可以分为手册、数据库、大数据三个阶段，材料数据系统在每个阶段的主要用途和应用从参考数据到材料选择和材料开发[12]。材料数据库技术因为计算机与网络的普及也得到了蓬勃发展。世界多个主要国家和地区都开展了一系列相关的研究计划和项目，对材料计算和模拟的发展高度重视。世界各地一些科研院所等单位开始建立自己的材料数据库。在减少新材料的重复实验和测试的次数、节约研发成本、缩短研发周期等方面，材料数据库的建立具有重要作用。

（1）材料数据手册。

材料数据收集始于 19 世纪 80 年代，当时数据集已作为手册出版。Beilstein 从文献中收集了有关有机化合物的性质、光谱和制备的数据，并于 1881 年出版了数据手册的第一版。SpringerMaterials 是一个网络平台，基于 Landolt-Bornstein 手册提供数据服务。《物理和化学参考数据》（*Journal of Physical and Chemical Reference Data*）杂志自 1972 年以来由美国物理研究院（American Institute of Physics，AIP）出版，该期刊的贡献之一是提供了美国国家标准参考数据系统（National Standard Reference Data Series，NSRDS）。NIST 协调了位于大学、工业和政府实验室以及 NIST 内部的多个数据评估中心。

除了这些大规模的综合化学和物理数据收集，还出版了许多有关特定材料特性的手册，如关于机械性能的 ASM 手册以及关于热物理性能的 TPRC 手册。数据手册或期刊以高质量的数据为特色，这些数据是由在这些领域享有很高声誉的专家评估和选择的。编辑者不仅将这些数据放在一起，而且对它们进行分类和索引。例如，Beilstein 开发了 Beilstein 系统，根据化合物的结构特征对其进行分类。

（2）材料数据库。

计算机数据库始于 20 世纪 60 年代。随后在 1970 年，Codd[13]发表了一篇重要的论文，他的观点改变了人们对数据库的思考方式。在他的模型中，数据库系统的标准原理是数据库的架构或逻辑组织与物理信息存储断开了连接。

从那时起，已经开发了各种数据库系统产品，如 MS SQL Server、DB2、Allbase、Oracle等。该数据库使研究人员能够快速、准确和安全地存储、更新和搜索大量数据。它还使转换和重组数据以及生成用于新用途的新数据集变得非常容易。

表 4-2 列出了部分国际知名在线材料科学数据库的情况。

表 4-2　国际知名在线材料科学数据库[14]

数据库	国家	建立时间	领域/内容
MatWeb	美国	20 世纪 90 年代	可检索的材料属性数据库，包括 59000 种材料：热塑性和热固性聚合物、金属（铝、钴、铜、铅、镁、镍、钢、超合金、钛和锌合金）、陶瓷、半导体、纤维和其他工程材料
Total Materia	瑞士	1999 年	一个最大的在线金属材料特性数据库，包括超过 350000 种金属和非金属材料的 1500 万条记录
NIMS	日本	2001 年	一个最大的在线材料数据库，包括 17 个数据库：结构材料数据库（蠕变、疲劳、腐蚀、强度、微结构数据）、工程数据库（CCT 图等）以及超级合金、非金属数据库、物理性质（相图、扩散数据等）
Key to Steel	德国	2002 年	仅包含钢铁的数据库，包括 7 万多个标准钢铁产品和品牌类钢铁产品，以及大约 300 家钢铁厂和供应商，并根据名称、成分和性能提供钢材搜索服务
ASM International	美国	2002 年	包括合金数据库、相图、失效分析、显微照片、腐蚀分析和医疗材料等

自 20 世纪 90 年代以来，已经开发了一些材料数据库，如 Pauling File 项目，该项目是 1995 年由日本科学技术厅等单位合作组建，它包含了从 1900 年至今超过 35000 种出版物中的无机材料数据，大约有 35 万个晶体结构、5 万个相图和 15 万条物理性能。

Pauling File 项目的首要目标是为非有机（无 C—H 键）固态材料创建和维护一个全面的材料数据库，涵盖相图、晶体学数据、衍射图和物理性质。AtomWork 和 AtomWork Adv 是 NIMS 开发的两个数据库系统。AtomWork 是 NIMS 资料数据库系统 MatNavi 的一部分，其同时也是开放到互联网的免费数据库。当前版本的 AtomWork Adv 包含从 141490 个出版物中摘录的 42406 个相图、303885 个晶体结构、550507 个 X 射线衍射（X-ray diffraction，XRD）图和 365517 种材料特性。

近年来，第一原理计算已成为生成材料数据（如电子结构和特性）的有效方法。以这种方式已经建立了许多数据库。例如，新型材料发现（NOMAD）存储库是由弗里茨-哈伯研究所、柏林洪堡大学和马克斯·普朗克计算机科学研究所联合开发的。材料项目是由加利福尼亚大学伯克利分校和劳伦斯伯克利国家实验室共同开发的数据和分析工具的集成框架。

（3）从材料数据库到大数据。

大数据的庞大性和复杂性使传统的数据捕获和处理方法难以应对。为了构建重要的大数据，在数据捕获、数据存储、数据分析、搜索、共享、可视化、信息隐私和数据源等方面均提出了新的挑战。这些挑战中的某些内容，有望通过信息技术的发展来解决，但是其中一些挑战是材料科学领域的问题。

Ⅰ．材料识别

当尝试合并来自不同数据源的数据时，第一个问题是确定两种材料之间的相似性，因为在大多数情况下，数据是从不同样本中获得的。从科学上讲，材料可以通过其化学组成和结构来定义。但是，表征材料结构并非易事，因为它涵盖了从原子尺度到宏观尺度的大范围尺度。实际上，许多人使用过程条件来识别材料，但是条件取决于设备。

MatML 是 NIST 设计的一种用于交换材料信息的规范，它使用化学成分和加工条件来描述材料。大多数数据库仅使用化学成分或化学式来识别材料，在这种情况下，具有不同结构的材料是无法区分的。基于对单晶、陶瓷、合金和聚合物数据的经验，Liu 根据材料科学的基本原理开发了一种材料识别系统。在此系统中，材料在四个不同的级别进行标识：化学系统、化合物、物质和材料。四级系统使研究者能够区分每个单独的样品，同时根据材料的共同物理和化学特征对其进行聚类。即使两个样品在材料水平上不同，如果它们属于相同的物质、化合物或化学系统，仍然可以找到它们之间的关系。

Ⅱ．从单相材料到复杂材料系统

上述材料识别系统提供了在材料、物质、化合物和元素水平上比较材料数据的可能性。但是，许多实际使用的材料由多种物质或材料组成。为了使这种复杂的材料具有可比性，可以描述材料从原子到复合材料的层次结构。

目前计算材料数据库种类数量较少，数据内容非常不全面。在未来，为了丰富数据内容，开发各种材料数据结构搜索并利用云计算资源是重要的方式。首先，从材料结构的维度上能有大量的补充，从零维的各种团簇结构、一维的各种纳米管结构、二维层状结构到三维的晶体结构。其次，可以通过云计算进行预测，补全一定数据。最后，目前材料数据库里面的数据都是一些以静态数据居多，预测对目前了解较少的动态数据将会有很大补充。在不远的未来，计算材料数据库的内容将会涵盖各种不同领域的材料。

4.2.3　材料基因工程引领我国材料科技创新

1. 我国发展材料基因工程的意义

在制造业转型升级和新工业革命中，新材料不仅是重要支撑，还是物质基础。材料产业产值约占我国 GDP 的 23%。但在新材料方面，我国仍然存在多种问题。材料基因工程是具有颠覆性的前沿技术，它可以改变材料研发模式，加速新材料的发展[15]，在一定程度上解决我国新材料领域的诸多问题[16]。目前我国已启动的五大科技平台中，处于首位的就是材料基因组的研发平台。目前，我国"3+1"综合性国家科学中心创新体系已在北京、上海、深圳、合肥布局。

材料基因工程是新材料发展的"推进器"，材料基因工程是材料科学技术发展历史上的一次重大飞跃。材料基因工程以高通量并行迭代方法替代传统试错法中的多次顺序迭代方法，以此加速新材料的"发现—开发—生产—应用"进程。开发快速、可靠的计算程序，部分替代和指导探索材料的高通量实验方法，建立从微观到宏观性能的桥梁，寻找并确定影响材料性质的"材料基因"，构建材料基因研究标准数据库，缩短周期。材料基因工程的实施，为我国高端制造业和高新技术的发展和实现中国制造的目标做出巨大的贡献。

材料模拟与材料设计是重要的科学研究方法，有效释放科技创新活力的科学理论基础是高通量的材料基因研究。人类社会赖以生存的物质基础是材料。在人类发展的历史长河中，人类改造自然的能力提升离不开新材料的产生与应用。在当今社会，新材料的发展一定程度上促使重大科技的突破。作为现代科技发展之本，一个国家的科技水平往往取决于新材料的开发和应用。新材料产业已经成为 21 世纪的支柱产业，它为节能环保、新能源汽车、高端装备制造等产业的发展提供保障。材料基因工程以材料设计与模拟为理论基础，它在新材料的研发过程中举足轻重。

2. 材料基因工程的发展目标

欧美发达国家的"材料基因组"正快速地发展起来，相较于这些发达国家，国内材料科技工业与国际先进水平尚存在不小的差距，"材料基因组计划"是我国材料科技工业追赶国际先进水平的机会。为避免我国在未来的新材料技术及其他高科技领域的国际竞争中处于被动地位，国务院、科学技术部、中国科学院、中国工程院、发展和改革委员会、教育部、工业和信息化部、食品药品监督管理局等一起合力发起国家重点研发计划《材料基因工程关键技术与支撑平台重点专项实施方案》工作，启动"材料基因工程关键技术与支撑平台"重点专项发展计划。

根据材料基因工程的总体预期目标，材料基因组工程将从以下四个具体分目标分别进行：①实现高通量材料基因计算模拟；②拟实现高通量材料基因制备、表征及筛选方法；③拟实现高通量材料基因数据库；④拟实现应用材料的高通量开发设计。

主要在以下几个方面推进我国材料基因工程的发展：①搭建高校研究单位创新的政策

环境；②积极推进国际交流与合作，提升国际影响力和话语权；③发挥重点实验室等平台的作用；④创建产学研用联盟；⑤构建一体化的材料基因数据库；⑥全面发展材料基因工程在工业领域中的应用。

4.2.4 材料基因组发展趋势及建议

在 MGI 开发完善的未来可能会出现这样的场景：一个研究人员希望开发一种新的电池材料，这种电池材料可能有比目前所有材料都高的能量储存密度。第一，这个研究人员查询了一个庞大的实验和计算数据库，用来识别候选的材料。第二，访问一个在线的模拟服务器，在服务器中进行更加详细的量子力学计算和中尺度的模拟，根据计算结果能够得到其他可能更为合适的化合物候选。第三，可以与其他研究者解决成本以及制备过程中的其他问题。第四，制备这些经过计算的候选材料，并将这些材料的电化学储能数据上传到数据库中[17]。

这时其他的计算研究者也可以看到这些上传的数据结果，他们可以对这些材料的计算过程进行改进。由于数据的公开化，新的储能材料能够在多个实验室中进行制造，独立地验证材料的性能结果，从而加快材料的商业化过程。所有发生的这一切所使用的时间可能将比今天发表一篇论文使用的时间还要短。这是科学和工程界对于在不远的将来关于开发新材料的愿景。

但是这个美好的愿景框架面临着巨大的技术和后勤挑战。例如，在开发的过程中知识产权需要得到必要的关注；需要建立和维护对应的材料数据库；计算的结果必须能够得到验证，同时能快速地得到同行评审；材料开发人员的身份归属需要得到尊重，而前面提到的仅仅是挑战的一部分。但是如果能够解决这些挑战，那么在几个月内开发出用于运输的新型廉价电池将会变成现实，具有光吸收功能的新型涂料可能成为现实，高清的柔性屏幕可能变得司空见惯，能够在钥匙大小的设备中保存数千倍信息的新型高密度材料将会面世……综上所述，这些进步将会把人类带入一个新的技术时代。MGI 的前景将会是非同寻常的，将会颠覆当前的开发手段，孕育出新一代的研究人员[18-20]。

构建和开发高通量计算、高通量实验和材料数据库技术，并根据现有的大量实验数据结果，充分利用传统材料科学领域中材料组成、过程、微观结构和力学性能之间的相互关系，对于全面了解和全面促进材料基因组技术在新材料研发过程中的突破具有重要意义[21-22]。材料基因组总体研发路线见图 4-4。

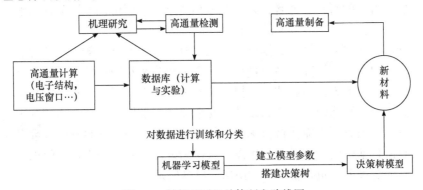

图 4-4　材料基因组总体研发路线图

当前，材料数据库正在朝着系统化、网络化、智能化、标准化、现代化和商业化发展。随着信息技术的发展，材料数据库和人工智能技术的结合构成了材料性能预测或材料设计的专家系统，在材料研发、产品设计和决策咨询中发挥重要作用[23]。材料数据库的标准化开发将是突破多样性限制和提高材料研究效率的最佳途径。物料数据库的商品化，是指通过网络平台和其他介质，利用数据信息服务，支持数据库的维护、运行和开发，以实现商品信息的商品化。例如，MatWeb 和 Total Materia 是典型的商业数据库，它们通过成员资格、在线广告、付费咨询和其他商业形式获得运营利润。

　　（1）全面开发工业、生物医学、军事、能源、信息和生活等领域的各种新物质基因，以满足科研、生产和实际应用的需要。

　　（2）目前，材料基因组发展的障碍之一是由于材料研究的多样性而缺乏数据存储标准。不同的国家或地区通常采用不同的数据标准，因此很难在不同系统之间直接交换数据，并且信息共享受到一定程度的限制。各国应积极开展物资数据库标准化，加强国际交流与合作，共同制定国际数据库结构和数据存储标准。

　　（3）重大数据通常分散在企业或个人的手中，从而导致隔离和缺乏不同数据库的共享。因此，有必要改进数据库的共享机制，完善对材料数据共享者的激励机制，提高结果的利用效率，避免重复投资和研发。

　　（4）材料数据的获取过程比较复杂，具有很强的知识产权属性。数据共享是大势所趋，一方面，各国应积极建立开放平台，实现源代码共享，并通过独特的标识保护数据的知识产权，防止共享数据的滥用。另一方面，各国应积极制定相关的规章制度和法律规定，以确保资料的私密性和公开性的协调统一。

　　（5）材料数据库的现代化和商品化是推动材料数据库研发和产业化的强大动力，因此在制定统一的数据标准和技术规范的基础上，有必要注意商品化程度、更新、产品的改进，扩大数据库的商业化规模，使数据库的维护和运行具有有效的商业机制，从而实现物质数据的社会效益和经济效益。

　　（6）应该建立围绕 MGI 的研究、开发、准备、应用和评估的紧密合作的专业团队。应强调将材料基因组与人工智能、机器学习和专家系统相结合，以帮助理解和发现各种材料参数和特性之间的相关性，减少可靠的预测模型对先前数据的依赖性，并提高开发效率和材料数据库收益。

　　如今，材料基因组、人工智能、区块链等是最有潜力的突破性创新技术。材料基因组可以帮助加快新材料的研发和部署，并更好地预测制造过程中的参数如何影响最终材料和产品的性能，从而实现对产品性能的控制[24]。

　　随着电子信息技术的发展，数据已成为加速材料科学发展的最核心资源和必要基础。随着计算仿真能力的不断提高，高通量材料计算将成为海量数据的重要来源之一。高通量材料实验将持续有效地为计算和数据库提供数据源。材料数据库将在新材料设计、材料选择、工艺配方、材料性能预测、产品设计和安全评估中发挥更重要的作用。因此，世界各国，特别是发展中国家，应抓住材料基因组的发展机遇，加快材料软件、数据库、模型、工具、平台等信息基础设施的研发和建设。从理论设计、制备和表征、组织、工艺优化到性能评估的整个链条上，做到新材料的快速低成本研发[25]。

课 后 题

1. 什么是材料基因工程?
2. 材料基因工程数据库的主要作用是什么?
3. 材料基因组计划有哪些计算工具?
4. 未来人类在材料模拟计算方面的重点发展方向是什么?
5. 材料基因组计划的总体发展方向是什么?
6. 材料基因工程对新能源材料的筛选有什么价值?

参 考 文 献

[1] Xiong S L, Wang L H. Research progress and development trends of materials genome technology[J]. Advances in Materials Science and Engineering, 2020, 12: 1-11.

[2] Arnold S M. 2040 Vision: A Roadmap for Integrated, Multiscale Materials and System Modeling and Simulation[C]. No. GRC-E-DAA-TN56229. 2018.

[3] Wang W Y, Li P, Lin D, et al. DID code: a bridge connecting the materials genome engineering database with inheritable integrated intelligent manufacturing[J]. Engineering, 2020, 6(6): 612-620.

[4] Wang W Y, Li J, Liu W, et al. Integrated computational materials engineering for advanced materials: A brief review[J]. Computational Materials Science, 2019, 158: 42-48.

[5] Lu X G. Remarks on the recent progress of materials genome initiative[J]. Science Bulletin, 2015, 60(22): 1966-1968.

[6] Lyu Y W, Liu C Y, Gao X Y, et al. Research on regional differences and influencing factors of green technology innovation efficiency of China's high-tech industry[J]. Journal of Computational and Applied Mathematics, 2020, 369: 112597.

[7] O'Meara S. The materials reality of China[J]. Nature, 2019, 567(7748): S1-S5.

[8] de Pablo J J, Jackson N E, Webb M A, et al. New frontiers for the materials genome initiative[J]. npj Computational Materials, 2019, 5(1): 41.

[9] Lunshof J E, Bobe J, Aach J, et al. Personal genomes in progress: from the Human Genome Project to the Personal Genome Project[J]. Dialogues in Clinical Neuroscience, 2010, 12(1): 47-60.

[10] Holdren J P. Materials genome initiative for global competitiveness[R]. Washington DC: NSTC, 2011.

[11] Schmitz G J, Prahl U. Basic Concept of the Platform[J]. Integrative Computational Materials Engineering: Concepts and Applications of a Modular Simulation Platform, 2012, 4(5): 21-41.

[12] Xu Y B. Accomplishment and challenge of materials database toward big data[J]. Chinese Physics B, 2018, 27(11): 118901.

[13] Codd E F. A relational model for large shared data banks[J]. Communications of the ACM, 1970, 13(6): 377-387.

[14] Zhou C, Wu S K. Medium-and high-temperature latent heat thermal energy storage: Material database, system review, and corrosivity assessment[J]. International Journal of Energy Research, 2019, 43(2): 621-661.

[15] Evans G W. Projected behavioral impacts of global climate change[J]. Annual Review of Psychology, 2019, 70(1): 449-474.

[16] Li M, Zhou X B, Yang H, et al. The critical issues of SiC materials for future nuclear systems[J]. Scripta Materialia, 2018, 143: 149-153.

[17] Jain A, Persson K A, Ceder G. Research update: The materials genome initiative: Data sharing and the impact of collaborative *ab initio* databases[J]. APL Materials, 2016, 4(5): 053102.

[18] Rainò G, Novotny L, Frimmer M. Quantum engineers in high demand[J]. Nature Materials, 2021, 20(10): 1449-1499.

[19] Oweida T J, Mahmood A, Manning M D, et al. Merging materials and data science: Opportunities, challenges, and education in materials informatics[J]. MRS Advances, 2020, 5(7): 329-346.

[20] Sarsen A, Saginova M, Mukanov B, et al. Genetic engineering materials bank of the National Center for Biotechnology[J]. Eurasian Journal of Applied Biotechnology, 2023, 5(4): 202.

[21] Lin H, Zheng J X, Lin Y, et al. The development of material genome technology in the field of new energy materials[J]. Energy Storage Science and Technology, 2017, 6(5): 990-999.

[22] Crook O M, Warmbrod K L, Lipstein G, et al. Analysis of the first genetic engineering attribution challenge[J]. Nature Communications, 2022, 13(1): 73-74.

[23] Liu J, Hein J E. Automation, analytics and artificial intelligence for chemical synthesis[J]. Nature Synthesis, 2023, 2: 464-466.

[24] Su Y J, Fu H D, Bai Y, et al. Progress in materials genome engineering in China[J]. Acta Metall Sin, 2020, 56(10): 1313-1323.

[25] Kaufman L, Ågren J. CALPHAD, first and second generation: Birth of the materials genome[J]. Scripta Materialia, 2014, 70: 3-6.

第5章 材料基因工程的理论和方法

学习目标导航

➢ 了解高通量计算、材料基因工程的概念；
➢ 熟知基于从头算的高通量筛选进行材料的发现和设计方法；
➢ 掌握机器学习的概念和方法；
➢ 熟知材料基因数据库；
➢ 了解并能初步结合材料数据库，使用数据挖掘开发新能源材料。

本章知识构架

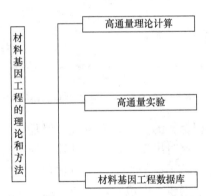

材料表现出的强度、塑性、韧性等宏观力学性能或磁、光、电、热等功能性能都是由其各种各样的微观组织单元的性质决定的。材料的微观组织单元也被称为材料基因，如原子构型、成分分布、组织结构、晶体学特征、微结构性能等。在材料基因工程关键技术中，高通量计算（理论）、高通量实验（制备和表征）、材料基因工程数据库是非常重要的三个方面，其首要任务就是开发材料的高通量表征技术，实现对材料基因的集成高效表征与测定[1-3]。

5.1 高通量理论计算

5.1.1 概述

对于高通量计算，Stefano Curtarolo 提到"高通量材料研究"是不同于之前的"材料性能综合评价"的一项技术，高通量特指数据量很大，以至于不能进行直接研究只能借助于高运算性能的计算机来帮助进行的研究。

    高通量实验方法通常采用组合材料科学技术，其中材料"库"被合成和表征，以快速确定目标材料的结构、物理和化学特性。高通量计算是指利用超级计算平台，结合多尺度集成化、高通量并行式材料计算方法和软件，达到快速模拟、计算、预测大规模材料的属性的目的，并且可以实现新材料的设计，对其进行高效筛选和高水平设计，为新材料的研发提供了理论依据。高通量计算（理论）、高通量实验（制备和表征）和专用数据库之间的关系，如图 5-1 所示。

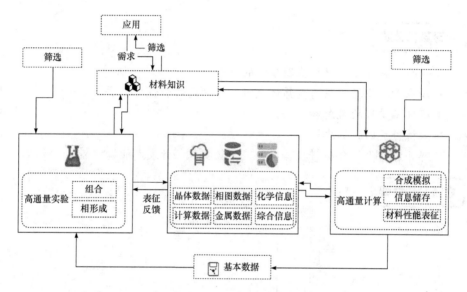

图 5-1   材料基因组技术三个要素之间的协同工作流程图

    近年来社会对高性能新型材料的需求越来越大，但是进行传统的实验制备会受到高成本和耗时的合成过程的影响。这时出现了材料计算领域的新兴领域，被称为高通量计算材料设计。高通量的材料设计是基于量子力学、热力学和材料数据库的材料构造技术。这种技术虽然听起来很简单，通过创建一个包含现有和假想材料的热力学和电子性质的大型数据库，就可以智能地搜索出具有相应性质的材料，但是这种材料的构造需要得到现实的验证，假设合理的材料最终应该被制造出来。这样通过实际的制备给予理论反馈，从而构造更好的数据库，提高预测性能[3]。

    高通量的计算方法在 100 多年前就由 Edison 和 Ciamician 提出过，但是直到近年来高效准确的理论工具和廉价的高性能计算机的推广，才使得这个设想变得真正可行。但是现在很多材料计算的研究中经常把材料性能的组合评价和高通量的材料计算方法相混淆，虽然这其中有一些相似性，但是不同点还是很明显的。其中高通量通常定义为研究人员无法直接干预并且进行性能分析的数据吞吐量，因此只能通过计算设备辅助进行。在这两个概念中，高通量研究重点强调的是进行大数据量的研究和材料制备中的自动过程。

    在高通量计算中有三个步骤是紧密相连的：①材料的合成模拟，其中包括材料的热力学和电子结构的计算；②合理的材料信息储存；③材料性能的表征和选择。

高通量计算最重要的特点是基于大型的材料数据库，上面介绍的三个步骤都是高通量计算中很关键的步骤，其中最后一个步骤是最具挑战性的。材料性能的表征和选择步骤是允许人们提取信息的步骤，这个过程中需要研究者对研究问题有较深的理解。这是因为在材料数据库中是通过"描述符"来表征材料的，这些"描述符"描述的都是一些经验量，往往不是可以直接观测的物理量，能够将这些高通量计算过程中的微观参数（如缺陷形成能、原子环境、带隙结构、状态密度和磁矩等）和材料的宏观性能（如迁移率、磁化率或临界温度）联系起来，或者可以说描述符是一种研究人员和数据库数据对话的语言，是能够有效实现高通量材料设计的核心。

高通量计算以多任务为特征，单任务通常以流计算为特征。单任务的计算量相对较小，但高通量计算任务的并发数量和数据规模较大，需要实时处理。高通量计算方法和工具主要包括第一性原理计算、计算热力学、显微组织等，跨越多个层次的原子模型、简化模型和工程模型以及集成了从原子尺度到宏观的多尺度关联算法。

Adersson 等利用高通量密度泛函计算设计了镍铁合金催化剂。Curtarolo 等使用第一性原理计算出约 14000 种能量研究了结构对二元合金稳定性的影响。Jain 等通过此方法筛选了大约 22000 种材料，以提出用于辐射探测器的新材料。Liu 等利用该方法找到了 28 种拓扑绝缘体材料[4-5]。

从图 5-2 可以看到，通过高通量计算筛选材料的数据流程如下：首先调用从外部晶体结构数据库生成的一系列结构输入，然后通过原始数据的计算获得相应的材料性能数据，之后将数据储存到内部数据库进行进一步分析。而获得的新数据不仅可以扩展原有的数据库，还可以帮助系统进行更准确的数据筛选。因此，提高高通量计算效率的关键就是通过将各种计算程序或指令与计算硬件设备关联起来，形成一套程序化的高通量计算过程，但是不同的材料应设计不同的软件来实现相对应的自动化操作过程。

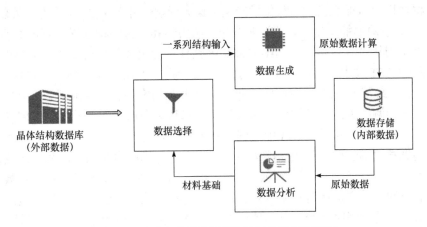

图 5-2　通过高通量计算筛选物料的数据流程图

为了应对材料研究的新浪潮，在 2016 年我国启动了"先进材料多维多尺度高通量表征技术"项目[6]，这个项目作为我国实现材料基因组工程目标的重要基础技术支撑，包括四个主要研究内容：①全尺度的三维高通量表征技术；②原子尺度多参量高通量表征技术；③微纳尺度多参量高通量表征技术；④介宏观多参量高通量表征技术。

材料基因组研究的重要内容之一是发展高通量高效的多尺度材料计算方法和软件。不同的空间/尺度范围内所用的计算材料学方法包括量子力学第一性原理计算、分子动力学、蒙特卡罗模拟、计算热力学/动力学和连续价值力学，并且其计算方法也往往是交叉和联合的。图 5-3 给出了计算材料学在空间和时间尺度的对应关系。

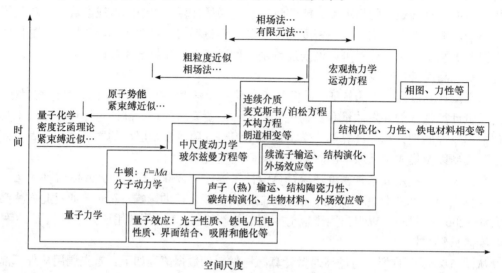

图 5-3　计算材料学方法与空间、时间尺度对应关系

5.1.2　基于从头算的高通量筛选进行材料的发现和设计

　　DFT 经过了几次改进和发展，已经是目前使用最多的从头算技术。DFT 的强大之处在于它能够做出非常合理的近似方案，从而在精度和计算时间之间实现了很好的折中。DFT 的发展对材料科学、凝聚态物理和化学产生了重大影响，并于 1998 年获得诺贝尔化学奖。使用 DFT 计算点缺陷能量学可以为几种光电、热力学和动力学特性提供有价值的见解。这些计算通常使用从带有后验校正的半局部泛函到计算量更大的混合泛函等方法[7]。早期的工作中使用的 DFT 技术和其他从头算的技术主要应用于对实验观察的理解和解释，在过去的几十年里，出现了越来越多的由 DFT 做出真实预测的案例，这些预测结果后来都被实验所证实。随着预测能力的不断增强，从头算的技术从一个加强理解的工具发展到现在，计算材料科学在材料发现和设计过程中达到了一个新的高度[8]。

　　从从头算技术不断增强的预测能力与空前强大的计算能力相结合的角度出发，很多研究者提出了一个针对材料开发很简单的思路：可以尝试使用 DFT 来简单地计算数百种到数千种材料的属性，并在这些材料中寻找最佳候选材料。从包含已知和尚未制造的材料（组成和晶体结构）的数据库开始，自动计算出对应材料在目标应用中的基本材料性能[9-10]。

　　由于材料选择问题通常是多属性优化，因此筛选过程取决于一系列步骤，每个步骤都集中在一个属性上。材料的筛选是分层的，第一个要计算的属性在计算上应当是低成本的，而沿着漏斗向下的计算可能会是越来越高级和计算成本高的属性，这时需要考虑的材料已经大大减少了。相同的属性其实可以在不同的阶段以不同的准确度出现。

　　组合筛选的概念最初应用于实验过程，基于这个想法，组合高通量实验研究现在已经是一个发展成熟的领域。尽管实验和高通量计算研究之间存在共同的挑战和机遇，但计算与实验相比具有许多优势。这是由于某些实验测量过程非常复杂，很难自动化。

尽管高通量计算的思想非常简单，但实际面临重大挑战。这些挑战可以分为三大类：相关性、基础设施和准确性。第一个问题相关性涉及从头算的限制，因为现阶段即使使用DFT，标准的从头算也仅限于最多数百个原子的系统。许多材料的性能很大程度上取决于更宏观的驱动因素（如可塑性）。对于这些性质，尽管多尺度方法或间接描述符（如堆叠故障能量以实现可塑性的描述）提供了可能的机会，但即使这样，基于从头算的过程仍然很难预测[7]。

在其他情况下，一些属性对微观结构有一定的依赖性，但仍受原子级机制的强烈影响。例如，多晶固态电解质材料中的离子传导取决于整体性质，但也可能受到晶界的性质和数量的影响。这是一种很微妙的情况，虽然体积特性很重要，但不能说明最终材料的性能。

通常，原子水平会导致必要但不充分的性能解释。如果要寻找一种好的固态电解质，需要计算原子级的体积电导率，但晶界差的样品很可能导致性能下降。这些考虑都依赖于研究对象的属性，关键在于需要在适当的问题上使用高通量计算[11]。

因此，一个好的高通量研究需要知道计算过程中什么是重要的，如何以较低的计算成本达到一定的准确性，并把所有的考虑结合在一起，形成一个有效的筛选方法。也就是要很好地理解推动材料特性的因素，才能正确地开展高通量的计算，如对高温超导体的研究。对于这方面的研究，现在用高通量筛选材料是不可能的，因为这种超导性的基本理论还没有被理解，简单地说，没有人确切地知道要计算什么，使用高通量计算也就无从谈起。

高通量计算还导致软件基础架构方面的挑战。商业上和开放源代码中都可以找到完整并有记录的从头算的代码。然而，用这些执行一种材料搜索的过程并不简单。由于计算一种材料特性通常需要一系列相互关联的计算，因此需要能够处理复杂计算流程的软件。例如，这些软件工具往往提供使用可选参数，比如可以实现在不收敛的情况下重新启动计算、发现有问题的结果和跟踪失败目标的清晰过程。

这些需求推动了通常基于 Python（如 Pymatgen、Fireworks）[12]的开源程序包的开发，这些程序包与从头算的程序代码进行交互以使其能够以高通量方式自动运行。在实际的开发中，每一个新的物质的属性都需要在开发算法和围绕它的软件方面付出不小的努力。其中能量的简单离子弛豫是这方面研究中最早计算出来的材料特性之一，目前该领域正在向越来越复杂的工作流发展，特别是声子缺陷或诸如基于准粒子概念和格林函数方程的多体微扰理论方法这样的先进电子结构的方面[11]。

最后一个需要提到的挑战是与方法准确性有关的挑战，它直接影响预测能力。正如之前已经提到的，DFT 的任何实际实现都依赖于对电子交互的近似处理。当前存在多种 DFT，其复杂程度不同。除了这些近似泛函的影响外，总是存在其他的一些假设，如对温度的忽略。因此，计算出来的性质总是偏离实验的真实情况。这要求研究人员总是需要意识到这些局限性，但这些影响本身并不妨碍它们的使用。只要对所涉及的不确定性有一定的了解，意识到预测的不完整性，综合考虑还是能够做出合理的预测。然而，通常很难预先知道过程中的一个近似对一个给定的性质是否会造成很大的影响。对于已经建立起来的经验知识，专家可以对哪种方法适用于哪种属性做出很好的判断[13-15]。

但是，评估从头算技术的预测能力最合理的方法应当是与实验或极其精确的计算进行比较。另外，分子从头算的理论研究领域比固体研究更早，并且在该领域中，某些官能团或方法在标准分子组上的基准研究已经很常见了。

5.1.3　通过高通量计算和机器学习技术加速材料科学研究

使用数据集观察趋势并建立预测模型一直是材料科学的重要组成部分。可以认为元素周期表是数据挖掘的第一个案例，而结构映射是早期数据挖掘的另一个很好的实用结果，它被用来根据元素属性（离子半径、门捷列夫数等）来预测二进制中的结构。随着越来越多的数据集易于访问，预计将从计算数据中提取出越来越多的趋势。材料科学家也一直受益于机器学习领域中很多非常强大的方法来帮助预测。稀土和锕系元素配合物对于大量清洁能源应用至关重要。这些有机金属系统的三维结构生成和预测仍然是一个挑战，限制了计算化学发现的机会。有研究者介绍了 Architector，这是一种用于 s、p、d 和 f 块单核有机金属配合物的高通量计算机合成代码，能够捕获已知实验化学空间的几乎全部多样性[16]。这些机器学习的研究很可能会得到意想不到的结构-性质关系，这些关系很多时候就是材料科学的核心[17]。然而，这种方法需要有效的结构描述符。事实上，虽然晶体结构可以被描述为单元参数和位点位置，但这不太可能提供足够的信息来建立结构-属性关系。当在许多不同的设置中定义相同的晶体结构时更是如此[18-21]。

机器学习（machine learning，ML）是近年来迅速发展起来的人工智能的一个分支。机器学习应用程序的核心是统计算法，其性能与人类的能力非常相似，都是可以随着训练而提高的。目前机器学习工具的基础设施日益完善，可以生成、测试和提炼科学模型。这类技术适用于处理涉及大量组合空间或非线性过程的复杂问题，这些问题传统的方法要么无法解决，要么需要付出巨大的计算代价。

有了机器学习和足够的数据以及有效的算法，计算机就有能力在没有人工输入的情况下确定所有已知的物理定律（可能还有那些目前尚未被人类掌握的规律）。在传统的计算方法中，计算机只不过是一个计算器，使用由人类专家提供的编码算法。相比之下，机器学习方法通过评估数据的一部分并建立一个模型来进行预测，从而学习数据集之下的规则。如图 5-4 所示，在考虑了构建模型所涉及的基本步骤后，构成了在材料发现过程中成功应用机器学习所需的通用工作流程的蓝图。

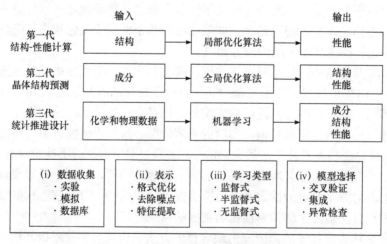

图 5-4　计算化学研究工作流程的演变

1. 数据收集

机器学习的学习数据包括现有模型的相关数据。数据可能需要进行初始预处理，在此期间将识别和处理错误或虚假元素并对此进行剔除。例如，无机晶体结构数据库（The Inorganic Crystal Structure Database，ICSD）目前包含190000多个条目，这些条目虽然已经经过技术错误检查，但仍然存在人为和测量错误。识别和消除这些错误对于避免机器学习算法被误导至关重要。人们越来越关注实验数据缺乏可重复性和误差传播，过去报道的实验数据缺乏重复性和错误传播，引起大众越来越多的关注。因此，在某些领域，如化学信息学，已经建立了解决这些问题的最佳做法和准则。

通过可用数据的类型和数量，机器学习模型的训练被分为三种，监督式、半监督式和无监督式。在监督式学习中，训练数据由输入值和相关的输出值组成。该算法的目标是推导出一个函数，该函数接受给定的一组输入值，并最终将输出值的保真度预测到可接受的程度。无监督式学习主要用来预测仅包含输入值的数据集中的趋势，半监督式学习主要用于大量地输入数据和有限数量的输出数据。

相比而言，监督式学习是功能最完善的，已经被广泛应用于物理科学中的机器学习研究中，如将化学成分映射到一个感兴趣的性能中。无监督式学习并不常见，但是可用于对数据进行更一般的分析和分类，或用于识别大型数据集中先前未识别的模式。

2. 数据表示

尽管原始的科学数据通常是数字化的，但数据呈现的形式往往会影响学习结果。例如，在许多类型的光谱学中，信号是在时域中获得的，但为了进行互译，它被通过傅里叶变换转换到频域。像科学家一样，机器学习算法可能使用一种格式来进行另一种更有效的学习。将原始数据转换成更适合算法的过程称为特征化或特征工程。

输入数据的表示方式越合适，算法就越能准确地将其映射到输出数据。如何选择最好的表示数据可能需要深入了解潜在的科学问题和学习算法的操作，因为哪种表示方式将提供最佳性能往往是不清楚的，这是化学研究中一个一直备受关注的研究课题。许多表示方式可用于对结构和属性进行编码。库仑矩阵就是一个例子，它包含原子核排斥和自由原子的势能信息，并且不受分子平移和旋转的影响。分子系统也可以用图形来描述。在固态下，传统的晶体结构描述使用转换向量和原子的分数坐标，但是这种形式不适用于机器学习，因为一个晶格可以通过选择不同的坐标系以无限多种方式表示，而基于径向分布函数，沃洛诺伊图细分或属性标记材料碎片的表示是解决此问题的新方法之一。

3. 训练集的选择

当数据集已经被收集和表示时，就要选择一个模型来学习它，对于模型的建立和预测，存在广泛的模型类型（或学习类型）。监督学习模型可以预测离散集（如将材料分类为金属或绝缘体）或连续集（如极化率）内的输出值，为前者构建分类模型，而后者需要构建回归模型。根据数据的类型和提出的问题，可以应用一系列的学习算法。使用不同算法的集合，或者具有不同内部参数值的类似算法，可能有助于创建一个更加健壮的整体模型。

计算方法是当今材料研究和设计实验的重要补充。仿真技术提供了精确控制仿真条件的手段（如修改单个参数或一组参数），这在实验条件下是难以实现的。这种受控的"虚拟实验"通常可以导致对确定特定材料属性或一组材料属性的因素有基本的了解，从而可以帮助进行合理的材料设计。在计算技术中，由于化学的不可知论性，从最基本的物理定律出发的第一性原理电子结构方法特别有效。

　　在最近的十年中，电子结构代码已经成熟并且计算能力已经发展到一定程度。第一性原理计算，特别是基于更具成本效益的 Kohn-Sham DFT，基于这个技术可以结合高通量技术自动化属性来预测大量的材料，多种材料的高通量特性预测。高通量 DFT 计算已经成功地应用于各种不同的材料设计，如碱离子电池、催化剂、拓扑绝缘体和有机半导体，并导致了大型高质量的计算材料性能开放数据库的发展，如 Materials Project。开放量子材料数据库（Open Quantum Materials Database，OQMD）和 AFLOWlib 计算材料数据库数据量的爆炸性增长也开始激发人们对机器学习应用的兴趣，以加速材料的研究和设计。

　　机器学习技术的类别及其可以回答的一些化学问题见表 5-1。

表 5-1　机器学习技术的类别及其可以回答的一些化学问题[16]

类别	贝叶斯方法	进化法	符号学	联结主义	类推法
原理	概率推断	结构进化	逻辑推论	模式识别	约束优化
对应算法	朴素贝叶斯 贝叶斯网络	基因算法 粒子群	决策树	人工神经网络 反向传播算法	支持向量 近邻算法
化学问题	新的化学理论是否合理？	哪种分子拥有目标性质？	怎样制备目标材料？	应当合成什么样的化合物？	发现结构-性质关系

　　在材料虚拟实验室中，研究人员通过以下三种方式利用已有的在软件自动化、数据生成和管理以及机器学习方面的核心专业知识：①优化现有材料或发现新技术材料；②开发模型以进行超越 DFT 或接近 DFT 的精度缩放；③加速和增强材料表征的准确性。

　　数据在机器学习程序中非常重要。一般情况下，最终的机器学习结果会受到数据量和可靠性的直接影响，面对这样的问题，数据预处理和特性工程将发挥作用。这两个步骤可以对数据集进行重构，使计算程序更方便地了解材料的理化关系，检测材料的性能以及建立材料的预测模型。此处介绍数据预处理的这两个主要步骤，以及它们在材料发现中的作用。

1）数据处理

　　数据处理主要包括两个过程，一个是数据收集过程，另一个是数据的清洗过程。首先介绍数据收集过程，要想解决特定的问题，研究者需要收集有代表性的数据。因此，研究者有必要针对具体问题选择合适的数据。目前，已经建立了哈佛清洁能源数据库、开放量子材料数据库、Materials Project 等众多开源数据库。这些数据库是可靠的同时可访问的，这些数据可以作为研究工作的基础[16]。

　　例如，Pyzer-Knapp 的团队使用来自哈佛清洁能源数据库的数据进行机器学习模型训练，以解决过度供应问题，在这个问题中，计算机错误地认为噪声是有用的特性[22]。结果表明，经过训练的机器学习模型能够在 1.5s 内返回验证集的预测值，成功解决了过载问题。Choudhary 的团队通过比较实验和材料项目数据库中获得的晶格常数，建立了识别二维材料的标准。同时，为了测试这一标准，他们计算了许多层状材料的剥落情况。结果表明，88.9%的案例符合标准[23]。Lebègue 的团队对无机晶体结构数据库进行了筛选，发现了基于对称性、填充比、结构间隙和共价半径的 92 种可能的 2D 化合物[24]。在其他案例中，Ashton 和他的同事使用拓扑缩放算法检测 ICSD 中的层状材料，并成功地找到了 680 个稳定的单层膜[25]，Mounet 和同事利用 ICSD 的数据挖掘和晶体学开放数据库来搜索层状化合物[26]，Haastrup 的团队建立了一个最大的二维材料数据库。上述研究都有力地证明了高质量数据在实际应用中的可用性和优越性。从这个角度来看，这是机器学习方法在材料发现中的一个必要步骤。

接下来介绍数据处理过程中的数据清洗过程，数据收集步骤结束后，收集到的数据仍然存在很多问题，如数据冗余或值异常等。为了得到一个有效的机器学习预测模型，也为了减少计算量，数据清理是必要的。在这里将数据清理定义为一种数据操作，包括数据采样、异常值处理、数据离散化和数据归一化四个步骤。

首先，数据采样保证了研究者可以在不影响预测精度的前提下，以较少的数据获得高性能的预测模型。为了保证预测模型的能力和准确性，研究者必须消除异常值以保持预测模型的准确性。此外，数据离散化可以显著减少连续特征的可能值的数量[27-28]。另外，数据归一化可以将数据的大小调整到合适和相同的水平，这对许多机器学习算法来说是至关重要的。以 Lu 团队的光伏有机-无机杂化钙钛矿研究为例[29]，所有输入数据均来自高通量第一性原理计算组成的可靠数据库。为了保证机器学习预测的数据一致性和准确性，他们使用经过适当处理的数据，精心构造了自己的训练集和验证集，仅选择了利用 PBE 泛函计算的带隙类正交晶体结构。

同时，通过以上四个步骤将数据集划分为训练集和测试集。经过数据预处理后，噪声、数据冗余和异常值都大大降低了。然而，数据集仍然很混乱，它必须被重新构建，以使计算机更好地理解其中的数据，这可以通过特征工程来实现。

2）特征工程

特征工程是从数据和任务中提取最合适的特征的过程，这些特征被称为描述符。特征工程的目的是从训练数据中获取特征，从而使机器学习算法达到最佳性能。自动特征工程使用深度学习算法来自动开发一组与预测输出相关的特征，这极大地减少了训练模型中使用的领域知识的数量，并加速了它在非专业研究者范围内的应用[29-31]。可见，这种新技术具有很好的应用前景，也是深度学习的一个非常重要的应用范例。

在特征工程中，描述符指的是一组描述机制或特性的有意义的参数。例如，在化学元素周期表中，所有元素都按行（周期）和列（族）排序，行和列可以看作是一组描述符。描述符的四个基本标准[32-33]：①描述符的维数应该尽可能低；②描述符唯一的描述材料以及与属性相关的基本过程；③非常不同（相似）的材料应该用非常不同（相似）的描述符值来描述和选择；④在确定描述符时，不能像预测属性的评估那样进行密集的计算。

尽管有以上四个基本标准，选择正确的描述符仍然是一个挑战。Elton 认为，在面对一个小数据集时，数据的表征比模型的构建更重要，一套高效的描述符可以保证结果的准确性[33]。在处理大型数据库时，一个大型数据集足以让机器学习算法从通常的特征中提取复杂或潜在的特征。然而，在这种情况下，研究者建议选择具有较高计算效率和实验性能的描述符。同时，为了保证结果的准确性，最好使用透明和抽象的描述符。

要实现实际应用，必须根据不同的情况选择合适的描述词。Oliynyk 和同事们使用机器学习方法来检测潜在的 Heusler 化合物和特性，他们集中在一些特定的维度上，那里的物质模式最有可能被发现[34]。在这些维度中，描述符的效用可以最大化。他们通过实验最终确定了 22 个描述符，以帮助计算机发现隐藏的关系。经过验证，他们用这套描述符得到的预测模型可以在 45min 内对 40 多万组物质进行预测和计算，经过十次交叉验证，验证了该预测的正确性。

Legrain 的团队试图用机器学习方法预测化合物的振动能量和熵。在这种情况下，他们选择了基于化学成分的描述符来保证小数据集结果的质量和准确性[35]。在实验中，他们得出结论，基于材料原子的化学组成和元素性质的描述符在小数据集中表现出优异的性能。通过将实验结果与国家标准与技术研究所的实测值进行比较，验证了这一想法的预测能力。此外，采用相关卷积神经网络改进的描述符，在预测价电子的 Hartree 能量方面优于现有的描述符，并且与价电子的长波长分布有关[36]。

建立数据库后，选择适当的机器学习算法同样很重要。常见的马尔可夫链、最小二乘法和高斯过程类的数学理论已被用来构建机器学习算法。目前，机器学习算法可分为四种类型：监督学习、无监督学习、半监督学习和强化学习。强化学习通常侧重于算法与环境之间的交互，而不注重于从数据集中找到特定的模式，这种方式不适用于材料发现。因此，这不在讨论范围内。同时按照"免费午餐定理"，并不会存在绝对优秀的机器学习算法，每种算法都有其自身的优缺点。在这里，列出几种常用的机器学习算法以供学习参考。

Ⅰ．回归分析

回归分析可以分为两类：监督回归分析和非监督回归分析。回归分析算法可以通过分析大量的数据来量化因变量受自变量影响的程度，然后找到匹配的线性或非线性回归方程，通过回归方程预测因变量。基于这一特征，研究人员可以使用回归方程来分析性质或发现新材料[37-40]。

例如，Williams 的团队分别使用普通最小二乘回归（ordinary least square regression，OLSR）、偏最小二乘回归（partial least squares regression，PLSR）、支持向量回归（support vector regression，SVR，也是一种支持向量机算法）和高斯过程回归来预测一元化合物和二元化合物的融化温度。他们选择了 4 个简单的物理属性和 10 个元素属性作为特征，然后构建了两个数据集来分析四种算法的性能。结果表明，支持向量回归具有最小的均方根误差和最佳的回归性能[41-42]。

Ⅱ．朴素贝叶斯分类器

贝叶斯分类是对基于贝叶斯理论建立的一类算法的通称，而朴素贝叶斯分类器是这些算法中最简单的一种[43-44]。朴素贝叶斯分类器假设所有的特征是相互独立的，这一假设大大简化了样本空间和求解计算的次数。因此，它基本上是所有贝叶斯分类中最简单的一种。

它可以选择正确地表示数据概率最高的假设，由于其高效的算法、快速的分类以及应用于大数据领域的能力，得到了广泛的应用。Addin 和同事尝试使用朴素贝叶斯分类器检测层压复合材料的损伤[45]，朴素贝叶斯分类器的分类准确率达到实验的 94.65%。在另一个使用特殊设计的机器人手指识别物体表面材料的实验中[46]，朴素贝叶斯分类的平均成功率为 84.2%。

Ⅲ. 支持向量机

支持向量机是一种监督学习方法[47]。对于 N 维的一组点，支持向量机会找到 $N-1$ 维的超平面，并将这组点分为两类。支持向量机建立在统计学习理论的基础上，它的本质是最小化机器学习的实际误差。

经过长期的发展，支持向量机算法已经能够极大地简化问题、降低数据的维数、消除噪声，在未知样本中表现出很强的泛化能力。Benes 和他的同事将支持向量机和递推特征消除相结合来模拟材料的大气腐蚀[48]。这种全新的方法可以提取出最具影响的因素，建立可靠的分析模型。此外，在小样本容量的腐蚀因素选择上，该算法的回归和预测性能也大大优于其他算法[49-50]。

Ⅳ. 决策树和随机森林

决策树是一种监督学习。在生成决策树时，根据一系列基于分类特征的分割规则，将源数据集（构成根节点）分割为若干个子集（构成后续子集）。通过重复这个过程，一个决策树就成长起来了。决策树也被用于分类问题，但该方法仍存在过拟合、泛化等缺点。因此，研究者创建了随机森林算法、提升树算法等许多基于决策树的算法。随机森林是一种由多棵决策树组成的分类器，通过多棵决策树的投票机制解决了单棵决策树的问题，大大提高了随机森林的泛化能力[51]。

Ⅴ. 人工神经网络

人工神经网络（artificial neural network，ANN）是一种模拟生物脑神经的机器学习算法，它由神经元构成[52]。神经网络可以追溯到 1949 年，当时加拿大心理学家 Donald Hebb 提出了一种名为赫布型学习的学习理论。然而，直到将近 20 年后，人工神经网络才得到很大的发展[53]。

在神经网络的早期，研究人员首先提出了一种单层神经网络。但由于其某些特定的局限性，在后期的研究中，研究人员普遍转向多层神经网络，这些网络由输入层、隐藏层和输出层组成。神经网络算法可以通过神经元之间的非线性复杂相互作用来有效地分析问题[54-55]。人工神经网络在以下三种情况下是非常有用的：①样本或实验的数量非常大；②没有太多关于数据集的先验信息；③在之前的算法模型中，目标结构只能在模型域内被预测。

Patra 和他的同事建立了一种神经网络偏倚遗传算法，可以在没有现有数据的情况下发现具有极值属性的材料。在许多测试应用程序中，它被证明优于一个无偏见的遗传算法和一个基于预先存在的数据集的神经网络评估遗传算法[55]。Xie 和 Nantasenamat 开发了一个晶体图形卷积神经网络，从晶体原子的连接中学习材料特性，并加速晶体材料的设计。该神经网络可以实现晶体材料的高精度设计。在实际应用中，成功地在数据集中发现了 33 个钙钛矿，大大减少了高通量筛选的搜索空间[56-57]。

神经网络算法也被用于药物开发。在过去的几十年里，计算机技术和药物开发的联系越来越紧密。目前，许多机器学习算法如神经网络已经应用于药物设计领域，它们可以帮助预测目标化合物的结构和生物活性，并专门研究它们的药代动力学和这些物质的毒性[58]。

Ⅵ. 深度学习

深度学习的思想起源于对多层神经网络的研究[59]。在某些方面，深度学习是人工神经网络的一个分支学科。然而，深度学习已经形成了自己的一系列研究思路和方法，它是一种描述基于数据的学习的方法[60]。作为机器学习的一个新领域，深度学习的目标是建立一个可以模拟人类大脑分析数据的神经网络。深度学习类似于具有多层的神经网络，深度学习算法可以提取底层网络中的底层特征，并与上层网络中的底层特征相结合，获得更抽象的高级特征。随着神经网络层数的增加，算法得到的特征将更加抽象。在顶层，最终提取出来的高级特征被组合起来，使神经网络能够正确地识别一个物体[61-62]。

深度学习的想法是在 2006 年提出的，经过十几年的研究，许多重要的算法被开发出来，如卷积神经网络、自动编码器、稀疏编码、限制玻尔兹曼机、深度信念网络和递归神经网络（recurrent neural network，RNN）。

机器学习的主要目标是材料预测，因此有必要对预测模型的质量进行检验。如果模型不够灵活，或者输入数据量不足以找到合适的物理化学规律，则预测结果不可靠。如果模型过于复杂，结果可能会过于拟合。为了避免这些可能的风险，研究人员必须对预测模型的正确性和可靠性进行验证，而验证的关键是利用未知数据对模型进行检验，确定其准确性。只有当训练集和验证集能够代表整个数据集时，交叉验证才是可靠的，这一点很重要[63]。常见的交叉验证方法有：

（1）多个保留估计值的平均交叉验证。平均交叉验证方法是在阻力估计方法的基础上发展起来的。原来的耐药力验证方法的准确性通常低于预期，因此经过 Geisser 的改进，将其转化为平均交叉验证方法。平均交叉验证方法可以避免原方法中一次性划分可能产生的随机效应，但是如果数据量持续增加，会导致非常大的计算成本和难以承受的计算复杂度[64]。

（2）Leave-P-Out 交叉验证以及留一法交叉验证。为了降低计算复杂度，研究者提出了 Leave-P-Out 交叉验证（Leave-P-Out cross validation，LPOCV）[65]。在延迟估计中，验证计算的子集数为 $\sum_{P=1}^{n=1} C_n^P$，然而，在 LPOCV 中，这个数字减少到 C_n^P。通过这种方法，成功地降低了计算复杂度，然而，大量数据所造成的高计算成本仍然是不可接受的。

留一法交叉验证（Leave-One-Out cross validation，LOOCV）是 Leave-P-Out 交叉验证的一种特殊形式。在 LOOCV 中，$P=1$，它将子集的数量从原来的 C_n^P 减少到 n[66]。经过多年的发展，由于它的计算量减少，现在得到了广泛的应用。然而，LOOCV 仍有一些缺陷，它可能会低估预测误差，也可能导致过拟合[67]。

（3）重复学习测试交叉验证。重复学习测试（repeated testing learning，RTL）交叉验证由 Breiman 提出，Burman 对其进行了进一步研究。它只划分数据集的一部分，而不是整个数据集。与以往的验证方法相比，RLT 的计算复杂度明显降低[68]。

（4）蒙特卡罗交叉验证。蒙特卡罗交叉验证（Monte Carlo cross validation，MCCV）类似于 RLT，但更容易操作。每次验证时，MCCV 都会留下一些样本，然后多次重复这个过程。Haddad 通过 LOOCV 和 MCCV 对区域水文回归模型进行了验证。与 LOOCV 相比，MCCV 可以选择更简化的模型，也可以更好地估计模型的预测能力[69-70]。

（5）K 折交叉验证。K 折交叉验证已经被提出作为 LOOCV 的替代解决方案，它是目前最简单和最广泛使用的泛化误差估计方法。最明显的优势是只需要 K 次计算，其计算成本远低于 LOOCV 或 LPOCV 的成本。每次验证集中样本的个数为 $\frac{n}{K}$，但是需要注意的是，

当 K 值不大时，该方法可能存在较大的偏差[68,71]。

（6）自展法交叉验证。由于 K 折交叉验证在样本数据量较小的情况下往往有较大的变化，研究者提出了自展法交叉验证（bootstrap cross validation，BCV）。与传统的验证方法相比，在少量样本的情况下，BCV 的可变性更小，偏差更小。但必须注意的是，大样本下 BCV 的计算量会急剧增加，因此在这种情况下不建议使用 BCV[68]。

所有的分析显示了许多不同的交叉验证方法和它们各自的特点。可见，需要更多的研究来进一步改进交叉验证方法。

5.1.4 机器学习在新材料中的应用

机器学习在材料科学中得到了广泛的应用，在时间效率和预测精度方面都表现出优越性。机器学习在材料科学中的应用可以分为三类：材料性质预测、材料发现和其他性质。一般采用回归分析方法对材料性能进行预测，如材料的宏观和微观性能[72]。

机器学习主要是通过使用概率模型来筛选结构和组分的各种组合，再通过基于 DFT 的验证从候选集中选择性能良好的材料。除了性质预测和材料发现外，机器学习也用于其他性质研究，如过程优化、电池检测等。

材料的性质，如硬度、熔点、离子电导率、玻璃化温度、分子原子化能、晶格常数等，可以从宏观或微观层面来描述。研究材料性能通常有两种方法：计算模拟和实验测量，这两种方法涉及复杂的操作和实验设置。因此，要建立计算模拟来完全捕捉材料的性质与其相关因素之间复杂的逻辑关系是相当困难的，而且其中一些关系甚至可能是未知的[73]。

此外，用于测量化合物性质的实验通常发生在材料选择的后期。因此，如果结果不令人满意，在此之前投入的大量时间和实验资源都被认为是浪费。此外，在许多情况下，材料的很多性质即使通过大量的计算或实验努力，也很难进行研究[74]。

开发智能、高性能的预测模型成为一个迫切的要求，能够在较低的时间和计算成本下，正确地预测材料的性质。机器学习关注的是从数据中学习模型的算法构造研究。目前使用机器学习方法进行材料属性预测的基本思想是通过从已有的经验数据中提取知识，分析并映射材料属性与其相关因素之间的关系[75]。

机器学习应用于材料性质预测时，首先通过人工调优或特征工程（包括特征提取和选择）来识别与属性预测相关的条件属性。其次，通过模型训练找到这些条件因素与决策属性之间的映射关系。最后，训练的模型可以用于性能预测。例如，Isayev 等提出了一种名为属性标记材料碎片的计算工具，用于构建机器学习模型，以预测无机晶体的属性。在属性标记材料碎片中，首先滤除低方差、高度相关的特征得到特征向量。

利用梯度提升决策树（gradient boosting decision tree，GBDT）技术，首先将一种新的候选材料分为金属材料和绝缘体材料，如果该材料是绝缘体，则可以预测带隙能。无论材料的金属或绝缘子的分类是什么，首先预测材料的 6 种热机械性能（体模量、剪切模量、德拜温度、恒压热容量、恒容热容量和热膨胀系数）。在模型训练之前，对数据集进行五次交叉验证。工作特征曲线、均方根误差、平均绝对误差和 R^2 都用来评价训练模型的预测精度。根据分析规模的不同，机器学习在材料性能预测中的应用可以分为两大类：宏观性能预测和微观性能预测。

5.2　高通量实验方法

5.2.1　高通量实验的由来

　　高通量实验方法作为一种组合材料科学技术，其中材料"库"由材料的合成和表征数据组成，以快速确定结构、物理和化学特性。由于它们能够快速建立组成、结构和功能属性之间的关系，高通量实验方法特别适合作为计算模拟和建模的实验补充[76]。

　　高通量实验是直接选择新材料并在大量样本中获得实验数据的基本方法。在高通量实验过程中，联合制备可以实现一系列样品的并行合成，结合结构和性能的高通量表征可以大大加快新材料的发现。高通量实验利用实验数据来修改计算模型并构筑不同规模计算之间的联系，它为模拟计算提供了大量的材料数据和实验验证，并构造了与材料性能相关的组件以及材料结构和过程之间的内部联系。此外，高通量实验还可以丰富材料数据库，提供材料信息学的分析材料，并根据特定的应用要求快速有效地筛选目标材料。目前，已经形成了用于高通量制备的完整实验技术系统，该系统涵盖了薄膜、块、粉末等各种材料形式，以及满足热力学、光学、机械、电磁、电化学、相等特性表征的高通量方法。

　　高通量实验准备可以分为两个步骤："组合"和"相形成"。前者可以实现样品成分的可控分布，后者可以实现样品相结构的可控分布。基于薄膜形态的复合材料芯片是一种成熟的高通量材料制备技术，可分为共沉积法和物理掩膜法。散装材料的制备可以准确表征相关系统材料的特性。近年来，已经开发出一系列制备高通量块状材料的新方法，包括薄膜法、等静压制备方法等，其中比较成熟的方法是体扩散法和快速合金成形法。粉末材料的高通量制备技术包括喷涂合成、多通道微反应器等。

　　在高通量表征技术中，光检测包括 X 射线衍射、X 射线荧光光谱分析、X 射线能谱仪、紫外/红外分光光度计等，是研究材料组成和结构较为直接有效的表征方法。材料的电性能包括超导性、导电性、介电常数、铁电常数、磁阻效应、电子迁移率、扩散长度、腐蚀、接触电阻、界面参数、能级对准等。纳米微波探针显微镜是研究电学性质的一种有效的高通量研究工具。材料的磁性能包括磁化率、自旋共振等。

　　用于表征高通量磁特性的工具有磁显微镜、扫描霍尔效应探针、扫描磁光克尔效应成像系统、超导量子干涉器件扫描显微镜等。高通量电化学表征对于电池、电容性材料以及电极、电解液等器件的研究具有重要意义。

　　电化学表征仪器必须具有高分辨率和自动化的特点。目前，美国 AMETEK 公司开发的 VersaSCAN 微区扫描电化学系统广泛应用于锂电池正极、负极、薄膜电解液、半导体等重要材料的高通量组合电化学表征。利用微机电系统技术，可以在同一基片上制备不同成分和结构的各种材料，然后进行高通量力学性能测试。

　　高通量催化性能的表征需要模拟催化反应过程的相应条件，通过微流控结构将反应过程与催化材料相结合，实现对部分催化性能的表征研究。大型科学仪器具有高时空分辨率的特点，特别适合在高通量实验中生成对大量样品的快速表征结果，同时具有快速、准确、高效的特点。其中，同步辐射源和散裂中子源是最具代表性的大型科学设备。

5.2.2　高通量实验技术面临的挑战

　　高通量实验方法由三个主要步骤组成：①假设一种"库"，其中包含样品的设计和合成，并使其中的材料参数（通常为组成）发生变化；②对库中的数据进行迅速、自动的查询，以了解有关的性质；③分析、挖掘、显示和管理结果数据。这其中每个步骤都对当前的发展情况提出了挑战，在未来广泛部署 HTE 方法之前必须克服这些挑战[76-79]。

　　但是目前看来利用库合成和计量工具计算材料性质通常很昂贵，使用这些工具需要很高的成本，因此大多数材料研究人员不会使用这种方法。当前，HTE 库和测量工具的主要目的是发现和优化材料。因此，成分是最常见的 HTE 变量参数。此外，数据库中的样品通常没有使用最终生产所需材料或装置所需的处理工具和条件来标识。

　　材料信息数据库的设计必须不断发展，以使数据库越来越合理地表示，在器件生产期间所选择的材料将反映实际材料和加工的条件。例如，太阳电池、燃料电池和晶体管所有这些都需要集成具有不同功能的多种材料。这些设备都包含许多界面，如光伏中的 p-n 结或光电水分解中的固体-水催化界面，这些界面的属性通常不只是由材料的组成决定的。因此，HTE 技术还应该能够处理参数、界面工程性能。目前在光电和太阳能燃料领域，已经进行了综合材料的 HTE 筛选的基本演示。为了促进器件及材料开发的 HTE 技术的发展，有必要开发测量界面特性（如电子、磁电和光子）和晶界对器件性能和可靠性的影响的 HTE 计量方法[80]。

　　数据库信息和计量工具需要专门的人员进行操作、校准和维护。用于组合物和材料结构的表征工具，如 X 射线荧光和 X 射线衍射仪，可在同步加速器射束线和一些实验室获得，但是表征表面、界面或化学键的 HTE 方法没有被广泛应用。最后，尽管 HTE 合成工具已针对薄膜生产进行了优化，但许多新的块状材料仍需要得到进一步的发展，包括用于运输的轻质结构材料和用于驱动式风力涡轮机发电的无稀土磁性材料。因此，利用 HTE 开发块状材料合成技术在未来还需要经过进一步的发展。

　　未来一旦解决了有关数据质量和可用性的关键问题，机器学习将对材料科学的行为产生变革性的影响。通过高通量 DFT 计算和实验数据管理来解决数据缺口，是通过开发健壮的软件框架来实现模拟的自动化。通过机器学习大型材料数据集，可以开发模型，这些模型可以让我们更好地预测新型材料并快速计算其特性，能够访问超出当前 DFT 能力的时间或长度尺度和化学空间，并在表征的解释方面超越人类认知。希望这些领域的进一步发展，将加速各种技术应用材料的研究和发现。

5.3　材料基因工程数据库

5.3.1　数据库结构和信息

　　材料数据库通常包括材料性能、成分、工艺、实验条件、应用和评价等数据，是材料研究和应用的重要依据。当建成一定规模后，通过数据挖掘、深度学习等方法，从原始数据中提取大量有用信息，再进行汇总，为计算仿真和高通量实验提供了基础数据，达到全面地收集、存储实验数据。

　　材料的计算数据、实验数据和经验数据构成了多源、异质材料的大数据。根据材料数据的特点，数据库可分为基本信息数据库、计算数据库、相图数据库等子数据库。同时，材料数据逻辑上分为四个部分：基本性能、加工试验、计算和应用。然后根据新的逻辑结构将相对独立的子数据库集成到材料数据库中[81]，见图 5-5。

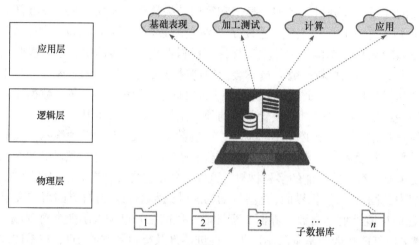

图 5-5　材料数据库结构设计图

世界上很多国家已经建立了很多相对成熟和实用的材料数据库，见表 5-2。

表 5-2　常见的材料数据库和相关信息列表[82-84]

数据库类型	项目名	项目网址
计算数据	Materials Project	https://www.materialsproject.org/
	Open Quantum Materials Database	http://www.oqmd.org/
	Harvard Clean Energy Project	https://www.molecularspace.org/cepdb_subdomain/index/
	AFLOWlib	http://www.aflowlib.org/
	MatCloud	https://matcloud.com.cn/
晶体数据	CCDC	https://www.ccdc.cam.ac.uk/
	ICSD	https://icsd.products.fiz-karlsruhe.de/
	Crystallography Open Database	https://www.crystallography.net/cod/
	Crystal Works	https://cds.dl.ac.uk
	Powder Diffraction File	https://www.icdd.com/pdfsearch/
	American Mineralogist Crystal Structure Database	http://rruff.geo.arizona.edu/AMS/amcsd.php
	LiqCryst Online	https://www.chemie.uni-hamburg.de/institute/oc/arbeitsgruppen/vill/forschung/wissen/liqcryst.html
	Inorganic Crystal Structure Database	http://cds.dl.ac.uk/cds/datasets/crys/icsd/llicsd.html
相图数据	MSI Eureka	https://www.msiport.com/
	FactSage Database	http://www.crct.polymtl.ca/fact/documentation/
	Materials Science International Services	http://www.msiwp.com/
金属数据	Key to Metals	http://www.key-to-metals.com/
	ASM Alloycenter Database	https://www.asminternational.org/materials-resources/online-databases/-/journal_content/56/10192/15468704/DATABASE/
	CINDAS Alloys Database	https://www.cindasdata.com/products/hpad

续表

数据库类型	项目名	项目网址
纳米材料数据	Nanomaterials Registry	https://www.re3data.org/repository/r3d100011129
	NanoHUB	https://www.nanohub.org
化学信息	Reaxys	https://www.elsevier.com/products/reaxys
	CAS SciFinder Chemical Compound Database	https://www.cas.org/solutions/cas-scifinder-discovery-platform/cas-scifinder-n
	ChemSpider	https://www.chemspider.com
	Database of Published Interatomic Parameters	https://www.ucl.ac.uk/klmc/Potentials/
	Smell Database	https://www.perfume.com/article-smell-database
聚合物数据	PoLyInfo	https://polymer.nims.go.jp/
玻璃数据	International Glass Database System	https://www.newglass.jp/interglad_n/gaiyo/info_e/html
表征数据	AIST Research Information Databases	https://www.aist.go.jp/iste_/lisVdatabase/riodb
热力学数据	OpenCalphad	https://www.opencalphad.com/index.html
绝缘信息	NASA TPSX	http://tpsx.arc.nasa.gov/
热电数据	UCSB-MRL Thermoelectric Database	https://en.iric.imet-db.ru/DB.asp
塑料信息	CAMPUS	http://www.campusplastics.com/
综合信息	Matbase	https://afrldemo.weebly.com/matbase.html
	Pauling File	https://paulingfile.com/
	NIST Materials Data Repository	https://materialsdata.nist.gov
	Springer Materials	https://materials.springer.com
	Citrination	https://www.citrination.com
	Total Materia	https://www.totalmateria.com/
	MatWeb	http://www.matweb.com/
	Mat Navi	https://mits.nims.go.jp/
	Materials Data Sharing	http://www.materdata.cn/
	Materials Genome Engineering Databases	https://www.nist.gov/mgi
	Materials Resource Registry	https://materials.registry.nist.gov/

5.3.2　材料数据库的新功能

除了数据共享、存储和查询，数据库的材料基因工程也需要加强现有独立数据库系统的整合和利用，并通过软件实现数据自动收集，为之后的数据挖掘提供依据。为此，材料基因工程数据库开始开发数据库匹配、自动数据采集、在线可视化等新功能。

1. 数据库的自动匹配功能

数据库的自动匹配功能是将人工智能技术和模式识别等数据处理技术应用到数据库的研发中，建立起数据库中数据之间的关联。利用现有技术，数据库可以建立在"云"的基础上，并使用数据库的自动匹配算法实现分布式数据库、异构数据库和"云"中多个文件之间的关联[85]。

处理不同数据库之间的数据差异是数据库自动匹配功能的一个优点。数据库之间的差异体现在不同国家材料的标准编号命名格式不同，上传数据文件格式不一致，单个数据库中信息不完整。通过数据库的自动匹配技术就能实现将之间分散的数据信息关联起来，将"小数据"转化成成规模的"大数据"。

德国的 Key to Steel 以及 Matmatch 等在线数据库可以进行数据相似性查询，但是范围很小，只适用于国外一些产品牌照的信息对比。因此，我国建立了 atsteel 数据库，并且配套开发了多国钢铁牌照的自动对应功能，可以实现标准化的查询，同时还能实现在标准数据库、实验数据库和一些私有数据库中信息的查询[85]。现阶段，该数据匹配技术已应用于钢材的焊接匹配应用中。

2. 数据库的数据收集和输出功能

数据库的数据采集功能决定了开发规模和活力。为了实现数据库与高通量实验和高通量计算的连接，建立自动数据采集和输出功能成了一个必要的功能，同时也是材料遗传工程数据库发展的另一个重要方向。随着互联网和云数据技术的发展，共享数据库提供了用户自主上传数据的接口，用户可自行上传个人收集的数据[86]。

国家材料环境腐蚀平台建立了"腐蚀大数据"和环境数据采集、无线传输和存储功能，可实现数据库数据的自动积累。目前，国内外团队已经开始研究可以自动阅读科技论文，并能够进行信息采集、获得相关晶体结构信息的新型软件。然而，一个需要考虑的问题是如何实现信息识别、数据的综合获取、确定准确数据来源以及如何记录合适的实验条件。为了响应用户对数据库输出的需求，一些在线数据库可以通过分析和建模向用户提供相关数据和格式化的结果输出。MatWeb 数据平台为用户提供了 CSV、Excel 等格式的数据输出，便于用户离线进行数据比较和分析。此外，还可以提供材料参数等通用计算软件专用格式文件，如 Ansys、COMSOL 等。

3. 数据库的在线集成计算和分析功能

材料基因工程数据库的另一个重要发展方向是基于数据库的在线分析、软件集成计算和自动存储功能。材料结构的计算是通过结合第一性原理和分子动力学软件来实现的。通过在线集成成熟的材料计算软件或第一性原理和热动力学等软件，大量的特征参数，如材料的结构、性能和相变可以由此添加到数据库，同时在线的计算数据样本可以用于数据挖掘和指导新材料的发展[87]。

在基因工程材料计划中，美国能源部牵头伯克利实验室负责建立的 Material Project，是一个数据库集成平台，已有 20000 多用户使用。它包含 600000 多种材料和数据，提供材料的第一性原理计算平台，允许用户计算数据共享[88]。

杜克大学创建的 AFLOWlib 数据库，使用 AFLOW 材料高通量计算算法，通过集成在线 VASP、CASTEP 软件，实现已知材料的电子分布、晶体结构、能量计算和新材料结构的自动预测，结果可以自动存储在数据库系统中，通过高通量计算不断扩展数据库数据。

目前，数据库中有 10^6 数量级的不同材料，其中通过计算得到的材料性能数据超过 10^8 数量级。西北大学量子材料数据库、中国高通量材料集成计算和数据管理平台 MatCloud 也有类似的工作机制。综合设计平台通过调用 VASP 或第一性原理，如软件 CASTEP、大规模计算的超级计算机，然后将相应的计算结果保存到数据库中，最后通过分析大数据来指导新材料的设计。

此外，材料数据库也开始考虑数据的在线可视化、在线分析等功能。成都材智科技有限公司建立的 MatAi 材料数据智能管理系统，可以根据需求建立集基础数据比较分析、数据统计、可视化工具于一体的材料数据库，进行在线散点图分析、曲线比较、统计可视化。

5.3.3　结构信息数据库的应用

1. 结构数据库在新能源材料中的应用

结构数据库在新能源材料中的应用较多，本节重点讨论的是目前在能源材料结构-性能关系上分析这个刚刚起步的研究方向。在目前阶段，新能源材料的发现仍然主要依赖于效率低下且费时的偶然性实验和试错实验过程。然而，许多证据表明，通过数据挖掘过程可以大大加快新能源材料的发现过程。这是由于目前已经确立了大量的新能源材料的结构信息，并且这些材料信息储存在结构数据库中，这些数据库主要是通过结晶过程制备的，并且通过 X 射线衍射技术和其他晶体学技术进行了分析。

在使用结构数据库进行分析时，剑桥结构数据库（Cambridge Structural Database，CSD）和 ICSD 这两个数据完善且成熟的结构数据库通常作为新能源材料结构分析时的主要工具，它们分别专注于有机材料和无机材料的精确晶体结构。这些数据库为新能源材料的数据挖掘过程奠定了良好的基础，并显示出显著的优势，可加快对性能优异材料的筛选[89]。CSD 包括小有机分子和金属有机骨架。结构信息以标准的晶体信息文件格式存储，其中包括晶体结构、原子位置、键长和键角，包括空间组和对称元素的包装方式[90]。

CSD 现在包含了超过 90 万个来自 X 射线和中子衍射分析的精确三维结构[91]，用户友好的界面软件工具可用于详细的结构分析。储存在 CSD 中的材料已经被合成并进行了结构表征，但其中大部分从未被用于能源应用研究[92]。因此，可以通过结构数据库中挖掘新材料，方法是使用诸如 CONQUEST 之类的用户搜索界面，或者编写带有描述搜索条件的算法的代码。例如，基于 CSD 的搜索使用了 CONQUEST，通过简短的关联分析和图像包来执行搜索[93]。

与基于有机材料的 CSD 数据库相比，ICSD 数据库包含了无机化合物的晶体结构信息，2018 年 6 月共收录 19.9 万多条晶体结构条目，每年新增约 7000 条。基于 ICSD 的数据挖掘过程可以与 CSD 数据库相结合，可以应对有机化合物和无机化合物[94]。

除了 CSD 和 ICSD 外，其他的晶体结构数据库包括粉末衍射数据库、蛋白质结构数据库及其衍生的数据库。这些新材料提供了额外的结构信息，可用于为目标应用设计合适的材料。此外，随着新设备的发展，需要能源材料与皮肤等生物系统整合，基于蛋白质的结构数据库可能对未来新能源材料的开发非常有帮助[94-95]。

除了获得 CSD 和 ICSD 数据库的实验晶体学数据外，由于在许多情况下晶体结构难以通过实验的方法解决，因此通过计算的方法也已被用于预测新材料的晶体结构。晶体结构预测（crystal structure prediction，CSP）方法已被广泛应用于假设结构的设计。CSP 方法依赖于力场法或量子力学来确定与中心分子稳定相互作用的相邻分子的适当位置来建立晶体结构。在许多情况下，应该提前设置适当的空间组。进化算法、枚举算法和更高级的分析可以加速 CSP。此外，存储各种结构或属性数据的现有学术出版物可以成为数据挖掘过程很好的基础对象。现有的文献数据挖掘技术有文本挖掘、链接挖掘、引文网络分析、自适应神经模糊推理系统、神经网络和多层感知器[96]。

属性数据库存储是与材料需求密切相关的属性信息，这些数据库通常需要大量计算密集型的工作。Materials Project 是一个著名的属性数据库，在数据库中存储了基于 ICSD 中存储的结构计算的材料属性[97]。Materials Project 数据库中对于属性的识别方法使用的是类似人类基因组的"材料基因组"，这些基因组可以被概念化，代表决定其特性和应用的基因。

Materials Project 数据库包括结构、热力学、电子、光学和机械性能，通过各种材料模拟技术进行计算。与 Materials Project 类似的，基于 CSD 或 ICSD 的其他计算属性数据库也已建成，如开放量子材料数据库、从头算电子传输数据库（*Ab-initio* Electronic Transport Database）、金属有机骨架数据库（Metal Organic Framework Database，MOFD）等。

通过对结构数据库中数据挖掘过程的结构描述符的适当选择，可以实现对能量材料的结构-性质关系的编码。原子结构可以解决晶体信息中的键长、键角、π-π 堆积、分子内氢键、分子间氢键、分子量以及与光电性能密切相关的堆积模式和对称性。材料可以直接从结构数据库中寻找，也可以通过用户可用的搜索接口，或者通过包含与结构-属性关系相关的算法代码[98]。某些官能团在特定应用中会表现得特别重要。例如，供体-π-受体的结构对于太阳电池和有机发光二极管（organic light-emitting diode，OLED）的设计尤为重要，可以在数据分析过程中考虑这些官能团来设计新的能源材料[99]。

用薛定谔方程和能带结构、态密度（density of states，DOS）等相关理论计算材料的物理性质，提出了各种各样的量子描述符。根据波函数理论计算出的描述符，描述符中包含原子电荷、分子轨道能量、能级、前沿轨道密度、超定域性、偶极矩、极性指数、极化率和稳定性等信息。量子描述符通常被认为有更多的用途，因为它们可以更好地表示属性，但与结构描述符相比，它们通常更难以获得，也更耗时。对于已知存储在数据库中的材料的晶体结构后，就可以采用基于第一性原理计算的高通量计算来计算存储在数据库中材料的上述性质。在计算后，可以采用程序排除 CSD 和 ICSD 中不合适的结构，如消除重复结构、紊乱结构和不准确结构。

许多材料发现过程的计算成本很高，目前已经采用了各种方法加快计算速度。遗传算法和机器学习方法已被用来加速这一过程。利用人工智能的机器学习技术从已有的材料数据中自动提取预测模型，也被用来从训练数据中提取有意义的化学趋势，如用局部自旋密度近似结果可以作为训练集预测固体特性。基于遗传算法的机器学习方法在大规模数据挖掘工作中表现出不错的可扩展性。机器学习模型已被用于指导材料研究，如结晶时的溶剂选择、软材料工程、晶体工程、显微结构分类等。高通量计算可以与机器学习程序相结合，以实现更好的材料预测和验证。此外人工神经网络已被用于预测材料的介电性能和离子性能[89]。

2. 材料数据库在二元和三元化合物中的应用

基于材料数据库结合高通量筛选技术，已被广泛用于鉴定二元和三元化合物的热力学[100-101]。对于这些化合物的稳定结构的识别是设计具有各种特定功能材料的第一步。合金稳定性描述符，如形成焓，可以用作高通量材料开发的参数[102]。

合金是许多重要技术应用中的主力材料。因此，发现新的和改良的合金在某些领域可能具有变革性，并会产生重大的经济影响。在改进现有合金或设计新合金时，科学家依靠合金热力学和相图数据库。尽管这些存储库的用途非常广泛，但是如果在未来能够进一步提高数据的完整性，会发挥更大的作用。由于化学物的组成涉及巨大的组合空间，并且通常情况下难以进行实验，因此难以保证实验数据的完整性，很多实验需要高温或高压、很长的平衡过程，或者可能涉及危险、高度反应性、有毒或放射性物质。通过计算汇编来获得材料的相关属性变得更为可行，并且通过这种方式在未来很可能会开发出更完整的存储库。

在合金设计中，形成焓描述符可以用来描述稳定相。高通量结合从头算方法通过计算大量结构的描述符来探索合金的相稳定性态。高通量代码必须自动执行这些计算，将结构转换为最容易计算的标准形式，并自动设置必要的 k 点网格密度、基本设置的能量切断和弛豫周期。由于硬件资源不足或从头算本身运行时出现的错误，程序也应能够自动响应计算失败。这些是高通量数据库生成中最困难的挑战之一，不过这个困难目前得到了克服。

在使用高通量技术结合数据库进行搜索的初期是在一组已知的晶体结构上进行的，研究所有的晶格类型，是一个跨越整个组成范围的研究系统。在高级高通量研究中，每个系统中包含数百个结构。在随后的步骤中，搜索通常借助于数据挖掘和优化技术，这些技术可以细化和加速结构筛选。它们包括各种不同的方法。例如，用穷举评估或遗传搜索算法对固定晶格系统进行聚类扩展，用进化算法对具有固定化学计量的混合物中的非晶格结构进行聚类扩展。这些筛选和优化技术正在不断改进，以适应在高通量框架中的实现。最后，从在各个组分浓度组成下的最小能量结构出发，构造每个系统的吉布斯自由能曲线[103]。

最大的计算合金数据库是 AFLOWlib 数据库中的二元合金项目，它包含了由所有过渡金属体系和许多其他金属间化合物组成的数十万种金属间结构的形成焓。同样的框架也被用于生成三元合金的类似数据。这些信息与许多实验相图数据库重叠，能在数据部分缺失的地方对它们进行补充。通过使用高通量技术，使得大规模分析成为可能。

3. 数据挖掘染料敏化太阳电池材料

数据挖掘染料敏化太阳电池（dye-sensitized solar cell，DSSC）材料，是一个较为重要的研究方向。染料敏化太阳电池是一种新一代的太阳电池，它模拟了植物中太阳能合成的过程，利用稳定地驻留在半导体衬底上的分子发色团来捕获太阳能并转换成电能。DSSC 需要特定染料结构，如锚定基团和 D-π-A 结构[104]，即染料应具有电子供体，共轭 π 桥和电子受体。锚定部分通常是氰基丙烯酸基团。化学取代、共轭性、平整度和键长交替等结构特征与 DSSC 活性染料的电荷转移特性密切相关。

X 射线晶体学已解决了结合在 DSSC 光阳极中的一系列染料结构。由同步加速器产生的超强 X 射线已被用来确定染料的晶体结构，这些染料的衍射信号较弱，而且之前在结构上是无法达到的。用晶体学方法解决了一系列聚氧钛酸盐团簇的晶体结构，以了解染料在半导体衬底上的结合模式，并通过掺杂剂和配体结构的修饰确定了它们的电子和光学性质[105]。除了单晶 X 射线衍射技术外，中子衍射、太赫兹光谱、粉末衍射、核磁共振、红外光谱以及其他晶体学和光谱技术都被用来直接或间接地了解 DSSC 的结构原理[106]。

除了对实验证明的染料进行结构关系研究外，还有很多研究通过对 DSSC 活性染料分子的结构分析，利用数据挖掘方法揭示了一类全新的 DSSC 染料。Cole 等使用图论算法和分类测试，通过递归深度优先、回溯和图遍历算法，发现了 DSSC 活性染料。CSD 数据库在这个过程中非常重要，因为其中包含了潜在的 DSSC 活性染料，可以用来预测新的染料[107]。

除了预测新的功能性染料分子外，Moot 等还在 p 型 DSSC 的光电阴极材料的发现过程中使用了数据挖掘技术。在 ICSD 中筛选了无机化合物后，他们确定了新的光电阴极材料，如钙钛矿结构的材料钛酸铅，被认定是很有前途的光电阴极材料。搜索过程包括化学信息学中使用的化学相似参数、谷本系数，研究把已知的 p 型光电阴极 NiO、Co_3O_4、Cu_2O、CuI、$CuAlO_2$、$CuGaO_2$、$NiCo_2O_4$、$ZnCo_2O_4$ 作为参考查询材料。

由于存储在结构数据库中的键长与染料分子中的分子内电荷转移特性密切相关，因此通过对不同有机染料的键长进行分析，可以了解分子内电荷转移特性[108]。例如，通过比较存储在 CSD 中的偶氮基团的键长值来揭示偶氮染料对 DSSC 应用的有效电荷转移特性。识别合适的化学碎片对 DSSC 材料设计非常重要，同时为了帮助用户更有效地分析 DSSC 结构数据，现在已建立了 DSSC 数据库"DSSCDB"，旨在为研究人员提供有关染料结构详细的文献信息，包括三苯胺、咔唑、香豆素和卟啉。

课 后 题

1. 什么是高通量计算？
2. 材料科学中有哪些常用的数据库？
3. 机器学习的意义是什么？
4. 举例说明机器学习在新能源材料优选中的应用。
5. 用哪些软件可以帮助人们实现机器学习在材料优选中的应用？

参 考 文 献

[1] Xiong S L, Wang L H. Research progress and development trends of materials genome technology[J]. Advances in Materials Science and Engineering, 2020, 12: 1-11.

[2] Wang Y, Liu Y J, Song S W, et al. Accelerating the discovery of insensitive high-energy-density materials by a materials genome approach[J]. Nature Communications, 2018, 9(1): 1-11.

[3] Curtarolo S, Hart G L, Nardelli M B, et al. The high-throughput highway to computational materials design[J]. Nature Materials, 2013, 12(3): 191-201.

[4] Jain A, Hautier G, Moore C J, et al. A high-throughput infrastructure for density functional theory calculations[J]. Computational Materials Science, 2011, 50(8): 2295-2310.

[5] Liu Y L, Niu C, Wang Z, et al. Machine learning in materials genome initiative: A review[J]. Journal of Materials Science & Technology, 2020, 57: 113-122.

[6] Shi S Q, Gao J, Liu Y, et al. Multi-scale computation methods: Their applications in lithium-ion battery research and development[J].Chinese Physics B, 2016, 25(1): 018212.

[7] Broberg D, Bystrom K, Srivastava S, et al. High-throughput calculations of charged point defect properties with semi-local density functional theory-performance benchmarks for materials screening applications[J]. npj Computational Materials, 2023, 9(1): 72.

[8] Hautier G. Finding the needle in the haystack: Materials discovery and design through computational *ab initio* high-throughput screening[J]. Computational Materials Science, 2019, 163: 108-116.

[9] Hautier G, Jain A, Chen H, et al. Novel mixed polyanions lithium-ion battery cathode materials predicted by high-throughput *ab initio* computations[J]. Journal of Materials Chemistry, 2011, 21(43): 17147-17153.

[10] Pyzer-Knapp E O, Suh C, Gómez-Bombarelli R, et al. What is high-throughput virtual screening? A perspective from organic materials discovery[J]. Annual Review of Materials Research, 2015, 45: 195-216.

[11] Ong S P, Richards W D, Jain A, et al. Python Materials Genomics (pymatgen): A robust, open-source python library for materials analysis[J]. Computational Materials Science, 2013, 68: 314-319.

[12] Jain A, Ong S P, Chen W, et al. FireWorks: a dynamic workflow system designed for high-throughput applications[J]. Concurrency and Computation: Practice and Experience, 2015, 27(17): 5037-5059.

[13] Setten V M, Giantomassi M, Gonze X, et al. Automation methodologies and large-scale validation for G W: Towards high-throughput G W calculations[J]. Physical Review B, 2017, 96(15): 155207.

[14] Booth G H, Grüneis A, Kresse G, et al. Towards an exact description of electronic wavefunctions in real solids[J]. Nature, 2013, 493(7432): 365-370.

[15] Ricci F, Chen W, Aydemir U, et al. An *ab initio* electronic transport database for inorganic materials[J]. Scientific Data, 2017, 4: 170085.

[16] Taylor M G, Burrill D J, Janssen J, et al. Architector for high-throughput cross-periodic table 3D complex building[J]. Nature Communications, 2023, 14(1): 2786.

[17] Jain A, Ong S P, Hautier G, et al. Commentary: The materials project: A materials genome approach to accelerating materials innovation[J]. Apl Materials, 2013, 1(1): 011002.

[18] Hautier G, Jain A, Ong S P, et al. Phosphates as lithium-ion battery cathodes: an evaluation based on high-throughput *ab initio* calculations[J]. Chemistry of Materials, 2011, 23(15): 3495-3508.

[19] Greeley J, Jaramillo T F, Bonde J, et al. Computational high-throughput screening of electrocatalytic materials for hydrogen evolution[J]. Nature materials, 2006, 5(11): 909-913.

[20] Curtarolo S, Setyawan W, Hart G L, et al. AFLOW: an automatic framework for high-throughput materials discovery[J]. Computational Materials Science, 2012, 58: 218-226.

[21] Tang H M, Deng Z, Lin Z N, et al. Probing solid-solid interfacial reactions in all-solid-state sodium-ion batteries with first-principles calculations[J]. Chemistry of Materials, 2018, 30(1): 163-173.

[22] Pyzer-Knapp E O, Li K, Aspuru-Guzik A. Learning from the harvard clean energy project: The use of neural networks to accelerate materials discovery[J]. Advanced Functional Materials, 2015, 25(41): 6495-6502.

[23] Choudhary K, Kalish I, Beams R, et al. High-throughput identification and characterization of two-dimensional materials using density functional theory[J]. Scientific Reports, 2017, 7(1): 1-16.

[24] Lebègue S, Björkman T, Klintenberg M, et al. Two-dimensional materials from data filtering and *ab initio* calculations[J]. Physical Review X, 2013, 3(3): 031002.

[25] Ashton M, Paul J, Sinnott S B, et al. Topology-scaling identification of layered solids and stable exfoliated 2D materials[J]. Physical Review Letters, 2017, 118(10): 106101.

[26] Mounet N, Gibertini M, Schwalier P, et al. Two-dimensional materials from high-throughput computational exfoliation of experimentally known compounds[J]. Nature Nanotechnology, 2018, 13(3): 246-252.

[27] Kotslantis S, Kanellopoulos D, Pintelas P. Data preprocessing for supervised leaning[J]. International Journal of Computer Science, 2006, 1(2): 111-117.

[28] Holzinger A. From machine learning to explainable AI[C] // 2018 World Symposium on Digital Intelligence for Systems and Machines (DISA). Košice, Slovakia: IEEE, 2018.

[29] Lu S H, Zhou Q H, Ouyang Y X, et al. Accelerated discovery of stable lead-free hybrid organic-inorganic perovskites via machine learning[J]. Nature Communications, 2018, 9(1): 1-8.

[30] Pankajakshan P, Sanyal S, Noord D O E, et al. Machine learning and statistical analysis for materials science: stability and transferability of fingerprint descriptors and chemical insights[J]. Chemistry of Materials, 2017, 29(10): 4190-4201.

[31] Zheng A, Casari A. Feature Engineering for Machine Learning: Principles and Techniques for Data Scientists[M]. California : O'Reilly Media, Inc., 2018.

[32] Ghiringhelli L M, Vybiral J, Levchenko S V, et al. Big data of materials science: Critical role of the descriptor[J]. Physical Review Letters, 2015, 114(10): 105503.

[33] Elton D C, Boukouvalas Z, Butrico M S, et al. Applying machine learning techniques to predict the properties of energetic materials[J]. Scientific Reports, 2018, 8(1): 1-12.

[34] Oliynyk A O, Aatono E, Sparks T D, et al. High-throughput machine-learning-driven synthesis of full-Heusler compounds[J]. Chemistry of Materials, 2016, 28(20): 7324-7331.

[35] Legrain F, Carrete J, Roekeghem V A, et al. How chemical composition alone can predict vibrational free energies and entropies of solids[J]. Chemistry of Materials, 2017, 29(15): 6220-6227.

[36] Kajita S, Ohba N, Jinnouchi R, et al. A universal 3D voxel descriptor for solid-state material informatics with deep convolutional neural networks[J]. Scientific Reports, 2017, 7(1): 1-9.

[37] Haggstrom G W. Logistic regression and discriminant analysis by ordinary least squares[J]. Journal of Business & Economic Statistics, 1983, 1(3): 229-238.

[38] Wold S, Sjöström M, Eriksson L. PLS-regression: a basic tool of chemometrics[J]. Chemometrics and Intelligent Laboratory Systems, 2001, 58(2): 109-130.

[39] Mevik B H, Wehrens R. The pls package: principal component and partial least squares regression in R[J]. Journal of Statistical Software, 2007, 18(2): 1-23.

[40] Muller K R, Mika S, Ratsch G, et al. An introduction to kernel-based learning algorithms[J]. IEEE Transactions on Neural Networks, 2001, 12(2): 181-201.

[41] Williams C K I. Prediction with Gaussian Processes: From Linear Regression to Linear Prediction and Beyond // Jordan M I. Learning in Graphical Models[M]. Dordrecht: Springer Netherlands, 1998.

[42] Rondinelli J M, Poeppelmeier K R, Zunger A. Research update: towards designed functionalities in oxide-based electronic materials[J]. Apl Materials, 2015, 3(8): 080702.

[43] Dechter R, Fattah E Y. Topological parameters for time-space tradeoff[J]. Artificial Intelligence, 2001, 125(1-2): 93-118.

[44] Wang Q, Garrity G M, Tiedje J M, et al. Naive bayesian classifier for rapid assignment of rRNA sequences into the new bacterial taxonomy[J]. Applied and Environmental Microbiology, 2007, 73(16): 5261-5267.

[45] Addin O, Sapuan S, Mahdi E, et al. A Naïve-Bayes classifier for damage detection in engineering materials[J]. Materials & Design, 2007, 28(8): 2379-2386.

[46] Liu H, Song X, Bimbo J, et al. Surface material recognition through haptic exploration using an intelligent contact sensing finger[C] // 2012 IEEE/RSJ International Conference on Intelligent Robots and Systems. Vilamoura-Algarve, Portugal: IEEE, 2012.

[47] Burges C J. A tutorial on support vector machines for pattern recognition[J]. Data Mining and Knowledge Discovery, 1998, 2(2): 121-167.

[48] Benes R, Hasmanda M, Riha K. Object localization in medical images[C] // 2011 34th International Conference on Telecommunications and Signal Processing (TSP). Budapest, Hungary: IEEE, 2011.

[49] Manavalan B, Shin T H, Lee G. PVP-SVM: sequence-based prediction of phage virion proteins using a support vector machine[J]. Frontiers in Microbiology, 2018, 9: 00476.

[50] Warmuth M K, Liao J, Rätsch G, et al. Active learning with support vector machines in the drug discovery process[J]. Journal of Chemical Information and Computer Sciences, 2003, 43(2): 667-673.

[51] Quinlan J R. Induction of decision trees[J]. Machine Learning, 1986, 1(1): 81-106.

[52] Zhang G P. Neural networks for classification: a survey[J]. IEEE Transactions on Systems, Man, and Cybernetics, Part C (Applications and Reviews), 2000, 30(4): 451-462.

[53] Badiru A B. Handbook of Industrial and Systems Engineering[M]. Florida: Chemical Rubber Company Press,

2005.

[54] Schleder G R, Padilha A C, Acosta C M, et al. From DFT to machine learning: recent approaches to materials science: a review[J]. Journal of Physics: Materials, 2019, 2(3): 032001.

[55] Patra T K, Meenakshisundaram V, Hung J H, et al. Neural-network-biased genetic algorithms for materials design: Evolutionary algorithms that learn[J]. ACS Combinatorial Science, 2017, 19(2): 96-107.

[56] Xie T, Grossman J C. Crystal graph convolutional neural networks for an accurate and interpretable prediction of material properties[J]. Physical Review Letters, 2018, 120(14): 145301.

[57] Nantasenamat C, Isarankura N A C, Prachayasittikul V. Advances in computational methods to predict the biological activity of compounds[J]. Expert Opinion on Drug Discovery, 2010, 5(7): 633-654.

[58] Maltarollo V, Gertrudes J C, Oliveira P, et al. Applying machine learning techniques for ADME-Tox prediction: a review[J]. Expert Opinion on Drug Metabolism & Toxicology, 2015, 11(2): 259-271.

[59] Signaevsky M, Prastawa M, Farrell K, et al. Artificial intelligence in neuropathology: deep learning-based assessment of tauopathy[J]. Laboratory Investigation, 2019, 99(7): 1019.

[60] Deng L, Yu D. Deep learning: methods and applications[J]. Foundations and Trends in Signal Processing, 2014, 7(3-4): 197-387.

[61] Nash W, Drummond T, Birbilis N. A review of deep learning in the study of materials degradation[J]. npj Materials Degradation, 2018, 2(1): 1-12.

[62] Lenselink E B, Jespers W, Vlijmen H W, et al. Interacting with GPCRs: using interaction fingerprints for virtual screening[J]. Journal of Chemical Information and Modeling, 2016, 56(10): 2053-2060.

[63] Butler K T, Davies D W, Cartwright H, et al. Machine learning for molecular and materials science[J]. Nature, 2018, 559(7715): 547-555.

[64] Geisser S. The predictive sample reuse method with applications[J]. Journal of the American Statistical Association, 1975, 70(350): 320-328.

[65] Shao J. Linear model selection by cross-validation[J]. Journal of the American Statistical Association, 1993, 88(422): 486-494.

[66] Kearns M, Ron D. Algorithmic stability and sanity-check bounds for leave-one-out cross-validation[J]. Neural Computation, 1999, 11(6): 1427-1453.

[67] Efron B. How biased is the apparent error rate of a prediction rule?[J]. Journal of the American Statistical Association, 1986, 81(394): 461-470.

[68] Burman P. A comparative study of ordinary cross-validation, v-fold cross-validation and the repeated learning-testing methods[J]. Biometrika, 1989, 76(3): 503-514.

[69] Picard R R, Cook R D. Cross-validation of regression models[J]. Journal of the American Statistical Association, 1984, 79(387): 575-583.

[70] Haddad K, Rahman A, Zaman M A, et al. Applicability of monte carlo cross validation technique for model development and validation using generalised least squares regression[J]. Journal of Hydrology, 2013, 482: 119-128.

[71] Rodriguez J D, Perez A, Lozano J A. Sensitivity analysis of k-fold cross validation in prediction error estimation[J]. IEEE Transactions on Pattern Analysis and Machine Intelligence, 2010, 32(3): 569-575.

[72] Liu Y, Zhao T L, Ju W W, et al. Materials discovery and design using machine learning[J]. Journal of Materiomics, 2017, 3(3): 159-177.

[73] Ning X, Walters M, Karypisxy G. Improved machine learning models for predicting selective compounds[J]. Journal of Chemical Information and Modeling, 2012, 52(1): 38-50.

[74] Isayev O, Oses C, Curtarolo S, et al. Universal fragment descriptors for predicting properties of inorganic crystals[J]. Nature Communications, 2017, 8(1): 1-12.

[75] Friedman J H. Greedy function approximation: A gradient boosting machine[J]. Annals of Statistics, 2001, 29:

1189-1232.

[76] Green M, Choi C, Hattrick S J, et al. Fulfilling the promise of the materials genome initiative with high-throughput experimental methodologies[J]. Applied Physics Reviews, 2017, 4(1): 011105.

[77] Schenck P K, Klamo J L, Bassim N D, et al. Combinatorial study of the crystallinity boundary in the HfO_2-TiO_2-Y_2O_3 system using pulsed laser deposition library thin films[J]. Thin Solid Films, 2008, 517(2): 691-694.

[78] Otani M, Lowhorn N, Schenck P, et al. A high-throughput thermoelectric power-factor screening tool for rapid construction of thermoelectric property diagrams[J]. Applied Physics Letters, 2007, 91(13): 132102.

[79] Zarnetta R, Buenconsejo P J S, Savan A, et al. High-throughput study of martensitic transformations in the complete Ti-Ni-Cu system[J]. Intermetallics, 2012, 26: 98-109.

[80] Pablo J D, Jackson N E, Webb M A, et al. New frontiers for the materials genome initiative[J]. npj Computational Materials, 2019, 5(1): 1-23.

[81] Xiong S L, Wang L H. Research progress and development trends of materials genome technology[J]. Advances in Materials Science and Engineering, 2020, 2020(12): 1-11.

[82] Xiao Y, Miara L J, Wang Y, et al. Computational screening of cathode coatings for solid-state batteries[J]. Joule, 2019, 3(5): 1252-1275.

[83] Wang Z, Yang X Y, Zheng Y F, et al. Integrated materials design and informatics platform within the materials genome framework[J]. Chinese Science Bulletin, 2014, 59(15): 1755-1764.

[84] Nacar M, Aktas M, Pierce M, et al. VLab: Collaborative grid services and portals to support computational material science[J]. Concurrency & Computation Practice & Experience, 2007, 19(12): 1717-1728.

[85] Borysov S, Geilhufe R, Balatsky A. Organic materials database: An open-access online database for data mining[J]. Public Library of Science, 2017, 12: e0171501.

[86] Park S, Kim B, Choi S, et al. Text mining metal-organic framework papers[J]. Journal of Chemical Information and Modeling, 2018, 58(2): 244-251.

[87] Calderon C E, Plata J J, Toher C, et al. The AFLOW standard for high-throughput materials science calculations[J]. Computational Materials Science, 2015, 108: 233-238.

[88] Sarkar J, Kumar A. Recent advances in biomaterial-based high-throughput platforms[J]. Biotechnology Journal, 2020, 16(2): e2000288.

[89] Hill J, Mulholland G, Persson K, et al. Materials science with large-scale data and informatics: Unlocking new opportunities[J]. MRS Bulletin, 2016, 41(5): 399-409.

[90] Witman M, Ling S, Jawahery S, et al. The influence of intrinsic framework flexibility on adsorption in nanoporous materials[J]. Journal of the American Chemical Society, 2017, 139(15): 5547-5557.

[91] Schober C, Reuter K, Oberhofer H. Virtual screening for high carrier mobility in organic semiconductors[J]. Journal of Physical Chemistry Letters, 2016, 7(19): 3973-3977.

[92] Hofmann D W M, Kuleshova L N. Data mining and inorganic crystallography[M]. Berlin: Springer, 2010.

[93] Sykes R A, Mccabe P, Allen F H, et al. New software for statistical analysis of cambridge structural database data[J]. Journal of Applied Crystallography, 2011, 44(Pt 4): 882-886.

[94] Faber J. ICDD'S new PDF-4 organic database: search indexes, full pattern analysis and data mining[J]. Crystallography Reviews, 2004, 10(1): 97-107.

[95] Hornbeck P V, Chabra I, Kornhauser J M, et al. PhosphoSite: A bioinformatics resource dedicated to physiological protein phosphorylation[J]. Proteomics, 2004, 4(6): 1551-1561.

[96] Curtarolo S, Hart G L W, Nardelli M B, et al. The high-throughput highway to computational materials design[J]. Nature Materials, 2013, 12(3): 191-201.

[97] Belsky A, Hellenbrandt M, Karen V L, et al. New developments in the Inorganic Crystal Structure Database (ICSD): accessibility in support of materials research and design[J]. Acta Crystallographica, 2002, 58(3-1):

364-369.

[98] Ricci F, Chen W, Aydemir U, et al. An *ab initio* electronic transport database for inorganic materials[J]. Data, 2017, 4: 170085.

[99] Hachmann J, Olivares A R, Atahan E S, et al. The harvard clean energy project: Large-scale computational screening and design of organic photovoltaics on the world community grid[J]. Journal of Physical Chemistry Letters, 2012, 2(17): 2241-2251.

[100] Kolmogorov A N, Shah S, Margine E R, et al. Pressure-driven evolution of the covalent network in CaB_6[J]. Physrevlett, 2012, 109(7): 075501.

[101] Wodniecki P, Wodniecka B, Kulińska A, et al. The $TiPd_2$ compound studied by PAC with ^{181}Ta and ^{111}Cd probes[J]. Journal of Alloys and Compounds, 2004, 385(1-2): 53-58.

[102] Sanchez J M, Fontaine D. Ising model phase-diagram calculations in the fcc lattice with first- and second-neighbor interactions[J]. Physical Review B Condensed Matter, 1982, 25(3): 1759-1765.

[103] Curtarolo S, Setyawan W, Wang S, et al. AFLOWLIB.ORG: A distributed materials properties repository from high-throughput *ab initio* calculations[J]. Computational Materials Science, 2012, 58: 227-235.

[104] Zhang L, Chen Z Q, Su J, et al. Data mining new energy materials from structure databases[J]. Renewable and Sustainable Energy Reviews, 2019, 107: 554-567.

[105] Zhang L, Cole J M, Waddell P G, et al. Relating electron donor and carboxylic acid anchoring substitution effects in azo dyes to dye-sensitized solar cell performance[J]. ACS Sustainable Chemistry & Engineering, 2013, 1(11): 1440-1452.

[106] Justin T K, Hsu Y C, Lin J T, et al. 2, 3-Disubstituted thiophene-based organic dyes for solar cells[J]. Chemistry of Materials, 2008, 20(5): 1830-1840.

[107] Cole J, Low K, Ozoe H, et al. Data mining with molecular design rules identifies new class of dyes for dye-sensitised solar cells[J]. Physical Chemistry Chemical Physics, 2014, 16(48): 26684-26690.

[108] Venkatraman V, Raju R, Oikonomopoulos S P, et al. The dye-sensitized solar cell database[J]. Journal of Cheminformatics, 2018, 10(1): 18.

第6章

材料计算软件概述

 学习目标导航

➤ 学习材料计算基本原理，掌握各种计算方法的基本理论和方法；
➤ 掌握材料计算软件种类，了解各个材料计算软件的主要功能；
➤ 了解各类材料计算软件的应用领域，明晰各类软件的主要运用方向；
➤ 了解材料计算软件未来的发展趋势。

本章知识构架

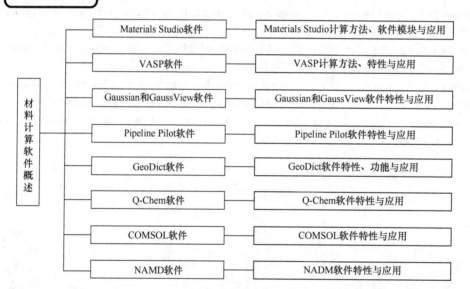

随着科学研究的不断深入，材料研究体系越来越复杂，理论研究往往不能给出复杂体系解析表达，传统的解析推导方法已不符合应用。在材料学领域，对材料性能的极致追求使材料研究的空间尺度不断变小，纳米微观结构、原子像已成为材料研究的最新内容，对功能材料甚至要研究到电子层次，仅仅依靠以试错法为基础的科学实验来进行材料研究已难以满足现代新材料研究和发展的要求。计算机模拟方法基于基本科学原理，通过模型简化、算法优化，结合实验经验公式，在计算机虚拟环境下从纳观、微观、介观、宏观尺度对材料进行多层次研究，进而实现材料服役性能的预测和材料设计。目前，模拟计算已成为与实验研究、理论研究具有同样重要地位的研究手段，在材料设计和性能优化方面具有举足轻重的地位。可以预见，计算材料学必将是未来材料领域的制高点且将以更加迅猛的速度发展。模型和算法的不断优化，计算软件的迭代升级，系统兼容性的不断增加使得材

料计算的广泛应用成为现实。掌握计算材料学基础知识已成为现代材料工作者必备的技能之一。本章将重点介绍计算材料学中的经典计算软件。

（1）Materials Studio 软件：Materials Studio 是 Accelrys 公司（在 2014 年 4 月由达索系统收购，更名为 BIOVIA）推出的专门为材料科学领域研究者开发的一款模拟软件，可以帮助研究人员解决当今化学、材料工业中的一系列重要问题。

（2）VASP 软件：VASP 从头算模拟程序包是一款用于原子尺度材料建模的计算机程序。VASP 基于赝势平面波基组的第一性原理密度泛函，通过求解多体薛定谔方程来实现材料的电子结构计算和量子力学-分子动力学模拟，可以研究包括金属、半导体、氧化物、纳米团簇、分子、表面吸附等多种体系。

（3）Gaussian 和 GaussView 软件：Gaussian 是一个用作量化计算的软件包，是目前应用最广泛的计算化学软件之一。最初由卡内基梅隆大学的 John Pople 和他的研究小组在 1970 年发布，由于软件中使用的是高斯基组，因此命名为 Gaussian 70。Gaussian 软件的出现极大地降低了量子化学计算的门槛，Gaussian 推动了从头算方法在实际工作中的应用。GaussView 是与 Gaussian 搭配使用的图形界面。Gaussian 能够帮助建立高斯输入文件，允许用户从图形界面运行高斯计算而不需要使用命令行指令。

（4）Pipeline Pilot 软件：Pipeline Pilot 是一个科学智能的分析平台，它以图形化的形式，让用户可以像搭积木一样将各个科学组件组合成各种分析流程，从而完成复杂科学数据的自动处理。

（5）GeoDict 软件：GeoDict 软件的开发满足了材料设计和分析领域对数字解决方案的迫切需求，通过对纳米范围内的多尺度分析、真实结构的三维可视化以及可重复的非破坏性试验，帮助研究人员对材料的结构和行为进行深入了解。

（6）Q-Chem 软件：Q-Chem 采用了全新的方法理论、最先进的算法和现代编程技术，极大地提高了计算速度和准确性，并且能够高精度地计算较大的分子体系。

（7）COMSOL 软件：COMSOL Multiphysics 是一款大型的高级数值仿真软件。Multiphysics 翻译为多物理场，因此这个软件的优势在于多物理场耦合方面。

（8）NAMD 软件：NAMD 的开发者将该软件的最主要特色定位为可扩展性，专门针对大规模高性能并行计算。

6.1　Materials Studio 软件

6.1.1　Materials Studio 软件简介

　　Materials Studio 是 BIOVIA 公司开发的全尺度材料模拟平台，能够提供分子模拟、材料设计以及化学信息学和生物信息学全面解决方案和相关服务。Materials Studio 产品提供全面完善的模拟环境，拥有方便快捷的模型建立和可视化工具，可以快速进行参数设定、模型构建和可视化分析；同时该软件整合了多个功能模块，能够实现从微观电子结构到宏观性能预测的多尺度计算模拟。Materials Studio 软件是高度模块化的集成产品，以满足研究工作的各类应用场景，被广泛应用于能源、生物制药、航天航空、食品等科学领域。

Materials Studio 是一个完整的建模和模拟环境，旨在让材料科学和化学的研究人员预测和理解材料的原子和分子结构与其性能和行为之间的关系。通过 Materials Studio，许多行业的研究人员能够设计各种类型性能更好的材料。Materials Studio 软件采用 Client/Server结构，客户端可以是 Windows98、Windows2000 或 WindowsNT 系统，计算服务器可以是个人 PC，也可以是网络上的 Windows2000、Windows NT、Linux 或 UNIX 系统。使任何材料研究人员可以轻易获得与世界一流研究机构相一致的材料模拟能力。2000 年初推出的新一代的模拟软件 Materials Studio 将高质量的材料模拟带入了个人 PC 时代。历经二十多年的模块更新、算法优化和技术迭代，Materials Studio 软件的模拟范围、准确度和效率都得到了全面提升。2022 年推出的 Materials Studio 2022 版本在之前的基础上进行了模块增强和功能优化（ https://www.3ds.com/products-services/biovia/products/molecular-modeling-simulation/biovia-materials-studio）。

    （1）新增用于过渡状态搜索的 FlexTS 模块和用于硬质材料微观结构预测的 PhaseField模块。Materials Studio 于 2021 年引入了 FlexTS 模块，以提供可靠的化学反应路径计算，包括最小能量路径、过渡态和多步反应的识别。FlexTS 采用了一种层次结构的方法来识别最小能量路径，随后计算过渡状态，并定位每个过渡状态对应的最小值。其中，最小能量路径方法可以从 Materials Studio DMol^3 或 DFTB+ 中获得。DMol^3 在 Materials Studio 2022 中进行了增强：DMol^3 最小能量路径计算在进程中运行，通过最小化启动和完成过程显著提高了计算性能。同时可用性增强，可以方便地检测中间 NEB（NEB 是一种在已知反应物和生成物之间查找鞍点和最小能量路径的方法）轨迹和收敛结果并从现有轨迹开始计算。

    （2）基于 OpenPhase_Core 求解器，Materials Studio 于 2021 年引入了 PhaseField 模块用于模拟硬质材料的微观结构。通过 Pipeline Pilot Connector 接口定义组分相、颗粒设置、热力学和动力学输入以及温度和压力条件。这一模块的一个重要应用领域是优化金属材料的增材制造，用来了解粉末层融合增材制造过程中微观结构对制造条件的依赖关系。此外，进一步增加了时间-温度转换（TTT）图创建选项，提供制造过程宏观模拟的关键参数，建立从原子尺度上的原理预测到宏观世界金属铸造之间的联系。

    （3）经典模拟模块性能增强，材料种类增加。开发 Martini 3 粗粒度分子动力学的通用力场用于扩展经典分子动力学的长度和时间尺度[1]，同时提供 GPU 和 CPU 的进一步性能改进。

    （4）新增如何使用 reaction-finder 模拟固体电解质界面相的形成教程：演示如何使用reaction-finder 作为更大的蒙特卡罗分子动力学混合算法的一部分来模拟 SEI 的形成。

6.1.2 Materials Studio 软件计算方法

    1. 量子力学方法

    20 世纪初，基于对微观粒子特点的新认识，物理学家们建立了描述微观粒子运动规律的科学——量子力学。量子化学计算是利用量子力学基本原理，对多电子原子、分子体系的能量、电子结构、与电子结构有关的性质及化学反应进行的计算。

早期的量子化学计算仅限于原子、双原子分子、高对称的分子等可进行手工解析求解的体系。随着量子化学计算方法的发展和计算机技术的应用，现在量子化学计算已广泛用于具有实用意义的真实分子的计算。量子力学方法通过直接求解薛定谔方程对材料体系的电子结构进行模拟计算，不进行任何条件假设且不依赖于任何经验参数，具有很高的精确度，因此被广泛应用在各类材料的模拟研究中。量子力学方法虽然具有很高的精确度，但是需要进行大量的计算，计算效率很低且不适合拥有大量原子的体系。半经验量子力学方法保留了量子力学方法的优点，同时引入了一些经验参数以及数学物理近似来简化运算过程，计算效率相比纯粹的量子力学更高，但是精度会略低。上述两种方法均以求解定态薛定谔方程为核心，计算原子核在特定排列堆积方式下，核外电子的能量、空间分布，并由此推断体系的电学、力学、光学、磁学、热力学等性质。

　　2. 分子动力学方法

　　分子动力学模拟是利用计算机技术来模拟或仿真已有的理论知识，进一步分析微观方面分子或原子的运动。分子动力学方法以组成系统的大量原子或分子作为研究对象，从热力学的角度来研究凝聚态物质中分子或原子的运动行为。分子动力学模拟方法把物质假想成原子团或分子构成的粒子系统，并假定体系内的各个粒子运动遵循经典力学或量子力学运动规律，通过求解运动方程组得到整个系统中全体粒子的运动轨道，进而统计得到系统的热力学参数、结构和输运特性等。目前，分子动力学模拟已成为物理、化学、材料学及制药等研究领域必不可少的工具，并且分子动力学模拟可以应用于模拟原子的扩散、物质相变、薄膜生长、表面缺陷演变和细菌增殖等过程[2-3]。

　　3. 蒙特卡罗方法

　　材料系统的很多问题是概率性的、统计性的，这些都需要有一个新的方法来解决。蒙特卡罗方法是在简单的理论准则基础上（如简单的物质与物质以及物质与环境相互作用），采用反复随机抽样的手段，解决复杂系统的问题。该方法的基本思想是，为了求解某个问题，建立一个适当的概率模型或随机过程，使其参量（事件的概率、随机变量的数学期望等）等效于所求问题的解，然后对研究对象进行反复多次的随机抽样试验，并对结果进行数学统计分析，最后求解过程参量，得到问题的近似解。随着计算机科学的飞速发展，蒙特卡罗方法已在应用物理、固体物理、原子能、材料、化学、生物、经济学、社会学及生态学等领域得到了广泛的应用。

　　4. 密度泛函理论

　　DFT 是一种研究多电子体系电子结构的方法。传统的电子结构计算方法是基于复杂的多电子轨道波函数的，研究多电子体系时需要进行大量计算。DFT 认为：体系的基态性质可用粒子基态密度来描述，即表述为基态密度的泛函。DFT 采用电子密度取代波函数作为研究的基本量，将原本体系内 $3N$ 个电子波函数（N 为电子数，每个电子由三个空间变量来描述）简化成三个空间变量的函数，大大提高了计算效率，并迅速得到广泛应用。

5. 分子力学方法

分子力学以分子模型为基本研究对象，忽略了体系中的电子运动，把体系能量看作是原子核坐标的函数，采用函数描述结构单元之间的相互作用，通过求解牛顿方程，从中筛选出能量极值点和相对应的分子构象，计算平衡和非平衡性质。

6. 耗散粒子动力学方法

耗散粒子动力学（dissipative particle dynamics，DPD）方法是针对复杂流体介观层次而提出的模拟方法，由 Hoogerbrugge 和 Koelman 于 1992 年提出。耗散粒子动力学方法把分子动力学与格子气体自动控制方法有机结合起来，通过保留体系运动方程积分的主要部分而首先积分出最小的空间自由度，进而实现在介观的时间与空间尺度上对复杂流体进行模拟。

6.1.3 Materials Studio 软件模块

Materials Studio 采用了大家非常熟悉的 Microsoft 标准用户界面，允许用户通过各种控制面板直接对计算参数和计算结果进行设置和分析。软件由多个模块构成，包括基本环境 Materials Visualizer 视窗界面，量子力学方法、经典模拟方法、介观模拟方法、晶体结晶与仪器分析方法等对应的多个计算分析模块。下面对目前 Materials Studio 软件的主要功能模块进行介绍。

1. Materials Visualizer 视窗界面

Materials Visualizer 主要提供参数设置、模型建立及可视化功能，可以观察、分析、操作计算前后的模型结构，处理图像、表格或文本等格式的数据并进行可视化分析，并提供软件的基本环境和分析工具以支持 Materials Studio 的其他产品，是 Materials Studio 产品系列的核心模块。

2. CASTEP 平面波赝势方法

CASTEP 是 Materials Studio 内置的一套先进的量子力学程序，主要应用于化学和材料科学方面的研究。基于总能量赝势方法，CASTEP 可根据系统中原子的种类和数目，对系统的各种性质如晶格常数、能带、态密度、电荷密度、光学性质、几何结构、弹性常数等进行预测。

3. DMol^3 原子轨道线性组合方法

DMol^3 是一款基于 DFT 的先进量子力学程序，它采用原子轨道线性组合的数值函数描述体系的电子状态，因此也被称为原子轨道线性组合方法。这一方法兼顾了计算精度和运算效率，使得 DMol^3 成为一款高效实用的量子力学程序。不仅可以预测材料的基本性能，还被广泛应用于气相、液相、固相、材料表面、界面中的化学反应模拟。DMol^3 的主要功能有：①结构优化；②力学性质计算；③过渡态和反应速率方面；④电子结构解析；⑤热力学性质计算；⑥光学性质计算；⑦动力学计算；⑧基于非平衡格林函数（non-equilibrium Green's function，NEGF）法计算电子输运性质。

4. ONETEP 线性标度方法

ONETEP 主要针对大体系研究，是一款采用非正交的广义万尼尔（Wannier）函数替代平面波函数进行计算，并采用 FFT box 技术和处理电荷密度的 Density kernel 稀疏矩阵方法的量子力学程序。ONETEP 主要功能包括：①结构优化方面；②过渡态搜索；③电子结构解析方面；④光频介电常数虚部计算。

5. VAMP

类似于 DMol³ 原子轨道线性组合方法，但是忽略了部分不太重要的原子轨道重叠积分或者用经验参数替代部分轨道重叠积分的方式简化计算，是一款半经验量子力学程序。它主要是对无机和有机分子体系进行模拟计算，可以快速计算分子的多种物化性质。VAMP 的主要功能有：①优化原子坐标；②过渡态搜索、过渡态优化；③电子结构解析；④光学性质分析；⑤生成热、零点振动能、热容随温度的变化曲线。

6. COMPASS Ⅱ 高精度力场

COMPASS 参数均采用高精度量子力学计算，可在广泛的温度、压力范围内，精确地预测多种单分子及其凝聚态的构象、结构、振动及热物理性质。COMPASS 的主要功能有：①晶体结构、振动频率、晶格能、偶极矩、分子结构、液相结构、弹性力常数等的预测；②基于动力学模拟，可以准确预测内聚能密度、体系状态方程；③可以在 Blends、Sorption、Amophous Cell、Conformers、Forcite Plus 以及 AdsorptionLocator 模块中使用；④可研究所有常见的高分子、无机小分子、有机小分子、部分金属、金属氧化物以及卤化物、沸石等。

7. Blends 混合体系相容性研究

Blends 是一款以力场为基础，采用扩展的 Flory-Huggins 模型估算二元混合物体系相容性的程序，能够直接根据二元混合物的化学结构预测其混合物的热力学性质，可以有效地缩短工艺探索周期。这些二元混合物包括溶剂-溶剂、聚合物-溶剂以及聚合物-聚合物。作为一个快速的筛选工具，Blends 可以在缩减试验次数的同时迭代优化得到稳定的产品配方，它在黏结剂、医药品、化妆品、金属特种表面涂层、眼镜和塑胶等材料制备领域具有重要作用。Blends 的主要功能有：可计算结合能、混合能、配位数、x 参数、吉布斯自由能、二元混合物相图。

8. 晶粒形貌预测

Morphology 是一个通过材料晶体结构预测其晶粒形貌的工具。它可对特定添加剂、溶剂以及杂质存在下的晶体形貌研究提供帮助。其主要应用领域包括医药品、农用化学品、食品科学、石油化工、水泥、日用品以及特殊化学品等。主要功能有：①基于力场，筛选和计算晶体中存在的各种相互作用，可为晶面附着能和吉布斯自由能的计算提供参考和依据；②基于 Donnay-Harker 规则，输出可能的晶体生长面列表和对应的面间距；③基于 Bravais-Friedel 规则，预测晶面相对生长速率；④基于计算得到的晶面附着能，预测晶粒形貌；⑤基于计算得到的晶面吉布斯自由能，预测晶粒形貌；⑥给出指定晶面所围成的晶粒形貌；⑦输出所得晶粒形貌的相关参数，包括围成晶粒的各个晶面的面积和相对比值。

6.1.4　Materials Studio 软件应用实例

在高分子及复合材料研究领域，Materials Studio 中基于力场（势函数）的分子力学、动力学、蒙特卡罗模块以及介观动力学模块，可用于高效地搜索高分子的稳定构象，构建和表征高分子晶态或非晶态的结构和预测性质。研究的性质包含并不限于：①树脂如交联环氧树脂的配方设计和力学性能研究，热固性聚合物在玻璃态和橡胶态的结构与机械性能之间的关系；②高分子材料的内聚能密度、玻璃化转变温度及共混行为和相分离形貌；③阻隔包装材料中小分子的渗透扩散研究；④复合材料的界面处的分布形态（密度场）及复合材料的杨氏模量、泊松比、热导率、透气率等宏观性质。

在纳米材料科学领域，Materials Studio 软件平台中的量子力学方法与分子力学和动力学方法结合，可以对纳米材料的微观结构及光、电、磁、力学及热力学相关的物理性质进行研究。研究的性质包含并不限于：①纳米材料如量子点、碳纳米管、石墨烯、硅纳米棒的电子结构的模拟和预测；②纳米材料的化学反应过程和催化反应机理的研究；③纳米材料机械性能，如在弯曲、拉伸、压缩载荷下的屈服模拟；④纳米材料电子输运特性预测。

在非金属领域可以进行的研究内容包括但不限于：①半导体晶体、缺陷、表界面、纳米材料颗粒结构的搭建；②过渡金属元素氧化物如钛酸钡、氧化钛、氧化锌材料的掺杂缺陷结构的缺陷态、缺陷形成能、电子结构；③稀土发光材料等光学材料的光学性质及发光机理；④电池材料如在锂电池中，对提高电池性能的掺杂元素的筛选与离子在电池中的扩散和迁移能垒的计算等；⑤新型多孔材料的结构设计和确认、气体分离、吸附等温线的计算；⑥新型碳材料结构设计及性质研究；⑦硬材料如氧化硅、氧化铝、碳化硅、氮化硼的力学性质、电子结构、相变、相变路径、相变机制研究；⑧磁性材料如铁氧体的磁学性质研究。

在金属材料领域的应用包括：①搭建纯金属、合金、掺杂模型、位错、层错、孪晶、金属纳米颗粒结构；②合金配方设计和结构性质的研究：力学性质研究包括体弹性模量、杨氏模量、泊松比和通过拉伸模拟研究得到抗拉强度、塑性变形（层错和孪晶）等，以及热力学性质、扩散迁移；③金属体系常压、高压结构的解析和预测，以及相变的计算；④非晶合金、金属玻璃等非晶固体的形成机制，以及金属液体的结构与性质；⑤金属的腐蚀与防护；⑥金属（包括碱金属）体相材料和薄膜材料的磁性研究，以及结构无序对磁性的影响；⑦金属纳米颗粒催化反应。

对于高分子聚合物结构的计算，可以对结构性能做出微观结合的解释。例如，阻尼（减振）材料在汽车、建筑、精密机械等工业中被广泛用于减小噪声和振动疲劳，使用 MS 中 Forcite Plus、Amorphous cell 和 COMPASS 模块，将实验与理论模拟相结合，可以建立丁腈橡胶的微观结构和其阻尼性质的关系[4]。这一研究为设计新型阻尼材料提供了新的方法。

对于高分子聚合物结构的计算，可以对实验结果对比验证，相互补充。例如，聚苯二甲酰胺（PPA）是一种由己二胺与对苯二甲酸（TPA）或间苯二甲酸（IPA）缩合得到，并具有高机械强度和优异耐热性能的半芳香族聚酰胺。法国里昂大学的研究人员通过实验合成并表征了具有不同 TPA/IPA 摩尔比的 PPA，并将得到的玻璃化转变温度 T_g 与理论计算结果做了对比[5]。研究表明，无论是以定量结构与性能关系为基础快速预测聚合物性能的方法还是分子动力学方法，给出的 T_g 随 TPA/IPA 摩尔比的变化趋势与实验数据具有良好的一致性。根据这一研究，研究人员建立了一种基于分子模拟开发新型 PPA 树脂以及预测聚合物性质的方法。

　　对于聚合物结构的计算，可以对结构生长机理和电化学性能做出理论解释。例如，共价有机骨架（COF）或金属有机骨架（MOF）由于其可调节的微/中孔结构、成分与功能控制，在诸多研究领域都引起了广泛的关注。上海大学吴明红教授和王勇教授报道了一种基于 Mn-N 的亚胺基共价有机骨架与 Mn 基金属有机骨架（COF/Mn-MOF）配位诱导互联的混合物[6]。COF 和 MOF 分子水平的协调诱导赋予了该复合物独特的花状微球形态，活性 Mn 中心、芳香苯环以及由 COF/Mn-MOF 混合物衍生而来吸附在 N/S 共掺杂的碳上的空心或核壳 MnS 具有良好的储锂性能。COF-MOF 复合材料的设计策略揭示了在分子水平进行结构调整、纳米/微尺度形貌设计和性能优化的杂交结构多孔有机骨架复合材料的设计具有广阔前景。通过 Materials Studio 软件的 CASTEP 模块对 COF/Mn-MOF 混合结构进行了量子力学计算，建立了 COF 的分子模型，并引入 Mn-MOF 结构构建了 COF/Mn-MOF 模型。根据 Mn-N 配位键值（0.199～0.236nm），确定 Mn 中心到 Mn-MOF 及其邻近 N 原子到 COF 的距离≈0.227nm。结果表明，基于 Mn-N 相互作用优化的 COF/Mn-MOF 混合结构具有自身的固有能量（37.57keV），远低于非键合结构，同时也证实了 Mn-N 配位促进了 COF 和 Mn-MOF 的有效合成。此外，作者依据 CASTEP 量子力学计算，探讨了花状微球的生长机理。结果表明，在具有球形形貌的原始 Mn-MOF 的合成过程中，晶体的形核可以沿不同方向获得相似的生长速率，而在 COF/Mn-MOF 中，二维层状的 COF 趋于分散堆积在生长的球形 Mn-MOF 结构的表面（垂直于径向生长方向），它们之间为基于 Mn-N 配位相互作用的插层组合。研究认为表面能较大的生长方向沿此方向晶体生长速度较快，因此可以沿着与 COF 的二维层状结构垂直的 c 方向检测到 COF/Mn-MOF 晶体生长速率的增强，根据 Mn-MOF（001）面向多孔二维层状 COF 结构快速生长的趋势，得到了由 COF 和 MOF 结构相互连接而成的 COF/Mn-MOF 复合材料的花状微球。作为锂离子电池的负极材料，与原始的 Mn-MOF（在 650 周后具有 258mAh/g）和 COF（在 650 周后具有 126mAh/g）相比，COF/Mn-MOF 在循环 650 周后仍具有 1015mAh/g 的极高可逆容量，显著增加的 COF/Mn-MOF 可逆容量可归因于 COF 和 Mn-MOF 两种组分的贡献。COF 与 Mn-MOF 之间的配位作用使其具有形态调节和储锂功能丰富的特点。此外，金属中心（Mn^{2+}，转换机制）和用于储锂的苯环 C＝C 的参与以及具有分层多孔结构的 COF/Mn-MOF 杂化物独特的花状微球形态也有利于提高储锂性能。通过不同的硫化工艺得到的空心或核壳 MnS@NS-C 复合材料都具有优异的储锂性能。这项工作可以为多孔有机骨架上的杂交可设计性提供依据，从而获得分子水平结构调整、纳米/微尺寸形态设计和性能优化的杂交结构。

　　对于聚合物结构的计算，可以用于辅助发展新的化学结构。例如，新的键合化学使得

COF 具有结构多样性和优异的物理化学性质。然而，一种新型连接方式的发展一直是一个巨大的挑战。中国科学院上海有机化学研究所赵新报道了两个使用胺基作为连接的 COF[7]，这两种 COF 是由仲胺和醛缩聚合成的，在 cpi 网络中结晶形成一种新的拓扑结构。由于单体的四面体结构和非共轭特性，作者发现胺基有利于保留单体的光物理性质。这些具有胺基的 COF 在中性和碱性条件下具有良好的热稳定性和化学稳定性。采用 PXRD 分析了 COF 的晶体结构。同时使用 Materials Studio 对 Aminal-COF-1 进行晶体模型的精修，计算输出的 Aminal-COF-1 的重复（AA）堆叠结构。精修得到了 $a = 22.74Å$，$b = 16.95Å$，$c = 6.06Å$，$\alpha = \beta = 90.00°$，$\gamma = 112.37°$ 的优化参数，计算得到的 PXRD 衍射图与实验结果吻合良好。同时还模拟了交错（AB）堆叠结构。将 PXRD 剖面与实验剖面进行比较，发现两者存在显著的偏差，因此排除了 AB 堆叠模型。这种由平面内五边形和六边形孔的周期性分布组成的网络结构被确定为 cpi 网络。胺基连接的四面体几何结构和非共轭特性，通过减少对单体性质的干扰，使其区别于非饱和或平面连接结构，从而可以对 COF 的性质进行更精确的设计和预测。

对于无机物的计算，可以对物质结构性能做出合理的预测。例如，stibarsen 或 allemontite，是一种天然的锑化砷（SbAs），与砷和锑具有相同的层状结构。因此，对二维 SbAs 纳米片的研究有助于深入了解 V-V 基团化合物在原子尺度上的性质具有重要意义。研究人员提出了一类二维 V-V 蜂窝二元化合物，SbAs 单分子层，它可以从半导体调谐到拓扑绝缘体。南京理工大学曾海波教授课题组张胜利等老师基于 Materials Studio 建立了 V-V 族二维半导体的基本物理图像，即未开发的蜂窝结构的 SbAs[8]。通过 DFT 计算了 SbAs 多晶型的结合能和声频色散，验证了它们的热力学和动力学稳定性。结果发现 α-SbAs 和 γ-SbAs 为显著的直接带隙，而另一些则为间接带隙。在蜂窝状 α-SbAs、β-SbAs、γ-SbAs、δ-SbAs 和 ε-SbAs 中，β-SbAs 的环扣结构是最稳定的结构。有趣的是，β-SbAs 同构异形体的 spin-orbital 耦合非常显著，导致带隙减少 200meV。特别是在双轴拉伸应变下，β-SbAs 的带隙可以随形状的相应变化而关闭和重新打开，类似于许多拓扑绝缘体中已知的带反转。作者通过在拉伸应变为 12% 下的 Γ 点处线性交叉无间隙的边缘态，进一步证实了 β-SbAs 单层的非平凡拓扑特性。因此，二维 β-SbAs 单层是一种很有前途的实现量子自旋霍尔（quantum spin Hall，QSH）效应的候选材料。

在催化领域，不仅限于对材料本身性质的计算和预测，Materials Studio 同样可以对材料间的相互作用做出微观作用的计算和指示。例如，燃料电池是一种环境友好的能源转化装置，具有较高的能量转换效率和低污染的特点，有实现规模化应用的前景。当前制约其发展的关键是其阴极氧化还原反应的效率难题。传统的电催化材料 Pt 及其合金，具有良好的催化性能，但 Pt 类材料也有明显的缺点，其中最主要的是 Pt 高昂的价格与电极循环过程中的不稳定性，而寻找替代 Pt 的电极催化材料是一种提高燃料电池工作效率的思路。在以往的研究中，科学家在寻找替代 Pt 的 ORR 电极反应催化材料中已经取得了一些进展，如新型石墨烯杂原子催化剂与具有二维结构的黑磷等。然而，这些材料都具有或多或少的缺陷。GeS 及其衍生物具有类黑磷结构，且稳定性更优于黑磷，研究人员对 GeS 及其衍生物进行 ORR 理论研究，探索其是否具有成为高效电极催化剂的潜力[9]。作者基于 DFT，采用导体屏蔽模型和标准氢电极模型，基于电荷理论计算及分析得到 GeS 及其衍生物的结构和电子性质，结果表明该材料可能作为 ORR 催化剂。通过计算该材料对于氧气分子的吸附解离，得出该材料结合氧气分子的最优几何构型及其吸附能与解离能，可以看出其解离势能在降低，因此氧气的吸附解离可正常进行。对比发现，由于 SnS 具有较低的结合能，因此在氧气环境下不稳定，不适合作为催化剂。通过计算各个中间体与该材料的吸附构型以及其吸附能，可得到该材料对于 CO 具有较低的吸附能，因此对于 CO 有更好的耐受性。同时通过模拟发现，GeS 在酸性介质中具有较高的稳定性，该催化反应可能为四电子路径。文献中通过计算在酸性环境下各个物质的过电位，看出 GeS 的超电位略高于 Pt，具有可以接受的过电位影响。最后文献中得出结论，由于二维的 GeS 与氧气较大的结合能、较低的解离势垒和过电位，因此成为高效催化剂的可能最大。同时在文献中也进行了在碱性环境下的分析计算，发现在碱性环境下两者都可能作为催化剂。

6.2　VASP 软件

6.2.1　VASP 软件简介

与其他计算软件相比，VASP 适用于纳米尺度的计算。不仅能够用于计算各种体系平衡状态的结构和能量，而且还能够精确预测材料的电学性质，深度剖析材料的各种物化性能。由于 VASP 具有功能强大、性能稳定、计算高效、以较小的内存实现大规模的高效并行计算的独特优势，目前每年使用 VASP 软件进行理论计算所发表的相关文章数量增长迅速。

简单来说，VASP 是根据原子核和电子互相作用的原理及其基本运动基本规律，运用量子力学原理，从具体要求出发，经过一些近似处理后直接求解薛定谔方程的算法。VASP 在 2022 年 分别推出了 VASP.6.3.0、VASP.6.3.1 和 VASP.6.3.2 三个版本（https://www.vasp.at/）。在 2022 年 1 月 20 日发布的 VASP.6.3.0 版本中，主要在功能、效率和通用性方面进行了改进：

（1）其中最大的亮点是全新的机器学习力场功能正式上线。在势函数的构建上，通过机器学习拟合原子之间作用势与坐标之间的关系，构建实时机器学习力场。这种方法相较于第一性原理计算，极大地减少了模拟过程的运算量，同时相较于半经验计算方法也具有更高的准确性。

（2）VASP.6.3.0 版本还简化了能带计算流程；改进了对 libxc 交换相关函数库的使用方法；支持输出 HDF5 格式文件，方便后处理时提取文件。

（3）在效率方面，通过代码优化，提供输入输出快速的傅里叶变换，同时还增加了矩阵求解器调用的灵活性。

（4）在通用性方面，拓展了硬件平台和编译器，除了 Intel 平台，还支持 AMD Epyc Zen3、NEC Aurora 平台，同时支持 GNU-10、11 编译器。

VASP.6.3.1 和 VASP.6.3.2 在 VASP.6.3.0 的基础上进行了进一步的优化和 BUG 修复。

6.2.2　VASP 软件计算

VASP 软件的基本原理是通过近似求解薛定谔方程得到体系的电子状态和能量分布，在 DFT 框架内求解 Kohn-Sham 方程。VASP 采用周期性边界条件（或超原胞模型）处理系统内部的各类基本单元，基于第一性原理计算对原子、分子、团簇、薄膜、表面、晶体等多种体系进行几何结构优化得到稳定构型，获得各种物理关键参数，包括晶格常数、原子坐标、原子间键角和键长等。VASP 采用周期性边界条件处理各类系统的主要可计算性质和结果如表 6-1 所示。

表 6-1　VASP 软件计算性质和结果

计算性质	计算结果
几何性质	结构参数（键长、键角、晶格参数、原子位置）、稳定构型等
电子性质	电子态密度、能带结构、电荷密度分布、电子局域化函数（ELF）等
状态方程和力学性质	体弹性模量和弹性常数等
表面性质	表面重构、缺陷等结构，表面能量，表面吸附能，反应机理等
光学性质	介电常数、吸收光谱、折射率等
分子动力学模拟	扩散系数和黏性系数
磁学性质	共线和非共线性磁性、自旋轨道耦合
GW 近似	激发态

通过求解 Kohn-Sham 方程得到体系的波函数和状态方程，进而计算求得体系的总能量（包括体系总吉布斯自由能及不含熵的能量）、电子结构、每个波矢点上对应的能级分布、电子态密度、能带结构自旋密度等，同时，再结合各类算法计算出体系中各原子在 x、y、z 三个方向上的受力情况。通过求解 Kohn-Sham 方程，在离子坐标和静电场中引入线性响应，并求得二阶导数，用于计算弹性系数矩阵、玻恩有效电荷张量、介电常数实部和虚部、体系总磁矩，并在计算中自动考虑体系的对称性，其中线性响应只适用于局域和半局域泛函。通过求解 Kohn-Sham 方程，并在离子坐标和格矢中加入有限差分及在离子坐标和静电场中加入线性响应的计算方法，采用超晶胞近似处理，求得二阶导，从而计算得出弹性常数、原子间力常数和 Gamma 点的声子频率，并在计算中自动考虑体系的对称性。

VASP 软件针对过渡金属（Fe、Co、Ni 等）、过渡金属氧化物及过渡金属复合物等相关磁性材料，能够获得磁性体系的准确几何和电子结构及每个原子上的准确磁矩和自旋密度分布。同时，通过设置体系的初始磁矩，计算各种顺磁、铁磁、反铁磁、亚铁磁体系的几何和电子性质，每个原子上的准确磁矩和自旋密度分布。同时还支持基本的自旋极化、自旋轨道耦合及非共线磁性计算方法，更准确地描述各种复杂的磁性体系。

针对镧系稀土金属氧化物和过渡金属氧化物此类电子间库仑相互作用不可忽略的强相关电子体系，VASP 软件增加了库仑修正算法，采用 Hubbard 模型对体系原子的 d 或 f 轨道进行 DFT+U 计算。

6.2.3　VASP 应用案例

1. 几何性质的计算

VASP 可以用以研究纳米团簇形状与磁性的特性，提供对纳米尺度磁性基础知识。在标准双金属磁性体系 FeNi 合金的相图中呈现出三块明显的区域,其中两相结合的结构和性质鲜有报道。通过 DFT 可以对 FeNi 合金不同相成分的结构进行计算,计算过程中考虑了自旋轨道耦合来计算总磁矩[10]。

采用电沉积方法制备了凹形立方体纳米颗粒和立方八面体纳米颗粒。利用 VASP 进行大规模 DFT 计算,研究了 bcc 和 fcc 晶胞的有序和无序两相组合在控制块体和纳米合金磁性能中的作用,为理解合金材料的磁性能提供了一种新的互补方法。通过计算得到了 fcc 和 bcc 有序结构稳定构型为($Fe_{11}Ni_7$)×6、(Fe_5Ni_3)×16;fcc 和 bcc 无序结构的稳定构型为 $Fe_{67}Ni_{47}$ 和 $Fe_{79}Ni_{49}$。

2. 电子性质

三元镧系元素氢化物 (如 Yb、Tm) 广泛应用于超导领域,f 轨道和 4f 轨道的电子密度基本上都在费米能级附近的特性,影响具有空穴和掺杂的三元镧系元素氢化物的电磁学性质。通过 VASP 软件对创建的三元镧系元素氢化物 $CsLn^{II}H_3$ 和 $Cs_2Ln^{II}H_4$ (Ln^{II}=Yb,Tm) 进行结构优化及电子能带结构计算,随后计算三元镧系元素氢化物的声子色散谱、态密度和与振动相关的热力学函数[11]。

3. 力学性质

过渡金属碳化物和氮化物具有极高的硬度、抗磨损摩擦性能、高熔点和良好的导热性,因此被广泛应用于耐火材料和研磨剂,同时,它们也是高强度低合金钢中非常重要的结构成分。然而由于这类材料的硬度极高,很难通过实验获得其弹性常数及杨氏模量等性质数据。然而,通过 DFT 研究能够极其容易地计算出此类材料的各种机械性能。

有报道称通过对以往的计算文献的对比,发现通常采用以下两种方法:CASTEP 中的超软赝势和 VASP 中的缀加投影波赝势,VASP 软件中的 PAW (projector augmented wave) 赝势考虑的原子核更小,波函数基组更大,因此计算结果更准确。同时,在 VASP 最新版本中,引入了更适合处理离子固体材料的 GGA-PBEsol 泛函[12]。通过比较可以发现,采用 PBEsol 泛函计算体系的弹性性质数据和实验值的误差均小于 10%,这些误差主要来自杂质、空穴等其他缺陷结构和温度。

6.3 Gaussian 和 GaussView 软件

6.3.1 Gaussian 软件简介

Gaussian 是目前材料化学领域内应用范围最广的综合性量子化学计算软件,适用于 Windows、Mac OSX、Unix/Linux 系统。它最早由美国卡内基梅隆大学的 John A. Pople(1998 年诺贝尔化学奖获得者) 主导开发,最初版本 Gaussian 70 距今已有超过五十年的历史。因为该软件采用高斯型基组,因此被命名为 Gaussian。Gaussian 软件基于量子力学而开发,它致力于把量子力学理论用于实际问题的求解。高斯型基组的引入极大地简化了计算过程,降低了量子化学计算的门槛,使从头算方法得以广泛使用。

Gaussian 16 是目前最新的版本（http://gaussian.com/gaussian16/）。相较于其他版本，它新增了多种新方法和新功能，同时拥有更强的性能，能够研究更大的分子系统并适用于更广泛的其他化学领域，详细更新如下。

（1）激发态建模：对于依赖时间的 Hartree-Fock 和 DFT 方法的分频计算和与 MM 区域环境完全耦合的 ONIOM 电子嵌入，无须额外的逼近；使用高精度 EOM-CCSD 方法进行解析梯度优化；对红外、拉曼、VCD 和 ROA 光谱的非调和分析、振动光谱预测、共振拉曼光谱建模、电子能量转移的计算、Ciofini 激发态电荷转移诊断、EOM-CCSD 溶剂化相互作用模型等进行了优化。

（2）新方法：新增 DFT 泛函到高斯函数中，包括 APFD、Truhlar 组泛函、PW6B95 和 PW6B95D3。附加双杂化交叉方法：DSDPBEP86、PBE0DH、PBEQIDH。利用 Grimme（GD2, GD3, GD3BJ）和其他格式，对各种泛函进行经验离散。采用 PM7 半经验方法对连续势能面进行修正。

（3）性能提升：在 Linux 系统上支持 NVIDIA K40 和 K80 GPUs 用于 HF 和 DFT 计算；在更多型号处理器上增强多线程性能；优化多种算法的关键部分；改进 CASSCF 并支持多达 16 个轨道的自由度。

（4）通用性：几何优化过程中，自动重新计算每 n 步的力常数；扩展的 Link 0 命令集和相应的 Default 路径文件指令；增强对编译语言（如 Fortran 和 C）和解释语言（如 Python 和 Perl）中的兼容性；一般化内部坐标：定义任意冗余的内部坐标和坐标表达式，作为几何优化约束。

Gaussian 是一款优秀的量子力学模拟软件，图 6-1 介绍了该软件的主要功能。它具备一些独特的优点，如：可以应用完整的、无简化的数学和化学方法得到精确、可靠的结果；可以应用多种计算模型，高效地支持各种 CPU 平台及操作系统；仅需通过简单地设置计算条件便能自动完成许多复杂计算；计算结果可通过 Gauss View 形象、直观地进行展示；软件内部的电子结构计算程序同时兼顾计算精度和运算速度。

而且 Gaussian 软件能够研究诸多的科学问题，如：①化学反应过程，如稳态及过渡态结构、反应机理、反应势垒、反应热及反应动力学等；②确定各类型化合物稳态结构，如阴离子、阳离子、中性分子、自由基等；③各种谱图的验证及预测，如红外光谱（infrared spectrum，IR）、核磁共振谱（nuclear magnetic resonance spectrum，NMRspectrum）、紫外-可见光谱（ultraviolet-visible spectrum, UV）、振动圆二色性（vibrational circular dichroism，VCD）、电子圆二色性（electron circular dichroism，ECD）、旋光色散（optical rotatory dispersion，ORD）、X 射线光电子能谱（X-ray photoelectron spectroscopy，XPS）、电子自旋共振（electron spin resonance，ESR）、Franck-Condon 及超精细光谱等；④分子各种性质，如偶极矩、轨道特性、静电位（electrostatic potential，ESP）、键级、电荷、极化率、电离能、电子亲和能、自旋密度、对称性等；⑤热力学分析，如熵变、焓变、吉布斯自由能变等；⑥分子间相互作用，如范德华作用及氢键；⑦激发态，如确定激发态结构、激发能、跃迁偶极矩、势能面交叉研究等。针对不同的问题规模，如表 6-1 所示，可以采取不同的计算模型。

图 6-1 Gaussian 的计算模型

表 6-2 Gaussian 计算方法与问题规模

计算方法	原子数	可计算量
分子力学	100 万～1000 万	粗略的几何结构
半经验	200～1000	几何结构
HF（DFT）	50～200	能量
MP2	25～50	能量（弱、氢键）
CCSDD（T）	8～12	精确能量（弱作用）
CASPT2	<10	磁性（多个多重度）

6.3.2 GaussView 软件简介

GaussView 主要与 Gaussian 配套使用，其主要用途有两个：构建 Gaussian 的输入文件和可视化 Gaussian 计算的结果。现在较为常用的版本是 GaussView 4、GaussView 5 和 GaussView 6，最新的版本是 GaussView 6（http://gaussian.com/g16new/）。GaussView 6 支持 Gaussian 16 的所有主要功能，提供丰富的建模和可视化功能。相比于过去的其他版本，GaussView 6 进行了如下更新。

（1）功能优化：支持简单的构象搜索和 MMFF94 力场；创建初猜结构时使用对称性工具降低（破坏）分子对称性；支持对一批分子使用同一套关键词批量创建输入文件；Summary 可以显示更多实用的量；可以同时显示多个光谱；可用非谐振模型计算 VCD 和 ROA 谱；支持振动耦合电子光谱及峰强度计算。

（2）可用性优化：自带简单的任务排队功能；支持通过鼠标拖动轨迹快速选择原子；支持保存 MP4 格式动画视频；显示 PCM 溶剂空腔；显示非谐振振动光谱、ORD、振动耦合电子光谱结果。

（3）通用性优化：Linux 下支持 Hatree-Fock（HF）和 Discrete Fourier Transform（DFT）计算中用 Tesla K40、K80 显卡加速；优化内存使用策略；优化了 CCSD 迭代过程中硬盘读写；优化活性空间>10×10 的 CASSCF，可以做包含 16 个轨道的活性空间的 CASSCF；大幅优化 W1 热力学组合方法中核相关能的计算。

6.3.3　Gaussian 软件应用实例

Gaussian 可以针对软件的分子构型（基态、激发态、反应过渡态）、能量计算（基态和激发态能量、化学键的键能、电子亲和能和电离能、化学反应途径和势能面）、光谱计算[红外光谱、拉曼光谱、吸收/发射光谱、核磁共振波谱]和分子性质（电荷分布和电荷密度、偶极矩和超级矩、热力学参数）等四个方面进行模拟分析计算，以下从 7 个方面对 Gaussian 软件的实例计算做简单的评述。

1. 化学反应过程

利用 Gaussian 可以对化学反应过程，如稳态及过渡态结构确定、反应热、反应能垒、反应机理及反应动力学等进行计算。金属卡拜化合物是 20 世纪 70 年代出现的一种在碳与金属之间存在三个化学键的金属有机化合物。由于其独特的化学结构及反应性质而备受关注，Kornecki 等[13]研究金属卡拜化合物时，报道了一种新的 Os-Si 三重键化合物合成方法。通过供体-受体卡宾片段支持的亚稳态 Rh2-类胡萝卜素中间体的生成。该中间体在 0℃的氯仿溶液中稳定约 20h，该中间体进行化学计量的环丙烷化和 CH 官能化反应，得到的产物与通过类似 Rh2 催化获得的产物相同。在此文献中使用 Gaussian 软件分析了 Os-Si 三重键化合物的轨道和成键性质（NBO 分析）及相关化合物的结构，认为其成键模式为一个 σ 键和两个 π 键。此文献中运用实验结合理论的方法获得了该体系详细的性质。

2. 化合物稳态结构计算

利用 Gaussian 可以对各类型化合物稳态结构进行确定，如中性分子、自由基、阴阳离子等。定量预测配体与大分子结合能对于计算药物化学来说是一项非常重要的工作，这对先导物优化及其他过程有重要的指导作用。配体互变异构现象在药物化学中是常见的现象，然而经典分子力学很难描述此种情况。通过多种计算方法组合，得到了较好的结果。

Natesan 等[14]使用 Gaussian 软件（ONIOM 方法）优化了蛋白-配体的结构（不同互变异构体），并对体系做了能量计算，再与其他方法组合，得到了与实验 lg（1/IC$_{50}$）吻合的结果，IC$_{50}$ 是使酶催化反应速率降低 50%的抑制剂的浓度。在实验中，Natesan 等将多物种方法纳入了 QM/MM 线性响应方法，并用于已发表的 66 种苯并噻吩和吡咯并吡啶类似物对有丝分裂原激活的蛋白激酶（mitogen-activated protein kinases，MAPK）激活的蛋白激酶（MK2）的抑制数据的结构相关性，形成了在实验条件下有 5 个互变异构体和 7 个电离物种。广泛的交叉验证表明，所得模型是稳定的和可预测的。

3. 谱图的验证及预测

利用 Gaussian 可以对各种谱图进行验证及预测，如 IR、Raman、NMR、UV/vis、VCD、ROA、ECD、ORD、XPS、EPR、Franck-Condon 及超精细光谱等。有机酸是对流层中的一

种重要痕量成分，但形成机理迄今还在争论中。Andrews 等[15]使用 Gaussian 软件计算了乙醛在大气环境下的转化过程，确认了中间体及过渡态，分析了反应势能面，找到了一条合理的形成有机酸的通道。

4. 分子性质分析

利用 Gaussian 可以对分子的各种性质，如静电位、偶极矩、布居数、轨道特性、键级、电荷、极化率、电子亲和能、电离势、自旋密度、电子转移、手性等进行计算。反式脂肪酸（trans fatty acid，TFA）是含有反式非共轭双键结构不饱和脂肪酸的总称。其危害为容易形成血栓，影响发育。反式脂肪酸被认为与多种疾病有关，Li 等[16]利用 Gaussian 重点考察了反式脂肪酸与顺式脂肪酸的转化机理，利用软件计算了相关碳碳键键能、转化过渡态及分析了反应路径，提出了脂肪酸的相互转化温度区域及机理。

5. 热力学分析

利用 Gaussian 可以对体系进行热力学分析，如熵变、焓变、吉布斯自由能变、键能分析及原子化能等。氢气在许多化学过程中都扮演着重要的角色，并且能作为潜在的环境友好型能量载体。然而如果要实现大规模和可持续的氢气利用，目前的主要问题集中于新型贵金属催化剂的研发。氢化酶是一类涉及 H_2 代谢的酶，它可以根据活性位点分为三类：[NiFe]-型、[FeFe]-型及[Fe]-型。

Bruschi 等[17]借助 DFT 理论，阐明了[NiFe]-型氢化酶的反应活性及反应位点的立体电子结构特性，使用 Gaussian 软件计算了[NiFe]-型氢化酶的结构及反应路径热力学，分析了不同模型下的电子结构，阐明了在此体系下 H_2 的结合和分离机理。

6. 分子间相互作用

利用 Gaussian 可以对体系分子间相互作用，如氢键及范德华作用进行计算分析。哌啶类化合物是应用广泛的天然产物及药物，如奎宁和吗啡，因此对于此类药物的研究备受关注。Duttwyler 等[18]报道了一种高取代及区域选择性合成哌啶衍生物的方法，首先通过铑催化的碳氢键活化反应引发的级联反应，将现成的原料首先转化为二氢吡啶，随后在动力学或热力学控制下二氢吡啶的区域和非对映选择性质子化提供了两种不同的亚胺离子中间体，然后进行了高度非对映选择性亲核加成。动力学和热力学上优先的亚胺离子的 X 射线结构表征以及 DFT 计算为反应序列实现的高选择性提供了理论基础。在实验中使用 Gaussian 软件辅助确定了目标产物的结构及分析了一系列化合物的热力学、动力学。

7. 激发态结构确定

利用 Gaussian 可以对激发态进行相关研究，如激发态结构确定、激发能、跃迁偶极矩、荧光光谱、磷光光谱、势能面交叉研究等。在所有的有机光伏太阳能电池系统中，光诱导动力学是光电转换供受界面上最重要的过程。然而到目前为止，对于光电转换这一过程中界面电荷分离的细致机理，研究者还并未达成共识。Grancini 等[19]发现在 PCPDTBT/PC60BM 异质结体系中，单重态可在 20～50fs 内转化为电荷转移态及极化子。在此实验中使用 Gaussian 软件计算了 PCPDTBT、PC60BM 及 PCPDTBT/PC60BM 等体系的垂直激发光谱，激发态能级以及态密度图，阐明了在此体系下电荷转移中的主要因素，即在高能激发下，高单线态转化为热界面 CTS，可有效促进自由极化子的产生。

6.4　Pipeline Pilot 软件

6.4.1　Pipeline Pilot 软件简介

Pipeline Pilot 是一个图形化的科学创新应用平台，通过实现科学数据的自动化分析，使用户能够更好更快地获取企业内部资源，以及可视化、可定制的研究结果报告，从而优化科研创新流程，提高工作效率，同时降低研究成本。通过 Pipeline Pilot，用户可以：①通过利用已有的研究成果和自动化日常的数据采集和分析过程，更快地完成研发项目，速度通常可以极大地提高；②通过在单一环境中快速整合和处理来自多重研究领域的海量结构性和非结构性数据，发现隐藏在数据中的知识；③把最佳的方法和流程封装并部署在团队内部，以确保在整个研发团队内的兼容性和协作性；④根据建立用于发现的模型进行预测，减少直接的研发费用；⑤基于标准技术和广泛接受的科学方法，快速建立和部署高质量的科学解决方案；⑥根据实时报告得到更好更快的实验结果，从而提高决策能力；⑦通过整合不同软件工具和数据库来提高软件的应用能力。

对于普通用户，Pipeline Pilot 提供了众多的分析工作流程，可以快速地对数据进行分析处理，给出分析报告。对于应用科学家来说，Pipeline Pilot 提供了诸多分析组件和图形化搭建工具，支持多种学科的数据处理工具，可以快速、灵活地对各种各样的数据进行分析处理。对工程师、开发人员和领域专家来说，Pipeline Pilot 是一个快速的应用开发环境，它帮助收集用户需求并将之模型化，从而直接形成一个最终的产品系统。总之，Pipeline Pilot 能够整合多种类型的实验数据和软件，把日常的科研工作分解成流程，把各种科学功能模块化成组件，以图形化方式灵活地编写工作流程/任务，并可以方便随时更改；流程方便共享，并可以通过 Web 网页来调用已经定制好的流程。

Pipeline Pilot 既支持简单的数据格式（文本和数字），又支持复杂的科学数据类型（图像、化学结构和生物序列）。科学的广度与深度，再加上 Accelrys 公司广泛的合作伙伴，使得 Pipeline Pilot 能够满足众多研究型工业的各种需求，包括制药、生物技术、材料科学、个人消费品、石油、天然气、汽车、航空航天、能源和国防。

Pipeline Pilot 的主要功能：①包含 15+种机器学习方法，处理科学和工程数据；②合并、连接、表征和清洗数据集；③进行探索性分析，包括主成分分析（principal component analysis，PCA）、聚类分析和多维数据可视化；④快速建模可扩展的贝叶斯分类模型；⑤使用 GFA 方法的遗传算法进行变量选择，并构建回归集合模型；⑥构建准确、易用的随机投影森林回归和分类模型；⑦使用基于 R 语言的机器学习方法，如向量机、神经网络和 XGBOOST，并且无须编写 R 语言脚本；⑧机器学习框架内对任何类型的模型进行交叉验证、超参数调整和变量重要性评估；⑨使用回归和分类模型评估查看器，评估和比较模型测试集的性能；⑩使用内置适用性域量和错误模型，评估特定样本的预测置信度；⑪将帕累托改进（Pareto improvement）方法应用于多目标优化问题。

6.4.2 Pipeline Pilot 软件功能

基于 Pipeline Pilot 组件和工业标准的化学结构数据处理技术，开发出化合物的信息管理系统，可以对医药、化工等行业的研发机构在研发过程中产生的与化合物相关的化学结构数据、理化性质、合成方法和工艺、分析测试数据以及相关的谱图信息进行规范和有效的管理，流程如图 6-2 所示。

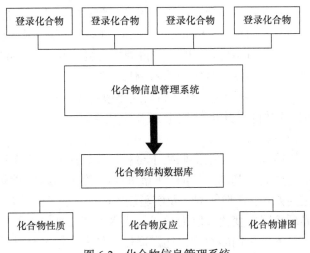

图 6-2 化合物信息管理系统

基于 Pipeline Pilot 组件和工业标准的化学结构数据处理技术开发出的化学试剂管理系统，可以帮助医药化工企业或机构实现对化学试剂的库存和采购状态的实时跟踪，实现化学试剂库存管理、申领、分装、配送、采购的自动化工作流程。

自 Pipeline Pilot 诞生以来，历经了多次更新和优化，不断朝着多元化、高效化、智能化方向发展。目前最新版本为 Pipeline Pilot 2022，以下列出了它的新功能和组件的概述，详情请参阅产品发布文件和官网信息（https://www.3ds.com/products-services/biovia/products/data-science/pipeline-pilot/）。

（1）通用功能更新：AWS 组件支持 eu-west-3。导出的图像报告可以包含小的、可重复使用的信息块，如文本。改进结果页使所有任务的参数显示一致。用户名或密码中兼容 Unicode 字符。可用值来填充保留属性和重新排序属性组件中缺失的属性。

（2）新增支持软件：支持 R3.6.x 版本。

（3）可用性提升：文本编辑器支持文本、函数智能预测功能，可以正确显示嵌套的函数参数；新增自动保存提醒；SQL 组件现在支持无模型对话框，因此可以同时打开多个对话框；增强了客户端的搜索功能，支持使用组件 ID 进行检索，支持使用 F3 和 Shift+F3 检索快捷键，搜索快捷键、便条和脚本编辑器。

（4）分析和机器学习模块更新：已更新和修复部分使用 R 语言的组件错误。

（5）图像模块更新：将 Learn CNN 图像分割器组件从原型（Prototype）升级为支持。增强 CNN 图像分割器和 Learn CNN 图像分类器组件与 Linux 系统的兼容性。新增图像分割训练示例。

6.5　GeoDict 软件

6.5.1　GeoDict 软件简介

材料模拟器 GeoDict（又称虚拟材料实验室）是一款创新且易于使用的建模软件，可多尺度处理三维图像、材料建模、可视化处理与设计、材料特性表征，后期可将 GeoDict 软件文件包数据或图像导入 CAD、Photoshop、Solidworks 等绘图工具软件，进行加工处理，在材料制备前对工艺参数进行预优化，以此获得理想材料，主要用于解决材料的结构构建、气体过滤、液体过滤、油烟过滤、数字化岩石物理性能、电池模块与燃料电池等应用场景（https://www.geodict.com）。无论是设计新材料还是改进现有材料，GeoDict 软件都能基于它的模拟仿真帮助学者对材料几何结构形态及物化性质进行定性和定量的理解与把握（https://www.math2market.com）。

产品的创新性、性能和耐久性主要取决于材料性能，深入了解这些特性是有针对性的材料开发和高质量最终产品的基础。目前，广泛的实验测试和原型开发已经成为实现具有特定特性的材料的主要方式。在性能测试及实验制备时，由于实验工艺参数的设置与调整、人为操作误差、外界环境因素变化和巨大的时间成本，若要制备一种具有理想结构与性能的材料除了制备材料及测试它们的性能，还需通过多种表征技术对材料进行定性和定量评价分析。使得需要投入大量的成本和时间，且表征技术会对实验样品的表面层产生辐射损伤或对内部晶体结构造成损坏，可能导致材料内部产生晶格缺陷，无法重复利用样品进行其他材料特性的分析。

无论是新设计的还是现有的材料，模拟都能提供对材料几何和物理性质的定性和定量理解。通过对纳米范围内的多尺度分析、真实结构的三维可视化以及可重复的非破坏性试验，人们对材料的结构和行为有了惊人的了解。借助 GeoDict 软件，研究人员可拥有一个数字材料实验室，可对材料开发工作流程——从导入材料数据（如扫描或通过定义参数）到可视化和自动报告模拟结果整个过程进行数字化绘制。GeoDict 的竞争优势：①减少开发、原型制作和生产成本，以及上市时间；②开发目标材料和产品以符合规范；③由于数字化可行性研究，开发具有高度灵活性，针对客户特定要求的个别参数研究和经济高效的数字测试；④以当前成本的一小部分提高材料和完整产品的质量。

GeoDict 软件从技术条件上提供多种材料结构特征的模型供研究人员选择，可快速简单地通过软件自带的功能界面栏按钮进行模型选择、建立、输入参数、调试、运行、演绎及后期文件数据包导入其他软件进行修改与工艺优化等。

GeoDict 使用过程具有以下特点。

1）易于操作使用

（1）用户友好、直观的图形用户界面。

（2）无缝集成到现有 IT 基础设施中。

（3）得益于 MATLAB 和 Python，完全自动化和可重复性。

（4）体素网格使复杂的网格划分变得不必要。

2）先进而强大的功能

（1）直接在计算机断层成像（computerized tomography，CT）和聚焦离子束（focused ion beam）扫描电子显微镜（scanning electron microscope）（FIB-SEM）扫描上进行分析、性能预测和可视化。

（2）结构生成器：使用随机元素快速、真实地模拟微观结构，实现串行数字测试。

（3）人工智能识别黏合剂和纤维，以及分析纤维分布。

（4）高存储效率：在单台计算机或集群中可以模拟 640 亿个体素或更多体素的结构。

3）准确预测性能

（1）基于材料微观结构精确预测材料性能。

（2）GeoDict 预测的物理参数不匹配范围。

（3）预测复杂材料行为，如大变形、损伤以及微观结构层面的断裂行为和疲劳。

GeoDict 软件为材料科学的研究发展与应用提供了详细的数据信息、简单的操作与真实完整的可视化分析设计，为相关研究人员对新型功能结构材料的科学研究与制备开发提供了理想的技术途径方法（图 6-3）。

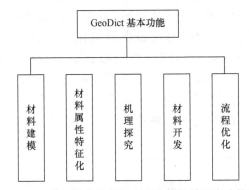

图 6-3　GeoDict 数字化材料实验室软件的基本功能展示

Math2Market 公司于 2024 年 9 月 4 日发布了 GeoDict 2024 版本，该版本计算效率更高、功能更强、适用性更广[GeoDict Software Download (math2market.com)]。主要更新和改进如下：

（1）电池充电模拟速度提升 6 倍，内存效率提高 30 倍。

（2）新增电池循环过程中电化学模拟（BatteryDict）与机械模拟（ElastoDict）的耦合模块。

（3）新增两种计算弯曲度的方法。

（4）能够使用 AI 对非渗透 FIB-SEM 图像进行简单可靠的分割。

（5）将两相流动功能扩展到 SatuDict 中的混合润湿性模块。

（6）将两相流动功能扩展到 SatuDict 的整个接触角范围（0°~180°）。

（7）FlowDict 中低渗透率材质渗透率计算时间缩短。

（8）Navier-Stokes 流量模拟用于 FilterDict 和 FlowDict 中的快速筛选。

（9）新增双组分纤维的建模，以模拟电荷和接触角的变化。

（10）新增弹性力学中塑性和损伤的快速模拟。

（11）ElastoDict 用于三点弯曲实验模拟。

（12）提高了 ElastoDict 中复合材料的损伤建模精度。

（13）FiberFind -AI 中统计更多的纤维特性并基于纤维特性进行分割。

（14）使用"深度学习"改进人工智能图像分割。

（15）新增 GeoDict 人工智能模块，允许对定制神经网络进行大量的培训。

（16）通过 Python 快速、可靠地导出 Excel。

（17）在二维视图中可测量多个角度和距离。

6.5.2　GeoDict 软件应用实例

GeoDict 软件在新能源电池方面得到广泛应用，下面将对 GeoDict 软件的实例计算做简单的概述。

1. 构建锂离子电池结构模型

锂离子电池的高生产成本阻碍了它在便携式电子设备中的进一步推广应用，对于低功耗应用（如固定式存储），可使用电极厚度大于 300mm 的电池，只需几层电极就可获得高能量密度电池，缩短生产时间和降低成本。但由于长的传输路径，在很小的放电速率下，质量和电荷传输限制可能会很严重。Danner 等利用 BEST 软件对 MCN-石墨锂离子电池构建三维微结构解析模型，根据文献资料和实验对模型进行参数化处理，通过附加的 1+1D 模拟，对半电池结构的薄电极（70mm）上的脱锂/锂化曲线进行拟合，估算出动力学参数，对厚锂离子电池运行过程中的限制因素有一定的指导意义。微结构解析模型结合虚拟材料设计的新电极概念可指导锂离子电池的未来发展[20]。

2. 设计全固态电池电极

全固态电池具有安全性好、能量密度高等优点，是最有前途的储能装置，其用固体电解质代替液体电解质，可以保证电池运行时的安全性。此外，采用双极性电池设计可以提高它们的能量密度。但与锂离子电池相比，在电池性能方面仍有一定的劣势，为克服这种劣势，需提高电池中使用的固体电解质的离子电导率，寻找具有高离子电导率的新型固体电解质。但是，由于离子通道的连通性差，电极活性材料和固体电解质之间的接触面积小，尽管通过涂层或渗透方法得到了显著改善，但全固态电池的电化学性能仍远低于预期。而这些问题，可通过设计和控制固态电极的微观结构来克服，以实现电荷的平稳移动和更好的电化学反应。

Park 等[21]利用 GeoDict 生成全固态电极的三维微结构，快速生成与原始全固态电极相似的 3D 微观结构，模拟相应的电化学性质，以及不同的电池设计条件下的电化学性能，将这些结果与其他电化学模拟工具如 COMSOL Multiphysics（COMSOL Inc.，Sweden）结合起来。从三维模拟微结构中，轻松计算出元件之间的所有接触面积、导电性或离子导电性以及弯曲度，并根据用于非稳态分析的纽曼伪二维（P2D）模型将其纳入电化学模型中，预测全固态电极的微观结构对电化学性能的影响。

6.6　Q-Chem 软件

6.6.1　Q-Chem 软件简介

量子化学方法在研究分子的化学和物理性质方面被证明是非常宝贵的，可以对分子的基态和激发态进行第一定律计算。应用领域主要包括：理论化学领域、生物化学领域、药物设计领域、理论物理领域。Q-Chem 采用了全新的方法理论、最先进的算法和现代编程技术，系统地将各种计算方法和工具集合到一个工具包，极大地提高了计算速度和准确性，并且能够高精度地计算较大的分子体系，在精度上没有损失，从而使量子化学应用于各个关键研究项目中，这是其他量子计算工具无法提供的。Q-Chem 支持 HF/DFT 以及各种 POST-HF 计算方法。在计算中严格按照各种模型的化学方法进行计算，结果精确可靠[22]。

从 1999 年第一个版本 1.2 发布至今，已经发布了超过 17 个版本，目前最新版本为 Q-Chem6.0.1。Q-Chem6.0 在 Q-Chem5.0 的基础上进行了大量的优化、扩展、改进和提升（https://www.q-chem.com/support/releaselog60/）。

（1）默认设置更改：将默认积分阈值（$rem 变量阈值）收紧为 SCF_CONVERGENCE+4，并对 DII 和 GDM 使用相同的阈值；将 VV10 函数中 FD_MAT_VEC_PROD 的默认值设置为 FALSE；关闭网格上静电电位的自动评估；将有限差分设置为电场中能量二阶导数的默认值。

（2）通用更新和改进：Q-Chem 与外部工具的下一代接口生成 HDF5 格式的存档文件；启用核电子轨道 CCSD（NEO-CCSD）方法；启用 NEO-TDDFT 以分析梯度和 Hessian；通过自旋输入部分启用 NMR J-coupling 计算中的原子子集选择；在固定原子的几何优化中禁用最速下降；在新优化配置中添加了非局部自然内部坐标优化；为有限差分中的每个步骤更新 MOLDEN 文件中的几何图形；增强了 JK 和 MP2 密度拟合的稳定性；增加了 Karlsruhe 基集的最小增广和重增广版本。

（3）解决了以下问题：基于分子序列输入的 Hirshfeld 电荷错误；自旋轨道耦合（spin-orbit coupling，SOC）计算中的 NAN 错误；Fock 投影（basis2）计算中核排斥能缺失；取消了随机搜索中对最大原子数目（MAX_ATOM）的限制；格式化检查点文件中本地化 MOs 的排序；def2 SVPD 基础集缺少 ECP；无法使用线性相关基集计算 NMR 特性等。

（4）DFT 与自洽场模块更新：加速 SCF 算法 ADIIS 的收敛并添加新的组合算法选项 ADIIS_DIIS；使用 gen_scfman 在 SCF 计算中启用与规范无关的原子轨道（gauge-independent atomic orbital，GIAO）；如果使用内置的范围分隔功能，则禁用用户系数设置（通过 HFK_LR_COEF/HFK_SR_COEF）；为 VV10 函数执行频率计算和分析 Hessian；使用复数基函数实现基于投影的嵌入；在 CIS/TDDFT 计算中通过 GUI=2 生成具有冻结占用/虚拟轨道的格式化检查点文件；为新绘图选项启用 STATE_ANALYSIS；基于 SCF 收敛阈值（SCF_convergence）而不是场振幅，对 TDKS-Fock 矩阵执行一致性检查；添加新的能量密度函数：revSCAN、regSCAN、r++扫描、r2SCAN、r4SCAN、任务、mTASK、regTM、rregTM、 revTM；使用 TDDFT 和 spin-flip TDDFT 计算 SOC（1 电子和 2 电子平均场）；解决了使用 gen_scfman 计算分数电子 SCF 导致的错误结果、DDFT/TDA 计算中的错误内存估计、TDA 激发态频率进程崩溃、TDDFT 自旋轨道耦合计算的符号误差（Nicole Bellonzi）、基于投影的嵌入计算崩溃、使用非 Pople 基集的 RPA TDDFT 频率结果不正确、使用 meta-GGA 泛函进行 NMR 计算的内存分配不足、使用具有较大基集的混合泛函进行 DC-DFT 计算的错误结果、CIS/TDDFT 激发态势能面扫描的崩溃等问题。

（5）分子动力学、非绝热动力学、嵌入和溶剂化模块更新：为泊松方程求解器启用用户定义的介电常数网格；改进了 PCM 打印；实现 CIS 和 TDDFT 波函数重叠，包括（A）FSSH 的自旋翻转变体。

（6）碎片和能量分解分析模块更新：在 QM/EFP 计算中实现成对碎片激发能量分解分析（excitation energy decomposition analysis，EDA）；对于 XSAPT 计算，将基函数的最大角动量增加到 5；为电场计算实施基于 SPADE 和 ALMO 的分区方案；实施新的 MP2 EDA 方案并为 DFT EDA 添加非微扰偏振分析；启用 ALMO-CIS/TDA 计算；解决了 ALMO-CIS 和激发态 ALMO-EDA 计算的各种问题。

（7）其他：使用**SCF_PRINT=3**打印轨道动能。在外部文件中启用 EXTERNAL_CHARGES 规范。增加了多体弥散计算的参数检查。恢复 wB97M2 和 XYG 系列能量泛函的有限差分。

Q-Chem6.0.1 在 Q-Chem6.0 版本上进行了进一步改进：

（8）默认配置、内存和算法优化：恢复 CHARMM 对 IGDESP 的支持；实现了内存高效的 GOSTSHYP 算法；对 HF 和 MP2 可使用与规范无关的原子轨道计算磁化率。

（9）针对存在的问题，进行了一系列优化，主要包括：输出优化；使用 PCM 计算 libopt3 Hessian；将 MO 系数和能量写入 qarchive 文件；清理拓扑检查打印；在几何优化过程中固定 RMS 的打印步长。

（10）在分子动力学、非绝热动力学、嵌入和溶剂化模块中使用 RAS-SF 实现特定于状态的 PCM。解决了在碎片和能量分解分析过程中基于投影的嵌入计算问题。

6.6.2　Q-Chem 软件应用实例

Iqmol（Q-Chem 软件的配套可视化软件）可以读取各种各样的文件类型，并允许用户可视化其中包含的许多结果。单独的文件可以通过 File Open 菜单选项打开，或者通过拖放文件到查看器窗口。目录也可以通过 File Open Dir 菜单选项打开，或通过拖放目录到查看器上。打开目录允许与分子相关联的多个文件一起加载，如 Q-Chem 输出文件和格式化的检查点文件。目录名决定了分子的基名，Iqmol 装载目录中包含的所有具有匹配基名的文件[23]。

1. 分子表面

不需要进行量子化学计算，就可以生成几个分子表面。这包括：范德华、亲分子和离子密度的叠加。SID 表面类似于亲分子表面，除了它根据原子的原子电荷缩放密度，并可能提供一个更准确地表示带电系统的密度。为了绘制这些伪密度表面，双击与分子相关的 MV 中的表面项。

2. 绘制分子轨道

绘制分子轨道（Mos）需要格式化在 Iqmol 运行 Q-Chem 计算时默认生成的检查点文件（.fchk 文件扩展名）。打开 fchk 文件后，Canonical Orbitals 项目将出现在 surface 项目下的 MV 中。双击该项目将弹出添加表面对话框：添加表面对话框可以用来计算 Mos、总密度和自旋密度，多个面可以同时排队和计算，这是非常高效的，因为命令文件只需要计算一次。表面的质量、颜色和不透明度可以在对话框中设置，这些设置的更改将保存到首选项中，作为后续生成的任何表面的默认值。质量刻度上的每个刻度对应的网格点数量大约是前一个的 4 倍，因此计算所需时间大约是前一个的 4 倍。还要注意密度需要计算壳层对的值，而且计算 Mos 的成本要高得多，因为 Mos 只需要壳层值。在大多数情况下，双击 surface 项目所提供的伪密度（如 pro-molecule 密度）提供了一个几乎相同密度的表面，但成本要低得多。计算完成后，各个表面将作为子项出现在 MV 中，通过双击 MV 中的子项可以进一步配置这些子项。"添加表面"对话框在右侧面板上还包含一个交互式能量级别图，垂直缩放可以使用鼠标上的滚轮（或等效的）放大或缩小。还可以通过左键点击拖动来转换比例。单个轨道可以通过左键选择，这将导致所选轨道的能量出现在图的下面。

3. 其他轨道和密度

如果进行了适当的计算，除了那些基于正则轨道之外的轨道和密度也可以被可视化。定域轨道、自然跃迁轨道、自然成键轨道和附着/脱离密度都是可能的。使用旧版本的 Q-Chem，戴森轨道也可以显示，无论是从检查点文件还是从输出文件。在后一种情况下，为了让 Iqmol 生成基函数数据，应该将 PRINT GENERAL BASIS 选项设置为 true。如果可以，在模型视图中，戴森轨道出现在表面项下，并表现出与标准轨道相似的行为。

4. 导出立方体文件数据

每个表面都需要在一个 3D 网格上生成数据，这些数据存储在内部，以便后续计算相同的表面会更快。要查看存储的网格数据，右键单击 MV 中的 MO Surfaces 项目，弹出上下文菜单。选择"显示网格信息"菜单将弹出网格信息对话框。从这个对话框可以导出包含网格数据的多维数据集文件。右键单击所需的网格，会弹出一个带有 Export Cube File 选项的上下文菜单。开关相位选项交换数据的符号，当比较任意相位不同的 Mos 时可能有用。多维数据集文件可以保存供以后绘图使用，可避免重新计算数据，或者读取到另一个绘图包中。这将在下一节中描述。

5. 可视化立方体文件数据

立方体文件包含电子密度、分子轨道或静电位等体积数据。因为数据是预先计算的，所以使用它们生成曲面非常快。打开一个立方体文件后，一个立方体数据项会出现在 MV 中，双击该项会弹出"添加表面"对话框，允许请求一个等值表面。签名复选框导致两个等值面产生对应于指定的等值，这应该检查数据，如 Mos 和自旋密度。

立方体文件数据也可以用来给表面上色。这需要两个立方体文件（一个包含表面数据，另一个包含用于表面着色的属性），或者一个立方体文件和一个检查点文件。在任何一种情况下，两个文件需要加载到一个分子使用 File Open Dir 菜单选项，如上所述。在创建一个表面之后，双击该表面项将导致 Configure surface 对话框出现。属性组合框将立方体数据作为选项之一，选择此选项将导致根据立方体文件中的数据为表面着色。可以通过单击渐变框内的渐变颜色来更改。

6. 轨道动画

创建轨道动画可以用来观察，如在反应过程中前沿轨道的演化，或在自洽场计算过程中观察轨道的弛豫。关键帧应该作为立方体文件数据保存在单个目录中。多维数据集文件的基本名称需要与目录名称匹配。打开目录，右键单击 MV 中出现的第一个立方体文件项目，这将允许您访问 Surface Animator 对话框。该对话框可以用来调整关键帧顺序和动画设置，包括插值帧的数量。点击计算生成每一帧的选项，每一帧都可以在 MV 中访问。使用播放选项来运行动画，如果需要，用按钮记录。

7. 势能面

有几种计算类型提供了关于势能面（potential energy surface，PES）的信息。这些包括几何优化、PES 扫描、反应路径和过渡状态搜索。在打开包含这些作业类型之一的 Q-Chem 输出文件时，MV 中会出现一个 Geometries 项目，可以双击弹出 Geometries 对话框。路径可以在查看器中使用 play 按钮进行动画化，并且可以从表中或通过在能量图上选择一个点来选择单个帧。查看器窗口将自动更新为相应的结构。与 MO 能量图一样，能量图也可以缩放和滚动。

8. 振动频率

振动频率可以从 Q-Chem 输出文件中读取，并作为频率项目出现在 MV 中。通过在 MV 中选择相关的频率项，可以看到法向模向量。双击 MV 中的一个频率将导致分子根据所选模式振动。双击 MV 中的"频率"选项，就会弹出"振动频率"对话框。这个对话框包含一个显示频率的位置和相对强度的脉冲频谱。通过点击空心圆圈可以在光谱上选择单独的模式，这也会用所选模式更新查看器窗口。脉冲可以用高斯或洛伦兹来扩展，以获得更真实的频谱，图像也可以通过右键单击频谱来打开上下文菜单。频谱的水平尺度可以通过缩放（使用鼠标上的滚轮）和平移（左键点击和拖动）来获得更详细的信息。

核磁共振波谱：使用 Iqmol 可以看到核磁共振屏蔽和化学位移。必须首先运行 Q-Chem 计算作业类型＝核磁共振波谱法，并将输出文件加载到 Iqmol 中。屏蔽常数可以通过选择 Display I atom labels NMR 选项在查看器中显示为原子标签。一个 NMR 项目将出现在 MV 中，双击它将弹出 NMR Spectrum 对话框。不同的光谱可以显示 ^{1}H、^{13}C 等，如果给定的理论水平有参考（如 TMS），化学位移也可以显示出来。选择表中的行还将突出显示查看器中相应的原子，以便于识别。如果脉冲被绘制出来，那么这些脉冲也可以被选择来确定是哪些原子起了作用的信号。与振动频率谱一样，可以通过右键单击图像来导出 NMR 谱，从而弹出上下文菜单。

9. 裁剪平面分析

一个全局剪切平面可以通过启用 MV 中 Global 下的剪切平面项目来查看。剪切平面对于显示表面信息而不遮蔽底层分子结构是有用的。当被选中时，剪切平面可以选择模式进行任意的平移和旋转。或者可以通过双击 MV 中的剪切平面项目来设置剪切平面的精确方向，以打开配置对话框。在曲面配置对话框中选择"裁剪"复选框，每个曲面都可以裁剪。一旦一个表面被剪切，即使取消选中 MV 中的剪切平面项目复选框，剪切平面仍然是活动的。

6.7　COMSOL 软件

6.7.1　COMSOL 软件简介

COMSOL Multiphysics 是一款大型高级数值仿真软件，它是以有限元法为基础，通过求解偏微分方程（单场）或偏微分方程组（多场）来实现真实物理现象的仿真。软件的应用涵盖流体力学、热传导、结构力学、电磁场、化学反应、地球科学及声学等多个领域。COMSOL Multiphysics 建模分析过程中的主要步骤包括：几何模型的构建；材料参数和边界条件设定；划分网格；求解微分（偏微分）方程组；模拟结果后处理。各个步骤都非常容易实现。

COMSOL 软件的特点：

（1）求解过程操作简单，求解多场问题=求解方程组。软件内置了各个领域的偏微分方程和方程组，并提供自定义微分方程输入接口。

（2）完全开放的架构。用户可在图形界面（GUI）中轻松自由定义所需的专业偏微分方程，并提供 MATLAB 接口，与 MATLAB 进行混合编程。

（3）任意独立函数控制的求解参数。材料属性、边界条件、载荷均支持参数控制。

（4）专业的计算模型库。内置各种常用的物理模型，用户可自由选择适当的模型并进行必要的修改。

（5）内嵌丰富的 CAD 建模工具和全面的第三方 CAD 导入功能。可直接在软件中进行二维和三维建模；支持当前主流 CAD 软件格式文件的导入。

（6）强大的网格剖分能力。支持多种网格剖分，支持移动网格功能。

（7）多国语言操作界面。易学易用，方便快捷的载荷条件、边界条件、求解参数设置界面。

目前 COMSOL 已更新至 COMSOL Multiphysics® 6.0。COMSOL Multiphysics® 6.0 版本带来了"模型管理器"和"不确定性量化模块"，大幅提高了热辐射和非线性结构材料求解器的速度，并新增了功能强大的工具用于 PCB 电磁分析和流致噪声分析。"模型管理器"新增集中管理模型和仿真 App 的工具，包括版本控制、访问管理和高级搜索等，更方便于团队内的协作。"不确定性量化模块"可用于分析全局灵敏度和概率可靠性，帮助设计实验方案。主要新增功能和改进如下所示（https://cn.comsol.com/release/6.0）：

（1）通用更新：模型管理器模块中，集中管理模型和仿真 App，支持高级搜索、访问管理和版本控制等；为不确定性量化模块提供分析全局灵敏度和概率可靠性的工具，用于不确定性量化分析；"App 开发器"新增编辑器，用于设计 App 界面中的交互式菜单和功能区工具栏；支持在组节点中对几何对象和操作进行分组，对导入的网格进行合并、创建边界层等操作；颜色表的绘图功能得到扩展，包括基于对数标尺绘图；环境光遮蔽和透明效果优化，使三维模型的显示更加逼真；新增自动生成 Microsoft® PowerPoint®演示文稿报告功能；支持在 M1 处理器上运行的 macOS 操作系统。

（2）电磁模块新增以下功能：计算 PCB 的频率相关电阻和电感矩阵；PCB 上微波和毫米波电路的自适应和物理场控制的网格划分；用于天线和电磁波传播的混合边界元-有限元方法；电磁屏蔽多层复合材料建模；用于射频和微波元件的非线性磁性材料；新增电机工具，包括"零件库"和有效扭矩计算；结构和磁强耦合多物理场仿真的磁力学分析；光学材料库扩充，新增来自领先制造商生产的玻璃材料。

（3）结构力学模块新增以下功能和提升：蠕变和非线性结构材料的求解速度提高了十几倍；通过自动生成"对"和接触条件，可以大幅简化机械接触的建模工作；使用 Craig-Bampton 方法进行动态或静态分析的快速降阶建模；导入的 CAD 装配中的壳建模得到了改进；随机振动的疲劳评估；裂纹建模中的摩擦接触；纤维增强的线弹性材料；膜起皱分析。

（4）声学模块新增以下功能和改进：采用时域显式方法的压电波多物理场接口；使用大涡模拟（large eddy simulation，LES）CFD 分析流致噪声；用于压力声学的物理场控制网格功能；用于散射和辐射的高频压力声学接口；易于使用的完美匹配边界辐射条件；用于气动声学的截面模态分析。

（5）流体&传热模块新增以下功能和改进：表面对表面辐射的计算效率提升了十几倍；填充床传热的多尺度建模；改进的 LES 具有自动壁处理功能并包含热壁函数；旋转机械的高马赫数流动分析；热固性树脂的固化分析；具有多个分散相的混合溶液在旋转机械中的相分离；具有水平集的 Brinkman 方程进行多孔介质两相流分析；用于分析多孔介质中的非等温流动的多物理场接口。

（6）化学和电化学新增以下功能和改进：用于非等温反应流的多物理场接口；用于非均相反应和吸附的多孔催化剂特征；稀物质湍流反应流；锂离子电池中的嵌锂引起的应力和应变；用于更轻松地对多步充放电循环进行建模的事件序列；新增燃料电池和电解槽的材料库；穿过燃料电池和电解槽中分离膜的物质传递；新增阴极保护接口。

（7）CAD 导入模块、设计模块和 CAD LiveLink™ 产品新增以下功能和改进：用于将三维对象和实体投影到工作平面和二维几何的投影功能；更快、更可靠地导入 ECAD 文件；用于几何对象之间干涉的检测干涉工具得到改进；COMSOL Multiphysics® 软件与 CAD 软件之间实现离线同步。

6.7.2　COMSOL 软件应用实例

中国科学院化学研究所郭玉国研究员与万立骏院士在国际知名期刊上发表了关于固态电解质界面的研究[24]。研究人员在 LATP 陶瓷片[$Li_{1.4}Al_{0.4}Ti_{1.6}(PO_4)_3$]两侧分别涂覆了聚丙烯腈（PAN）与聚环氧乙烷（PEO）聚合物，获得了具有不对称界面的复合固态电解质（DPCE）。在利用聚合物界面层提升整体界面接触性的基础上，PAN 匹配正极 NCM622（$LiNi_{0.6}Mn_{0.2}Co_{0.2}O_2$）可耐高压，PEO 匹配金属锂负极可防止 LATP 被还原。此外，通过高锂离子迁移数的 LATP 诱导锂离子流均匀分布，可有效抑制界面处的空间电荷层，阻止锂枝晶的产生。采用该复合固态电解质，全电池可实现 120 圈稳定循环，容量保持率达 89%（60℃工作环境）。

为了阐述 LATP 对控制离子流所起到的稳定界面作用，研究者采用 COMSOL 多物理场软件模拟了不同锂离子迁移数下受电场驱动作用下的阴阳离子分布。低锂离子迁移数的 PDPE 电解质中具有更多的自由阴离子，因而充电过程中，Li 与电解质界面处会产生一个巨大的浓度梯度（空间电荷层），增大锂离子迁移的难度，加剧界面极化，从而诱导锂枝晶的形成。高锂离子迁移数的 LATP 的存在，可以有效消除阴离子迁移造成的巨大空间电场，从而稳定界面。

6.8　NAMD 软件

6.8.1　NAMD 软件简介

NAMD 软件由 1989 年 Klaus Schulten 教授成立的美国国立卫生研究院高分子建模与生物信息学中心理论与计算生物物理小组（简称 TCBG）研发，位于伊利诺伊大学香槟分校贝克曼研究所（简称 UIUC）。该小组的领导为 Klaus Schulten（物理）、Alek Aksimentiev（物理）、Laxmikant Kale（计算机科学）、Zaida Luthey-Schulten（化学）和 Emad Tajkhorshid（生物化学、生物物理学和药理学）教授，TCBG 主要研究和开发活细胞超分子系统的结构和功能，以及物理生物学新算法和高效计算工具。

NAMD 是一款用于在大规模并行计算机上快速模拟大分子体系的并行分子动力学代码，采用经验力场，如 Amber、CHARMM 和 Dreiding，通过数值求解运动方程计算原子轨迹。它主要用于病毒、共生细菌、分子马达、神经元和突触、生物膜、纳米传感器、核蛋白体等生物大分子的模拟。NAMD 还配备有先进的可视化辅助软件 VMD，以实现对模拟结果的可视化。VMD 由 TCBG 开发，具有在大型生物分子复合物和长时间尺度的分子动力学轨迹上高效操作的能力。同时与 NAMD 具有很强的交互能力，支持结构和序列信息的集成、高级图像渲染和动画制作。为机械力耦合的生物分子过程、代谢和视觉中的生物电子过程以及膜蛋白的功能和机制提供了更深入的认识。被广泛应用于膜生物学、机械生物学、纳米工程、生物能学、导向/交互分子动力学、量子生物学、神经生物学、低温电磁建模等各种系统。

NAMD 软件由 Nelson 等首次提出，是一种并行的分子动力学代码，它能通过链接到可视化代码 VMD 软件进行交互式仿真。在 1999 年，Kalé 等对 NAMD 进行了改进，命名为 NAMD-2，改进后的 NAMD 软件取得了重大进步，由于并行编程实验室的努力和软件的支持，当时可扩展至 200 个处理器。此后，NAMD 逐渐成熟，基于 Charm++并行对象，NAMD 在典型的模拟中可以扩展到数百个核心，在最大的模拟中可以扩展到超过 50 万个核心，在此过程中赢得了赞誉和用户的好评。最近，NAMD 发行了最新版本 2.14，改进和更新如下（http://www.ks.uiuc.edu/Research/namd/2.14/features.html）：

（1）新增混合单-双拓扑协议以计算相对吉布斯自由能。混合单-双拓扑协议能够计算小配体与受体的相对结合亲和力、小分子的相对溶剂化吉布斯自由能和药物化合物与蛋白质的相对结合亲和力。在该协议中，反应终态被表示为两个共享子结构的独立分子。在子结构中，建立原子与原子之间的对应关系，并且在整个模拟过程中，每对对应的原子都受到全息约束，始终共享相同的坐标。力在每个步骤通过投影和组合进行传播。

（2）在集合变量模块（Colvars）中，提供新类型的几何路径集合变量（collective variables，CV）。几何路径集合变量定义其他 CV 空间或原子坐标中的路径，它包含两个变量，一个定义沿路径的进度，另一个测量从当前图像到路径的距离。这些可用于研究复杂生物分子中的构象跃迁，如确定平均跃迁路径。

（3）对 alchemical 吉布斯自由能计算模块进行了改进。支持 WCA（Weeks Chandler-Andersen）将 LJ（Lennard-Jones）项分解为"排斥"和"分散"两部分。新增关键词 alchWCA 和 alchRepLambdaEnd 以控制 WCA lambda 调度。这些改进与 IDWS 和所有切换以及 LJ 校正方案兼容。对 LJ 校正进行了额外的改进，其中校正项保留了非化学生长原子的贡献，并且仅耦合/去耦化学生长的原子。对 LJ 校正的更改还确保静电缩放与 LJ 缩放完全解耦。

（4）在混合量子力学/分子力学（QM/MM）模拟模块中，NAMD 中的 QM/MM 接口直接支持半经验和从头算 QM 包，还提供了一个通用接口，可以扩展到其他 QM 代码。

（5）其他改进还包括更新 τ RAMD 至 5.0.5 版本、更新 Psfgen 至 2.0 版本、修复输入文件漏洞、Python 3.x 脚本兼容等。

6.8.2　NAMD 软件应用实例

除了生物学上的重要性外，DPhPC 脂质双分子层被广泛应用于液滴双分子层、整合膜蛋白、药物传递系统以及离子通道的膜片钳电生理学研究，但其力学性能尚未完全测量。文献采用全原子分子动力学模拟研究了醚键对酯-DPhPC 和醚-DPhPC 脂质双层力学性能的影响。利用不同的计算框架估计了每层脂的面积、厚度、内外侧压力分布、序参数和弹性模量的值，并与现有的实验值进行了比较。总的来说，两者之间有很好的一致性。两种脂质双分子层的整体性质有很大的不同，醚类双分子层比酯类双分子层更坚硬、更无序、更厚。同时，醚键使醚脂双分子层中每个脂质的面积减小。计算框架和输出显示醚改性如何改变 DPhPC 双层膜的力学化学性质[25]。

以上研究中所有的模拟都是用 gpu 加速的 NAMD 进行的。采用朗之万活塞和朗之万动力学，在 NPT 系中分别采用周期边界条件保持 p = 1bar 和 T = 323K。考虑到所有重氢原子键受其平衡长度的限制（对水使用 SETTLE 算法，对其余的使用 SHAKE 算法），对于短程静电，采用 2.0fs 时间步长，Lennard-Jones 相互作用为 8°～12°，使用开关函数，使用粒子网 Ewald（PME）考虑了长期静电。

在该研究中，用两种不同的方法估计了酯-DPhPC 和醚-DPhPC 的面积压缩模量。此外，在 400ns 模拟中比较了两种脂质的每一种脂质的平衡面积。当不同的表面张力应用于双层时，双层变薄被检查。最后，为了直接将结果与酯-DPhPC 和醚-DPhPC 单层膜的现有实验数据进行比较，作者进行了一系列单层模拟，并将其表面压力与实验值进行了比较。作者使用了大量基于分子动力学模拟的计算方法来检验 DPhPC 双分子层的头基与脂肪酸链连接的变化的后果，即研究了酯-DPhPC 和醚-DPhPC 的力学性能，这两种材料广泛应用于许多生物物理分析中，用于研究膜蛋白，如离子通道。发现虽然头尾连接体只发生了微小的变化，但两个双层结构的整体性质却有很大的不同。酯-DPhPC 比醚-DPhPC 更不硬，更有序，体积更大，更薄。上述计算提供了一个有价值的定量输入，为在不同学科有兴趣应用脂质双分子层的研究人员提供思路。

6.9　未来发展与展望

随着材料基础学科的不断发展，大量科研人才涌入这一领域，各类新材料层出不穷，并在无数科研工作者的不断努力下开拓出更广阔的应用领域。这也为材料计算软件的适用性、可操作性和兼容性带来了新的挑战。得益于计算机算力的提升和软件程序的不断迭代更新，材料计算软件得到了大量的改进和优化，同时也取得了丰硕的研究成果。可以预见，材料计算科学还将进一步引领材料科学领域的未来，为材料的设计、性能优化、失效预测等方面提供重要的技术支撑。从各类计算软件的技术迭代方向和应用领域的发展来看，计算软件正不断朝着多元化、智能化、高效化方向发展（图6-4）。

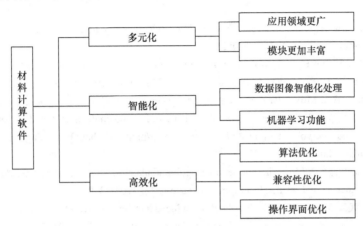

图6-4 计算软件未来的发展趋势

1. 多元化

材料计算软件模块更加丰富，应用领域更加广泛。新材料的建模、模拟将逐渐引入各个计算软件的子模块和函数库中。此外，紧密结合真实材料研究，基于实际应用开发多层次跨尺度模拟方法被给予高度重视并在近几年取得快速发展。

2. 智能化

智能化数据、图像识别与处理是未来技术突破的关键点，机器学习成为各个软件相互竞争的制高点。数据-机理融合的端-云协同智能建模技术将是大势所趋。未来几年，随着算法的不断优化，以及基于大数据的大量训练，机器学习模块将更成熟、更智能。

3. 高效化

界面的可操作性，对计算资源的利用效率和计算速度一直以来都是材料计算软件优化的主要方向之一。近年来，计算软件增添了很多人性化模块，在给研究者们带来更舒适的体验感的同时，也进一步优化了各个模块的计算速度。这一趋势在未来还将不断延续，从人类的行为习惯和日常需求出发，不断优化计算机软件开发技术的操作性和应用质量。

课 后 题

1. 材料计算有哪些重要的实际意义？
2. 材料计算的基本原理有哪些？

3. 目前有哪些主流的材料计算软件，它们主要应用于哪些领域？
4. 未来人类在材料模拟计算方面的重点发展方向是什么？
5. 材料计算软件的总体发展方向是什么？
6. 材料计算软件对新能源材料的发展有什么价值？

参 考 文 献

[1] Paulo C T S, Riccardo A, Jonathan B, et al. Martini 3: a general purpose force field for coarse-grained molecular dynamics[J]. Nature Methods, 2021, 18(4): 382-388.

[2] Loya A, Stair J L, Uddin F, et al. Molecular dynamics simulation on surface modification of quantum scaled CuO nano-clusters to support their experimental studies[J]. Scientific Reports, 2022, 12(1): 16657.

[3] Karplus M, Petsko G A. Molecular dynamics simulations in biology[J]. Nature, 1990, 347(6294): 631-639.

[4] Qiao B, Zhao X Y, Yue D M, et al. A combined experiment and molecular dynamics simulation study of hydrogen bonds and free volume in nitrile-butadiene rubber/hindered phenol damping mixtures[J]. Journal of Materials Chemistry, 2012, 22(24): 12339-12348.

[5] Cousin T, Galy J, Dupuy J. Molecular modelling of polyphthalamides thermal properties: Comparison between modelling and experimental results[J]. Polymer, 2012, 53(15): 3203-3210.

[6] Sun W W, Tang X X, Yang Q S, et al. Coordination-induced interlinked covalent-and metal-organic-framework hybrids for enhanced lithium storage[J]. Advanced Materials, 2019, 31(37): 1903176.

[7] Jiang S Y, Gan S X, Zhang X, et al. Aminal-linked covalent organic frameworks through condensation of secondary amine with aldehyde[J]. Journal of the American Chemical Society, 2019, 141(38): 14981-14986.

[8] Zhang S L, Xie M Q, Cai B, et al. Semiconductor-topological insulator transition of two-dimensional SbAs induced by biaxial tensile strain[J]. Physical Review B, 2016, 93(24): 245303.

[9] Ji Y, Yang M, Dong H, et al. Monolayer group ⅣA monochalcogenides as potential and efficient catalysts for the oxygen reduction reaction from first-principles calculations[J]. Journal of Materials Chemistry A, 2017, 5(4): 1734-1741.

[10] Huebsch M T. Combining cluster-multipole theory and spin-density-functional theory in VASP to probe magnetism[J]. Nature Reviews Physics, 2023, 5(4): 202.

[11] Jaroń T, Grochala W, Hoffmann R. Prediction of thermodynamic stability and electronic structure of novel ternary lanthanide hydrides[J]. Journal of Materials Chemistry, 2006, 16(12): 1154-1160.

[12] Gautam G S, Kumar K C H. Elastic, thermochemical and thermophysical properties of rock salt-type transition metal carbides and nitrides: a first principles study[J]. Journal of Alloys and Compounds, 2014, 587: 380-386.

[13] Kornecki K P, Briones J F, Boyarskikh V, et al. Direct spectroscopic characterization of a transitory dirhodium donor-acceptor carbene complex[J]. Science, 2013, 342(6156): 351-354.

[14] Natesan S, Subramaniam R, Bergeron C, et al. Binding affinity prediction for ligands and receptors forming tautomers and ionization species: inhibition of mitogen-activated protein kinase-activated protein kinase 2 (MK2)[J]. Journal of Medicinal Chemistry, 2012, 55(5): 2035-2047.

[15] Andrews D U, Heazlewood B R, Maccarone A T, et al. Photo-tautomerization of acetaldehyde to vinyl alcohol: A potential route to tropospheric acids[J]. Science, 2012, 337(6099): 1203-1206.

[16] Li C M, Zhang Y B, Li S A, et al. Mechanism of formation of trans fatty acids under heating conditions in triolein[J]. Journal of Agricultural and Food Chemistry, 2013, 61(43): 10392-10397.

[17] Bruschi M, Tiberti M, Guerra A, et al. Disclosure of key stereoelectronic factors for efficient H_2 binding and cleavage in the active site of [NiFe]-hydrogenases[J]. Journal of the American Chemical Society, 2014, 136(5): 1803-1814.

[18] Duttwyler S, Chen S, Takase M K, et al. Proton donor acidity controls selectivity in nonaromatic nitrogen heterocycle synthesis[J]. Science, 2013, 339(6120): 678-682.

[19] Grancini G, Maiuri M, Fazzi D, et al. Hot exciton dissociation in polymer solar cells[J]. Nature Materials, 2013, 12(1): 29-33.

[20] Danner T, Singh M, Hein S, et al. Thick electrodes for Li-ion batteries: A model based analysis[J]. Journal of Power Sources, 2016, 334: 191-201.

[21] Park J, Kim D, Appiah W A, et al. Electrode design methodology for all-solid-state batteries: 3D structural analysis and performance prediction[J]. Energy Storage Materials, 2019, 19: 124-129.

[22] Huerta E, Stals P J M, Meijer E W, et al. Consequences of folding a water-soluble polymer around an organocatalyst[J]. Angewandte Chemie, 2013, 125(10): 2978-2982.

[23] Gómez-Bombarelli R, Aguilera-Iparraguirre J, Hirzel T D, et al. Design of efficient molecular organic light-emitting diodes by a high-throughput virtual screening and experimental approach[J]. Nature Materials, 2016, 15(10): 1120-1127.

[24] Liang J Y, Zeng X X, Zhang X D, et al. Engineering janus interfaces of ceramic electrolyte via distinct functional polymers for stable high-voltage Li-metal batteries[J]. Journal of the American Chemical Society, 2019, 141(23): 9165-9169.

[25] Rasouli A, Jamali Y, Tajkhorshid E, et al. Mechanical properties of ester-and ether-DPhPC bilayers: A molecular dynamics study[J]. Journal of the Mechanical Behavior of Biomedical Materials, 2021, 117: 104386.

第7章

二次电池材料计算研究实例

学习目标导航

➤ 了解各种锂离子电池体系的正极材料种类及计算应用;
➤ 了解不同电池体系的负极材料种类及计算应用;
➤ 了解不同液态和固态电解质种类及计算应用;
➤ 了解几种新体系电池及计算应用。

本章知识构架

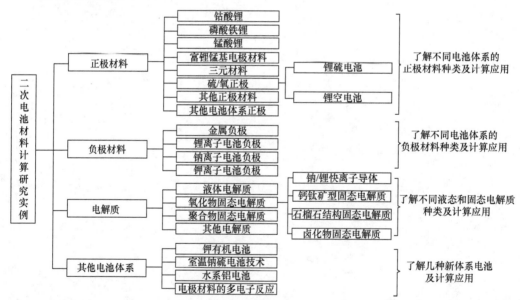

利用材料基因工程的基本方法,可以改变常规材料科学中对材料的设计模式,提高材料开发和利用的效率、缩短材料从开发到应用的周期、节约开发过程的成本。近二十年来,第一性原理计算方法在材料设计、模拟和评价等方面都有明显的进展,成为材料基因工程的重要方法。材料基因工程计算为从理论上认识和理解二次电池中涉及的物理问题创造了有利的条件,进而对改进二次电池的性能提供了有利指导,扩大了其应用范围。

7.1 正极材料设计和计算

7.1.1 钴酸锂

钴酸锂（$LiCoO_2$，LCO）在高电压（$>4.5V$ *vs.* Li/Li^+）下有大量锂脱出，导致结构不可逆相变，造成结构不稳定性、内部应力增大、颗粒破损及副反应增多等，限制其性能的提升。北京大学学者基于自主改良三维连续倾转电子衍射技术，用于高电压钴酸锂机理的微观结构研究[1]。该研究主要通过结合三维电子衍射表征在纳微尺度原子空间排列的有效度、高分辨透射电镜技术表征原子尺度排列有效性，对比研究了两种商业化 LCO 正极（即高电压钴酸锂 H-LCO 和普通钴酸锂 N-LCO）在不同充电截止电压下的单颗粒晶体结构。虽然两者整体结构没有明显差别，但结合三维电子衍射和高分辨透射电镜的技术表明，它们在颗粒近表面的钴氧层弯曲程度上有显著差异，体现在 N-LCO 颗粒近表面的层弯曲程度和概率更大。随充电电压的升高（$4.2\sim4.8V$ *vs.* Li/Li^+），N-LCO 的钴氧层弯曲被进一步放大，并在 4.5V 电压及以上出现层断裂、边缘破损和晶格氧的脱出等，同时钴氧层的弯曲逐渐向体相扩散，从而破坏了结构完整性并导致电化学性能的急剧衰减；对比之下，H-LCO 在 4.5V 电压下仍能保持近表面和体相较平整的钴氧层，结构稳定性更高，有利于更多 Li^+ 脱嵌以获得更高的容量。研究人员通过 DFT 计算证实，铝涂层也可以有效抑制钴酸锂高压时的氧释放，而氟化层可以明显稳定钴酸锂的界面结构[2]。

钴作为一种重要的战略资源，对于航天航空、军事等领域具有重要意义，特别是我国钴资源稀缺，需大量进口满足国内市场需求。因此，将废旧锂离子电池中的金属资源加以回收利用具有重大意义。研究人员提出将 $Li_{1-x}CoO_2$（$0<x<1$）与 $CoSO_4\cdot7H_2O$ 经一步烧结转化为八面体结构的纳米 Co_3O_4，并且，作为负极循环后的 Co_3O_4 与 Li_2CO_3 转化为具有层状结构的 $LiCoO_2$，表现出较商业 LCO 更为优异的电化学性能。为深度发掘内部机制，通过 DFT 提出 $Li_{1-x}CoO_2$（$0<x<1$）与 $CoSO_4\cdot7H_2O$ 的反应机制，两个 $LiCoO_2$ 分子与一个 $CoSO_4$ 分子结合，$CoSO_4$ 中 Co—O 键和 $LiCoO_2$ 中的 Li—O 键断裂形成新的 $Co—O(Co_3O_4)$ 键与 $Li—O(Li_2SO_4)$ 键，随后活性氧中心两两经 Co 原子桥连形成 Co_3O_4 与 Li_2SO_4[3]。

7.1.2 磷酸铁锂

在典型的锂二次电池正极材料中，Padhi 等于 1997 年提出的磷酸铁锂（$LiFePO_4$，LFP）由于其高能密度、低成本及其基本成分的环境相容性而引起人们的广泛关注[4]。$LiFePO_4$ 的理论比容量达 170mAh/g，实际放电容量约为 160mAh/g，锂脱嵌电位约为 3.4V *vs.* Li^+/Li[5-6]。

中国科学院物理研究所首次通过第一性原理计算了重离子掺杂对 $LiFePO_4$ 正极材料的电子导电性能的影响。计算发现，通过用元素 Cr 部分替换 Li 后，材料的电子结构由绝缘性变成了半金属性，大幅提高了材料的电子电导率。这为改善材料的本征电子电导率提供了一种非常好的思路。此后，研究人员对 $LiFePO_4$ 及其掺杂材料的电子结构和电子导电机理进行了系统的研究。通过第一性原理 $LiFePO_4$、$FePO_4$ 和 Cr 掺杂 $LiFePO_4$ 的电子能带结构的计算，结果表明[7]：在正极的充电脱锂过程中，不仅是 Fe 原子被氧化，而且 O 原子也被氧化，由电荷密度差分图可以看出 P 原子几乎不受影响。通过第一性原理计算后可以推论，当 Li 被价态较高的阳离子 Cr^{3+} 取代时，电子电导率会显著提高。作者通过实验证实了当 $x = 0.01$ 和 0.03 时，$Li_{1-3x}Cr_xFePO_4$ 与纯 $LiFePO_4$ 相比，电子电导率提高了 8 个数量级。

在典型的锂二次电池正极材料中，$LiCoO_2$ 具有二维离子扩散通道，$LiMn_2O_4$ 具有三维锂离子扩散通道。然而，$LiFePO_4$ 中的离子扩散机制还不明确，造成 $LiFePO_4$ 在高充放电电流下容量衰减的原因还有待进一步的探究。陈立泉团队研究了锂离子在橄榄石型 $LiFePO_4$ 中的扩散机理[8]。使用 VASP 进行第一性原理计算，采用绝热轨迹法计算了空间跳跃路径的势垒。由橄榄石 $LiFePO_4$ 晶体结构可以看出，它具有两种锂离子扩散路径，分别平行于 a 轴和 c 轴。计算表明，$LiFePO_4$、$FePO_4$ 和 $Li_{0.5}FePO_4$ 沿 c 轴的能量势垒分别为 $0.6eV$、$1.2eV$ 和 $1.5eV$，远小于其他迁移方向，这意味着 $LiFePO_4$ 中扩散是一维的。通过从头算分子动力学也可以模拟显示其一维扩散行为，从而进行直接观察，这解释了为什么通过高价离子替代锂离子没有提高电化学性能。高价离子的取代阻塞了锂离子的一维传输路径，并且通过从头算分子动力学模拟直接观测到的锂离子延 c 轴的扩散轨迹。

$LiFePO_4$ 正极材料的实际容量与理论容量之间还有很大的差距。李玉宁团队报道了一种通过摇椅配位化学完全释放 LFP 容量的新策略。乙酸锌-二乙醇胺配合物[$Zn(OAc)_2 \cdot DEA$] 作为功能结合剂，其 N 原子可与 Zn^{2+}、Fe^{2+} 或 Fe^{3+} 配位。结合强度序列为 Fe^{3+}-N > Zn^{2+}-N > Fe^{2+}-N，使 N 原子在带电态 $FePO_4$ 表面的 Fe^{3+} 和放电态 $Zn(OAc)_2$ 表面的 Zn^{2+} 之间摆动。通过 DFT 模拟表明 DEA 的吸附减小了表面禁带宽度以及沿 LFP [010] 晶面方向的 Li^+ 扩散能垒，分别促进了电子传导和 Li^+ 扩散。基于 $Zn(OAc)_2 \cdot DEA$ 的 LFP 电极在 0.2C 下获得了 $169mAh/g$ 的高容量，接近 $170mAh/g$ 的理论值[9]。

经过多年的发展，研究人员对橄榄石结构的 $LiFePO_4$ 等的研究已经比较深入，它们的计算应用主要集中于改性研究，所采用的方法也都是比较经典的理论计算方法[10]。

7.1.3　锰酸锂

锰酸锂（$LiMn_2O_4$，LMO）相比于钴酸锂等传统正极材料，具有资源丰富、成本低、无污染、安全性好、倍率性能好等优点，是较有前景的锂离子正极材料之一[11]。锰酸锂主要包括尖晶石型锰酸锂和层状结构锰酸锂，其中尖晶石型锰酸锂结构稳定，易于实现工业化生产[11-12]。

美国阿贡国家实验室研究人员发现，$LiMn_2O_4$ 正极的充电速率可以通过白光的作用显著提高[13]。在充电过程中，将光直接照射到正在工作的正极上，可使电池充电时间显著缩短 2 倍或更多。这种增强是由长寿命电荷分离态[由 Mn^{4+}（空穴）和电子组成]的诱导实现的。这产生了更多的氧化金属中心，并在光和电压偏置下产生更多的锂离子。根据实验结果，研究人员提出了一种反应机制。在光照下，光激发的 Mn^{3+}（[Mn^{3+}]*）导致 Mn^{4+}（空穴）和电子的形成。具体来说，在电位偏压下，电子通过电荷在结构中渗透转移/极化子向集流体跳跃，电子进入外部电路。导电碳电极网络的存在促进了这一过程。电子顺磁共振表明，在光化学条件下，发现有光照的状态下 Mn^{4+} 的数量大于无光照状态时的离子数量。光吸收所提供的能量将进一步有助于反应的发生。总的来说，光氧化和歧化分别允许电池快速充电，但是，这两个过程的组合可能更有效，因为所施加的偏压将连续地供给和补充新的 Mn^{3+} 位点，而这将经历光氧化和歧化。

DFT 计算结果显示了具有和不具有歧化的 LMO 的结构模型以及基态和歧化态之间的

传输路径，LMO 的基态结构包含交替有序的 Mn^{3+} 和 Mn^{4+}。为了使歧化发生，这种氧化态模式需要通过电子转移过程无序，如传输路径的第一步所示。歧化结构的能量比基态高约 0.45eV。歧化反应的势垒总能量仅为 0.5eV 左右，至少比体系的光学间隙（2eV）低 1.5eV。这表明光可以提供必要的额外能量来跃过计算出的能量势垒。研究人员同时发现，从 Mn^{3+}/Mn^{4+} 无序或歧化的 LMO 中提取 Li 在能量上比从没有歧化的 Mn^{3+}/Mn^{4+} 有序 LMO 中提取 Li 更容易。这也可能与 Mn^{3+} 在电极表面的积累有关，在光的作用下，Mn^{3+} 更容易发生歧化和后续的电化学反应。

7.1.4 富锂锰基电极材料

富锂锰基层状氧化物复合材料 $xLi_2MnO_3 \cdot (1-x)LiMO_2$（$0 < x < 1.0$，M = Mn、Ni、Co 等）是在 $LiNiO_2$ 掺杂改性的基础上设计实现的一类有前途的高比能量正极材料，可以看成由 Li_2MnO_3 和 $LiMO_2$ 两种材料组成，其可逆容量超过 250mAh/g。$LiMnO_3$ 为 α-$NaFeO_2$ 的层状结构，Li_2MnO_3 可以被认为是 $LiMnO_2$ 中过渡金属层的部分金属被锂离子所取代。Li_2MnO_3 和 $LiMO_2$ 两种结构均为层状结构。因此，富锂锰基电极材料也被认为是层状结构。但是关于 Li_2MnO_3 和 $LiMO_2$ 的组合方式，目前有两种观点。一种观点认为，富锂材料是 Li_2MnO_3 和 $LiMO_2$ 的两相共存结构[14]，另一种观点认为是 Li_2MnO_3 和 $LiMO_2$ 组成的固溶体结构，认为 Li_2MnO_3 中过渡金属层中的 3d 位置由 Li 和 Mn 占据，在微观上呈阳离子无序结构，但宏观上仍属于过渡金属层-氧离子层-锂离子层相互交替的结构，属于单一的固溶体[15]。

富锂锰基材料由于循环寿命差、热稳定性低、循环期间连续的电压降低和从层状相到尖晶石相的结构退化，使得它们的商业应用受到了严重的阻碍。利用第一性原理计算，可以通过计算材料缺陷的形成能和迁移能，对其相稳定性进行预测。

Chakraborty 等对第一性原理在正极材料的应用进展作出了很好的总结[16]。已知 Li_2MnO_3 稳定了富锂锰基正极材料的结构。然而，它的存在也使这些材料存在氧释放、造成重大安全问题，并存在不可逆结构转变、电位衰减等缺点。Li_2MnO_3 对于富锂锰基正极材料具有稳定的作用，然而，它的存在也使得正极材料具有氧气释放、结构不可逆转化和放电电压衰减的问题。研究表明 Li_2MnO_3 的性能退化与其向尖晶石结构转变密切相关，其主要特征是 Mn 向 Li 层迁移。DFT 模拟表明，通过破坏旧的 Mn—O 键，形成新的 Mn—O 键，使得 Mn 的迁移造成了 MnO_6 畸变。这表明可以通过稳定 MnO_6 八面体抑制尖晶石型转变。一种方法是用过渡金属原子代替 Mn，这种原子可以补偿锂在去除过程中的电荷变化，也可以为氧原子贡献额外的电子，抑制氧空位的生成，减轻 MnO_6 的畸变。另一种方法是掺杂原子，这些原子可以与氧形成更强的键来固定氧离子，以上两种是阳离子取代方式。另一种方法是用电负性较高的阴离子替代，这些掺杂阴离子通过与 Mn 形成更强的键，并将过渡金属离子锚定在它们的位置上。

为了通过原子替代来有效地解决上述问题，陈立泉团队通过 DFT 对一系列过渡金属元素（Ti、V、Cr、Fe、Co、Ni、Zr、Nb）取代进行了选择[17]。通过 VASP 计算态密度，如图 7-1 所示，可以看出，除了 Ti 和 Zr 元素对 Mn 的取代没有使带隙变窄外，V、Cr、Nb、Fe、Co 和 Ni 元素均有助于电导率的提升。通过定义 O 的反应焓，计算吉布斯自由能，来研究掺杂后材料中 O_2 生成的难易程度。结果表明，Fe 和 Nb 在锂移除量超过 0.5 时仍未达到零点，表明其掺杂可以抑制材料在反应中的 O_2 的生成，理论计算的结果与实验结果一致。

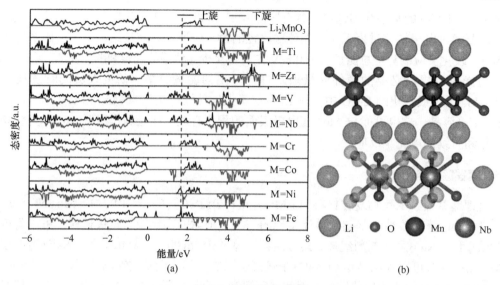

图 7-1　电子结构图[17]

（a）通过 VASP 计算 Li_2MnO_3 和 $Li_2Mn_{0.75}M_{0.25}O_3$（M=Ti、V、Cr、Fe、Co、Ni、Zr 和 Nb）的态密度；（b）$Li_2Mn_{0.75}Nb_{0.25}O_3$ 的电荷分布

7.1.5　三元材料

目前，原子替代和表面修饰已被证明可以有效地抑制三元材料正极的容量下降，但是这些方法仍然无法阻止放电电压的下降。中国科学院物理研究所王兆翔和陈立泉设计了 Li-Ti 阳离子混合结构的富锂层状金属氧化物 $Li_{1.2}Ti_{0.26}Ni_{0.18}Co_{0.18}Mn_{0.18}O_2$。其中，Li-Ti 阳离子混合结构增强了结构的耐受性，并抑制了过渡金属离子在体相中的迁移。通过电子能量损失谱和像差校正扫描透射电子显微镜的深入研究证明了 Li-Ti 混合结构，利用 X 射线吸收光谱法和 DFT 计算解释了电荷补偿机制[18]。$Li_{1.2}Ti_{0.2}Ni_{0.2}Co_{0.2}Mn_{0.2}O_2$ 和 $Li_{1.133}Ti_{0.267}Ni_{0.2}Co_{0.2}Mn_{0.2}O_2$ 的态密度用来验证充电和放电期间的电荷补偿。

在低脱锂态（$x \leqslant 0.13$）时，Ni 3d 和 Co 3d 轨道有助于 $Li_{1.2}Ti_{0.2}Ni_{0.2}Co_{0.2}Mn_{0.2}O_2$ 和 $Li_{1.133}Ti_{0.267}Ni_{0.2}Co_{0.2}Mn_{0.2}O_2$ 费米能级附近的态密度；在高脱锂态时（$x \geqslant 0.4$），O 2p 有助于费米能级附近的态密度。在整个脱锂过程中，Mn 和 Ti 离子的贡献是微不足道的。$Li_{1.2}Ti_{0.2}Ni_{0.2}Co_{0.2}Mn_{0.2}O_2$（$x = 0.53$）和 $Li_{1.133}Ti_{0.267}Ni_{0.2}Co_{0.2}Mn_{0.2}O_2$（$x = 0.47$）的电荷分布显示：在脱锂过程中，O 对 $Li_{1.133}Ti_{0.267}Ni_{0.2}Co_{0.2}Mn_{0.2}O_2$ 中的电荷补偿大于对 $Li_{1.2}Ti_{0.2}Ni_{0.2}Co_{0.2}Mn_{0.2}O_2$（$x = 0.53$）的电荷补偿，推断前者中的 O 比后者中的 O 更稳定。因此，锂层中的钛离子使氧的氧化还原更容易，并在脱锂过程中稳定材料的结构。

Lu 等从多尺度微结构建模设计优化了高镍正极材料倍率性能，通过建模计算阐明了孔隙率、颗粒尺寸、电极厚度与倍率性能之间的物理内涵。同时量化了固相传质和液相传质主导的尺度，并提出了各种结构电极合理的服役窗口。最后，根据模拟结果，对单晶和多晶 NCM811 电极设计提出了指导性的建议[19]。

Hyun 等采用有限元分析方法，分别模拟了在不同初始状态下大倍率放电后颗粒内部锂离子含量的分布情况，如图 7-2 所示。有限元分析表明锂沿径向的高度非均相分布，尤其是在高锂含量的初始状态，由于锂离子在（003）晶面路径上的扩散率较低，且扩散长度较长，粒子表面区域在充电初期优先发生脱锂，而核心区域保持不变，这就会在颗粒内部和表面产生一定的锂浓度梯度，梯度的大小与放电倍率有关，当梯度达到一定程度时，颗粒中会出现明显的相分离。在初始 Li 含量为 0.92 和 0.86 的模拟结果中都出现了明显的相分离，而在通过电化学调整，初始浓度为 0.86 的结果中未出现明显的相分离。这是因为电化学调整后的活性颗粒中的锂离子扩散系数有所增加，降低了颗粒内部锂扩散对倍率性能的主导作用。这项工作为锂离子电池的大倍率放电提供了一条新思路[20]。

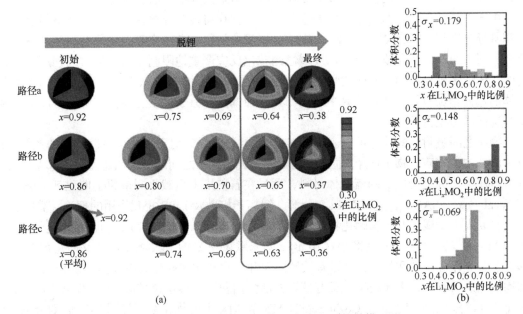

图 7-2　脱锂过程中基于有限元分析的 Li 扩散模型[20]

（a）根据有限元分析模拟结果计算出的锂浓度分布；（b）平均 Li 含量 $x \approx 0.64$ 时各锂化水平的体积分数

　　Yoon 等提出了一种室温合成路线，通过 Co_xB 全包覆实现了二次粒子的全表面覆盖，同时 Co_xB 能够以零平衡润湿角注入到一次粒子之间的晶界中，对一次颗粒形成包覆。包覆后的 NCM811 材料具有优异的电化学性能和循环稳定性。根据计算结果，强结合 Co—O 键有效降低了 O 2p 的高能量状态密度，体系热力学稳定性增强，极大地稳定了界面 O 原子。避免电极材料因表面氧不稳定性，在高电压下失去电子，进而演化出氧气[21]。

　　中国科学院化学研究所以高镍正极材料为研究对象，揭示了ⅢA 族元素（硼和铝）的竞争性掺杂化学机制，制备了 Al 体相均匀分布和 B 表面富集的高镍正极材料，实现了材料体相和表面结构协同稳定。采用 DFT 对 Al 或 B 掺杂到不同过渡金属层中的结构能量进行了计算，对 Al/B 共掺杂的高镍层状氧化物正材料进行了模型研究，以了解掺杂原子的电子构型对掺杂剂-主体材料之间的相互作用和对电极材料晶格结构的影响[22]。

7.1.6　硫/氧正极

　　锂硫（Li-S）电池和锂氧（Li-O₂）电池由于具有数倍于锂离子电池的能量密度而引起了广泛关注。其中，Li-S 电池的能量密度可以达到 2600Wh/kg，是锂离子电池理论比容量的 5 倍，Li-O₂ 电池则可以达到 3505Wh/kg，是锂离子电池理论质量比容量的 7 倍。此外，采用 S 和 O₂ 正极还具有低成本、低毒性的优势。

1. Li-S 电池

为了对 Li-S 电池的转化机理以及多硫化锂深入研究,采用第一性原理计算得出了 Li$_2$S$_x$ 的 X 射线吸收光谱,并利用这些光谱来鉴别 Li$_2$S$_x$[23]。除了 Li$_2$S$_2$ 以外,所有的多硫化锂都显示出两个主要的 S 的 K-edge 吸收特征:一个是由终点处的 2 个硫原子引起的位于 2471eV 附近的前边缘;另一个是由内部的 $x-2$ 个硫原子引起的位于 2473eV 附近的主要边缘。计算结果也表明,这两个不同位置的峰的面积比可以用来区分不同的多硫化物。

由于单质硫对电子和离子的电导率低,因此往往将硫与导电性优良的基体材料复合以提高其导电性能。目前常用的正极材料有硫/碳复合材料,硫/导电聚合物复合材料和硫化锂负极材料。由于多硫化物的穿梭以及缓慢的转化反应严重地限制了活性物质的利用率,合适的基体对多硫化物的物理或化学限域,可以有效地抑制"穿梭效应"。因此,硫单质负载基体的选择至关重要。通过计算多硫化物与各种基体在原子尺度上相互作用,可以为硫载体筛选提供理论指导。

物质之间吸附能的计算可以表明材料之间的结合状态。对于存在易溶解物质的系统(如 Li-S 电池中的多硫化物)而言,通过理论计算来表明材料之间的结合状态就显得非常重要。碳材料作为研究最为广泛的硫载体材料,通过在石墨烯上负载不同单原子催化剂(Single-atom catalysts, SAC),进行对 Li$_2$S 分解、锂离子扩散及 LiPS 相互作用的理论计算[24]。

研究人员报道了双金属硒化物在氮掺杂 Mxene(CoZn-Se@N-MX)上基于金属有机骨架和 MXene 的自组装。通过将 0D CoZn-Se 纳米颗粒和 2DN-MX 纳米薄片共催化剂的组合形成了多硫化锂双亲和位点,可以有效地固定和催化转化多硫化物中间体。该 0D-2D 异质结构催化剂具有分级多孔结构,具有较大的活性面积,能够快速扩散 Li$^+$,降低 Li$_2$S 沉积活化能和溶解能垒。Li$_2$S$_6$ 在 CoZn-Se@N-MX 和 MX 上的优化结构如图 7-3 所示,结合能分别为 –2.14eV 和 –11.50eV。显然,MX 比 CoZn-Se@N-MX 具有更强的吸附能力。对其他多硫化锂的吸附能也表现出相同的趋势。对应的电子密度差分图表明电子密度与结合能呈正相关,在 Ti—S 键中,每个 S 原子与相邻的 Ti 原子之间存在显著的电子密度,这表明强共价键存在,可以抑制多硫化锂的后续扩散和转化反应。并且,Li$_2$S 在 CoZn-Se@N-MX(0.002eV)上分解的能垒远低于 MX(0.12eV),表明了该催化剂促进 Li$_2$S 分解的强大能力[25]。

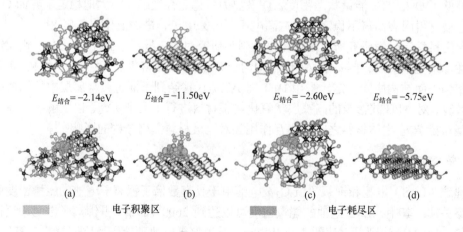

$E_{结合}=-2.14eV$　　　$E_{结合}=-11.50eV$　　　$E_{结合}=-2.60eV$　　　$E_{结合}=-5.75eV$

(a)　　　　　　(b)　　　　　　(c)　　　　　　(d)

电子积聚区　　　　　　　　　　　电子耗尽区

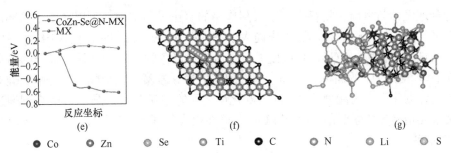

●Co　●Zn　●Se　●Ti　●C　●N　●Li　●S

图 7-3　DFT 计算、模拟多硫化物在不同表面上的结合和分解[25]

优化了 Li_2S_6 在 CoZn-Se@N-MX（a）和 MX（b）表面的结构、结合能和电子密度差；优化了 Li_2S 在 CoZn-Se@N-MX（c）和 MX（d）表面上的结构、结合能和电子密度差；（e）Li_2S 在 CoZn-Se@N-MX 和 MX 上分解的能量分布；Li_2S 在 MX（f）和 CoZn-Se@N-MX（g）上对应的分解路径

黑磷是磷的热力学最稳定的同素异形体，具有电导率良好、锂离子扩散常数大和与硫的结合能高等一系列优点。这些性质决定了黑磷可以与多硫化物化学结合，并通过良好的导电性和快速的锂离子扩散将它们立即转化为 Li_2S，而不会明显地补偿活性材料的质量分数。为了证明黑磷量子点对多硫化锂优异的吸附性能，采用了第一性原理计算得到了黑磷量子点和多硫化锂之间的吸附结合能[26]。可以发现：①吸附能随着吸附分子尺寸的增加而降低；②多硫化锂在边缘处的吸附能大于平台处。因此，通过降低黑磷的尺寸达到纳米级别可以增加边缘的数量，从而有效地提高吸附催化的效果。

北京理工大学黄佳琦等揭示了 Li-S 电池中金属基预催化剂（Co_4N）的电化学相演化，形成了高活性的电催化剂（CoS_x）。电化学循环诱导从单晶 Co_4N 到富含活性位点的多晶 CoS_x 的转变。这种转变促进了所有类型的多硫化物参与反应。研究者进行了 DFT 计算，验证了多硫化物刻蚀引起的相演化机理[27]。

高性能锂硫电池迫切需要精确调控晶体材料的表面结构以提高其对硫物种相互转化的催化活性。哈尔滨工业大学张乃庆课题组报道了一种锚定在还原氧化石墨烯上且暴露了高指数晶面的 Fe_2O_3 纳米晶体，其作为高效的双功能电催化剂，有效地提高了锂硫电池的电化学性能。理论模拟和实验分析均表明，优异的电化学性能得益于具有丰富的不饱和配位的 Fe 位点的高指数晶面，其不仅对多硫化物具有强的吸附能力，而且具有高的催化活性，显著地加速了多硫化锂的转化并降低了硫化锂的分解能垒[28]。

研究者采用自模板和自还原策略，在氮掺杂石墨烯（W/NG）上固定了一种具有独特的 W—O_2N_2—C 配位构型和高 W 负载量（质量分数为 8.6%）的新型钨单原子催化剂。W 原子的局域配位环境使 W/NG 具有较高的 LiPS 吸附能力和催化活性。基于 DFT 进行了第一性原理计算，了解了 W—O_2N_2—C 部分吸附性能改善和催化行为改善的原因，揭示了 W—O 配位构型的引入对调节活性位电子结构和吸附行为的特殊作用，证实了 W—O_2N_2—C 部分作为一个多功能活性中心有效地锚定 LiPS，并显著促进了 LiPS 的动力学转化[29]。

锂硫电池在实现高能量密度存储方面显示出巨大的潜力，但由于多硫化物溶解在电解质中引起的穿梭效应，其长期稳定性仍然受到限制。对此，有研究者报道了一种通过非晶化诱导的表面电子态调制来提高氧化钴多硫化物吸附能力的策略。DFT 研究表明，非晶化诱导的 d 轨道重新分布使更多的电子占据高能级，从而导致与多硫化物的高结合能有利于吸附[30]。

通过合理设计与多硫化物存在化学吸附作用的硫正极黏结剂，可以在整个循环过程中保持硫正极的结构稳定性。韩国国立庆尚大学 Hyun Young Jung 展示了用于硫正极的生物聚合物黏结剂（黄芪胶，TG），它可使锂硫电池实现出色的电化学性能和优异的防火安全性。DFT 计算表明 TG 的糖单元，如木糖、阿拉伯糖、岩藻糖、半乳糖和羟脯氨酸对多硫化锂具有良好的化学吸附能力，比碳和多硫化锂之间的相互作用更强，TG 黏合剂通过其丰富的糖类单元精确地化学吸附 Li_2S_4 和 Li_2S，这在很大程度上限制了 LiPS 在液体电解质中的溶解和沉淀[31]。

　　中国地质大学孙睿敏与武汉理工大学麦立强课题组利用明胶（GN）与硼酸（BA）的交联作用，制备了一种新型水溶性功能黏结剂 GN-BA。将该黏结剂应用到锂硫电池中，能有效保持循环过程中电极结构的稳定性，缓冲体积变化，防止活性材料从集流体上脱落，并通过化学键合作用锚定多硫化物，有效抑制"穿梭效应"。应用这种黏结剂制备的硫电极也展现出松散的多孔结构，有利于电解液的渗透和离子快速传输。利用 DFT 计算进一步验证该黏结剂可通过形成 B—O—Li、C—O—Li 和 C—N—Li 化学键来锚定多硫化物[32]。

　　研究人员报道了基于高模量羧甲基纤维素（CMC）黏合剂的强大黏合能力，以及葡萄糖对多硫化物的强调节能力的共黏合剂系统。葡萄糖是一种强还原剂，能够将高阶多硫化锂（LiPS）转化为低阶 LiPS，同时还增强了 LiPS 的容量保持能力，这些特性通过减缓多硫化物穿梭来改善电池化学。为了了解糖基黏合剂和多硫化锂之间的相互作用，在 DFT 框架下进行了从头算模拟，以研究多硫化物在葡萄糖上的吸附，可以观察到与黏合剂中的 LiPS 和羟基的强烈相互作用。在所有这些配合物（葡萄糖和 LiPS）中，最稳定的构型对应于锂直接与氧原子结合并形成锂-氧键[33]。

　　除正极材料外，对隔膜材料进行设计是解决多硫化物穿梭问题的一个重要途径。轻质化的硼掺杂的还原氧化石墨烯层使 Li-S 电池性能提高[34]。Li_2S_2 分子和石墨烯及硼掺杂石墨烯的计算结果表明，多硫化物和硼掺杂石墨烯之间的作用更强。对硼掺杂石墨烯的电荷密度分布图分析可知，由于硼的电负性较小，电荷密度向其周围的碳和氧原子偏移，导致该硼掺杂的石墨烯的电荷分布不均匀，从而可以强化对极性的多硫化物的作用。计算结果表明，Li_2S_2 分子和石墨烯的结合能仅为 0.315eV，而与硼掺杂石墨烯的结合能升至 1.020eV、0.648eV 和 1.535eV。并且，对长链多硫化物和石墨烯及硼掺杂石墨烯的结合能计算结果也具有相似的趋势。这表明硼掺杂石墨烯与多硫化物产生更强的作用，从而有效地固定多硫化物，抑制其穿梭效应。

　　研究人员利用真空抽滤装置在异丙醇/水混合液中制备了一种孔径可调的自支撑纤维素纳米纤维（CNF）隔膜，用作锂硫电池隔膜。CNF 上含有丰富的极性含氧官能团，可以吸附多硫化物，抑制穿梭效应，DFT 计算得到 CNF 对 Li_2S_6 具有较高的吸附能。同时它对锂金属有良好的润湿性，可抑制枝晶的形成，具有应对锂硫电池中的两大挑战的能力。此外，根据不同的应用需求，可以改变混合液中异丙醇的含量来调控隔膜的孔结构，以实现最佳的电化学性能。该研究为锂硫电池多功能隔膜的制备提供了一种环保且简便的策略[35]。

　　研究者将短链硫共价连接的介孔卵黄壳 POC 涂覆在商用聚丙烯（PP）隔膜上，以调节硫的氧化还原行为。基于 DFT 的第一性原理计算证实了氨基苯酚-甲醛（sCA）可以自发地与多硫化物相互作用，可逆地调节多硫化物的电化学转化，提供更快的硫氧化还原动力学，改善 Li_2S 的沉积[36]。

研究人员开发了一种多功能聚丙烯（PP）隔膜，覆盖由 VS_4 和单宁酸（Ta）组成的功能层，以调节 LSB 中的界面电化学。既可以作为氧化还原介质催化硫的转化，又可以作为缓冲层调节锂离子的溶出/沉积行为。DFT 计算阐明由 VS_4 和 Ta 片段触发的 LiPS 转换机制，证实了 VS_4 和 Ta 氧化还原介质在电化学过程中可以分段催化固-液-固硫转化[37]。

研究人员设计了一种简单的方法，通过整合嵌段共聚物（BCP）自组装和聚合物界面处微域的取向控制来生产二维多孔无机纳米币（NC）。结合 DFT 计算进一步研究了二维多孔酸性铝硅酸盐（AS）与 LiPS 物种之间的相互作用。DFT 计算证实 AS 表面的 Al 位点与 LiPS 有良好的相互作用，表明 AS 材料通过强烈的化学相互作用有效地固定了 LiPS，从而有助于 AS-NC@PP 的高循环稳定性[38]。

除催化吸附作用以降低多硫化物的"穿梭效应"外，抑制多硫化物的产生是一种根本的解决方案。该方法通过使用合适的固体氧化还原介质（RM）在一开始时就将 S_8 分子转变为稳定吸附的小硫物种 $S_2^{\sigma-}$-$RM^{\sigma+}$ [39]。通过这种方式，在放电过程中 $S_2^{\sigma-}$-$RM^{\sigma+}$ 被直接还原成 Li_2S_2 和 Li_2S，而没有形成可溶性多硫化物，彻底消除了多硫化物的"穿梭效应"。通过使用 TiO_xN_y-TiO_2 量子点和碳复合材料（TiONQD@C）作为硫宿主实现了这种新的多硫化物生成限制策略。

2. Li-O$_2$ 电池

不同于大多数其他电池体系，锂空气电池必须同时将正负极集成在存储系统内部，实际的电化学氧化还原过程很复杂[40]。从原子的角度来加深对锂空气电池电化学的理解是极其关键的。几十年来，第一性原理计算成为预测可充电锂空气电池中各种元件在原子水平上的关键性能的有力工具。它可以准确地实现电极材料的许多本征性质，如电压、离子迁移率、热稳定性和电化学稳定性及电子性质。第一性原理计算对锂空气电池催化机理的研究也有重要作用，包括催化剂表面的直接生长机制和溶液调节的生长机制等。通过计算反应物质与催化剂的相互作用预测催化剂的催化性能，从而缩短新型催化剂的开发周期。

例如，具有最大原子利用效率的单位点催化剂可以显著提高锂空气电池氧化还原效率和循环能力。研究人员将负载在超薄富氮碳基底上的孤立 Co 原子催化剂（Co-SAS/N-C）作为双催化剂应用在锂空气电池中。富钴氮基作为驱动力中心，可以增强中间产物的内在亲和力，从根本上调节 Li_2O_2 的大小和分布的演化机制[41]。

Zheng 等制备了表面功能化的氮掺杂二维 TiO_2/$Ti_3C_2T_x$ 异质结（N-TiO_2/$Ti_3C_2T_x$），具有高电导率和优化的电催化活性位点。通过 VASP 计算软件对比了催化剂的态密度变化，与 $Ti_3C_2T_x$ 相比，N-TiO_2/$Ti_3C_2T_x$ 和 TiO_2/$Ti_3C_2T_x$ 在费米能级上表现出更高的态密度，说明 N-TiO_2/$Ti_3C_2T_x$ 和 TiO_2/$Ti_3C_2T_x$ 被赋予了更多的活性电子，这些活性电子易于被接受和丢失，有利于电化学反应[42]。

研究人员还报道了制备具有非晶/晶体异质结构的三金属 CoFeCe 氧化物作为 Li-O$_2$ 电池正极的电催化剂。通过 VASP 软件计算出 Fe_2O_3 和 CeO_2 表现出半导体行为，而 CoO 则表现出优异的金属导电性能。并验证了 CoO 和 CeO_2 的存在可以改善 LiO_2 的吸附，促进随

后无定形 Li_2O_2 的形成，进而影响 Fe_2O_3 基正极材料的整体催化活性[43]。

Xia 等制备了 $MnCo_2S_4\text{-}CoS_{1.097}$ 异质结构纳米管作为锂氧电池正极催化剂。采用 DFT 计算研究了硫空位对二硫化钼在锂空气电池中催化活性的影响机理。结果表明，与 Mo_8S_{16} 相比，Mo_8S_{15}（002）表面与吸附体之间的相互作用增强，促进了放电过程中的电荷转移，促进了电催化反应的进行[44]。

Dou 等通过引入不同的金属中心有机金属酞菁（MPc）配合物，优化了一种卟啉衍生物催化剂，并考察了其作为氧化还原介质（RMs）制备高效 $Li\text{-}O_2$ 电池的潜在应用。通过第一性原理计算，得出在 MnPc 和 ZnPc 介导的 ORR 反应过程中，整个能级轮廓都减小，表明锂空气电池自发地与 MPc- RMs 反应。高活性氧自由基通过 MPc-O_2 结合而稳定，随后与附近的锂离子反应生成氧化锂产物。显著降低的吸附能使得混合 MnPc/ZnPc 催化剂在低氧气氛下的锂空气电池中优异的氧结合性能和协同作用[45]。

从计算方面来看，现阶段的研究主要集中在催化剂表面的直接生长机制，溶液调节的生长机制少有报道。因此，进一步探讨这一机理，并提出一种合适的溶剂来平衡稳定性和溶解度是非常重要的。局部强溶剂化电解质通过引入具有不同供体数的溶剂，调节锂空气电池溶剂化结构，高供体数的二甲基亚砜（DMSO）与锂盐阴离子（TFSI⁻）与 Li^+ 形成稳定的第一层溶剂化结构，低供体数的四甘醇二甲醚（TEGDME）形成第二层壳层。这一溶剂化结构提供酸性位点从而稳定碱性 O_2^-，在充电过程中产生具有大的环形 Li_2O_2，从而在放电过程中高效转化产生氧气。并且，O_2^- 与具有高供体数的 DMSO 中的 α-H 反应，同时具有较弱反应能力的 TEGDME 对 DMSO 溶剂化壳层提供保护，抑制 DMSO 在金属锂表面的分解，这赋予了锂空气电池优越的容量和循环寿命[46]。

此外，大多数报道涉及基于反应吉布斯自由能的热力学方面的反应途径，忽略了动力学。因此，有必要建立一个理论模型，从热力学和动力学两方面研究催化机理。并且，由于正极催化剂与放电产物之间的界面在催化反应途径和电荷转移中起关键作用，因此迫切需要建立包括正极催化剂、溶剂和放电产物的界面模型支持实验观察[47]。

锂空气电池在循环过程中，锂负极逐步发生严重腐蚀，因此研究负极保护的策略势在必行。研究人员提出了一种原位设计具有锂离子捕捉以及准自发扩散的梯度保护膜用于锂氧电池的负极保护，具体做法为利用熔融的锂与聚四氟乙烯（PTFE）反应，形成的碳层上富含强极性 C—F 键[48]。C—F 键不仅可以作为有效的路易斯碱基位点吸附路易斯酸性 Li^+，使 Li^+ 均匀地分布，还能调节 LiF 的电子结构，使 Li^+ 从碳层扩散至 LiF 层，避免对 Li^+ 的强吸附导致的聚集。在这里，LiF 不仅作为 Li^+ 导体均一化成核位点，还能与锂紧密接触。因此，这种精心设计的保护层使锂金属在醚类和碳酸酯类电解质中都具有枝晶抑制性能和抗腐蚀性能。

为了更加深入地研究形成的保护层如何影响 Li^+ 的传输，根据 DFT 研究，可以发现保护层中的 C—F 键的存在使 LiF 的吸附能提升了 15 倍，这表明 C—F 键能够改变 LiF 的电子结构，增强 LiF 与 Li^+ 的相互作用。Li^+ 在保护层中扩散的能垒是负的，说明这个扩散是自发进行的。电解液中的 Li^+ 首先被 F 掺杂碳层上的 C—F 键均匀捕获，然后几乎自发地扩散到 LiF 表面，最终克服 0.29eV 扩散能垒在金属锂上镀膜。Li^+ 在保护层上的较强吸附和较低的扩散势垒有效地促进了 Li^+ 通量的均匀和锂离子的平稳沉积。

Lin 等将电化学抛光技术与 $LiNO_3$ 还原化学相结合，在 Li 金属表面构建了一种稳定的分子光滑 SEI，该 SEI 具有独特的多层结构，封装了内层的可溶性 NO_2^- 物种。作者利用基于势能扫描的 DFT 计算来洞察相关 SEI 组分对 O_2 的阻塞效应，选择性地分析了 O_2 通过不同物种晶体通道迁移的可能性。如图 7-4 所示，计算结果表明，分子光滑的多层结构 N-SEI 膜内层包裹了 O_2 渗透的 NO_2^- 物种，外层则含有有效的 O_2^- 阻挡物种，如 Li_3N、LiN_xO_y、$Li_2S_xO_y$ 等，可以有效抑制 O_2 渗透[49]。

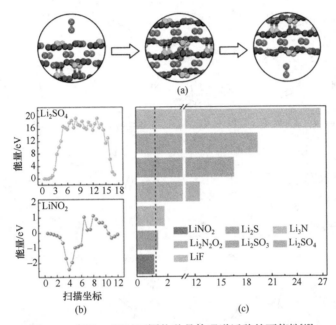

图 7-4　分析 O_2 通过不同物种晶体通道迁移的可能性[49]

（a）基于 O_2 分子势能扫描的 DFT 计算示意图，以 Li_2SO_4 为例；（b）O_2 分子通过相应 SEI 物质迁移的典型势能曲线；（c）O_2 分子通过不同 SEI 物质迁移的能量比较

7.1.7　其他正极材料

对于新型锂离子电池正极材料 Li_2C_2 具有已知正极材料中最高的理论比容量，为了研究其离子扩散性质和充放电过程存在的电位差，王兆祥通过第一性分子动力学模拟，认为在锂脱嵌过程中，C≡C 倾向于旋转形成 C_4（C≡C···C≡C）链。低的电子和离子电导率造成了电荷和放电之间的电位差，DFT 的计算和阿伦尼乌斯拟合结果证明了使用碱金属和碱土金属碳化物作为二次电池高容量电极材料的可行性[50]。首先通过广义爱因斯坦方程计算“位移平均方差”得到了材料在不同温度下的锂离子扩散系数。随后，利用阿伦尼乌斯方程得到了锂离子平均扩散激活能。研究发现，平均扩散激活能大约为 0.50eV，这是一个相对较高的扩散能垒。这也很有可能就是材料具有大过电动势的原因。对锂离子的扩散路径进一步的模拟计算结果表明，锂离子在 Li_2C_2 中的扩散路径是三维的，包含五种典型的跳跃模式。与其他路径相比，路径 1 有最小的扩散能垒，通过阿伦尼乌斯方程得到的锂离子平均扩散激活能就代表着这五种扩散路径的平均值。

有机电极材料（organic electrode materials，OEM）将关键的可持续性和多功能性与实现下一代真正绿色电池技术的潜力相结合。然而，要使 OEM 成为具有竞争力的替代品，需要克服与能量密度、倍率能力和循环稳定性相关的挑战性问题。在此，瑞典乌普萨拉大学

Carvalho 等开发了一种结合 DFT 和机器学习的工作流程以加速新型 OEM 的发现,如图 7-5 所示。对 2501 个选定的分子进行 DFT 计算以改进正极选择并进行基准测试,最终发现 DFT 筛选后的 459 个有希望的分子。基于 AI 的方法可以加快锂离子电池新活性材料的发现过程,并成为挖掘巨大有机材料领域的革命性工具。最后,提出一系列新型高压正极作为下一代有机电池的有希望候选者,其中一些化合物表现出高于 1000Wh/kg 的理论能量密度的潜力[51]。

P1	3.56V	3.20V	**P2**	3.15V	3.36V	**P3**	3.00V	2.96V
P4	3.37V	3.45V	**P5**	3.42V	3.96V	**P6**	3.32V	2.63V
P7	2.39V	3.10V	**P8**	3.13V	3.19V	**P9**	3.15V	3.39V
P10	3.06V	3.10V	**P11**	3.02V	3.17V	**P12**	3.20V	3.46V
P13	3.20V	3.51V	**P14**	3.03V	3.04V	**P15**	2.94V	2.94V

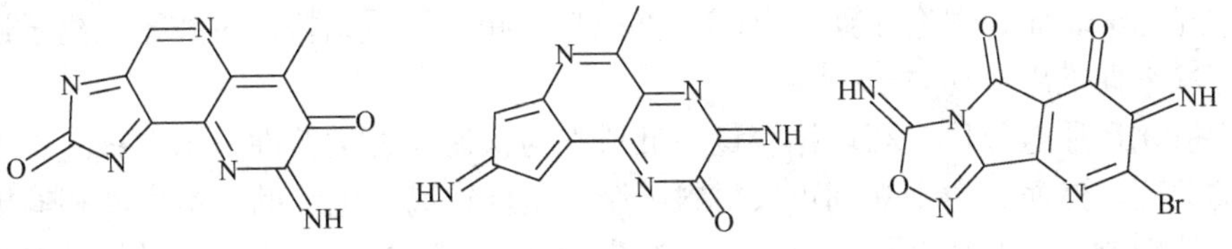

P16 3.23V 3.44V　　**P17** 3.04V 3.15V　　**P18** 3.23V 3.48V

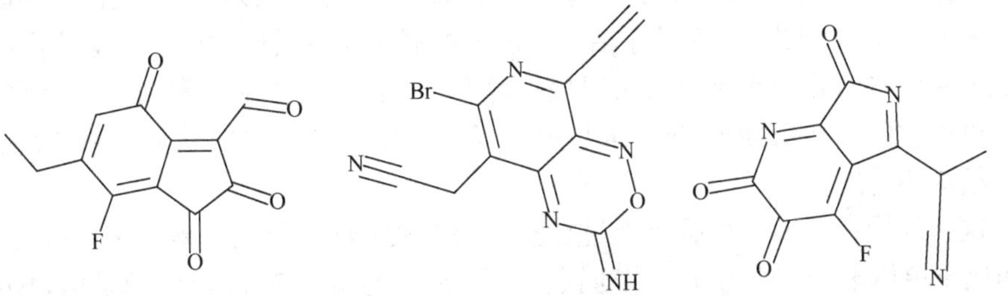

P19 2.90V 3.11V　　**P20** 3.02V 3.23V　　**P21** 3.05V 3.35V

图 7-5　基于 DFT+机器学习，人工智能驱动发现新型锂电有机正极

7.1.8　其他电池体系正极

锂/钠-碘电池具有高容量、绿色、高效的特性，是潜在的高性能储能电池。目前高效、高导电、稳定负载的碘基正极材料仍需探索和发展。完全共轭的聚酞菁铜金属有机骨架（PcCu-MOF）与原子可调谐的金属-配体轨道杂化，可抑制聚碘化物溶解，从而提高 Na-I$_2$ 电池的循环稳定性[52]。为了深入了解其抑制多碘化物溶解和加速电化学氧化还原动力学的潜在机理，研究人员对 PcCu-MOF 与 NaI$_3$ 之间的相互作用进行研究。结果表明，Fe-O$_4$ 很好地限制了聚碘化物的溶解，在 Na-I$_2$ 电池中表现出出色的循环性能。

对在 PcCu-MOF 的活性中心（M-O$_4$ 位，M=Fe、Ni 和 Zn）上的多碘转化反应的吉布斯自由能的计算结果表明，优化后的 NaI$_3$/I$_2$ 反应路径表明，NaI$_3^*$ 的氧化和 I$_2^*$ 中间体的生成是整个反应过程的限速步骤。在 Fe$_2$-O$_8$-PcCu 上的 NaI$_3^*$ 的氧化吉布斯自由能为 0.61eV，明显低于 Ni$_2$-O$_8$-PcCu 的 1.14eV 和 Zn$_2$-O$_8$-PcCu 的 1.15eV。因此，Fe$_2$-O$_8$-PcCu 中 Fe-O$_4$ 中心的多碘氧化转化在热力学上更为有利。

长期以来，电极/电解质界面不稳定、反应动力学缓慢和过渡金属溶解等多重问题极大地影响了钠离子电池正极材料的倍率和循环性能。中南大学张治安开发了一种基于蛋白质的多功能黏结剂，即丝胶蛋白/聚丙烯酸（SP/PAA），研究显示，SP/PAA 黏结剂可以均匀地覆盖在 Na$_4$Mn$_2$Fe(PO$_4$)$_2$P$_2$O$_7$（NMFPP）正极材料的表面，并作为坚固的人造界面层，它在高压下是电化学惰性的，可以有效地保护 NMFPP 正极免受 Mn 溶解并减轻自放电。此外，与传统聚偏氟乙烯（PVDF）黏结剂相比，SP/PAA 具有更高的离子电导率以促进 Na$^+$ 扩散，更强的结合能力以确保结构完整性，从而产生更稳定的正极电解质界面。DFT 计算表明，SP/PAA 黏结剂与 NMFPP 之间的相互作用力远强于 PVDF，这赋予了 SP/PAA 基电极在循环中的良好结构完整性[53]。

非水钠离子电池的实际发展主要受到正极活性材料（如聚阴离子型铁基硫酸盐）在高电压下的缓慢动力学和界面不稳定性的阻碍。为了规避这些问题，研究者提出了 Na$_{2.26}$Fe$_{1.87}$(SO$_4$)$_3$ 的多尺度界面工程，其中体异质结构和暴露的晶面被调整以提高 Na$^+$ 存储性能。物理化学表征和理论计算表明，$Na_6Fe(SO_4)_4$ 相的异质结构通过致密钠离子迁移通道和降低能垒来促进离子动力学[54]。

由于氧化还原电位低、高理论容量、低成本与快速动力学特性，水性锌离子电池引起了广泛的关注。然而，由于受到正极材料限制，水性锌离子电池的能量密度和输出功率密度有限，特别是在商业活性材料负载下。在多种正极材料中，有机正极材料具有轻质、柔性和可调的结构，是一种很有前途的新型水性锌离子阴极材料。Zn-有机电池在储能/释放过程中，阳离子（Zn^{2+} 或 H^+）仅在基于活性官能团的氧化还原反应中起配合电荷作用。因此，仅在有机电极内进行化学键重排就可以提高锌离子电池的速率能力和循环稳定性。然而，大多数有机寄主的储能依赖于 Zn^{2+}/H^+ 与单个官能团的配位/不配位反应，导致容量低、放电平台低、结构不稳定。

基于这一问题，研究人员提出通过在多孔碳电极表面构筑复合聚合物正极材料的解决方案。相比于单体聚合物小分子，聚间氨基苯酚[poly(3-AP)]与聚对氨基苯酚[poly(4-AP)]的最高占据分子轨道（HOMO）和最低未占分子轨道（LUMO）之间带隙均低于它们的单体。带隙可以用来描述聚合物电极的电导率和电荷转移能力，较低的带隙可以提升电极电化学性能。并且，LUMO 值越低，放电电位越高。因此，poly(3-AP)的放电电位低于 poly(4-AP)，这与实验结果一致[55]。

同理，通过依次在具有纳米孔的碳上原位电沉积稳固的聚（1,5-萘二胺，1,5-NAPD）作为夹层和具有优良导电性能的聚（对氨基苯酚，pAP）作为表层，制备有机/有机复合正极。利用 DFT 进行了理论计算探究聚合物正极氧化还原过程。通过研究 pAP、1,5-NAPD、poly(pAP)和 poly(1,5-NAPD)的 HOMO 与 LUMO，分析 HOMO 和 LUMO 之间的能带隙表征材料的本征电子导电性。这进一步证明了两步电聚合方法可以明显降低 poly(pAP)和 poly(1,5-NAPD)的能带隙值，使其低于单体，表现出更强的与 Zn^{2+} 的结合活性[56]。

7.2　负极材料设计和计算

7.2.1　金属负极

金属锂因其高的理论容量和低的电动势而受到越来越多的关注，并且 Li 负极对于高能量密度的 $Li-O_2$ 和 Li-S 电池来说是必不可少的。然而，在多次剥离/沉积循环过程中，枝晶生长会刺穿隔膜导致电池短路风险，持续的体积变化会造成 SEI 的不断分解和产生，造成电池循环效率低下。

熔融锂金属与 3D 集流体复合形成的复合 Li 金属负极可以有效限制 Li 负极的体积变化。基于此，研究人员提出通过对传统 3D 碳基材料进行亲锂改性，提升对熔融锂的亲和性，降低锂离子的成核壁垒。为了选择合适的亲锂材料，通过 DFT 计算不同基底与熔融锂的相互作用，其中 Li 与 Al 的结合能为–2.0eV，与 Cu 的结合能为–2.60V，而碳纳米管（CNT）泡沫具有最低的结合能（–1.25eV），NiO 表现出最高的结合能，达到–4.19eV。电荷密度差分图表明，与铜集流体相比，Li^+ 能够从 NiO 和 CNT 中得到电子，CNT 对 NiO 中电子的转移加剧。因此选用均匀负载 NiO 的 CNT 泡沫作为集流体的锂金属复合负极表现出优越的电化学性能[57]。

在多通道碳骨架上生长了具有丰富氧和氮掺杂的三维垂直石墨烯纳米墙（VGWs@MCF），

作为无枝晶锂金属负极的高机械 Li 主体。同时，通过简易真空过滤方法制备出垂直取向的 LiFePO$_4$ 和 LiNi$_{0.8}$Co$_{0.1}$Mn$_{0.1}$O$_2$ 来支撑正极，以获得具有高导电性和机械稳定性的双垂直取向电极设计。利用 COMSOL 模拟揭露复合锂金属负极的沉积行为和稳定性，结果显示，垂直石墨烯纳米墙的引入使得锂离子浓度分布更为均匀，局部电场浓度在通道内壁、外部及主体上均更加有利于锂金属的沉积，从而促进 Li 的均匀沉积与剥离，进一步缓解锂枝晶形核和生长[58]。

采用化学镀的方法并引入香草醛来开发纳米级银骨架。通过 3D 打印构建了涂覆致密纳米级银的铜骨架，利用香草醛调控形成均匀的 Ag 镀层。纳米银层有利于无缝的锂/银合金化，实现几乎无缝的 Li 沉积。通过 COMSOL 模拟证明了 3D 结构能够降低有效电流密度，从而降低锂沉积或溶剂的极化，并诱导锂的外延生长，缓解锂金属的体积变化[59]。

由于锌具有较高的容量和较低的氧化还原电位，锌被认为是一种很有前景的水离子电池负极。北京理工大学陈人杰等提出一种纳米级的界面修饰锌负极的方法，将超薄氮掺杂氧化石墨烯层（NGO）平行分布在电极表面，可以在较低的界面阻抗下实现更快的动力学输运，实现较长循环能力。第一性原理计算表明，Zn 与含氮官能团具有强吸附性，Zn 与 C—OH、吡啶氮（Npd）、石墨氮（Nq）和体相 N 的结合能较低，分别为 –0.19eV、–0.17eV、–0.21eV 和 –0.20eV，然而随着 C=O 或吡咯氮（Npr）的引入，结合能提升至 –0.24eV 和 –0.46eV。费米能级图谱表明 Npr 官能团对电子更加亲和，这表明石墨烯的 Npr 掺杂是金属锌优先沉积活性位点的来源。最重要的是，DFT 和费米能级的结果表明 Npr 官能团使得 NGO 可以有效调节 Zn 沉积[60]。

7.2.2 锂离子电池负极

锂离子电池负极材料通常为与锂电位接近的可嵌锂化合物。利用计算对负极材料的研究相对于正极材料而言还比较滞后，研究成果相对较少。这一方面是因为第一性原理计算对材料晶体结构的预测能力相对薄弱，而负极材料通常在脱、嵌锂过程中的结构稳定性不及正极材料，给计算本身增加了许多困难。另一方面，负极材料的选择也没有正极材料那么丰富。

Agrawal 采用单步水热合成法制备了 N 掺杂的多层多孔硬碳纳米球负极材料，随后采用 DFT 研究了在锂化过程中 N 掺杂对硬碳材料体积膨胀及锂存储容量的影响[61]。Agrawal 通过创建 $a = b = c = 7.5$Å 的超晶胞碳结构，采用第一性原理分子动力学计算获得无序的碳结构，最后采用随机取代功能将 9.25% 的 C 原子随机取代为 N 原子，创建 N 掺杂结构。对于锂化后的结构，分析整个结构的空穴位置及半径，选取半径最大的位置插入 Li$^+$，创建锂化后的结构。研究人员先创建未掺杂及掺杂 N 原子的碳结构，再掺杂 5 个 N 原子，形成浓度 9.25% 结构，再通过改变插入 Li$^+$ 的个数模拟锂化过程。掺杂 N 之后，体积膨胀比例明显变小，但对 Li 含量始终维持线性关系。然而，膨胀系数则不同，随着 N 原子的掺杂，膨胀系数急剧降低，但对 Li 含量作图为非线性关系，这预示着 N 的掺杂能够提升负极材料的容量维持能力。

电导率与费米能级处的态密度成正比，掺杂 N 原子之后，费米能级处的态密度值为掺杂之前的 2 倍左右，而总态密度的增加主要原因为 N 原子态密度的贡献。因此，N 掺杂之后，电导率成倍提高，则意味着材料的电子传输能力也大大提高。综上，通过水热合成法制备了掺杂氮的硬碳纳米球作为锂电池的负极,通过实验手段及 DFT 方法对比了掺杂 N 前后的负极材料的电子性质。DFT 结果表明:①掺杂 N 之后,膨胀系数急剧降低,负极材料的容量维持能力增强,Li 离子容量增加;②掺杂 N 之后,电子导电能力增强,电子转移能力提升。

金属硫化物是一种具有竞争性的锂电池负极材料。具有独特二维层状结构的金属硫化物,如 MoS_2 和 SnS_2,由于其容量高于石墨而被广泛研究。然而,这种金属硫化物在充放电过程中导电性差,体积变化大,导致速率性能和循环稳定性差。同时,石墨烯是具有一个原子层厚度的二维碳材料,具有比表面积大、电导率高、机械柔韧性好等独特优点。由石墨烯改性的金属硫化物复合材料作为负极材料具有更稳定的循环稳定性、更高的容量和更高的倍率性能,然而金属硫化物与石墨烯之间的协同作用尚需进一步了解。

通过第一性原理计算,研究人员系统地分析了 Li 在 MoS_2 和 SnS_2 单层及 Li_2S 表面的吸附和扩散,以及它们与石墨烯(G)的界面作用[62]。通过电荷密度差分图可以看出,如图 7-6 所示,Li 对于硫化物单体中的 S 有相应的电子贡献,而在掺杂石墨烯后,对 S 和 C 均有电子贡献,可以证明 Li 与金属硫化物表面的 S 原子和石墨烯中的 C 原子相互作用,导致在界面上锂的吸附能比相应表面的吸附能大。此外,通过对能带结构的分析表明,石墨烯的掺入增强了电子电导率,证实了界面上 Li 的赝电容储存机理。在吸附 Li 后,态密度向低能量方向移动,同时 Li_2S 轨道仅与 S 3p 和 C 2p 轨道部分叠加,证明了 Li—S 和 Li—C 离子键的形成。因此,Li 不仅与 MoS_2、SnS_2 和 Li_2S 表面反应,而且与石墨烯反应,使 Li 在 MoS_2/G、SnS_2/G 和 Li_2S/G 界面上的吸附比 Li 在 MoS_2 和 SnS_2 单层和 Li_2S 表面的吸附更加稳定。

研究人员对材料中 Li^+ 的扩散能垒进行计算,而扩散能垒则对应着 Li^+ 的扩散能,也就是扩散速率。扩散能垒越低的材料,其扩散速率越大,则相应的倍率性能越高。由扩散壁垒可以看出,虽然在 MoS_2/G、SnS_2/G 和 Li_2S/G 界面上的锂吸附得到了增强,但 Li 在界面上的扩散势垒仍能保持较小的值,离子键的形成几乎没有增强 Li 扩散的势垒。这种赝电容类 Li 在石墨烯/金属硫化物界面上的存储行为有利于提高其锂离子的存储容量和速率性能,并且在 Li_2S/G 界面上增强的吸附能力有助于石墨烯/金属硫化物复合材料提供额外的容量。

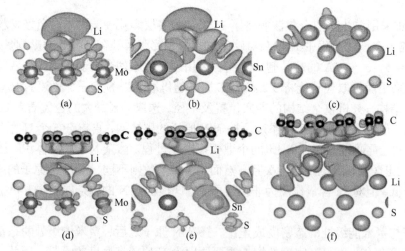

图 7-6 吸附一个 Li 原子的稳定构型的电荷密度差 $\Delta\rho$

(a) MoS_2;(b) SnS_2;(c) Li_2S(111);(d) MoS_2/G;(e) SnS_2/G;(f) Li_2S/G。浅蓝色和黄色分别代表电荷损失和电荷积累

通过第一性原理计算，研究人员对金属氧化物作为锂离子电池负极材料与锂离子的作用机制进行了深入分析。Hassan 等利用第一性原理计算研究用于计算 RuO_2 作为锂离子电池负极材料的放电曲线，并了解 Li^+ 在结晶体 RuO_2 中吸附的分子机制。计算得出的首圈放电曲线能够定性地预测 RuO_2 的放电平台，与实验得到的放电曲线相比，起始放电电压的低估和平台电压的高估是由于实际放电过程中的动力学因素造成的极化[63]。

硅负极由于有最高的理论比容量、相对较低的工作电位和高的资源储量而受到广泛的研究。但是，其在发生锂化反应时会产生巨大的体积膨胀，这会导致快速的容量衰减从而阻碍硅负极的实际应用。硅碳复合负极材料的设计是弥补硅材料缺陷的重要方法。厦门大学的张桥保、彭栋梁和内布拉斯加大学林肯分校 Zeng 等研究者设计了一种自支撑的 Cu_3Si-Si@carbon@graphene（Cu_3Si-SCG）纳米复合材料来解决上述问题[64]。无论是相比于纯 Si、SCG，还是其他 Cu_3Si-SCG 样品，Cu_3Si-SCG-2（2 表示热处理时间 2h）都表现出了极优异的循环稳定性。为了解释 Cu_3Si-SCG-2 材料具有优异性能的原因，作者采用化学力学模拟对 Si、SCG 和 Cu_3Si-SCG-2 材料在锂化反应时的应力情况进行了模拟。结果显示，Si 材料在锂化时发生了非常大的自由膨胀，不过应力不高。对于 SCG 材料而言，表面的碳层抑制了 Si 的自由膨胀，因此材料的膨胀相比纯 Si 要小。但是，在反应时 Si 内核和碳壳层界面处的应力非常大，最高达到了 70GPa。这么高的应力将会造成材料破裂，从而降低材料的循环稳定性。可以看到，材料的体积膨胀和应力得到了很好的平衡。这些模拟研究结果表明：①碳壳可以有效地抑制 Si 核的膨胀；②内部的 Cu_3Si 可以有效地降低碳壳处的拉应力。

不同的结构设计会带来截然不同的性能。为了制备高性能的锂离子电池并探索不同结构对材料性能的影响，研究通过制备两种类型的包覆材料：蛋黄-蛋壳结构的 Bi_2S_3@C 和核壳结构的 Bi_2S_3@C[65]。蛋黄蛋壳结构的特点是内部的核与外部的壳之间存在一定的孔隙，而核壳结构则没有。相比于纯 Bi_2S_3 和核壳结构的 Bi_2S_3@C，蛋黄蛋壳结构的 Bi_2S_3@C 表现出了最好的循环稳定性。为了解释其独特的结构优势，研究人员采用有限元模拟的方法考察了两类包覆材料在锂化时的应力分布状况。可以看到，在反应前沿，核壳结构 Bi_2S_3@C 的碳壳存在巨大的拉应力，最高达 43GPa，与此同时内部的核也承受着大的压应力。巨大的拉应力很容易造成碳壳破裂，从而严重影响材料的循环性能。作为对比，蛋黄蛋壳 Bi_2S_3@C 碳壳处的最大应力仅为 8.6GPa。这表明，蛋黄蛋壳结构内部的孔隙可以容纳内核材料的体积膨胀，从而避免出现大的应力以保持材料结构完整。

东北师范大学孙海珠等开发了一种基于金属氧化物纳米点的氧化还原化学的成孔策略，以制备两种用于负极和正极的多孔碳基底。由碳化棉布生成中空碳纤维，并通过还原 NiO 纳米点形成孔隙，为负极提供最终的 PCtC@rGO@Ni 基底，由于优异的亲锂性和导电性，Ni 被作为修饰碳纤维的目标金属。采用 DFT 计算来了解不同衬底的锂沉积行为。结果表明，它有利于 Li 在碳表面的 Ni 金属周围成核并生长成二维 Li 团簇，从而引导 Li 沉积到 PCtC@rGO@Ni 纤维上。相比之下，未经修饰的 CtC 则没有发现类似的趋势，导致了大块的 Li 和 Li 枝晶的形成。离子通量、锂离子浓度和电场可以指导锂金属的沉积行为，这取决于衬底的组成和结构。模拟的具有 75nm 孔隙的碳衬底代表了 PCtC@rGO@Ni 的多孔结构。计算结果表明，锂金属首先在孔隙中生长，并在孔隙被填充时形成平面。在这种自填充过程中，离子通量、锂离子浓度和电场保持均匀，这在一定程度上抑制了锂枝晶的生长[66]。

东北师范大学朱广山、王恒国等合成了一系列基于芴的多孔芳香骨架（porous aromatic framework，PAF），然后将其用作可充碱金属离子电池中阳离子宿主的有机负极材料。在此，作者通过傅-克烷基化反应设计并合成了一系列具有特制立体结构的芴基PAF，它们具有无定形和丰富的芳香族骨架。大量的特征分析和DFT计算表明，更多的微孔体积，更高的比表面积，特别是更多的自由基可以有利于有机骨架的氧化还原活性和电化学性能。受益于多种因素的协同作用，最佳的PAF-202负极表现出超高的可逆容量、超稳定的循环性和卓越的锂离子电池的倍率能力[67]。

7.2.3 钠离子电池负极

DFT计算在钠离子电池的应用，主要包括建立和优化晶体结构，计算电极电动势或电池电压、可逆容量、钠离子吸附或嵌入形成能、结构缺陷影响分析、充放电速率、钠离子扩散能垒和路径等。

Co_3X_4（X=O，S，Se）是一种非常有前景的钠离子电池负极材料，它们有着稳定的化学性质、高的电子电导率和较好的可逆性。中南大学对它们的储钠性能进行了详细的研究[68]。由于Co_3O_4、Co_3S_4和Co_3Se_4的阴离子有不同的直径和电荷数，因此它们的电子结构可以有效地被调控，从而改善电荷传输特性。比较这三种材料的储钠性能，可以发现Co_3O_4具有最差的倍率性能，Co_3S_4和Co_3Se_4的倍率性能依次改善。即使在2A/g的电流密度下，Co_3Se_4的储钠容量仍然高达430mAh/g。为了解释它们之间倍率性能的巨大差异，采用DFT计算了这三种材料的电子结构。可以发现，Co_3O_4的能隙为2.0eV。对于Co_3S_4，它的能隙仅为0.1eV，不过费米能级精确地将价带顶和导带低分开。Co_3Se_4则有完全不同的情况，它的费米能级线进入了导带里面，因此价带和导带没有明显的区分界线。由于能带间隙是决定固体材料导电性的决定因素，因此可以认为材料的电导率大小为：$Co_3O_4<Co_3S_4<Co_3Se_4$。因此，随着O元素替换为S和Se，材料的倍率性能逐渐改善。

金属氧化物一般具有较高的理论比容量，TiO_2由于其稳定、无毒、价格低廉和理论能量密度高等特点成为钠离子电池负极材料的研究热点。然而它的性能仍需进一步提升，一般研究通过设计疏松多孔的纳米结构或将其与碳基或其他基质材料复合来解决这一问题。山东大学的熊胜林制备了一种层级状的多孔混合纳米片（TiO_2@NFG），它是由均匀的TiO_2纳米颗粒和氮掺杂的石墨烯片层相互交联构成[69]。研究人员采用态密度探究了材料间的导电性和动力学差异。相比于纯的TiO_2样品，TiO_2@NFG表现出更好的倍率性能（60C下110mAh/g），这源于其高的导电性和优异的动力学特性。为了解释氮掺杂的石墨烯片层（NFG）对TiO_2导电性和动力学性质的影响，作者依据DFT计算了m-TiO_2和TiO_2@NFG的态密度。对于纯的m-TiO_2，它的价带和导带之间带隙大约为3eV。作为对比，TiO_2@NFG样品中包覆的NFG是一个导体，它对费米能级附近的能带有贡献。因此，电子可以非常容易地沿着NFG传输，从而改善TiO_2@NFG材料的导电性和动力学特性。

北京航空航天大学李典森等报道了一种含有氧空位（OV）的钛酸钠/二氧化钛/C（C-NTC）异质结构复合材料，并将其应用于钠离子电池的负极。电化学动力学测试和DFT测量证实，异质结构和OV的协同效应加速了离子/电子转移动力学，稳定的骨架结构和固体电解质界面层确保了长循环寿命[70]。

金属氧化物或硫化物与碳材料的复合有助于开发性能优良的负极材料。例如，山东大学利用一种简易的胺热还原反应制备出可用于钠离子电池负极的硫化物 SnS2/氨基化石墨烯复合材料[71]。通过对结合能的计算得出，SnS2 是通过强的化学键结合在氨基化石墨烯上。该复合材料具有优异的循环稳定性，在 1A/g 下循环 1000 次后容量仍然高达 480mAh/g。为了解释材料具有优异循环性能的原因，采用 VASP 软件包计算了 SnS2 及其产物 Na2S 在石墨烯和氨基化石墨烯上的结合能。结果表明，SnS2 与氨基化的石墨烯之间具有更大的黏附力。除了 SnS2，其放电产物 Na2S 也拥有相同的规律。因此，相比于 SnS2/石墨烯，SnS2/氨基化石墨烯表现出更好的循环稳定性。

材料的电子结构对材料的导电性有很大的影响。随着钠离子电池负极材料研究逐步深入，通过第一性原理计算能够给出电极材料可逆储钠性能的系统解释，并在新材料结构和成分设计方面发挥更重要的作用。

7.2.4　钾离子电池负极

钾离子电池由于丰富的钾资源储备，同时钾离子拥有与锂离子相近的氧化还原电位，是一种有前景的大规模储能器件[72]。面对碱金属电池同样的枝晶问题，研究人员认为通过合理控制的电流密度，电池自热会诱导钾枝晶尖端原子的表面迁移，从而实现枝晶自愈[73]。与锂金属电池相比，钾金属电池中的枝晶自愈效率更高，其自愈所需电流密度比锂枝晶低一个数量级。通过第一性原理计算，从跃迁机制和交换机制两个角度进行分析，探究了锂和钾金属的表面扩散特性。在跃迁机制中，研究人员认为吸附原子是从一个平衡吸附位置移动到另一个平衡吸附位置。扩散速率由沿扩散路径计算出的能垒估算，其路径是通过比较吸附原子在其各自最稳定的表面末端的高对称性位点上的吸附能确定。研究人员认为交换机制是金属钾的主要自扩散机制。此外，由于该机制下金属钾的扩散能垒比金属锂在两种扩散机制下的能垒都要低。因此，与锂相比，金属钾表现出更高的自扩散速率。例如，当温度为 50℃时，钾的表面扩散速率常数约为相同温度下锂的 5 倍。

研究人员制备了氮掺杂碳包覆 ZnTe/CoTe2（ZnTe/CoTe2@NC）负极材料。该材料的异质结构促进了 K+ 的扩散。结果表明，在碲化物异质结中，电子转移过程提供了丰富的阳离子吸附位点，促进了钾化/去钾过程中的界面电子传递。ZnTe/CoTe2@NC 显示了优异的循环稳定性，在 5A/g 下循环 5000 次后仍具有较高的可逆容量。此外，实验和理论计算结合证明了异质结中 K+ 扩散的能垒低于单个材料中 K+ 扩散的能垒[74]。

华中科技大学利用静电纺丝技术，将含 Zn 的金属有机骨架引入 PAN 基纳米纤维中，最终得到 Zn 和 N 共掺杂的纳米碳纤维材料作为 K 的负极载体，成功实现了对于 K 均匀沉积的调控，以及体积膨胀的抑制。如图 7-7 所示，利用 DFT 对比了 K 原子与不同宿主载体之间的相互作用能力，分别计算了 K 和 C、N 掺杂 C、N 与 Zn 共掺杂 C 的结合能力。其中 K 和 NC-Zn 的结合能最高，为 2.94eV，表明 N 和 Zn 之间的协同作用使基体和 K 原子之间的相互作用显著增强[75]。

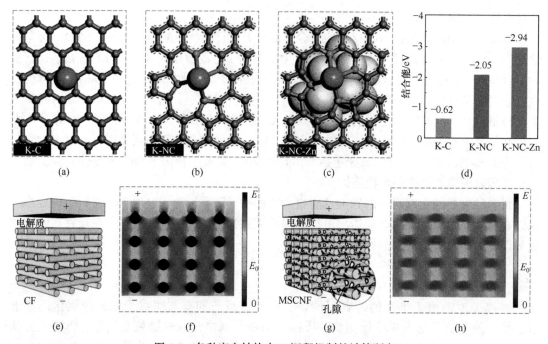

图 7-7　各种宿主结构中 K 沉积机制的计算研究

（a）、（b）、（c）、（d）通过 DFT 和对应模型计算 K 原子与不同宿主的结合能；CF（e）和 MSCNF（g）的模拟模型；
CF（f）和 MSCNF（h）的相应电场分布

7.3　电解质材料设计和计算

7.3.1　液体电解质

　　锂离子的溶剂鞘极大地影响着锂金属电池的性能，其中的阴离子种类对于形成高质量的 SEI 膜有很大影响，如 NO_3^-、$TFSI^-$ 和 FSI^- 等阴离子的存在有利于高质量 SEI 膜的形成。研究人员提出了一种利用引入分子间氢键来调控溶剂鞘结构的方法，即通过引入少量添加剂，与溶剂以及锂盐的阴离子形成分子间氢键，来降低电解液中阴离子的 LUMO 能级，促进高质量不易碎的 SEI 膜的形成，减少游离溶剂分子的数量，提高电解液的稳定性[76]。

　　研究人员通过加入少量三醛基间苯三酚（TFP）来引入分子间氢键。为了验证引入的氢键对锂离子溶剂鞘的调控作用，选择含氟的 LiTFSI 和 LiSI 作为电解质，因为含有 F 的阴离子可以与 TFP 形成最强的 H…F 氢键。同时，选用的酯基溶剂可与 TFP 形成 H…O 氢键。由于 TFP 与锂盐的阴离子及溶剂形成的氢键以及 TFP 直接参与锂离子的溶剂化作用，所以 TFP 的加入可以有效调节锂离子溶剂鞘的结构。

　　研究人员对比研究了另外一种与 TFP 具有相似结构的添加剂间苯三酚（PG）对于溶剂鞘的调控作用，相比于 TFP，PG 形成的分子间氢键键强较弱。DFT 计算表明这两种添加剂对于电解液中阴离子和溶剂的 LUMO 能级的影响，LiTFSI 的 LUMO 能级为 $-1.40eV$，在形成 TFP-LiTFSI 复合物后其两种不同的分子构型的 LUMO 能级分别降低了 0.95eV 和 1.01eV，这是由于 TFP 能促进 LiTFSI 的分解。相反，对于 PG-LiTFSI，其 LUMO 能级有所提高，这是由于 PG 可以抑制阴离子的分解。这一计算结果与含有 PG 的电解液体系的 SEI 形成行为是一致的。

随着电子产品不断向智能化、轻薄化和超长待机方向发展，对进一步提高 LCO 电池的能量密度提出了更高的要求。提高能量密度一个重要的途径就是提高其充电电压，但是当 LCO 的充电电压超过 4.5V 时，LCO 在 4.55V 左右的相变会引起结构在 c 轴和 a 轴上产生较大的各向异性膨胀和收缩，导致颗粒破碎，结构崩塌。此外，更高的工作电压，意味着更严重的界面副反应，致使电池内阻不断增加，电池失效。因此，要想 LCO 电池在大于 4.6V 下正常工作，提高其结构和界面稳定性是至关重要的。腈类化合物作为添加剂或者溶剂用于改善正极的高压稳定性已经被广泛研究，但是其提高高压稳定性的作用机理仍具有争议，并且其在负极处的副作用不可忽视，而氟代碳酸乙烯酯（FEC）作为一种高效的负极添加剂，已经被广泛研究，但是 FEC 添加剂会在正极上形成厚厚的 CEI 膜，增加电池的电阻和容量损失。并且，由于路易斯酸的催化作用，FEC 很容易分解，释放氟化氢，导致正极和铝箔的腐蚀，特别是在高温下分解更为严重。因此，为了规避这些不利方面，FEC 与腈之间的协同探索对于改性电解质以实现 $LiCoO_2$ 正极在高压下的持久运行显得尤为重要。

　　首先通过 VASP 计算比较了辛二腈（SUN）、1,3,6-己三腈（HTCN）、碳酸乙烯酯（EC）、FEC 在 LCO 表面的吸附能，在 SUN、HTCN、EC、FEC 共存的电解液体系中，SUN/HTCN 会优先于其他溶剂分子，通过—CN 和 LCO 晶体中的 $Co^{3+/4+}$强配位作用，优先于吸附在电极表面，占据电极表面的金属活性位点。在充电过程中，随着锂离子的不断脱出，更多的 Co^{3+} 会被氧化成 Co^{4+}，更高的氧化态意味着对电解液更强的催化作用，而随着腈类化合物的引入，SUN/HTCN 在 $Li_{0.75}CoO_2$（模型中最上面一层的 Li 被移除，此时晶面最上面一层 Co 对应 Co^{4+}）表面的吸附能远大于在 $LiCoO_2$（Co^{3+}）上的，表明 Co-NC-R 更倾向于形成脱锂过程，Co-NC-R 形成后受—CN 中 N 2p 轨道孤对电子的贡献，会使 $Co^{3+/4+}$电荷密度增加。SUN 和 HTCN 在 LCO 表面的氧化是热力学可行的，且在脱锂（Co^{4+}）条件下，其氧化活性最高。

　　如图 7-8 所示，与未添加腈类的样品相比，添加 SUN 或 HTCN 后，$Co\text{-}L_3$ 峰向能量较低的方向移动，这种能量偏移被认为与 Co 元素氧化态的降低有关。在添加 SUN 和 HTCN 电解液的体系中，与标准样 $K_3Co(CN)_6$ 类似，有明显的双峰信号，进一步证明了腈类化合物中的—CN 基团会与 Co 3d 轨道发生杂化，形成 Co-NC-R，占据 LCO 表面的金属活性位点，同样，杂化后 N 2p 轨道上的孤对电子会降低 LCO 中 $Co^{3+/4+}$的真实价态，使得界面处电极和电解液反应活性的降低，这与计算结果一致。

　　借助 FEC 和腈类共添加剂在正极界面处的协同作用，可得到含有 Co-NC-R、$LiOCO_2RFCN$、$[CO\text{-}CH_2]_n$ 和恰当 LiF 含量的薄且均匀并具有高电子绝缘性的 CEI 膜，该膜可抵抗高压下电解液的剧烈氧化分解，并保证了正极材料的结构完整性，极大地改善了 $Li/LiCoO_2$ 电池在 4.6V 下的常温/高温循环稳定性。此外，借助光谱学分析和第一性原理计算，清晰揭示了腈与 LCO 相互作用的机理：腈类化合物中的—CN 官能团会优先吸附在 LCO 表面，占据 LCO 表面的金属活性位点，随后 N 2p 轨道和 Co 3d 轨道的杂化，形成 Co-NC-R 的微观结构，杂化后，由于 N 2p 轨道上的孤对电子的贡献，会使得 LCO 晶体表面 $Co^{3+/4+}$的真实价态降低，进一步降低充电过程中高价金属离子对电解液的催化分解，使得 FEC 和基础电解液的过度分解被抑制。

　　由前述内容可知，相比于层状 $LiCoO_2$、尖晶石相 $LiMn_2O_4$ 和橄榄 $LiFeO_4$，层状富锂锰基材料因其较高的比容量而受到广泛关注。然而依旧存在的很多问题限制了进一步的产业

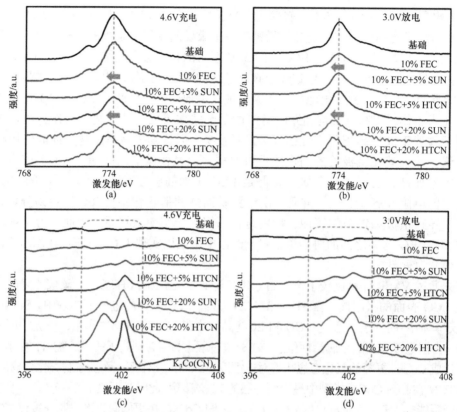

图 7-8　LCO 电极在几种不同电解液体系中的 4.6V 充电态和 3.0V 放电态 XAS 谱图
（a，b）Co-L$_3$；（c，d）N-K

化。除对电极材料本身的研究外，对与其紧密接触的电解液的进一步了解也有助于其稳定性能的提升。当前锂离子电解液通常是 LiPF$_6$溶于各种碳酸酯溶剂，如碳酸甲乙酯（EMC）和碳酸二乙酯（DEC），以及环状碳酸酯（EC）。这类电解液通常或多或少含有水杂质，会导致 LiPF$_6$水解产生 HF。此外，LiPF$_6$本身就是不稳定的，容易电离生成 LiF 和 PF$_5$。所产生的 PF$_5$属于较强的路易斯酸，容易催化碳酸酯溶剂的分解，导致一系列的副反应。另一方面，富锂锰基放电截止电压通常在 4.8V 以上，会导致电解液不断地氧化分解。不管是电解液的热分解还是氧化分解，都会伴随一系列副反应，最终导致 HF 酸的积累。无论是包覆惰性材料还是成膜添加剂，都不能解决电解液中 HF 的问题。

　　鉴于此，华南师范大学李伟善与美国陆军研究实验室高级科学家许康合作，提出一种新型策略，一反常规，变废为宝，充分利用电解液中有害的 HF，将 F 离子转移到高氟界面保护膜中，不仅消除了电解液中的 HF 酸，还提高了界面膜的稳定性[77]。这种策略所构建的高氟界面膜提高了电解液的稳定性，抑制了过渡金属离子的溶解，最终大幅提高了富锂锰基材料的循环性能。研究人员首先研究了不同电解液中 Li$_{1.2}$Mn$_{0.55}$Ni$_{0.15}$Co$_{0.1}$O$_2$/Li 的循环性能，加了 0.25%（2-allylphenoxy）trimethylsilane（APTS）添加剂后，循环性能得到大幅提升，库仑效率也稳定在 100% 左右。为了探究 HF 酸对电池性能的影响以及 APTS 添加剂对 HF 酸的作用，研究人员在标准以及含 APTS 的电解液中均加入 600ppm（1ppm = 10^{-6}）的 HF 酸，对比其循环性能。可以看出，与没有加 HF 酸的相比，加了 HF 酸后，使用标准电解液的循环电池在 60 次循环就出现大幅下降，表明 HF 酸对电池性能有严重的破坏作用。相反，加了 APTS 添加剂之后，循环性能依旧稳定，表明 APTS 能够消除 HF 酸对电池的负面作用。研究人员通过核磁共振波谱进一步探究了 APTS 添加剂与 HF 酸的相互作用。加了添加剂后，HF 酸的特征峰明显消失，表明 APTS 能够配合消除电解液中的 HF。

为了探究 APTS 与 HF 配合的机理，研究人员通过 DFT 计算研究了不同物质之间的结合能。结果表明，与 EC、EMC 和 DEC 相比，APTS 与 HF、H^+ 和 F^- 具有相对较大的结合能，证明了 APTS 能够优先于碳酸酯溶剂与 HF 配合，消除 HF。相反，APTS 却不容易与 Li^+、PF_6^- 结合，有利于其更容易聚集在正极表面氧化，减少 PF_6^- 的分解。通过首次充放电曲线以及 LSV，研究人员探究了不同电解液的氧化行为。结果发现，添加剂在 4.25V 就开始氧化，而采用标准电解液时则是 4.5V 开始氧化，表明 APTS 能够优先于碳酸酯溶剂发生氧化反应，形成界面保护膜。加了 600ppm 的 HF 酸后，两者电解液的氧化电位均有所提前，表明 HF 促进了电解液的氧化分解。幸运的是，含 APTS 电解液的氧化电位（4.09V）依旧比标准（4.35V）的更小，表明在 HF 存在情况下，APTS 添加剂也能够优先氧化。

研究人员再次通过 DFT 计算不同配合物的电离能研究上述现象的原因，计算结果显示，与 EC、EMC 和 DEC 相比，APTS 添加剂具有相对较小的电离能，意味着 APTS 更容易在正极表面失去电子被氧化。而 PF_6^- 的存在，进一步降低了碳酸酯溶剂和 APTS 的电离能，加快了其分解。当 HF 存在的情况下，HF 分子和 H^+ 则增加了它们的电离能。相反，F^- 的存在，大幅降低了溶剂与 APTS 的电离能，促进了它们的氧化分解。这个结论表明，F^- 促进了电解液的氧化分解，而不是 HF 分子或 H^+。与 F^- 配合后，APTS 添加剂的电离能最小，表明 APTS-F 配合物最容易氧化，将 F 转移到界面保护膜中。研究人员最后总结了 APTS 的作用机理图。在标准电解液中，电解液在正极表面发生氧化分解，产生一系列副产物，产生有害的 HF，诱导过度金属离子溶解，破坏晶格结构；覆盖在材料表面的聚合物降低了锂离子的传导，增加了电化学阻抗，最终导致电池循环性能的衰减。在电解液加入 APTS 添加剂之后，添加剂优先与电解液中的 HF 酸配合，消除有害 HF 酸；所产生的 APTS-F 配合物具有最低的氧化电位，优先在正极材料表面形成一层较薄的界面保护膜，这个成膜过程同时将电解液中的有害 F 转移到保护膜中，F^- 的参与有效地增加了界面膜的稳定性。保护膜有效提高了电极/电解液界面的稳定性和富锂锰基材料的循环稳定性。

Ju 等利用 Li_6PS_5Cl 接枝聚氰基丙烯酸乙酯（ECA）对工业电解质进行功能化，设计了一种耐渗漏电解质，该电解质能与铝塑填料通过氢键作用而固定化电解质。来自环境的水分也能催化大分子进一步聚合，密封泄漏点，从而解决泄漏问题。ECA 的聚合是在没有水和环境空气的情况下由阴离子引发的。根据这一机理，具有强亲核性和高 Li^+ 含量的 LPSCl 被 PS_4^{3-}、S_2^- 和 Cl^- 阴离子中和，是引发 ECA 聚合的一种很有前途的选择。分子动力学模拟说明 ECA 促进了 LPSCl 在 DME 中的溶解[78]。

Zhang 用从头算方法研究了 Li_2S_6 作为典型多硫化物在 1,2-二甲氧基乙烷（又称二甲醚，DME）中的溶解形式。计算了 Li_2S_6 解离为 LiS_6^- 和 S_6^{2-} 的一级解离常数和二级解离常数分别为 3.52 和 17.61。同时，Li_2S_6 也能解离为 LiS_3 自由基，解离常数为 7.80。用随时间变化的 DFT 计算了 Li_2S_6 在二甲醚中的超微可见光谱。进一步计算了不同电解质硫比下 Li_2S_6 和解离的 LiS_6^-、S_6^{2-} 和 LiS_3 的浓度。发现在 DME 中，中性 Li_2S_6 占主导地位，而多硫阴离子和自由基很少[79]。

　　大多数非水电解质是易燃、易挥发的非质子电解质,存在安全隐患,难以应用于开放系统。离子液体(IL)电解质是传统非质子电解质的良好替代品,因为它们不挥发和不易燃。IL 电解质引起了人们越来越多的兴趣。Cai 等通过 VASP 计算软件揭示了不同比例 IL 促进锂离子运输并稳定锂氧电池阳极沉积的作用机理[80]。

　　法国蒙彼利埃大学 Le Pham 等结合拉曼光谱和 DFT 研究了不同浓度的 KFSI 在二甲醚(DME)电解液中的 K^+ 阳离子溶剂化情况,并将这种局部电解液结构与观察到的石墨中的储存机制相关联,阐明了 DME 与 K^+ 比例和石墨插层和共插层机制。工作首先介绍了存储机制作为电解液盐浓度以及恒电流和原位 XRD 曲线的函数的演变,然后通过 DFT-拉曼光谱组合方法研究 K^+ 在 DME 中的溶剂化情况。利用蒙特卡罗模拟,研究了 DME 与 K^+ 比例和石墨层间间距的信息。这些发现被用来深入了解阳离子溶解在石墨中储存钾的机制中可能产生的影响[81]。

　　德国德累斯顿工业大学冯新亮报道了一种由含 $LiPF_6$ 混合电解液的锌-石墨电池(ZGB)[82]。$LiPF_6$ 的存在有效地抑制了电解液中的阳极氧化,并具有 4V 的超宽电化学稳定性窗口。在混合电解液中实现了石墨正极的无枝晶嵌/脱锌和可逆双阴离子嵌入。锌-石墨电池在 2.8V 的高压下性能稳定,中位放电电压为 2.2V。在高充放电率下循环 2000 周后,库仑效率约为 100%,容量保持率高达 97.5%。为了深入了解混合电解液的高电化学稳定性和石墨正极的双重阴离子嵌入机理,作者从扩散动力学的角度分析了阴离子在电解液和石墨正极中的扩散。对纯电解质和混合电解质进行了脉冲场梯度扩散核磁共振研究。在所有情况下,观察到的单指数衰减和单分散大小。PF_6^- 和 $TFSI^-$ 在混合电解液中的扩散系数(D)均比纯电解液低,这主要是由于混合电解液的黏度增加。混合电解液中的 $D_{(PF_6^-)}$ 为 $3.6 \times 10^{-11} \sim 3.8 \times 10^{-11} m^2/s$,且 $D_{(TFSI^-)}$ 高于 $3.3 \times 10^{-11} m^2/s$。当施加电场时,$PF_6^-$ 在混合电解液中扩散并在正极上积聚的速度比 $TFSI^-$ 快。因此,累积的 PF_6^- 可以保护不锈钢电极钝化膜的形成。以这种方式,有效地抑制了 $Zn(TFSI)_2$ 电解质的阳极氧化,具有 4V $vs.$ Zn/Zn^{2+} 电化学稳定性窗口。进一步,作者采用 DFT 模拟了石墨中阴离子的嵌入过程。优化了石墨单元上的阴离子扩散路径,两种阴离子都需要通过 C—C 键才能沿着(110)方向到达下一个稳定点。对于这两种阴离子,阴离子周围有很大的电荷缺乏和石墨处的电荷过剩,这表明石墨和阴离子之间有很强的电子转移。这意味着石墨与阴离子之间的键合具有明显的离子性质。石墨层中优化的 PF_6^- 扩散势垒(0.25eV)低于 $TFSI^-$ 的扩散势垒(0.54eV),表明 PF_6^- 在完整石墨中的扩散速率较高。

7.3.2　氧化物固态电解质

　　无机陶瓷电解质是一种具有显著竞争力的备选电解质,相比于聚合物固态电解质具有离子电导率高、弹性模量大和不可燃烧的优点,被认为是安全问题的根本解决方案。由于无机固体电解质具有周期性的晶体结构,其性质易于计算,与实验结合时可以大大减小材料的开发周期和研发成本。无机电解质主要包括陶瓷固态电解质和玻璃固态电解质,下面分别就常见的固体电解质材料简述其部分计算的研究进展。

1. 钠/锂快离子导体

　　高电导率钠快离子导体(NASICON)型锂离子无机固体电解质材料 $LiM_2(PO_4)_3$,其中

MO_6 八面体和 PO_4 四面体组成共价的 $[M_1M_2P_3O_{12}]$-骨架，形成三维的锂离子通道。锂离子存在的两种占位类型 M_1 和 M_2，纯相中 M_1 位占满而 M_2 位留空，低价掺杂可以使 M_2 位部分占据。电导率（σ）由关系 $\sigma = c\mu q$ 决定，其中 c 是电荷载流子的密度，μ 是电荷载流子的迁移率，q 是每个载流子所携带的电荷。两种常用的提高导电性的方法是：增加电荷载流子的浓度或载流子的迁移率。

Francisco 将第一性原理计算与实验结果相结合，对不同占据模式导致的熵变进行了讨论[83]。通过不同的 Al 含量的掺杂，认为 $Li_{1+x}Al_xGe_{2-x}(PO_4)_3$（$0 \leqslant x \leqslant 0.6$）随着 Al 含量开始逐步增加，活化能下降，这是由于 M_2 位点上越来越多的 Li 引起的。然而，随着 Al 含量的进一步增多，活化能增加。这是由于 Al 对 Ge 的取代引起了迁移瓶颈尺寸的变化。一般来说，组成结构的不同决定了结构中 Li 的含量的差异，复杂的静电力平衡决定了 M_1 和 M_2 位点的占用率，位点的占用率决定了传导是受到熵变的助力还是阻碍。只有在 $x = 0.4$ 时，熵变有助于电导率的提升，它们在很大程度上被焓增所覆盖。在所有成分中，熵变对活化能的贡献小于焓变贡献的 22%。最终研究人员认为虽然熵变对电导率具有一定的贡献，但在设计一种新的 NASICON 时，应更多地注意降低活化能。

Fujimura 提出了一种有效筛选锂快离子导体组成和结构相的方法[84]。通过机器学习技术将理论数据和实验数据结合起来，加速了材料的设计进程。该方法利用团簇展开法建立较宽范围的固溶体组分模型，确定有序-无序相转变温度以及多种掺杂/取代组分三元相图，如图 7-9 所示，随后结合实验数据，利用机器学习并利用第一性原理分子动力学方法预测各个组分在 100℃时的电导率，并系统地对该结构进行组成与电导率优化。然而，这仅仅展示了对于两相体系的组分调控，更为复杂的系统有待进一步的模拟，并且模拟得到 LISICON 的理论最大电导率仍不超过 10^{-3}S/cm。

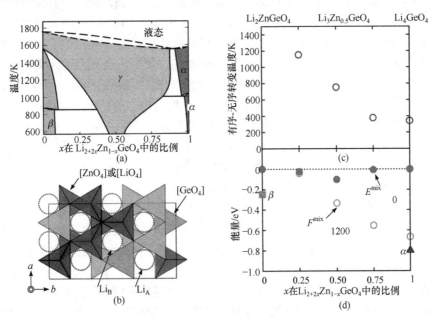

图 7-9　有序-无序相转变温度以及多种掺杂/取代组分三元相图

（a）Li_2ZnGeO_4-Li_4GeO_4 的二元相图；（b）γ-LISICON 在 c 轴的晶体结构投射；（c）计算模拟的转变温度；（d）基态结构形成能

2. 钙钛矿型固态电解质

1953 年，由 Katsumata 报道合成了钙钛矿型固体电解质 $Li_{0.5}La_{0.5}TiO_3$（LLTO）[85]。LLTO 强调 A 型空穴在结构通式为 ABO_3 钙钛矿结构中的复杂占据模式。事实上，即使使用中子衍射的选择技术，表征其基本的钙钛矿排列的微妙变化和在十二面体的 A-空穴中定位 Li 也是相当困难的。Nakayama 结合团簇展开、蒙特卡罗方法和第一性原理计算，分析了两种不同的富 Li 结构得到 La 和空位与温度相关的排列方式，并且使用计算过渡态方法计算得出 Li^+ 的迁移路径，对 LLTO 的锂离子传导行为有了初步的研究[86]。随后，Catti 根据实验结果建立各个组分相应的空间群模型，通过静电动势分布推测锂离子最可能的占据位置或通过基态能计算确定最稳定 Li-La-空位分布。首先通过分析无锂电荷结构中的静电动势分布，对实际的锂位置有了初步了解；然后通过对几个有序模型进行广泛的最小能量结构优化，可靠地确定了这一点[87]。

一般来说，扩散维数越低，各向异性扩散越快。然而 LLTO 固体电解质却相反。为了对这一现象进行进一步了解，Takahisa 通过分析锂离子在 LLTO 扩散能面中能谷的构型特征，预测锂离子分布方式以及对应的输运通道。通过第一性原理计算对锂的占位进行了原子尺度分析发现锂离子的协同运动避免了两个离子同时占用在同一 La 的 A 位缺陷。这一结果表明，Li 和 La 的 A 位缺陷之间是一一对应的，这使我们能够解释该系统的扩散特性，并证明二维锂离子扩散的优势。以上结构模型建立后，有助于对锂离子输运机制研究深一步的了解，发现了它与 Li/La/空位组分以及层内/层间序结构的密切关系。

3. 石榴石结构固态电解质

2003 年 Thangadurai 发现石榴石结构 $Li_5La_3M_2O_{12}$（M = Ta，Nb）具有较高的离子电导率和较宽的电化学窗口[88]。2007 年 Murugan 等进一步发现 $Li_7La_3Zr_2O_{12}$ 具有低的活化能。高锂离子浓度和锂离子与晶体结构低的化学作用，因此室温离子电导率超过 10^{-4} S/cm。

为深入研究石榴石型固态电解质的离子导电机制，研究人员利用逆向蒙特卡罗法和经典分子动力学方法，以 $Li_5La_3Ta_2O_{12}$（LLZO）为例研究锂的局域结构和热力学分布可见[89]，在八面体结构或四面体结构中的 Li 更倾向于停留在偏离中心的位置，并接近三角形瓶颈，这可能是由于 Li-Li 的相互作用形成的锂团簇形式不均匀。这也导致了 LLZO 局部结构的不稳定性和快速的离子传导。Li^+ 传输过程中不直接发生位点的跃迁，而是会穿过三角形瓶颈。然而，研究人员认为这一导电机理受局部环境或温度的影响很大，Li 在低温下从边缘传递机制跳到高温度下的中心传递机制是不同的。

石榴石固态电解质具有两种构型，其中立方相晶型具有更高的电导率，然而四方相在低温下更稳定。Bernstein 等以 $Li_7La_3Zr_2O_{12}$ 为研究对象，利用键价方法、分子动力学和第一性原理计算等方法，进一步研究了其锂离子分布以及温度相关的相变。实验表明锂含量在 6.5 左右时，四方相到立方相的转变温度较低，且室温电导率可高达 10^{-3} S/cm。研究表明锂离子在四方相中有序分布，立方相中无序分布，相变伴随着锂的重新分布和晶格向高对称性扭曲；引入锂空位可以增加构型熵，缓解立方相无序化带来的能量增加，导致更低的四方体构型向立方相构型转变的温度[90]。

通过对 $Li_7La_3Zr_2O_{12}$ 的第一性原理计算表明，锂空位缺陷生成能较低[91]。掺杂作为提高离子电导率的重要方法，经历了系统的对比研究。例如，研究人员利用第一性原理计算研究了立方相不同锂含量石榴石结构 $Li_xLa_3M_2O_{12}$（$x = 3$，5，7；M = Te，Nb，Zr）的锂离子占据方式和跃迁势垒。根据不同含量的锂离子配位推测可知当 $x = 3$ 时，锂离子倾向于占据四面体位，基本不可跃迁；当 $x = 5$ 时，八面体位锂离子倾向于绕过四面体锂占据位点进行跃迁，势垒约为 0.8eV；当 $x = 7$ 时，锂离子倾向于经过四面体空位在八面体之间跃迁，势垒约为 0.3eV；实际活化能为不同跃迁方式的概率平均[92]。

通过对 Rb 和 Ta 元素掺杂得立方 $Li_7La_3Zr_2O_{12}$，研究人员确定了活化能最低、室温电导率最高的结构为 $Li_{6.75}La_3Zr_{1.75}Ta_{0.25}O_{12}$（活化能为 19MeV，300K 时，电导率为 1×10^{-2}S/cm）。所有掺 Ta 结构的离子电导率均显著高于未掺杂立方 $Li_7La_3Zr_2O_{12}$（活化能为 24MeV，300K 时，电导率为 2×10^{-3}S/cm）。含有 $Li_{7.25}La_{2.875}Rb_{0.125}Zr_2O_{12}$ 的 Rb 掺杂结构比立方 $Li_7La_3Zr_2O_{12}$ 具有更低的活化能，但进一步的 Rb 掺杂导致性能急剧下降。拓扑分析结果表明，元素掺杂造成的离子电导率提升不是由于 Li^+ 在石榴石内迁移路径的改变，而是由于改变了 Li^+ 浓度。这进一步确定了锂离子电导率与空位和锂的浓度均相关，因此，异价掺杂使得锂离子与四面体/八面体锂空位浓度适中并保持立方结构，是优化电导率的方向。研究表明，在固定锂浓度下改变晶格参数，晶格参数的降低导致锂电导率的快速下降，而膨胀晶格只提供边际改进。这一结果同时表明，掺杂较大的阳离子不会显著提高性能。

石榴石型 $Li_7La_3Zr_2O_{12}$ 固体电解质具有高的硬度、宽的电化学窗口以及对锂的热力学稳定性，可以有效阻挡锂的生长穿透。但在实际测试中发现，当施加一定的电流密度，$Li_7La_3Zr_2O_{12}$ 陶瓷片电解质很快被锂贯穿。这是由于在过电位的驱动下，锂原子可以在 LLZO 晶体内部沉积，使其具有电子导电性。并且，由于弹性模量的限制，Li 更倾向于在孔隙等缺陷处成核，一旦达到成核半径将自发长大。当点缺陷连成线缺陷时（如连续的孔隙/裂痕/晶界），锂金属将沿着连续缺陷生长，直至贯穿 LLZO 电解质。此外，陶瓷片内部的高电阻缺陷也会带来高的局域过电位，驱动电子注入和锂沉积。

为抑制锂枝晶生长，研究人员提出多种解决方案。其中，在固体电解质近锂侧部分掺 Ti，Ti 掺杂的 $Li_7La_3Zr_2O_{12}$（T-LLZO）在嵌锂后变为电子导体，并保持高的离子电导率。将 T-LLZO 作为界面修饰层，形成混合离子-电子导电界面，可以均匀化界面电场、降低局域过电位并抑制锂成核的作用[93]。比较 Li/T-LLZO 和 Li/LLZO 界面电子态密度可知，第二层的 Ti 原子掺杂导致高的电子态密度，因此在其中赋予高的电子电导率和均匀的电场。从费米能级负极的态密度分析看出：①T-LLZO 的第二层在费米能级附近比 LLZO 具有更高的态密度；②第三、第四和第五层具有明显的电子绝缘性。该策略可以从源头上解决锂金属成核生长问题。

揭示材料异质性对细纤维形成的作用对下一代电池的工程材料至关重要。研究人员使用远场高能衍射显微镜和层析成像相结合的方法来评估致密的 $Li_7La_3Zr_2O_{12}$ 固体电解质的化学力学行为。实现了一种无监督的机器学习算法，评估了超过 30000 个晶粒中每个独特晶粒的应力响应的空间分布。用有限元方法模拟了固体电解质的电学和机械响应。研究得出石榴石固体电解质的破坏是局部开始的，可能是一个随机过程，微量二次立方多晶相的存在可能导致固体电解质中出现局部传输和力学梯度[94]。

4. 卤化物固态电解质

氧化物固态电解质虽然具有良好的机械强度和离子电导率，然而差的界面接触和加工过程中所需要的高温阻碍了它的实际应用。相比而言，尽管卤化物材料受到的关注相对较少，但由于在材料中存在卤素阴离子而更加具有吸引力。首先，单价卤素阴离子与锂离子的相互作用比二价硫或氧阴离子弱，因此有助于锂离子的快速传输。其次，卤素阴离子的离子半径相对较大（r_{Cl^-} = 167pm，r_{Br^-} =182pm，r_{I^-} = 206pm，$r_{O^{2-}}$ = 126pm，$r_{S^{2-}}$ = 170pm 的六配位阴离子），使得离子键变长和极化程度变高，因此具有良好的锂离子迁移率和高的可塑性。再次，一些无机卤化物盐，特别是离子性高的盐，即使在高温下也在干燥空气中稳定。通过 DFT 计算可以知道，这赋予了氯化物和溴化物较高的电化学稳定性。然而，尽管卤化物电解质具有上述优点，目前对卤化物的研究仍然相对较少。主要是因为具有萤石结构或尖晶石结构的卤化物材料在室温下的锂离子电导率约为 10^{-6}S/cm 甚至更低。虽然在 20 世纪 90 年代对 Li-M-Br（M=Al，In，Ga）进行了研究，并且也有高达 10^{-3}S/cm 的锂离子电导率的报道，但它们在室温下表现出导电相和电化学的不稳定性，进而导致电池运行不稳定。因此，基于上述研究，卤化物电解质常被认为是离子电导率低、稳定性低的材料体系。

直至 2018 年，Asano 等发现同时具有高锂离子电导率，高化学稳定性与高变形性的 Li_3YCl_6（LYC）和 Li_3YBr_6（LYB），这是由于 YX_6^{3-} 具有稳定的八面体结构[95]。在室温下，对经冷轧制备的电解质进行锂离子电导率测试发现，Li_3YCl_6 达到了 0.51mS/cm，Li_3YBr_6 可以达到 1.7mS/cm，Li_3YBr_6 的离子电导率甚至高于已知报道的最好的氧化物石榴石型电解质。更有趣的是，这种高电导率是在它们的成密集堆积结构的阴离子亚晶格中实现的，氧化物电解质的高锂离子电导率的成因不同。需要注意的是，在没有任何额外的对正极进行涂层的情况下，该电解质可以与 4V 级钴酸锂正极材料组装全固态电池，并且具有高达 94% 的库仑效率，这进一步证明了氯化物和溴化物具有较高的化学稳定性。这些优越的电化学特性以及它们的材料稳定性表明，卤化锂盐除了硫化物或氧化物外，还是另一种有前途的固体电解质候选材料。

在此基础上，Wang 等利用第一性原理计算，在广义梯度近似条件下利用缀加投影平面波方法，采用 PBE 泛函，研究了氯离子和溴化物材料的锂离子扩散、电化学稳定性和界面稳定性，阐明了其高离子电导率和良好电化学稳定性的原因。氯化物和溴化物化学本质上表现出低迁移能垒、宽的电化学窗口，并且不受硫化物和氧化物锂离子导体的以往设计原则的限制。氯化物和溴化物是一种允许在结构、化学、组成和锂亚晶格上有更大的自由度快速锂离子导体[96]。由于阴离子晶型的不同，在 Li_3YBr_6 中的锂离子扩散为各向同性，锂离子通过四面体位跃到其他八面体位点。在 Li_3YCl_6 中的锂离子扩散是各向异性的，通过相邻的共面八面体位点之间跳跃，具有快速的 c 轴一维扩散通道。氯化物和溴化物紧密堆积结构中的能量势垒低到足以达到 10^{-3}S/cm 的高离子电导率，并且表现出的高离子电导率与阳离子无关，在把 Y 元素替换成其他阳离子如 Sc 和 Ho 元素时，同样具有高的离子电导率。在考虑了不同阴离子化学物质的体积和位置几何之后，可以发现氯化物和溴化物的 FCC 和 HCP 阴离子晶格可以表现出 0.2～0.3eV 的足够低的迁移势垒，这通常低于典型硫化物体积中 S^{2-} 阴离子晶格中约 0.4eV 的迁移势垒。

Li_3YCl_6 与 Li_3YBr_6 的还原极限分别为 3.15V 和 4.21V，氧化极限分别为 0.59V 和 0.62V，这些热力学本征窗口明显宽于许多电流硫化物和氧化物，如 LGPS（1.72～2.29V）、Li_3PS_4

（1.71～2.31V）、Li-SICON（1.44～3.39V）和 $Li_{0.33}La_{0.563}TiO_3$（1.75～3.71V）。同时，尽管卤化物的分解电压远低于其他氧化物电解质，但和锂仍具有一定的分解能。基于 HSE 泛函的计算发现，LYC 和 LYB 具有 6.02eV 和 5.05eV 的带隙，证明它们是电子绝缘的。卤化物固态电解质为固态电解质的发展提供了一条新的道路，在此基础上进行阳离子替代、元素掺杂有助于其电化学性能的进一步提升[97-98]。

7.3.3 聚合物固态电解质

聚合物固态电解质（SPE），由聚合物基体（如聚酯、聚醚和聚胺等）和锂盐（如 $LiClO_4$、$LiAsF_4$、$LiPF_6$、$LiBF_4$ 等）构成。SPE 在室温下的离子电导率较低，因此需要较高的使用温度，然而温度的提升导致 SPE 机械性能降低，不足以抑制枝晶的生长。针对这一问题，研究人员提出了一种用于全固态锂电池的超薄高性能聚合物复合固态电解质的设计策略，由 8.6μm 厚的纳米多孔聚酰亚胺（PI）膜通过填充聚环氧乙烷（PEO）/LTFSI 制成。PI 膜是不可燃的且机械强度高，高杨氏模量主体可以防止锂枝晶的渗透，垂直排列的纳米通道增强了 PEO/LTFSI 的离子电导率（在 30℃时为 $2.3×10^{-4}$S/cm）。采用 PI/PEO/LiTFSI 固态电解质制造的全固态锂离子电池在 60℃时具有良好的循环性能，可承受弯曲、切割和钉子穿透等滥用测试。分子动力学模拟发现，PEO/LiTFSI 薄膜中，PEO 呈随机取向，而垂直通道对聚合物链的排列有强烈的取向效应，使 Li^+ 沿取向方向（z）的扩散明显增加，离子电导率增强，显著高于 PEO/LiTFSI 薄膜（$5.4×10^{-5}$S/cm）[99]。

不同于传统聚合物基体，使用多孔结构的聚合物封装锂盐是聚合物电解质的另一方案。基于长期在多孔有机材料的设计合成方面的工作，研究人员提出了一种基于超高表面积的多孔芳香骨架材料四苯基甲烷（PAF-1）与其通道内部吸附的锂盐 $LiPF_6$ 组成的电解质体系[100]。通过将制备好的 PAF-1 粉末与含 $LiPF_6$ 的电解液混合，控制锂盐浓度，经过滤、洗涤得到不同 $LiPF_6$ 负载量的 $LiPF_6$@PAF-1 粉末。

与相应的气相离子相比，Li^+ 和 PF_6^- 与 PAF-1 材料片段的结合能分别为 390kJ/mol 和 192kJ/mol，表明 PAF-1 片段可稳定 Li^+ 和 PF_6^-，Li^+ 位于 PAF-1 结构的四苯基甲烷节点的两个苯环之间。进一步的结合能计算表明，Li^+ 和 PF_6^- 与 PAF-1 片段结合在一起在能量上更有利。为了解 $LiPF_6$ 在 PAF-1 孔道中的高吸附和稳定作用，计算了 PAF-1 模型中 $LiPF_6$ 的理论容量，结果表明 PAF-1 的微孔区域具有较高的 $LiPF_6$ 容量，$LiPF_6$ 吸附的最有利位置是 Li^+ 位于两个苯环之间。相比而言，PF_6^- 离子尺寸大，成为限制 PAF-1 结构吸收 $LiPF_6$ 的因素。尽管如此，计算结果表明 PF_6^- 依然能够自由扩散通过且不会破坏 PAF-1 结构。总而言之，$LiPF_6$ 和 PAF-1 骨架之间有很强的物理吸附力，通过乙醇洗涤几次可以很容易对 PAF-1 进行回收。使用分子动力学模拟了 Li^+ 在 PAF-1 中扩散的能力，结果表明，每个 Li^+ 都被其路径中的第一个苯环吸引，并移动到两个苯环之间的高能结合位点。因此在满载的 $LiPF_6$@PAF-1 系统中，预计 $LiPF_6$ 将完全占据高能结合位点，Li^+ 的扩散将通过填充剩余孔隙空间的松散结合的 Li^+ 来完成。

聚合物电解质分为凝胶聚合物电解质（GPE）和固态电解质（SPE）。SPE 的室温离子电导率很低，还无法满足电池的实际应用要求。而凝胶聚合物电解质由于含有一定量的液态增塑剂，因此其室温离子电导率比固态电解质高，达到 10^{-3}S/cm 的级别，可以满足实际应用需要，通过新型的原位聚合方法将其中低闪点、易燃烧、易泄漏的 LE 转换为高分子量的聚合物，将进一步提升电池的安全性能，同时有效解决了固态电解质和电极的界面接触问题。此外，原位聚合工艺路线简单，有望应用于目前的电池行业。基于这些优势，研究人员通过 LiPF$_6$ 原位引发 1mol/L LiTFSI-DOL/DME 液态电解质中 1,3-二氧戊烷（DOL）开环聚合，实现室温下 1.71×10^{-3}S/cm 的离子电导率，同时电化学窗口拓宽至 4.4V，在 LFP、LTO 与 NCM811 电极匹配中实现优良的电化学性能[101]。

斯坦福大学崔屹团队设计了一个交错的 Li-SPE（I-Li@SPE）骨架，开创性地展示了聚合物基全固态电池的三维界面，解决了平面 Li-SPE 界面上不规范的锂剥离/电镀的挑战，并大大改善了界面的完整性以及石榴石氧化物固体电解质的性能。交错的 Li@SPE 设计将 Li 剥离/电镀从平面 Li-SSE 界面扩展到三维，从而降低了局部电流密度并抑制了孔隙的形成。此外，与二维平面锂相比，I-Li@SPE 骨架将体积变化分散到更大的三维界面区域，提供了一个额外的自由度，减少了 Li-SPE 界面上的界面波动。COMSOL 模拟提供了 I-Li@SPE 中局部电流密度降低和界面波动的理论证据，验证了 I-Li@SPE 在不同电流条件下的优越性。这些模拟可视化了 I-Li@SPE 在循环中的三维剥离/电镀行为，并为 I-Li@SPE 的局部电流密度降低和厚度变化减轻提供了理论支持[102]。

7.3.4　其他电解质

LMB 使用锂金属作为电池负极，包括 Li-S 电池和 Li-O$_2$ 电池等下一代电池技术，其能量密度远超当前的锂离子电池。困扰 LMB 的一大问题是锂枝晶，即在电池内部生长的锂晶须。锂枝晶可以快速降低电池的性能，缩短电池使用寿命，甚至可以刺穿电极之间的膜，从而使电池短路，引起严重的安全问题。而锂枝晶的生长主要是由非均相的锂沉积造成的。因此，研究人员提出一种利用 MOF 的超微孔结构作为离子筛，来调控阴阳离子在传统电解液中的传输过程，实现均相锂沉积并有效抑制锂枝晶生长的思路[103]。

通过 DFT 计算在两种极端情况下，TFSI$^-$ 在水平（Path-I）或垂直（Path-II）情况下通过 MOF 孔道中的能量壁垒。A-K（Path-I）和 A'-K'（Path-II）表示在 TFSI$^-$ 阴离子传输过程中的一些重要位点。通过计算发现，在垂直通过刚性 MOF 骨架的条件下，从一个 MOF 孔道中心位置扩散到下一个孔道中心位置，即 F 点和 F'点，它们之间的能垒差达到 1.26eV。而在充分弛豫的条件下，F 点和 F'点也有高达 0.63eV 的能垒差。充分说明了 MOF 孔道提供离子通道，通过空间限制，可以选择性地延缓 TFSI$^-$ 在通道中的传输。

分子动力学模拟证明了 MOF 结构可以通过对 TFSI$^-$ 的有效调控来实现均匀的 Li$^+$ 传输。在普通电解液中（1mol/L LiTFSI DOL/DME），Li$^+$ 和 TFSI$^-$ 都是可以自由移动的，但由于锂盐和溶剂分子的溶剂化过程，Li$^+$ 更倾向于与溶剂分子结合，而不是与 TFSI$^-$ 结合。因此，其相对应的均方位移显示，TFSI$^-$ 反而比 Li$^+$ 扩散得更快。而在 MOF 基电解质中，其利用 MOF 的有序超微孔结构作为离子筛，在普通电解液中实现对阴阳离子传输的有效调控。因为 MOF 孔道的选择性作用，其均方位移的模拟结果显示，MOF 孔道会延缓 TFSI$^-$ 在其中的通过，使得 Li$^+$ 扩散得更快。而这也与 MOF 基电解质表现出的高离子迁移系数和高离子电导率性能相吻合。相对于阴阳离子在普通电解液中的无序传输并造成不均匀的锂沉积，MOF 结构可以提供高效的离子通道，延缓 TFSI$^-$ 在其中的通过，从而达到均匀的锂离子传输效果，实现均相的锂沉积。MOF 基电解质在大电流密度、大能量密度的条件下，在长周期循环的时间内，表现出高的电化学稳定性，优异的库仑效率和明显的锂枝晶抑制效果。

马里兰大学胡良兵、布朗大学齐月等通过将铜离子与一维纤维素纳米纤维配位，改变了纤维素的晶体结构，结果聚合物链之间的间距被扩大为可供 Li⁺ 嵌入和快速传输的分子通道，从而实现了 Li⁺ 沿着聚合物链的快速传输。此外，作者已经验证了这种分子通道工程方法与其他聚合物和阳离子的通用性，其意义可能超出安全、高性能的固态电池。研究人员通过分子动力学模拟构建了材料的模型结构，结果表明，在 H_2O 分子的帮助下，Li-Cu-CNF 中的 Li⁺ 在 COO— 和 RO— 位点之间跳跃，而不是在聚合物链段形成的溶剂化鞘内移动。研究人员还进行了从头算分子动力学模拟，显示了 Li 金属和 Li-Cu-CNF 电解质界面上 SEI 层的形成[104]。

研究人员提出了一种纤维素作为内层结构，PSS 和 APTMS 修饰形成中间层，外表面生长致密的 MOF 层的仿生"树干"结构的柔性准固态电解质，其具有多层级的离子传输通道。利用 DFT 模拟对材料构建过程中的分子相互作用、Li⁺ 迁移路径以及树干设计的相应离子传导机制进行了理论分析。结果表明 Li⁺ 在羟基上的吸附优于醚基，接着进一步模拟了 Li⁺ 迁移的途径，分别为 MOF 表面的外部路径和 MOF 孔隙中的内部路径，其中内部路径更有利[105]。

7.4　其他电池体系材料设计和计算

1. 钾有机电池

钾有机电池具有低成本和可持续性，因此在大型电网和电动汽车中具有巨大的应用潜力。然而，在快速放电/充电过程中具有较差的循环稳定性，而较低的能量密度进一步限制了它们的应用。对正极材料结构的优化可以实现稳定性能的改善。香港城市大学 Tong 等引入了一种简单的聚合工艺，以调节聚合物正极的氧化还原动力学、电子结构和电极/电解质界面[106]。使用聚合物正极和对苯二甲酸二钾负极组装全电池，表现出优异的能量密度和循环稳定性。该材料在 35.2kW/kg 的高功率下具有 113Wh/kg 的能量密度，在 7.35C 的高电流密度下循环 1000 周后容量下降可忽略不计。通过将 3,4,9,10-苝四甲酸二酐（PTCDA）与肼聚合，HOMO 能级增加，E_g 降低，表明羰基氧化还原的可行性增加，电导率提高。进一步引入—CH_2—CH_2—链段的供电子基团（PTCDA-2C）可以进一步提高 HOMO 能级并降低 E_g，表明羰基氧化还原动力学进一步增强。而相似的 HOMO 能级和 PTCDA-2C、PTCDA-3C 和 PTCDA-4C 的 E_g 表明—$(CH_2)_k$—链段的长度对羰基氧化还原动力学的影响可忽略不计。与在 PTCDA 的整个片段上均匀分布的 LUMO 不同，LUMO 轨道主要集中在 PTCDA-0C 的四个羰基上。这种现象可能是由于在两侧对称引入了—NH—的强供电子基团。在进一步引入了—CH_2—链段的弱供电子基团时，PTCDA-2C、PTCDA-3C 和 PTCDA-4C 的 LUMO 轨道进一步集中在—$(CH_2)_k$—链段附近的羰基上。这种集中的 LUMO 轨道可能是导致自由基阴离子和阴离子之间快速转换的重要因素。

2. 室温钠硫电池技术

室温钠硫电池技术（RT-Na-S）具有高能量密度、低成本、大容量等优点，具备大规模储能的潜力。RT-Na-S 的成功应用将为化石燃料向可再生能源系统的转变铺平道路。然而，S 和 Na 的低电活性导致充放电过程中反应不完全，导致容量没有完全发挥，并且循环寿命短。伍伦贡大学窦世学和得克萨斯大学奥斯汀分校余桂华以金纳米点修饰的氮掺杂碳微球作为一种有效的硫载体实现了高性能的 RT-Na-S 电池[107]，其中交联互通的内部通道允许传质和电解质渗透。氮掺杂和金纳米点通过极性-极性相互作用增强了多硫化物与碳的吸附。此外，厚厚的外壳可以在物理上限制球内的反应，从而减轻多硫化物穿梭效应。更重要的是，金纳米点作为电催化剂起非常关键的作用，它使中间产物 Na_2S_4 完全转化为最终产物 Na_2S，从而提高了硫阴极的反应活性，提高了容量。通过 DFT 研究了多硫化钠在 CN 和 CN/Au 上转化过程中的能量变化，计算结果可以看出，从 S_8 到 Na_2S 的吉布斯自由能下降路径意味着所有的转换都是自发的。CN/Au 比 CN 更有利，因为它具有较低的吉布斯自由能。催化 CN/Au 上 S_8 的还原是降低能量势垒和提高电池性能的关键。因此，这些 Au 纳米点通过增强极性-极性相互作用的吸附能力，可以有效地抑制多硫化物的穿梭效应。更重要的是，Au 纳米点可以催化多硫化钠的转化，提高硫的利用率，从而产生高的比容量和能量密度。这些因素使 CN/Au/S 成为高性能 RT-Na-S 电池的阴极。

研究人员构建了一种轻质多孔三维 N, S 共掺杂纤维素纳米纤维衍生的碳气凝胶（NSCA）作为多功能隔膜，用于先进的 RT-Na-S 电池。NSCA 的 3D 互连石墨烯骨架提供了分层多孔结构、高电子导电性和有利的 N、S 共掺杂。NSCA 可以作为阻挡层和膨胀的集流体来增加硫的利用率，从而抑制穿梭效应并提高 NaPS 的氧化还原动力学。在实验和 DFT 研究的基础上，NSCA 显示出优异的多硫化物锚定能力和多硫化物转化的快速反应动力学。结果发现，使用 NSCA@GF 隔膜组装的 Na-S 纽扣电池提供了高达 788.8mAh/g 的可逆放电容量在 0.1C 后 100 次循环和长期循环稳定性，在 1C 下超过 1000 次循环后容量衰减率为 0.059% 的超低容量衰减率。本研究为开发多功能分离器提供了一个有前途的界面策略，以开发高性能 RT-Na-S 电池，应用于电网规模的固定式储能装置[108]。

3. 水系铝电池

水介质中正交型氧化钒（V_2O_5）具有高度可逆的质子嵌入/脱出反应，使水系铝电池具有延长的循环寿命[109]。通过模拟可以更精确地理解 V_2O_5 中的质子嵌入反应。原始 V_2O_5 呈现典型的层状结构。两个钒原子之间的距离为 4.37Å，对应于五氧化二钒的（001）面。钒和氧原子之间的距离为 1.58Å，这是钒和氧之间的最短距离。在嵌入一个质子（HV_2O_5）后 V_2O_5 的晶体结构中，该质子在 V_2O_5 中产生 147mAh/g 的比容量，接近于在 Al‖V_2O_5 电池释放的容量。结果表明，HV_2O_5 为严格的三斜晶系，其晶体结构与正交晶系非常接近。质子嵌入后 c 轴明显收缩，层间距离从 4.37Å 下降到 3.86Å，V═O 键键长变长。体积收缩量为 12.3%。分析还发现 O—H 键键长为 0.99Å，这与水分子中的典型值 0.96Å 不同，解释了 FTIR 光谱。$H_2V_2O_5$ 呈三斜结构，层间距较短，体积减小 37.5%。两个质子嵌入后的大体积变化表明，尽管比容量较大，但两个质子的嵌入可能会破坏 V_2O_5 结构的稳定性，使电池性能不稳定。

4. 电极材料的多电子反应

多电子反应是建立高能系统的有效途径，然而对多电子反应机制的理解不清阻碍了进一步发展。多电子电极中离子扩散壁垒是多电子反应的限速原因，对电极的反应活性和稳定性影响显著。通过第一性原理对嵌入型、转化或合金型电极材料中 Li^+ 与 Mg^{2+} 不同的扩散动力学计算表明[110]，Li^+ 与 Mg^{2+} 在相邻阳离子位点进行扩散，导致不同的离子扩散壁垒。具有开放 3D 转移路径和高电子电导率的多电子电极材料表现出低迁移势垒，有助于快速的阳离子转移。并且，相比于 Li^+，Mg^{2+} 具有更低的扩散势垒，这主要是由于 Mg^{2+} 与 Li^+ 直径相似，两者的结合能较弱。因此，通过对离子传输通路与结合能的调控，可以实现在多电子反应过程中的离子快速转移。

课 后 题

1. 二次电池材料的主要组成是什么？
2. 举例说明你知道的二次电池体系。
3. 结合你的认识，谈一谈同为第一主族元素，锂离子、钠离子和钾离子主要的变化特点是什么？
4. 采用三元材料的电动汽车自燃的新闻经常见报道，为什么研究人员依然坚持研究？
5. 第一性原理在新能源材料方面的应用分类有哪两种？
6. 第一性原理在新能源材料方面的应用有哪些局限？

参 考 文 献

[1] Li J Y, Lin C, Weng M Y, et al. Structural origin of the high-voltage instability of lithium cobalt oxide[J]. Nature Nanotechnology, 2021, 16(5): 599-605.

[2] Wang P F, Meng Y, Wang Y J, et al. Oxygen framework reconstruction by $LiAlH_4$ treatment enabling stable cycling of high-voltage $LiCoO_2$[J]. Energy Storage Materials, 2022, 44(4): 87-96.

[3] Lin J, Fan E, Zhang X D, et al. A lithium-ion battery recycling technology based on a controllable product morphology and excellent performance[J]. Journal of Materials Chemistry A, 2021, 9(34): 18623-18631.

[4] Padhi A K, Nanjundaswamy K S, Goodenough J B. Phospho-olivines as positive-electrode materials for rechargeable lithium batteries[J]. Journal of the Electrochemical Society, 2019, 144(4): 1188-1194.

[5] Vu A, Stein A. Multiconstituent synthesis of $LiFePO_4$/C composites with hierarchical porosity as cathode materials for lithium ion batteries[J]. Chemistry of Materials, 2011, 23(13): 3237-3245.

[6] Minakshi M, Singh P, Appadoo D, et al. Synthesis and characterization of olivine $LiNiPO_4$ for aqueous rechargeable battery [J]. Electrochimica Acta, 2011, 56(11): 4356-4360.

[7] Shi S Q, Liu L J, Ouyang C Y, et al. Enhancement of electronic conductivity of $LiFePO_4$ by Cr doping and its identification by first-principles calculations[J]. Physical Review B, 2003, 68(19): 195108.

[8] Ouyang C, Shi S Q, Wang Z X, et al. First-principles study of Li ion diffusion in $LiFePO_4$[J]. Physical Review B, 2004, 69(10): 104303.

[9] Ma Z, Zuo Z J, Li L, et al. Unleash the capacity potential of $LiFePO_4$ through rocking-chair coordination chemistry[J]. Advanced Functional Materials, 2021, 32(8): 2108692.

[10] Miara L J, Ong S P, Mo Y F, et al. Effect of Rb and Ta doping on the ionic conductivity and stability of the garnet $Li_{7+2x-y}(La_{3-x}Rb_x)(Zr_{2-y}Ta_y)O_{12}(0 \leqslant x \leqslant 0.375, 0 \leqslant y \leqslant 1)$ superionic conductor: A first principles investigation[J]. Chemistry of Materials, 2013, 25(15): 3048-3055.

[11] Thackeray M M, David W, Bruce P G, et al. Lithium insertion into manganese spinels[J]. Materials Research Bulletin, 1983, 18(4): 461-472.

[12] Xiang X D, Li W S. Facile synthesis of lithium-rich layered oxide Li[Li$_{0.2}$Ni$_{0.2}$Mn$_{0.6}$]O$_2$ as cathode of lithium-ion batteries with improved cyclic performance[J]. Journal of Solid State Electrochemistry, 2014, 19(1): 221-227.

[13] Lee A, Vörös M, Dose W M, et al. Photo-accelerated fast charging of lithium-ion batteries[J]. Nature Communications, 2019, 10(1): 4946.

[14] Rana J, Kloepsch R, Li J, et al. On the structural integrity and electrochemical activity of a 0.5Li$_2$MnO$_3$·0.5LiCoO$_2$ cathode material for lithium-ion batteries[J]. Journal of Materials Chemistry A, 2014, 2(24): 9099.

[15] Genevois C, Koga H, Croguennec L, et al. Insight into the atomic structure of cycled lithium-rich layered oxide Li$_{1.20}$Mn$_{0.54}$Co$_{0.13}$Ni$_{0.13}$O$_2$ using haadf stem and electron nanodiffraction[J]. The Journal of Physical Chemistry C, 2014, 119(1): 75-83.

[16] Chakraborty A, Kunnikuruvan S, Kumar S, et al. Layered cathode materials for lithium-ion batteries: Review of computational studies on LiNi$_{1-x-y}$Co$_x$Mn$_y$O$_2$ and LiNi$_{1-x-y}$Co$_x$Al$_y$O$_2$[J]. Chemistry of Materials, 2020, 32(3): 915-952.

[17] Gao Y R, Wang X F, Ma J, et al. Selecting substituent elements for Li-rich Mn-based cathode materials by density functional theory (DFT)calculations[J]. Chemistry of Materials, 2015, 27(9): 3456-3461.

[18] Liu S A, Liu Z P, Shen X, et al. Li-Ti cation mixing enhanced structural and performance stability of Li-rich layered oxide[J]. Advanced Energy Materials, 2020, 10(2): 1903065.

[19] Lu X K, Zhang X, Tan C, et al. Multi-length scale microstructural design of lithium-ion battery electrodes for improved discharge rate performance[J]. Energy & Environmental Science, 2021, 14(11): 5929-5246.

[20] Hyun H, Jeong K, Hong H, et al. Suppressing high-current-induced phase separation in Ni-rich layered oxides by electrochemically manipulating dynamic lithium distribution[J]. Advanced Materials, 2021, 33(51): e2105337.

[21] Yoon M, Dong Y H, Wang J, et al. Reactive boride infusion stabilizes Ni-rich cathodes for lithium-ion batteries [J]. Nature Energy, 2021, 6(4): 362-371.

[22] Guo Y J, Zhang C H, Xin S, et al. Competitive doping chemistry for nickel-rich layered oxide cathode materials [J]. Angewandte Chemie International Edition, 2022, 61(21): e202116865.

[23] Pascal T A, Wujcik K H, Velasco J, et al. X-ray absorption spectra of dissolved polysulfides in lithium-sulfur batteries from first-principles[J]. Journal of Physical Chemistry Letters, 2014, 5(9): 1547-1551.

[24] Zhou G, Zhao S, Wang T, et al. Theoretical calculation guided design of single-atom catalysts toward fast kinetic and long-life Li-S batteries[J]. Nano Letters, 2020, 20(2): 1252-1261.

[25] Ye Z, Jiang Y, Li L, et al. Self-assembly of 0D-2D heterostructure electrocatalyst from MOF and mxene for boosted lithium polysulfide conversion reaction[J]. Advanced Materials, 2021, 33(33): e2101204.

[26] Xu Z L, Lin S, Onofrio N, et al. Exceptional catalytic effects of black phosphorus quantum dots in shuttling-free lithium sulfur batteries[J]. Nature Communications, 2018, 9(1): 4164.

[27] Zhao M, Peng H J, Li B Q, et al. Electrochemical phase evolution of metal-based pre-catalysts for high-rate polysulfide conversion[J]. Angewandte Chemie International Edition, 2020, 59(23): 9011-9017.

[28] Jiang B, Tian D, Qiu Y, et al. High-index faceted nanocrystals as highly efficient bifunctional electrocatalysts for high-performance lithium-sulfur batteries [J]. Nano-Micro Letters, 2021, 14(1): 40.

[29] Wang P, Xi B J, Zhang Z C Y, et al. Atomic tungsten on graphene with unique coordination enabling kinetically boosted lithium-sulfur batteries[J]. Angewandte Chemie International Edition, 2021, 60(28): 15563-15571.

[30] Li R L, Rao D W, Zhou J B, et al. Amorphization-induced surface electronic states modulation of cobaltous oxide nanosheets for lithium-sulfur batteries [J]. Nature Communications, 2021, 12(1): 3102.

[31] Senthil C, Kim S S, Jung H Y. Flame retardant high-power Li-S flexible batteries enabled by bio-macromolecular binder integrating conformal fractions[J]. Nature Communications, 2022, 13(1): 145.

[32] Sun R M, Hu J, Shi X X, et al. Water-soluble cross-linking functional binder for low-cost and high-

performance lithium-sulfur batteries[J]. Advanced Functional Materials, 2021, 31(42): 2104858.

[33] Huang Y, Shaibani M, Gamot T D, et al. A saccharide-based binder for efficient polysulfide regulations in Li-S batteries[J]. Nature Communications, 2021, 12(1): 5375.

[34] Wu F, Qian J, Chen R J, et al. Light-weight functional layer on a separator as a polysulfide immobilizer to enhance cycling stability for lithium-sulfur batteries[J]. Journal of Materials Chemistry A, 2016, 4(43): 17033-17041.

[35] Li J X, Dai L Q, Wang Z F, et al. Cellulose nanofiber separator for suppressing shuttle effect and Li dendrite formation in lithium-sulfur batteries[J]. Journal of Energy Chemistry, 2022, 67: 736-744.

[36] Liu Y H, Chang W, Qu J, et al. A polymer organosulfur redox mediator for high-performance lithium-sulfur batteries[J]. Energy Storage Materials, 2022, 46: 313-321.

[37] Zhao Q N, Wang R H, Wen J, et al. Separator engineering toward practical Li-S batteries: Targeted electrocatalytic sulfur conversion, lithium plating regulation, and thermal tolerance[J]. Nano Energy, 2022, 95: 106982.

[38] Kim S, Lim W G, Im H, et al. Polymer interface-dependent morphological transition toward two-dimensional porous inorganic nanocoins as an ultrathin multifunctional layer for stable lithium-sulfur batteries[J]. Journal of the American Chemical Society, 2021, 143(38): 15644-15652.

[39] Li H X, Ma S, Li J, et al. Altering the reaction mechanism to eliminate the shuttle effect in lithium-sulfur batteries[J]. Energy Storage Materials, 2020, 26: 203-212.

[40] Lu J, Li L, Park J B, et al. Aprotic and aqueous Li-O_2 batteries[J]. Chemical Reviews, 2014, 114(11): 5611-5640.

[41] Wang P, Ren Y, Wang R, et al. Atomically dispersed cobalt catalyst anchored on nitrogen-doped carbon nanosheets for lithium-oxygen batteries[J]. Nature Communications, 2020, 11(1): 1576.

[42] Zheng X, Yuan M, Guo D, et al. Theoretical design and structural modulation of a surface-functionalized $Ti_3C_2T_x$ MXene-based heterojunction electrocatalyst for a Li-oxygen battery[J]. ACS Nano, 2022, 16(3): 4487-4499.

[43] Sun Z H, Cao X C, Tian M, et al. Synergized multimetal oxides with amorphous/crystalline heterostructure as efficient electrocatalysts for lithium-oxygen batteries[J]. Advanced Energy Materials, 2021, 11(22): 2100110.

[44] Xia Q, Zhao L, Zhang Z, et al. $MnCo_2S_4$-$CoS_{1.097}$ heterostructure nanotubes as high efficiency cathode catalysts for stable and long-life lithium-oxygen batteries under high current conditions[J]. Advanced Science, 2021, 8(22): e2103302.

[45] Dou Y, Xie Z, Wei Y, et al. Redox mediators for high-performance lithium-oxygen batteries[J]. National Science Review, 2022, 9(4): nwac040.

[46] Lai J N, Liu H X, Xing Y, et al. Local strong solvation electrolyte trade-off between capacity and cycle life of Li-O_2 batteries[J]. Advanced Functional Materials, 2021, 31(40): 2101831.

[47] Zhang X, Chen A, Jiao M G, et al. Understanding rechargeable Li-O_2 batteries via first-principles computations[J]. Batteries & Supercaps, 2019, 2(6): 498-508.

[48] Yu Y, Huang G, Wang J Z, et al. In situ designing a gradient Li^+ capture and quasi-spontaneous diffusion anode protection layer toward long-life Li-O_2 batteries[J]. Advanced Materials, 2020, 32(38): e2004157.

[49] Lin X D, Gu Y, Shen X R, et al. An oxygen-blocking oriented multifunctional solid-electrolyte interphase as a protective layer for a lithium metal anode in lithium-oxygen batteries[J]. Energy & Environmental Science, 2021, 14(3): 1439-1448.

[50] Tian N, Gao Y R, Li Y R, et al. Li_2C_2, a high-capacity cathode material for lithium ion batteries [J]. Angewandte Chemie International Edition, 2016, 128(2): 654-658.

[51] Carvalho R P, Marchiori C F N, Brandell D, et al. Artificial intelligence driven in-silico discovery of novel organic lithium-ion battery cathodes[J]. Energy Storage Materials, 2022, 44: 313-325.

[52] Wang F, Liu Z, Yang C, et al. Fully conjugated phthalocyanine copper metal-organic frameworks for sodium-iodine batteries with long-time-cycling durability[J]. Advanced Materials, 2020, 32(4): e1905361.

[53] Li H, Guan C, Zhang J, et al. Robust artificial interphases constructed by a versatile protein-based binder for high-voltage Na-ion battery cathodes[J]. Advanced Materials, 2022, 34(29): e2202624.

[54] Zhang J, Yan Y, Wang X, et al. Bridging multiscale interfaces for developing ionically conductive high-voltage iron sulfate-containing sodium-based battery positive electrodes[J]. Nature Communications, 2023, 14(1): 3701.

[55] Zhao Y, Huang Y, Chen R, et al. Tailoring double-layer aromatic polymers with multi-active sites towards high performance aqueous Zn-organic batteries[J]. Mater Horiz, 2021, 8(11): 3124-3132.

[56] Zhao Y, Huang Y, Wu F, et al. High-performance aqueous zinc batteries based on organic/organic cathodes integrating multiredox centers[J]. Advanced Materials, 2021, 33(52): e2106469.

[57] Mei Y, Zhou J H, Hao Y T, et al. High-lithiophilicity host with micro/nanostructured active sites based on wenzel wetting model for dendrite-free lithium metal anodes[J]. Advanced Functional Materials, 2021, 31(50): 2106676.

[58] Mu Y, Chen Y, Wu B, et al. Dual vertically aligned electrode-inspired high-capacity lithium batteries[J]. Advanced Science, 2022, 9(30): 2203321.

[59] Jiang Y P, Lv Q, Bao C Y, et al. Seamless alloying stabilizes solid-electrolyte interphase for highly reversible lithium metal anode[J]. Cell Reports Physical Science, 2022, 3(3): 100785.

[60] Zhou J H, Xie M, Wu F, et al. Ultrathin surface coating of nitrogen-doped graphene enables stable zinc anodes for aqueous zinc-ion batteries[J]. Advanced Materials, 2021, 33(33): e2101649.

[61] Agrawal A, Biswas K, Srivastava S K, et al. Effect of N-doping on hard carbon nano-balls as anode for Li-ion battery: improved hydrothermal synthesis and volume expansion study[J]. Journal of Solid State Electrochemistry, 2018, 22(11): 3443-3455.

[62] Lv Y G, Chen B, Zhao N Q, et al. Interfacial effect on the electrochemical properties of the layered graphene/metal sulfide composites as anode materials for Li-ion batteries[J]. Surface Science, 2016, 651: 10-15.

[63] Hassan A S, Navulla A, Meda L, et al. Molecular mechanisms for the lithiation of ruthenium oxide nanoplates as lithium-ion battery anode materials: An experimentally motivated computational study[J]. The Journal of Physical Chemistry C, 2015, 119(18): 9705-9713.

[64] Zheng Z, Wu H H, Chen H, et al. Fabrication and understanding of Cu_3Si-Si@carbon@graphene nanocomposites as high-performance anodes for lithium-ion batteries[J]. Nanoscale, 2018, 10(47): 22203-22214.

[65] Zhao L, Wu H H, Yang C, et al. Mechanistic origin of the high performance of yolk@shell Bi_2S_3@N-doped carbon nanowire electrodes[J]. ACS Nano, 2018, 12(12): 12597-12611.

[66] Li Y F, Ye S Y, Lin J, et al. A pore-forming strategy toward porous carbon-based substrates for high performance flexible lithium metal full batteries[J]. Energy & Environmental Materials, 2023, 6(3): e12368.

[67] Zhao S, Bian Z, Liu Z L, et al. Bottom-up construction of fluorene-based porous aromatic frameworks for ultrahigh-capacity and high-rate alkali metal-ion batteries[J]. Advanced Functional Materials, 2022, 32(44): 2204539.

[68] Ge P, Zhang C Y, Hou H S, et al. Anions induced evolution of Co_3X_4 (X = O, S, Se) as sodium-ion anodes: The influences of electronic structure, morphology, electrochemical property[J]. Nano Energy, 2018, 48: 617-629.

[69] Li B, Xi B, Feng Z, et al. Hierarchical porous nanosheets constructed by graphene-coated, interconnected TiO_2 nanoparticles for ultrafast sodium storage[J]. Advanced Materials, 2018, 30(10): 1705788.

[70] Meng W J, Dang Z Z, Li D S, et al. Interface and defect engineered titanium-base oxide heterostructures

synchronizing high-rate and ultrastable sodium storage[J]. Advanced Energy Materials, 2022, 12(40): 2201531.

[71] Jiang Y, Wei M, Feng J K, et al. Enhancing the cycling stability of Na-ion batteries by bonding SnS_2 ultrafine nanocrystals on amino-functionalized graphene hybrid nanosheets[J]. Energy & Environmental Science, 2016, 9(4): 1430-1438.

[72] Hosaka T, Kubota K, Hameed A S, et al. Research development on K-ion batteries[J]. Chemical Reviews, 2020, 120(14): 6358-6466.

[73] Hundekar P, Basu S, Fan X, et al. *In situ* healing of dendrites in a potassium metal battery[J]. Proceedings of the National Academy of Sciences, 2020, 117(11): 5588-5594.

[74] Zhang C F, Li H, Zeng X H, et al. Accelerated diffusion kinetics in $ZnTe/CoTe_2$ heterojunctions for high rate potassium storage[J]. Advanced Energy Materials, 2022, 12(41): 2202577.

[75] Li S W, Zhu H L, Liu Y, et al. Codoped porous carbon nanofibres as a potassium metal host for nonaqueous K-ion batteries[J]. Nature Communications, 2022, 13(1): 4911.

[76] Jiang C, Jia Q Q, Tang M, et al. Regulating the solvation sheath of Li ions by using hydrogen bonds for highly stable lithium-metal anodes[J]. Angewandte Chemie International Edition, 2021, 60(19): 10871-10879.

[77] Ye C C, Tu W Q, Yin L M, et al. Converting detrimental HF in electrolytes into a highly fluorinated interphase on cathodes[J]. Journal of Materials Chemistry A, 2018, 6(36): 17642-17652.

[78] Ju J W, Dong S M, Cui Y Y, et al. Leakage-proof electrolyte chemistry for a high-performance lithium-sulfur battery[J]. Angewandte Chemie International Edition, 2021, 60(30): 16487-16491.

[79] Zhang B H, Wu J F, Gu J K, et al. The fundamental understanding of lithium polysulfides in ether-based electrolyte for lithium-sulfur batteries[J]. ACS Energy Letters, 2021, 6(2): 537-546.

[80] Cai Y C, Zhang Q, Lu Y, et al. An ionic liquid electrolyte with enhanced Li^+ transport ability enables stable Li deposition for high-performance $Li-O_2$ batteries[J]. Angewandte Chemie International Edition, 2021, 60(49): 25973-25980.

[81] Le Pham P N, Gabaudan V, Boulaoued A, et al. Potassium-ion batteries using KFSI/DME electrolytes: Implications of cation solvation on the K^+-graphite (*co-*)intercalation mechanism[J]. Energy Storage Materials, 2022, 45: 291-300.

[82] Wang G, Kohn B, Scheler U, et al. A high-voltage, dendrite-free, and durable Zn-graphite battery[J]. Advanced Materials, 2020, 32(4): e1905681.

[83] Francisco B E, Stoldt C R, M'peko J C. Energetics of ion transport in NASICON-type electrolytes[J]. The Journal of Physical Chemistry C, 2015, 119(29): 16432-16442.

[84] Fujimura K, Seko A, Koyama Y, et al. Accelerated materials design of lithium superionic conductors based on first-principles calculations and machine learning algorithms[J]. Advanced Energy Materials, 2013, 3(8): 980-985.

[85] Katsumata T, Matsui Y, Inaguma Y, et al. Influence of site percolation and local distortion on lithium ion conductivity in perovskite-type oxides $La_{0.55}Li_{0.35}$-$KTiO_3$ and $La_{0.55}Li_{0.35}TiO_3$-KMO_3 (M=Nb and Ta)[J]. Solid State Ionics, 1996, 86(88): 165-169.

[86] Nakayama M, Shirasawa A, Saito T. Arrangement of La and vacancies in $La_{2/3}TiO_3$ predicted by first-principles density functional calculation with cluster expansion and Monte Carlo simulation[J]. Journal of the Ceramic Society of Japan, 2009, 117(1368): 911-916.

[87] Catti M. First-principles modeling of lithium ordering in the LLTO ($Li_xLa_{2/3-x/3}TiO_3$) superionic conductor[J]. Chemistry of Materials, 2007, 19(16): 3963-3972.

[88] Thangadurai V, Kaack H, Weppner W J F. Novel fast lithium ion conduction in garnet-type $Li_5La_3M_2O_{12}$(M=Nb, Ta)[J]. Journal of the American Ceramic Society, 2003, 86(3): 437-440.

[89] Adams S, Rao R P. Ion transport and phase transition in $Li_{7-x}La_3(Zr_{2-x}M_x)O_{12}$(M =$Ta^{5+}$, Nb^{5+}, x = 0, 0.25)[J]. Journal of Materials Chemistry A, 2012, 22(4): 1426-1434.

[90] Bernstein N, Johannes M D, Hoang K. Origin of the structural phase transition in $Li_7La_3Zr_2O_{12}$[J]. Physical Review Letters, 2012, 109(20): 205702.

[91] Kc S, Longo R C, Xiong K, et al. Point defects in garnet-type solid electrolyte (c-$Li_7La_3Zr_2O_{12}$) for Li-ion batteries[J]. Solid State Ionics, 2014, 261: 100-105.

[92] Xu M, Park M S, Lee J M, et al. Mechanisms of Li^+ transport in garnet-type cubic $Li_{3+x}La_3M_2O_{12}$(M= Te, Nb, Zr)[J]. Physical Review B, 2012, 85(5): 052301.

[93] Gao J, Zhu J X, Li X L, et al. Rational design of mixed electronic-ionic conducting Ti-doping $Li_7La_3Zr_2O_{12}$ for lithium dendrites suppression[J]. Advanced Functional Materials, 2020, 31(2): 2001918.

[94] Dixit M B, Vishugopi B S, Zaman W, et al. Polymorphism of garnet solid electrolytes and its implications for grain-level chemo-mechanics[J]. Nature Materials, 2022, 21(11): 1298-1305.

[95] Asano T, Sakai A, Ouchi S, et al. Solid halide electrolytes with high lithium-ion conductivity for application in 4V class bulk-type all-solid-state batteries[J]. Advanced Materials, 2018, 30(44): e1803075.

[96] Wang S, Bai Q, Nolan A M, et al. Lithium chlorides and bromides as promising solid-state chemistries for fast ion conductors with good electrochemical stability[J]. Angewandte Chemie International Edition, 2019, 58(24): 8039-8043.

[97] Liang J W, Li X N, Wang S, et al. Site-occupation-tuned superionic Li_xScCl_{3+x} halide solid electrolytes for all-solid-state batteries[J]. Journal of the American Chemical Society, 2020, 142(15): 7012-7022.

[98] Park K, Kaup K, Assoud A, et al. High-voltage superionic halide solid electrolytes for all-solid-state Li-ion batteries[J]. ACS Energy Letters, 2020, 5(2): 533-539.

[99] Wan J Y, Xie J, Kong X, et al. Ultrathin, flexible, solid polymer composite electrolyte enabled with aligned nanoporous host for lithium batteries[J]. Nature Nanotechnology, 2019, 14(7): 705-711.

[100] Zou J, Trewin A, Ben T, et al. High uptake and fast transportation of $LiPF_6$ in a porous aromatic framework for solid-state Li-ion batteries[J]. Angewandte Chemie International Edition, 2020, 59(2): 769-774.

[101] Wen Z Y, Zhao Z K, Li L, et al. Study on the interfacial mechanism of bisalt polyether electrolyte for lithium metal batteries[J]. Advanced Functional Materials, 2021, 32(12): 2109184.

[102] Yang Y F, Chen H, Wan J Y, et al. An interdigitated Li-solid polymer electrolyte framework for interfacial stable all-solid-state batteries[J]. Advanced Energy Materials, 2022, 12(39): 2201160.

[103] Bai S Y, Sun Y, Yi J, et al. High-power Li-metal anode enabled by metal-organic framework modified electrolyte[J]. Joule, 2018, 2(10): 2117-2132.

[104] Yang C P, Wu Q S, Xie W Q, et al. Copper-coordinated cellulose ion conductors for solid-state batteries[J]. Nature, 2021, 598(7882): 590-596.

[105] Zheng Y, Yang N, Gao R, et al. "Tree trunk" design for flexible quasi solid-state electrolyte with hierarchical ion-channels enabling ultralong-life lithium metal batteries[J]. Advanced Materials, 2022, 34(44): e2203417.

[106] Tong Z Q, Tian S, Wang H, et al. Tailored redox kinetics, electronic structures and electrode/electrolyte interfaces for fast and high energy-density potassium-organic battery[J]. Advanced Functional Materials, 2019, 30(5): 1907656.

[107] Wang N, Wang Y X, Bai Z C, et al. High-performance room-temperature sodium-sulfur battery enabled by electrocatalytic sodium polysulfides full conversion[J]. Energy & Environmental Science, 2020, 13(2): 562-570.

[108] Yang W, Yang W, Zou R, et al. Cellulose nanofiber-derived carbon aerogel for advanced room-temperature sodium-sulfur batteries[J]. Carbon Energy, 2022, 5(1): 203.

[109] Zhao Q, Liu L, Yin J, et al. Proton intercalation/de-intercalation dynamics in vanadium oxides for aqueous aluminum electrochemical cells[J]. Angewandte Chemie International Edition, 2020, 59(8): 3048-3052.

[110] Huang Y X, Wu F, Chen R J. Thermodynamic analysis and kinetic optimization of high-energy batteries based on multi-electron reactions[J]. National Science Review, 2020, 7(8): 1367-1386.

第8章

氢能及燃料电池材料计算研究实例

>>> **学习目标导航**

➢ 了解氢能及氢能的利用途径,为进一步学习燃料电池奠定基础;

➢ 熟知燃料电池的工作原理,了解其分类和应用;

➢ 理解并学习燃料电池材料模拟计算的实例;

➢ 重点理解燃料电池催化剂和电池结构的设计。

本章知识构架

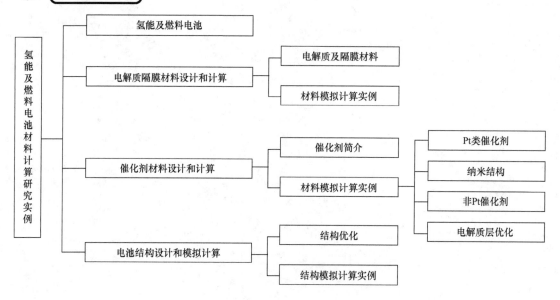

8.1 概　况

　　氢是一种洁净的二次能源载体,能方便地转换成电和热,转换效率较高,有多种来源途径。采用可再生能源可以实现大规模制氢,通过氢气的桥接作用,可为燃料电池提供氢源,也可转化为绿色液体燃料,从而有可能实现由化石能源顺利过渡到可再生能源的可持续循环,催生可持续发展的氢能经济。氢能作为连接可再生能源与传统化石能源的桥梁,可以为实现"氢经济"与现在或"后化石能源时代"能源系统起到桥接作用。因此,氢能作为洁净能源利用是未来能源变革的重要组成部分[1]。

氢燃料电池具有燃料能量转化率高、噪声低以及零排放等优点，可广泛应用于汽车、飞机、列车等交通工具以及固定电站等方面。自燃料电池在载人航天、水下潜艇、分布式电站获得应用以来，燃料电池一直受到各国政府和企业的关注，其研发、示范和商业化应用的资金投入不断增加。在未来煤电占比相对较低的情况下，由于风能、太阳能等可再生能源技术规模的增大，整个上游的电源结构将越来越清洁。在这种结构下，新能源汽车特别是纯电动汽车、基于电解水制氢的燃料电池汽车，排放强度会明显下降。而燃料电池汽车不同于纯电动汽车的是，它实现了上游发电和终端用电在时间上的"分离"，进而使氢能相比于波动性较大的风能和太阳能（纯电动车技术路线）的互补能力更强。因此，发展氢能和氢燃料电池具有巨大的能源战略意义[2]。

常规电池有碱性干电池、铅酸蓄电池、镍氢电池和锂离子电池等。燃料电池和普通电池相比，既有相似性，又有很大的差异。例如，它们有相似的发电原理，在结构上都具有电解质，电极和正负极连接端子。二者的不同之处在于，燃料电池不是一个储存电能的装置，实际上是一种发电装置，它所需的化学燃料也不储存于电池内部，而是从外部供应。在燃料电池中，反应物燃料及氧化剂可以源源不断地供给电极，只要使电极在电解质中处于分隔状态，那么反应产物可同时连续不断地从电池排出，同时相应连续不断地输出电能和热能，这便利了燃料的补充，从而电池可以长时间甚至不间断地工作。人们之所以称它为燃料电池，只是由于在结构形式上与电池类似[3]。

燃料电池实际上是一个化学反应器，它把燃料与氧化剂反应的化学能直接转化为电能。它没有传统发电装置上的原动机驱动发电装置，也没有直接的燃烧过程。燃料和氧化剂从外部不断输入，它就能不断地输出电能。它的反应物通常是氢和氧等燃料，它的副产品一般是无害的水和二氧化碳。燃料电池的工作不只靠电池本身，还需要燃料和氧化剂供应及反应产物排放等子系统与电池堆一起构成完整的燃料电池系统。燃料电池可以使用多种燃料，包括氢气、碳、一氧化碳以及比较轻的碳氢化合物如甲醇和乙醇，氧化剂通常使用纯氧或空气。它的基本原理相当于电解反应的逆向反应，即水的合成反应。燃料及氧化剂在电池的阴极和阳极上借助催化剂的作用，电离成离子，离子能够通过电极中间的电解质进行迁移，阴极、阳极间形成电压。当电极同外部负载构成回路时，就可向外供电。其实，燃料电池是一种不需要经过卡诺循环的电化学产电装置，其能量转化率高。燃料和空气在燃料电池中发生电化学反应，产生电、热和水。这种装置在能量转换过程中，几乎不产生污染环境的含氮和硫氧化物，所以燃料电池被认为是一种环境友好的能源装置[4-5]。

随着计算材料学和计算模拟软件的不断进步与成熟，运用软件计算模拟解决电池设计中的问题成为新的研究热点。由于计算模型与理论算法的成熟，不同计算模拟软件的出现，也使得材料计算的广泛应用成为现实。从储氢材料、电极材料、电解质及隔膜材料、催化剂材料、电池结构优化等方面着手，运用计算模拟解决电池设计过程中的一系列问题，可以解决研究过程中遇到的问题，可以使研究过程简洁化、高效化、形象化。本章主要从电解质及隔膜材料、催化剂材料、电池结构优化的材料模拟计算方面的实例应用出发，说明计算模拟在燃料电池方面的应用。

8.2 电解质隔膜材料设计和计算

8.2.1 电解质及隔膜材料

对于不同类型的燃料电池，如在 SOFC 中以锆基电解质作为电解质材料的应用是最为广泛的，也是研究得最多的。当然，除了最初的氧化锆基电解质外，近些年还研究发现了一些其他系列的电解质如氧化铈基电解质和氧化铋基电解质等[6]。

在 PEMFC 中，质子交换膜作为其核心部件，需具备好的稳定性、优异的抗电化学氧化性、高的机械性能和电导率等特征，应用较多的就是杜邦公司生产的全氟磺酸膜（Nafion 膜）。多种聚合物材料包括聚醚砜、聚醚酮、聚苯并咪唑、聚酰亚胺、聚亚苯基，聚对苯二甲酸乙二醇酯、聚磷腈和聚偏二氟乙烯可作为质子交换膜的主链。此外，已证实聚合物离聚物结构的变化明显影响它的总体性能。许多文献报道过主链结构、嵌段结构、侧链型结构、梳型结构和致密官能化的质子交换膜。增强质子交换膜的阳离子电导率的最有效方法之一是在膜基质中构建相互连接的阳离子导电通道。官能化团化链段和未官能团化链段之间的亲水/疏水区分导致纳米级的相分离。

在碱性燃料电池中，碱性阴离子交换膜（alkaline anion exchange membrane，AAEM）作为碱性阴离子交换膜燃料电池的关键部分，在分离燃料和氧气（或空气）中起至关重要的作用，并实现阴离子转移。实际应用中，要求 AAEM 具有良好的热稳定性、化学稳定性，足够的机械强度，一定的离子电导率。阴离子交换膜（AEM）的性质直接决定碱性阴离子交换膜燃料电池的最终性能、能量效率和使用寿命，因此 AEM 必须克服自己的缺点，才能实现商业化。AEM 的电导率和机械稳定性之间的权衡，主要取决于离子交换容量（ion exchange capacity，IEC）、官能团类型和膜的微结构。IEC 的增加产生一个更好的水化羟基运输网络，但同时导致过度的水溶胀和离子浓度下降。传统上，膜中的水吸收通过减少膜中阳离子的相对量而降低，然而，这也降低了材料的 IEC，从而降低了离子电导率。

AEM 可以通过不同的制备方法得到，离子交换膜的制备方法有聚合物共混、原位聚合、孔填充和静电纺丝。

(1) 聚合物共混：聚合物共混是制备 AEM 的非常有吸引力的方法，因为它可以结合每种组分的突出特性，同时克服单一组分的不足特征。该方法不仅提高了 AEM 的稳定性、选择性和离子传导性，而且降低了成本和溶胀。聚合物共混提供了调节 AEM 的性质的各种可能性。

(2) 原位聚合：AEM 的传统制备通常使用原始聚合物的改性或官能化单体的直接聚合。在这些方法中，在膜形成过程中大量有机溶剂的使用将给环境带来有毒的风险。最近，有报道使用无溶剂的原位聚合策略以克服在溶剂聚合中遇到的障碍。该策略不同于后改性和直接聚合技术，因为有机溶剂被完全结合到所得膜中的液体单体代替。原位聚合作为一种多功能、可行和环境友好的方法制备 AEM，应该得到更多的研究关注。

(3) 孔填充：孔填充是一种制备具有低溶胀和高选择性的 AEM 的新方法。为了使用孔填充法制备 AEM，最重要的先决条件是寻找合适的多孔基材。多孔基材需要是化学惰性和机械稳定的，因此软聚合物电解质在孔中的膨胀可以被硬基质限制。对于 AEM，多孔 PAN、高密度聚乙烯（PE）、聚丙烯（PP）可作为基材，其中的孔通过相转化方法构建。除了聚合物基底，无机材料如多孔氧化铝也可以用于获得孔填充 AEM。该方法最简单的实现方法是将选择的离聚物倒在膜的表面上，电解质流入惰性孔中，并且当挥发溶剂完全蒸发时可形成 AEM。为了确保成功制备，具有足够黏度的相对浓缩的溶液有利于将聚合物保留在侧孔中。另外一种将多孔基材浸入离子化聚合物中是制备这种类型的膜的另一种有效方式，并且被称为孔浸泡技术。孔浸泡技术的基本原理类似于孔填充技术的基本原理。

(4) 静电纺丝可以形成连续纳米纤维的独特优点，电纺制备的膜具有三维互连的孔结构、高孔隙率和大比表面积，并且与块体相比显示出更高的拉伸模量。静电纺丝法制备纤维膜的优点之一便是可以对膜本身根据某些特殊的需求，利用各种各样的改性技术进行有目的的改性。尽管静电纺丝具有多种优势，仍然只适用于实验室规模，大规模生产依然存在难度[7]。

除此以外，对于不同的电解质和隔膜材料可以通过材料模拟计算，得到微观状态下其运行的内部机制，也可以为新型材料的制备提供理论基础的支撑。

8.2.2 材料模拟计算实例

为了优化燃料电池中的电解质及隔膜，研究人员采用材料计算模拟的方法对其进行了研究，在本小节中，将从多孔有机笼固体、碱性聚合物燃料电池电解质膜和电解质膜通道等方面，对氢能及燃料电池在电解质及隔膜设计、优化和模拟分析进行了简要的整理。

1. 多孔有机笼固体中的三维质子电导率

PEMFC 被认为是 21 世纪很有前途的用于清洁高效发电的新能源技术。为设计获得性能更优异的聚合物电解质膜（polymer electrolyte membrane，PEM）材料，需要更深入分析如何改进交换膜的结构，使质子更容易从中传导。然而，许多 PEM 是由非晶态聚合物组成的，研究人员难以获得其内部更细致的结构组成。利物浦大学化学系的研究人员在这一领域取得一些进展[8]。通过在封闭空腔内合成分子，形成小分子（水分子、二氧化碳分子等）聚集的多孔有机"笼"。当"笼"中形成固体结构后，不同"笼"之间会形成小通道，供"做客"的小分子自由来往。

在有机笼晶体中与质子传导特征相关的 PEM 材料设计中，有两个重要的设计原则：首先是水通道是三维延伸的，这表明质子运动不限于某一特定的方向，这与目前许多多孔材料的测试结果一致；其次，有机笼有助于水分子的运动，使质子在管道中的传输更流畅。同时，笼内水分子可以重组，这对长距离水分子内的质子传输也很重要。

研究人员采用 DFT 结合弹性带方法（NEB）对质子迁移率进行了计算，探索了水相条件下的质子转移。首先借助经典模拟确定了热力学上对水有利的吸附位。基于 298.15K 下 95%相对湿度的快照，然后进行 NEB 计算，以识别和表征连接可能质子位置的最小能量路径，图 8-1 中显示了质子迁移的模拟，质子通过限制在笼腔内的水团以无障碍的方式通过 Grotthuss 扩散进行转移，笼形分子起重要的促进作用。多孔有机笼子限制了水，这促进了质子的快速迁移。然而，笼子本身也是灵活的，允许容易的氢键重组，这对于促进长距离的质子迁移至关重要。因此，这种材料在不过度限制氢键重组的情况下实现了"软约束"的好处。模拟还表明，得益于较小的能量壁垒（约 0.2eV），质子可以在窗口两侧的水分子之间跳跃来穿过笼窗，从而通过模拟计算确定了质子在笼型结构中高传输效率的秘密。

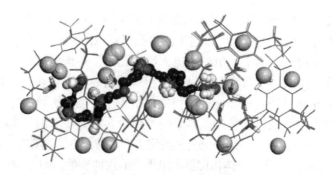

图 8-1　解释质子输运机制的原子模拟图[8]

2. 碱性聚合物燃料电池电解质膜

在各种燃料电池中，聚合物电解质膜燃料电池被认为是一种很有前途的燃料电池，它的应用已经得到广泛的展示，但其高昂的成本（昂贵的 Nafion 膜和贵金属电催化剂如铂）是阻碍其更广泛应用和商业化的障碍。相比之下，碱性聚合物电解质膜燃料电池（APEMFC）更具成本效益，这是因为它在基本操作条件下的快速氧还原反应允许使用非贵金属催化剂，如银、镍、钴和过渡金属氧化物来代替铂。APEMFC 的其他优点包括器件紧凑、避免液体泄漏和最大限度地减少碳酸盐生成。所有这些优点使 APEMFC 成为一种更有前途的能源技术。作为 APEMFC 中重要的材料，碱性聚合物电解质膜直接关系到电池的电化学性能。

Cheng 等[9]设计合成了一种用于碱性聚合物电解质膜制备的新型季铵化交联剂——胍基咪唑（GIM）。以聚砜为基材，采用凝胶渗透法利用 GIM 和 N-甲基咪唑（MIM）制备了一系列碱性电解质膜。在高 pH 环境中，较低的阳离子 LUMO 能更容易被 OH⁻攻击，因此通过 DFT 计算了不同咪唑正离子 LUMO 能计算以比较它们的碱性稳定性。

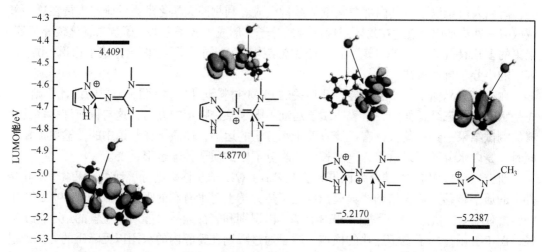

图 8-2　不同咪唑盐的 LUMO 能[9]

图 8-2 显示了 GIM 衍生阳离子（[GIM]TURE 或[GIM]2TURE）和咪唑盐在水中的 LUMO 能；无论正电荷位于何处，[GIM]TURE 或[GIM]2TURE 的 LUMO 能级都高于[MIM]TURE。这一结果很好地解释了 GIM 衍生阳离子比 MIM 衍生阳离子具有更好的碱稳定性。稳定性

的提高可能得益于咪唑和胍的联合共振效应（电荷去局域），它可以降低电荷密度，减弱阳离子与氢氧化物离子之间的相互作用，从而在一定程度上缓解氢氧化物的侵蚀。虽然目前膜的稳定性水平还不够高，但是研究的初步结论证明了通过增强共振效应来调节阳离子稳定性的可能性，这对高性能碱性聚合物电解质膜的设计和制备具有重要意义。

3. 晶格玻尔兹曼方法模拟电解质膜通道中的两相流动

晶格玻尔兹曼方法（lattice Boltzmann method，LBM）是一种较新的复杂流体系统模拟技术，已引起计算物理学家的兴趣。不同于传统计算流体力学（CFD）方法求解微观守恒方程（如质量、动量、能量守恒），LBM模型假设流体是由虚拟的微观粒子构成，这些粒子在一个离散网格中进行连续传播和碰撞。由于其独特的性质，相对其他传统CFD方法LBM有很多优点，特别是在处理复杂边界层、涉及微观相互作用及并行计算中。

聚合物电解质膜燃料电池中的水管理对于燃料电池的性能和耐用性很重要。Ben Salah等[10]使用LBM进行了数值模拟，以阐明聚合物电解质膜燃料电池气体通道中冷凝水和气体流动的动态行为。应用具有大的密度差的两相流的方案来建立针对疏水性和亲水性气体通道的不同气体通道高度、液滴初始位置、液滴体积和空气流速的最佳气体通道设计。使用"抽水效率"和"排水速度"两个因素对最佳通道高度和排水性能进行了讨论。结果表明，较深的通道比较浅的通道具有更好的排放效率，但是当液滴接触到气体通道壁的角落或顶部时，效率会大大降低。随着液滴速度即排水流速变得更高，排水效率变得越来越不依赖于具有较浅通道的液滴位置，较浅的通道比较深的通道更好。在实验研究中，引入了新的无量纲参数"泵送效率"，该研究讨论了各种参数对聚合物电解质膜燃料电池气体通道的排水性能的影响。

图8-3为计算气体通道中液态水滴行为的模型，通过模型模拟计算，采用晶格玻尔兹曼模拟方法，研究了相同气体流量条件下，不同气体通道高度、不同液滴位置和不同气体通道壁润湿性条件下，相同宽度燃料电池通道内的水滴行为。用液滴速度和抽水效率表示的流量和泵功两个参数可以表征排水性能。在分析中得到的结果可以总结如下：①与液滴位于气体扩散层（gas diffusion layer，GDL）表面中心而不接触侧壁或顶壁的情况相比，液滴接触拐角或顶壁时的液滴速度明显降低。②深通道比浅通道具有更好的排水效率，但当液滴接触到墙角或顶壁时，效率差异变小。随着液滴速度，即排水率的提高，泵送效率不再依赖于较浅流道的液滴位置，在泵功相近的情况下，较浅的流道优于较深的流道。③与疏水通道壁相比，亲水壁可能导致更好的气体传输特性，因为液态水从GDL表面被吸到通道壁上，从而留下更多的开放区域可用于将气体传输到GDL。亲水壁比疏水壁有较大的压降和较低的排水率，但与较浅的通道相比，差异较小。但是通过对实验的回顾，对于单个气体通道中液态水滴的基本现象和动态行为的理解应该扩展到更复杂和更大规模的燃料电池模拟。

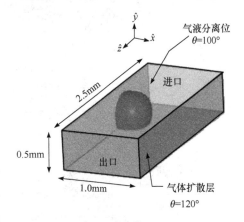

图8-3 计算气体通道中液态水滴行为的
模型[10]

4. DFT 计算吸附能

低成本阴离子交换膜燃料电池已被研究作为质子交换膜燃料电池的有前途的替代品。阴离子交换膜燃料电池生存能力的主要障碍是其不令人满意的关键部件——阴离子交换离聚物和膜。Chen 展示了一系列耐用的聚（芴基芳基哌啶）离聚物和膜，这些膜在 80℃时具有 208 mS/cm 的高 OH⁻电导率、低 H_2 渗透性、优异的机械性能（84.5MPa TS，TS 为抗拉强度）和在 80℃的 1mol/L NaOH 中 2000h 的耐久性，而离聚物具有高水蒸气渗透性和低苯基吸附性[11]。DFT 计算表明，FLN（fluorene，芴）基分子在 Pt 或 Pt-Ru 上的苯基吸附能低于联苯基分子(111)晶体平面（图 8-4）。由于具有刚性 FLN 基团，芴基芳基哌啶离聚物（PFAP AEI）具有比普通 PFBP-0 和 PFBP-0 离聚体更好的溶解性。对这些聚合物的溶解度测试表明，聚联苯哌啶（PFBP）离聚体在 IPA/DI 水中的溶解度最好，有利于制备催化剂浆料。

5. DFT 计算描述电荷重排过程

聚合物电解质膜燃料电池因其低环境影响和高效率而受到广泛欢迎，但其易被原位生成的过氧化物和氧自由基降解，阻碍了其广泛应用。为了减轻化学对聚合物电解质膜燃料电池组件，特别是对聚合物电解质膜的侵蚀，抗氧化方法可以直接清除和清除有害的过氧化物和氧自由基物种，已经引起了极大的兴趣[12]。通过 DFT 研究偏态密度（或称投影态密度，PDOS）和过量自旋密度分析进一步描述了这种电荷重排过程[13]。研究表明，在氧空位形成过程中产生的电子通常局域在缺陷附近的 Ce 原子上，而不是在许多原子上离域；Mulliken 分析证实了这一点，表明 Ce 原子在缺陷附近具有较高的自旋态和较低的电荷。Ce 的 4f 带的下移进一步解释了自由基物种相对容易结合到有缺陷的 CeO_2 表面。

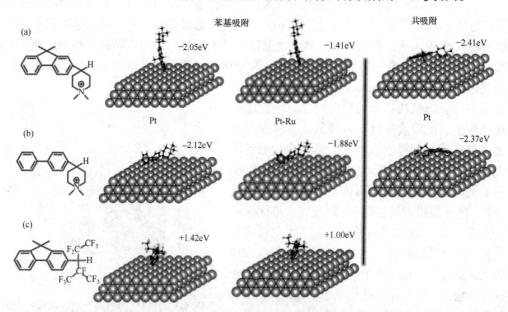

图 8-4　通过 DFT 计算，优化几何构型的不同分子在 Pt 和 Pt-Ru(111)晶面上的苯基吸附和苯基-铵吸附能（eV）
（a）二甲基芴-二甲基哌啶（FL-DMP）；（b）联苯-二甲基哌啶（BP-DMP）；（c）9,9-二甲基芴非氟化（FL-NF）
灰色表示 Pt，粉色表示 Ru，黑色表示 C，银色表示 N，白色表示 H

6. DFT 计算描述电荷重排过程

以多孔聚四氟乙烯（PTFE）为机械增强体，全氟磺酸（PFSA）为质子导电聚合物，组成的增强复合膜（enhanced composite membrane，RCM）因其在聚合物电解质膜燃料电池中具有良好的性能而受到广泛关注。然而，PFSA 中的亲水磺酸盐基团与疏水性纳米孔 PTFE 基体之间的不相容相互作用仍然是制备 RCM 的一个关键挑战。Hwang 报道了一种自下而上的方法，用于合成足够多孔且机械稳定的 PTFE 膜，作为制造高性能 PTFE-PFSA RCM 的合适增强基体[14]。进行分子动力学（MD）模拟以进一步研究膜在微观水平上的水化特性，如图 8-5 所示。这些结果表明，水分子与磺酸基之间的强吸引相互作用在聚合物链的致密化中起关键作用。具体来说，放置在聚合物链之间的水分子形成有吸引力的非键相互作用，直到达到范德华平衡距离。

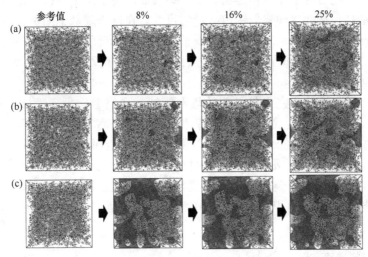

图 8-5　PFSA 40:120（a）、PFSA 40:240（b）和 PFSA 40:360（c）水分吸收模拟的时间快照

8.3　催化剂材料设计和计算

8.3.1　催化剂简介

催化剂是燃料电池的核心部件，分为阳极催化剂和阴极催化剂。其中，阳极催化剂催化反应为析氧反应（oxygen evolution reaction，OER），阴极催化剂催化反应为氧化还原反应（oxygen reduction reaction，ORR）。氢氧化反应经历的是两电子反应，而氧还原反应经历的是四电子反应。氧还原反应经历的电子转移步骤多且复杂，导致其慢速的反应动力学，从而成为制约整个反应的决速步（rate determining step，RDS）。因此，有大量的关于氧还原反应催化剂的研究，以期获得高效的燃料电池阴极氧还原催化剂。在已研发的燃料电池阴极催化剂中，贵金属铂（Pt）是最优的，是商业化可行的 ORR 催化剂。然而 Pt 丰度小、价格昂贵的特点，使其成为燃料电池高成本的主要贡献者。同时，铂的化学稳定性较差，在催化过程中容易受到各种有毒化学物质的影响而"中毒"，使其催化性能大幅度衰减，另外，电催化剂材料的碳腐蚀也是燃料电池衰减的主要原因之一，通常发生在阴极催化剂上。

采用耐腐蚀催化剂载体，可有效抑制铂催化剂碳腐蚀失活，延长催化剂寿命。目前，开发高活性、高稳定性、低成本、低 Pt 含量甚至无 Pt 的氧还原催化材料是燃料电池研究中的重要课题[4]。

　　催化反应是在催化剂表面发生的，这就要求催化剂的表面积尽量大。一般来说，对于相同质量的物质，颗粒越细小时，暴露的表面原子越多，总表面积越大，催化效果越好。催化剂通常由 1～20nm 的纳米颗粒组成。对于燃料电池的纳米级催化剂，表面掺杂技术可将 Pt 以表面掺杂的形式掺杂到纳米结构的表面，形成类似核壳结构，以减少铂的用量。这种核壳结构的催化剂粒子由表面均匀分布的单原子层和内部的非贵金属组成。结构修饰后得到的具有特殊形貌和晶面优化分布的材料，可使催化剂具有优异的性能和铂利用率。这种表面掺杂的纳米核壳类催化剂在 ORR 活性方面较传统 Pt 催化剂高 50%。另外，减小铂的纳米结构尺寸，进行合金化或构建具有丰富铂表面的特定纳米结构可提高铂的原子利用率和本征催化活性，从而达到降低铂负载量的目的。在逐步降低铂的负载量的过程中，研究发现将铂控制到单原子级别时，铂的单原子可以以化学键的形式固定到碳载体、镍金属载体，甚至金属氧化物和金属氢氧化物上，从而尽可能地暴露催化剂以最大化地降低用量，同时达到高催化性能[15]。

　　非 Pt 催化剂取代的研究也是目前的热点领域。研究者们发现了储量丰富且价格便宜的过渡金属，如铁（Fe）、钴（Co）和镍（Ni）等具有高 ORR 催化活性。因此，优化 3d 电子轨道过渡金属的电催化性能，可以得到媲美贵金属铂的优异性能。目前优化过渡金属的电催化性能有以下几方面：①通过优化催化剂的元素组分，利用协同效应调制以增加本征活性；②将过渡金属纳米催化剂与碳支持体优化复合，以提高催化活性和耐久性；③通过构筑高比表面积结构，增加电解液的浸润性，从而暴露催化剂更多的活性位点。

8.3.2　催化剂材料计算实例

　　通过材料模拟计算可以得到不同催化剂的活性位点等数据，从而为设计更好的催化剂提供理论指导。同时，在实验中对于出现的异常催化行为，难以用传统定量或定性实验，借助材料模拟计算对结果进行分析，可以得到其潜在的反应机制，从而为现象提供强有力的证明。

1. Pt 类催化剂

　　铂基纳米催化剂表现出最高的 ORR 活性，然而铂基纳米催化剂的独特结构和电子性质如何影响催化剂表面的吸附物种，进而改变 ORR 机理，仍然是未知的"黑匣子"。尽管理论研究揭示了两种 ORR 机制：即 O_2 分解和缔合，但在反应条件下，尤其是在实际的纳米催化剂表面，从分子水平上获取的中间体的直接光谱证据却很少，这限制了对 ORR 的理解。DFT 计算表明，弱的 *O 吸附是由 Pt_3Co 表面的电子效应引起的，导致 ORR 活性增强。图 8-6 显示了 ORR 的四个基元反应步骤在 $U=0$ 时的吉布斯自由能。图表明在由 Pt 纳米颗粒催化的 ORR 中，OOH、OH、H_2O 形成的能量变化基本相同。向 Pt 中引入 Co，使 *O 和 *OH 之间的能量差增加了 0.11eV，这表明 *O 的吸附变弱，并在 $Pt_3Co(111)$ 上提供了更高的电压，这与实验中观察到的 Pt_3Co 的 ORR 活性一致。应变效应是弱化 *O 吸附的主要因素，如图中原子构型所示。与纯 Pt 相比，Pt₃Co 的晶格常数缩小了约 2.3%[16]。

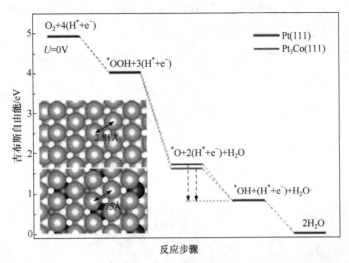

图 8-6　ORR 过程中 Pt（红色）和 Pt₃Co（蓝色）上 ORR 步骤的吉布斯自由能图[内部为 Pt(111)（上）
与 Pt₃Co(111)（下）的原子模型]

　　针对 Pt 基合金催化剂的耐久性问题，研究人员提出通过掺入 p 区金属元素来构筑强的
p-d 轨道杂化相互作用，从而抑制合金催化剂的组分溶解析出，实现高的催化耐久性[17]。
基于具有 p-d 轨道杂化相互作用的 PtGa 超细合金纳米线，团队结合实验证据和理论模拟计
算证明了 Pt 与 Ga 之间的 p-d 轨道杂化的强相互作用是其高活性及耐久性的根本原因。此
外，团队将 Pt₄.₃₁Ga 合金纳米线作为阴极催化剂组装成 PEMFC 进行单电池测试，结果表明
其最大功率密度高于商用的 Pt/C 催化剂。

　　新合成的催化剂与已报道的由 Pt 和 d-块过渡金属组成的铂基合金电催化剂不同，Ga
合金化是指在 Ga 的 p 轨道未填充的情况下，将 Ga 合金化为 Pt 的相互作用模式从金属-金
属 d-d 相互作用转变为 p-d 相互作用。为了验证 Pt 和 Ga 之间 p-d 相互作用的存在，分析
了 PtGa 合金板坯的偏态密度（partial density of states，PDOS）。如图 8-7 所示，Pt-5d 带的
能量与 Ga-3p 带的能量匹配良好，表明强 p-d 轨道杂化。相反，完全占据的 Ga-3d 带远离
Pt-5d 带，不包括任何有效的 d-d 相互作用。此外，电子局域函数分析表明，电子更多地集
中在 Pt 原子周围，这表明 Ga 和 Pt 之间存在 p-d 电荷转移[图 8-7（b）]。Bader 电荷分析
（Ga 原子的平均电荷为+0.98e）和 X 射线光电子能谱（XPS）证实了 Pt 原子周围积累的电
子，从而改变了决定 ORR 活性的表面电子结构。通过用微分电荷分布（总电荷密度减去孤立
原子的电荷密度）来说明纯 Pt(111)表面和 Pt(111)/PtGa 覆盖层的表面电子分布，如图 8-7（c）
和（d）所示。相对于纯 Pt(111)表面的电子分布，Ga 和 Pt 之间的 p-d 杂化相互作用导致
Pt(111)/PtGa 覆盖层上的电子重新分布，从而显示出两种不同类型的 fcc 空位。图 8-7（e）
显示 PtGa 合金板材相对于纯 Pt 板材呈现出较低的 d 带中心，这与 CO 剥离实验观察到的
结果一致。根据 d 带理论，考虑到纯 Pt 的结合强度过强，d 带中心下移会导致含氧物种的
结合强度减弱，从而预示着 ORR 活性的增强。基于上述分析，在 d 带中心下移的情况下，
氧在 fcc1 位上的吸附能比在 Pt(111)表面的吸附能低 0.07eV[注意，最佳的氧吸附能比在
Pt(111)表面低 0.2eV]。这些证据共同表明，Ga 和 Pt 之间的 p-d 杂化作用导致了电子的重

新分布，从而削弱了 PtGa 表面的结合强度，进一步提高了 ORR 活性。此外，PtGa 表面结合强度的减弱也是通过加速吸附 CO 的释放而提高其耐一氧化碳性能的原因。通过模拟计算研究，从而为设计活性好、耐用的 ORR 电催化剂提供了新的视角。

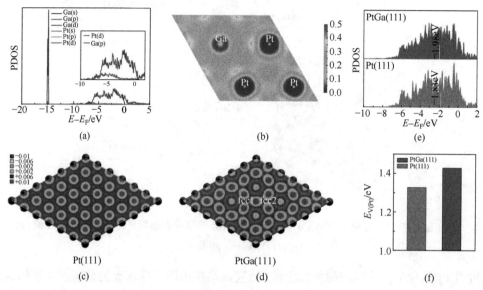

图 8-7　DFT 计算：（a）PtGa 铂镓合金板的电子态密度，内插图显示了 Pt d 轨道和 Ga p 轨道；（b）对 PtGa 合金板第二原子层的电子局域函数分析图；Pt（c）和 PtGa 合金板（d）的微分电荷分布；（e）Pt 和 PtGa 合金板表面 Pt 原子的偏态密度图（PDOS），白线显示相应的 d-能带中心；（f）Pt 和 PtGa 合金板的 Pt 空位形成能[$E_{V(Pt)}$][17]

1）理论计算模拟 Rh/GDY 的碱性析氢反应（HER）过程

从海水电解中直接大规模生产绿色氢气（H_2）是人类长久以来的梦想，然而缺乏一种催化剂能够在低过电位下以大电流密度大规模产 H_2，实现高效的海水分解。开发能够在低过电位下大规模制氢的本征活性催化剂是实现氢燃料零污染和高经济性的关键一步。Gao 等通过简单的合成方法定制原子活性位点，使用甲酸作为还原剂和石墨二炔作为稳定载体在水溶液中产生明确的铑纳米晶体[18]。为了深入了解反应机理，通过理论计算模拟了 Rh/GDY 的整个碱性 HER 过程。由于较低的塔费尔(Tafel)斜率，阶梯式 Rh/GDY 的 HER 很可能通过 Volmer-Tafel 机制进行。Tafel 步骤的氢生成自由能垒（0.19eV）远低于 Heyrovsky 步骤（0.39eV），表明 Tafel 过程比 Heyrovsky 过程更有利。这些结果表明，在阶梯型 Rh/GdY 催化剂上，通过 Volmer-Tafel 过程的 HER 更受欢迎，并且阶梯型 Rh/GdY 催化剂的角和表面位置分别具有优于 Volmer 和 Tafel 过程的热力学活性。

2）DFT 计算阐明 Ru 单原子掺入的影响

钌（Ru）由于其快速的水解动力学，在理论上被认为是一种可行的碱性析氢反应电催化剂。但由于其对吸附羟基（OH_{ad}）的亲和力强，导致活性位点受阻，在实际应用中性能不理想。Zhang 报道了一种通过原子电偶置换的竞争吸附策略来构建碳负载 Ru 单原子掺杂的 SnO_2 纳米颗粒（Ru SAs-SnO_2/C）的催化剂[19]。引入 SnO_2 通过 Ru 和 SnO_2 对 OH_{ad} 的竞争吸附来调节 Ru 与 OH_{ad} 的强相互作用，缓解 Ru 位点的中毒。DFT 计算进一步阐明了

Ru 单原子掺入 SnO$_2$ 对其结构和性能的影响。在单原子 Ru 中心附近有明显的电荷积累，表明 Ru 与 O 之间发生了电子转移，电子转移方向由 Ru 向 O 转移，使 Ru 的 d 带填充量减少，减弱了强 H 吸收。从热力学方面首次计算了 OH 在 Ru（001）、裸 SnO$_2$ 和 Ru SAs/SnO$_2$ 上的结合能。如图 8-8（b）所示，OH$_{ad}$ 在 SnO$_2$（$-0.37eV$）上的吸附比 Ru（001）（0.16eV）上的吸附更有利。当 Ru 原子稳定在 SnO$_2$ 表面时，OH$_{ad}$ 在 Ru 位（1.06eV）上与 OH$_{ad}$ 的结合能弱于 Sn 位（0.36eV）。因此，对于 Ru SAs/SnO$_2$，可以合理地推断 OH 优先吸附在 SnO$_2$ 上，从而有效地缓解了 Ru 位点的中毒，促进了 OH$_{ad}$ 转移过程（OH$_{ad}$ + e$^-$ $\rightleftharpoons$ OH$^-$）和 Ru 活性位点的再生[图 8-8（c）]。

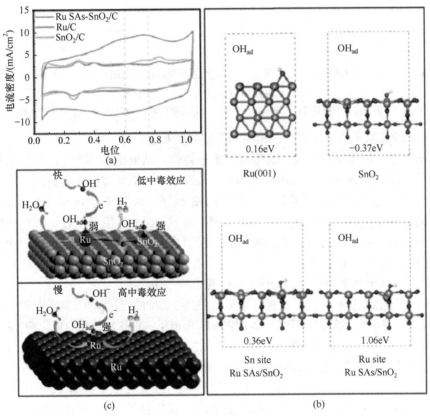

图 8-8 （a）Ru SAs-SnO$_2$/C、Ru/C 和 SnO$_2$/C 在 1.0mol/L KOH 中的 CV 曲线；（b）Ru(001)、Ru SAs/SnO$_2$ 上 Ru 位和 Ru SAs/SnO$_2$ 上 Sn 位的 OH 吸附构型及相应的结合能；（c）Ru SAs-SnO$_2$/C 增强 HER 活性机理的示意图

3）DFT 计算探讨催化剂高活性和耐久性的位点

阴极氧还原反应（ORR）的 Pt 基纳米催化剂的高成本和低耐久性阻碍了质子交换膜燃料电池的广泛应用。开发低 Pt 负载正极对 Pt 的利用和 Pt 基电催化剂的固有耐久性提出了巨大挑战。Xiao 等报道了一种混合电催化剂（Pt-Fe-N-C），由 Pt-Fe 合金纳米颗粒组成，Pt 和 Fe 单原子在氮掺杂碳载体中高度分散[20]。通过 DFT 的计算，探讨了混合电催化剂高活性和耐久性的来源。根据计算，Pt-N$_1$C$_3$ 和 Fe 在表面和亚表面浸出后形成的核壳纳米颗粒是 Pt-Fe-N-C 中最活跃的位点，如图 8-9 所示。在 PtFe@Pt 上形成耐用的 Pt 壳体，以及在

PtFe@Pt 上由单原子活性位点产生的 H_2O_2 的进一步还原是具有非凡耐用性的主要原因。

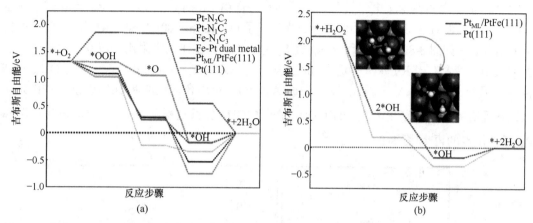

图 8-9 （a）$U = 0.9V$ 时 ORR 在各种可能活性位点上的吉布斯自由能图；（b）H_2O_2 在 $Pt_{ML}/PtFe(111)$和 Pt(111)上还原反应的吉布斯自由能图

插入的原子图显示了 H_2O_2 到 2*OH 在 $Pt_{ML}/PtFe(111)$上的转换。深蓝色代表 Pt；橙色代表 Fe；红色代表 O；白色代表 H

4）DFT 计算原子结构示意图、相关的晶格参数和自由能

铂金属间合金纳米颗粒可能具有增强的电子特性，从而提高其催化活性，但确保完全原子扩散所需的高温通常会导致较大的纳米颗粒生长-烧结-具有低比表面积，因此整体活性低。Yang 等表明硫掺杂的碳载体产生强大的铂-硫键，可在高达 1000℃的温度下稳定小的铂合金纳米颗粒（直径 < 5nm）[21]。DFT 模拟显示，50%（原子分数）Pt 含量的五元合金也具有形成有序金属间结构的热力学趋势，而不是无序固溶体，这与报道的通过高温热冲击制备的高熵合金 NP 不同。

5）DFT 计算研究 Zn 在三元 PtIrZn 催化剂中的作用

低温氨燃料电池近年来引起了越来越多的关注。然而，当前的低温氨燃料电池技术受到阳极处动力学缓慢的氨氧化反应的极大限制。Li 报道了一种氨氧化反应催化剂，三元 PtIrZn 纳米颗粒高度分散在包含 CeO_2 和 ZIF-8 衍生碳的二元复合载体上（PtIrZn/CeO_2-ZIF-8）[22]。为了了解 Zn 在用于氨氧化反应的三元 PtIrZn 催化剂中的作用，研究者对三种模型的适当反应步骤进行了 DFT 计算，包括具有相对低和中等 Zn 含量的双金属 Pt_2Ir_2 和 Pt_2Ir_2 系统（Pt_2Ir_2-Zn_{1c} 和 Pt_2Ir_2-Zn_{mc}）。选择(100)-终止是因为其独特的 N-N 耦合结构，这是氨氧化的关键步骤。由于 Zn 的强亲氧性和 CeO_2 载体中丰富的 OH_{ad}，表面桥位被预先覆盖含 1/4 ML *OH 物质。*NH_2 到*NH 的极限电位以及与 OH 的氢键相互作用是捕捉 Pt(100)及其合金上氨氧化反应起始电位的有用指标。*NH-*NH 二聚化是主要途径朝向 N_2 形成。图 8-10 显示了 0V 时 NH_3 氧化初始步骤的自由能图。DFT 计算表明，将 Zn 加入 PtIr 会导致*NH_3 吸附比*H 吸附更强，这在动力学上对氨氧化反应有利。

6）DFT 计算阐明电子结构协同效应与催化活性之间的内在关系

单一金属原子体系的不稳定性和低的大电流密度效率引起了人们的广泛关注。Mu 提出在铁钴层状双氢氧化物上构建 Ru 单原子体系（$Ru_xSACs@FeCo-LDH$）[23]。通过 DFT 计算，阐明了在碱性条件下，FeCo-LDH（Ru SACs@FeCo-LDH）上掺杂的亲氧金属（Ru）物种的电子结构协同效应与催化活性之间的内在关系。DFT 计算结果表明，由于亲氧金属

（Ru）原子对 FeCo-LDH 的部分取代，可以打破异质原子界面的长程有序，进而在对称破缺界面上发生原子尺度重构。这导致了 Ru 单原子与 FeCo-LDH 基体之间的强耦合肖特基界面，以及在工业标准电流密度下整体水分解性能。

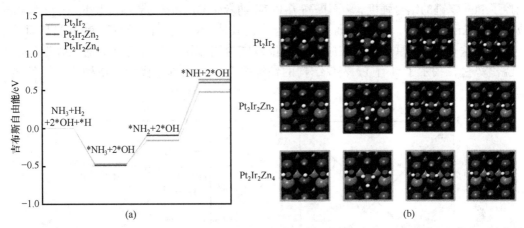

图 8-10　（a）NH$_3$ 在 Pt$_2$Ir$_2$ 及其 Zn 三元合金上 0V 氧化的自由能图；（b）Pt$_2$Ir$_2$ 及其 Zn 合金上干净的 *NH$_2$ 和 *NH 中间体的几何结构

灰色代表 Pt，深蓝色代表 Ir，紫色代表 Zn，红色代表 O，白色代表 H，蓝色代表 N

2. 纳米结构

虽然目前应用于燃料电池和金属空气电池的 Pt 催化剂仍然是最有效的，但是其差的稳定性和高昂的成本限制了规模化应用。近年来，贵金属基催化剂的质量活性与商业化铂碳相比，已取得了极大的进步，而以该催化剂组装成膜电极及电池器件并对其稳定性、催化性能以及失效的研究仍然较少。因此制备高效且稳定的催化剂，并组装成器件研究其性能与机理仍然是一种挑战。制备高效稳定的电催化剂对于实际应用的燃料电池仍然是关键所在。

纳米 Pt 是质子交换膜燃料电池中 ORR 过程的重要催化剂组分。为了解决 Pt 丰度问题并增强 Pt 的催化作用，Pt 通常与过渡金属（M）（M = Fe、Ni、Co 等）形成合金（MPt）。近日研究人员首次报道了一种稳定的一维串状铂镍空心纳米催化剂并研究其高活性和稳定性，特别是电池及器件性能[24]。该催化剂的质量活性和比活性达到 3.52A/mg 和 5.16mA/cm^2，分别是目前商业化铂催化剂的 17 倍和 14 倍。利用原位 X 射线同步辐射测试，结果表明上述优秀的催化性能主要来源于该催化剂结构在氧还原过程中具有最优的铂氧化物吸附强度，另外在提高催化活性的同时也能保持较高的结构稳定性。

在实验数据的基础上，研究人员采用 Pt$_3$Ni-Skin 和 Pt$_4$Ni-Skin 模型（图 8-11）进行了 DFT 计算，以了解 PtNi-BNC 的高 ORR 性能。人们认为可以用原子 O 吸附能 ΔE_{O*} 来评价 ORR 活性，ΔE_{O*} 的最佳值比 Pt(111) 的最佳值低约 0.2eV。图 8-11（c）证实了 Pt$_4$Ni-Skin 比 Pt$_3$Ni-Skin 具有更高的 ORR 活性，但两者的活性都比 Pt(111) 的活性有很大的提高，ΔE_{O*} 值在 Pt$_4$Ni-Skin 和 Pt$_3$Ni-Skin 上分别比在 Pt(111) 上低 0.17eV 和 0.11eV，接近最佳 ΔE_{O*}，Pt$_4$Ni-Skin 比 Pt$_3$Ni-Skin 具有更高的 ORR 活性，但两者的活性都比 Pt(111) 低 0.17eV 和 0.11eV。此外，测定的势能分布表明，Pt$_4$Ni-Skin 比 Pt$_3$Ni-Skin 和 Pt(111) 具有更低的 ORR 过电位。

在上述分析的基础上，我们认为应变和配位环境、Ni 的掺入以及适当的 Pt/Ni 比的协同效应提供了适当减弱的 Pt—O 结合强度，从而导致 PtNi-BNC 具有较高的 ORR 活性。DFT 计算结果表明，晶格压缩、配位环境和镍掺杂之间的协同效应降低了 Pt 的 d 带中心，调控了 Pt—O 键的结合强度，从而提高了 Pt/Ni 纳米笼 ORR 催化活性。此外，在 Pt$_4$Ni-Skin 或 Pt$_3$Ni-Skin 模型中，表面 Pt 原子的结合能比其他 Pt(111)、Pt(211) 和 Pt(311) 晶面的结合能强，这表明 Pt 原子之间在应力和配位效应协同作用下具有更高的吸附强度和更高的溢出势垒，揭示了具有 Pt 表皮结构的铂镍合金催化剂具有优异的结构稳定性的微观本质。

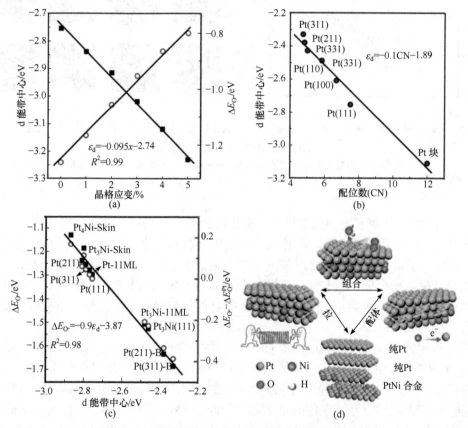

图 8-11 解纠缠晶格应变与配体效应对 d 带中心的影响及原子氧吸附能的 DFT 计算[24]

尽管目前 MPt 已经表现出优越的 ORR 活性，但在氧化和酸性 ORR 条件下，MPt 合金中 M 的稳定仍然具有挑战性。研究人员通过合成一种片状 PdMo 双金属催化剂，使得在碱性溶液中催化 ORR 时，在 0.9V 电位下达到 16.37A/mg 的电流密度。这一质量比活性分别是商业 Pt/C 和 Pd/C 催化剂的 78 倍和 327 倍。经 30000 次循环后，催化电流几乎不衰减。研究人员通过构建 4 层双金属催化剂原子模型，计算氧气吸附能（ΔE_O）评价 ORR 活性[图 8-12（a）]。第 1 层和第 4 层 Mo 原子占比为 0，第 2 层与第 3 层原子占比为 25%[图 8-12（b）]。通过在不同双轴拉力下对 ΔE_O 进行计算可以看出[图 8-12（c）]，在 1% 压力下 ΔE_O 达到最优值。这表明拉力有助于 ORR 活性。并且，由 Mo 向 Pd 的电子转移填充了 Pd 的 d 带，使 d 带中心相对于 4 层的 Pd 片向负能量移动 0.26eV，这一移动减轻了催化剂表面对于氧气的吸附，使ΔE_O靠近最优值。总而言之，计算结果表明合金效应、量子尺寸效应以及卷曲二维薄片结构带来的应力效应共同起到调节电子结构的作用，实现了催化剂表面的氧吸附能优化[25]。

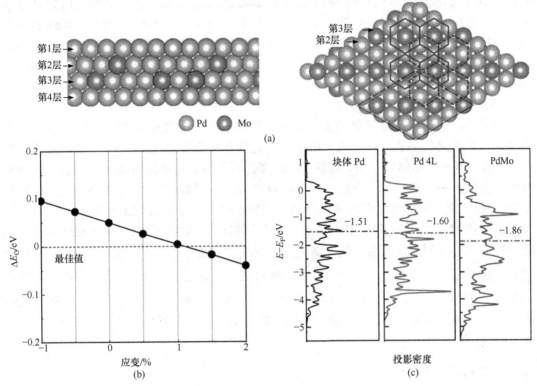

图 8-12　（a）左：4 层 PdMo 双金属的原子模型侧视图；右：原子模型第 2 层和第 3 层的俯视图。分别用红色（第 2 层）和蓝色（第 3 层）六边形表示。（b）PdMo 双金属的ΔE_O对压缩（负）和拉伸（正）应变的函数。水平红线表示最佳的ΔE_O值。（c）块体 Pd、四层 Pd 薄片（Pd 4L）和 PdMo 中表面钯原子的 d 带电子密度。水平虚线表示计算出的 d 带中心[25]

　　MPt 合金通常以立方（fcc 型）固溶体结构制备，在酸性 ORR 条件下稳定 M 的能力有限。为了提升金属 M 的稳定性，金属化合结构 L_{10} 结构的 FePt 吸引了人们的注意，四方相 L_{10}-FePt 由于 Fe 与 Pt 的比例接近 1:1，Fe(3d) 与 Pt(5d) 轨道沿晶体 c 轴方向有强耦合作用，从而使 FePt 对酸刻蚀具有稳定性。基于这一原理，为进一步提升催化剂的质量活性，研究人员合成了具有强铁磁作用的坚果形状的 L_{10}-CoPt/Pt（核/壳）立方晶体。坚果状纳米形貌为 Co 和 Pt 金属原子的相互扩散提供了足够的空间，使得每个单独的纳米颗粒充分转化为有序的四方晶体结构，这有效地保留了纳米催化剂比表面积和活性位点丰富的优势。在壳层的 Pt 原子由于与 Co 原子的相互作用，使得 Pt—Pt 键的距离相对于纯 Pt 材料有明显的缩短，由此产生的表面应力可以降低 Pt 表面与 O^* 和 HO^*（氧还原反应中间体）物质之间较强的相互作用，从而提高其氧还原催化活性[26]。

1）DFT 计算表面吸附自由能

开发高效的大电流密度碱性介质析氢电催化剂对大规模水电解具有吸引力和挑战性。Yu

通过理论和实验研究，证明三元 $Ni_{2(1-x)}Mo_{2x}P$ 多孔纳米线阵列在大电流密度下可作为高效稳定的碱性 HER 电催化剂[27]。利用密度泛函计算了 Ni_2P 和 $Ni_{2(1-x)}Mo_{2x}P(0001)$ 表面 H_2O 吸附、H_2O 活化、OH 吸附和 H 吸附的自由能，以深入理解 $Ni_{2(1-x)}Mo_{2x}P$ 催化剂高 HER 活性的本质。$Ni_{2(1-x)}Mo_{2x}P$ 催化剂的 H_2O 吸附活化的 Volmer 步骤更有利于 $Ni_{2(1-x)}Mo_{2x}P$ 催化剂的 H_2O 吸附活化，而 Ni_2P 催化剂的 H_2O 吸附活化相对缓慢。Mo 暴露的 NiMoP 具有 0.08eV 的最低的 γ-GH，不仅远低于 Ni_2P，而且非常接近 Pt，具有最佳的吸放氢能力，有利于 Heyrovsky 步骤。因此，实验和理论结果都证实了 $Ni_{2(1-x)}Mo_{2x}P$ 三元催化剂在碱性介质中是一种高效的 HER 电催化剂。

2）DFT 的模拟研究催化位点

目前，电化学水裂解析氢的大规模应用需要昂贵的铂基催化剂。利用丰富的过渡金属储量作为替代品，开发高效、稳定的催化剂有重要意义。Ding 等通过简单的混合、热解和廉价前驱体的浸出，制备了一种富含原子分散的低配位数钴位的碳纳米管材料[28]。为了进一步研究原子分散、低配位的 Co-N 位点如何作为高效的催化位点，进行了 DFT 的模拟。首先考虑石墨烯边缘的低坐标 $Fe-N_2$、$Co-N_2$ 和 $Ni-N_2$ 位点。同时，也调查了金属-N_2 位点位于缺陷中的场景。经过几何优化，测定了表征 HER 催化活性的关键指标——氢-吸附吉布斯自由能（ΔG_{H^*}）。$|\Delta G_{H^*}|$ 值越小，能垒越低，说明 HER 性能越好。在所有边缘位点中，$Co-N_2$ 边缘构型的 $|\Delta G_{H^*}|$ 值最小，为 0.127eV。$Co-N_2$ 具有 0.177eV 的较低的能垒，低于具有相似构型的 $Fe-N_2$ 和 $Ni-N_2$。这些模拟结果基于 DFT 的第一性原理模拟进一步证实，位于边缘和缺陷的 $Co-N_2$ 具有较低的能量势垒，这有利于 HER 过程。

3. 非 Pt 催化剂

燃料电池技术作为减少碳排放的解决方案之一，正处于发展的初始阶段。目前采用的 Pt 基催化剂，受市场波动、有限的可用性和地缘政治影响，成为材料成本的最大来源。因此开发无 Pt 催化剂被视为最终的解决方案。在众多的无 Pt 催化剂中[29]，过渡金属氮碳材料表现出足够的活性和持久性，与 N 掺杂的类石墨烯碳材料复合后（M-N-C，M 代表过渡金属如 Fe、Co、Ni 和 Mn 等），过渡金属原子分散，并与石墨烯中含吡啶的含氮面内或边缘缺陷相结合，表现出与 Pt/C 催化剂相媲美的转化效率。这些材料的化学组成和形态为含活性位的过渡金属的反应性和稳定性提供了基础[30-31]。

对 M-N-C 催化剂而言，活性位点、缺陷和碳基体表面氧化物种类均对催化性能有重要影响，以 Fe-N-C 电催化剂为例，它含有多个在碳基底上的不同的组分单元包括含 Fe、N 部分，不含金属的含氮部分以及含金属颗粒的部分。不同部分存在于不同的结构中，包括微孔、介孔和大孔。碳基底的缺陷与不同化学组分结合会影响对氧气的吸附能力，如缺陷的增加会增加 π 电子的吸附能力，导致 $Fe-N_4$ 活性的提升。理想的 Fe-N-C 电催化，应该具有以下特征：①在中孔中应暴露碳基准面，从而有利于 $Fe-N_4$ 和 $Fe-N_{4+1}$ 的反应活性提升。②表现出低密度的结构缺陷。虽然这种电催化剂在原位结合 O_2 太强，但非原位条件意味着碳化学（其部分氧化）的改变，从而降低了 O_2 的结合强度。③未来的 Fe-N-C 催化剂中，Fe 基纳米颗粒应该尽量减少，因为除了电化学活性外，它们会优先被氧化，从而毒化离聚物[32-34]。

除去典型 Fe-N-C 催化剂外，研究人员致力于开发性能更加优越的催化剂类型。通过严格控制 Zn 前体的气化速率，可以增加 Zn 在 Zn-N-C 催化剂中的原子分散的负载量，将前体 $ZnCl_2$ 和邻苯二胺在气化前转化为稳定的 Zn-NX 活性位点。研究表明 Zn-N-C 催化剂在酸性介质中比 Fe-N-C 催化剂更不易于质子化；在 ORR 过程中，$Zn-N_4$ 结构比 $Fe-N_4$ 结构电化学稳定性更好，从而使 Zn-N-C 催化剂具有良好的稳定性[35]。

1）DFT 计算阐释促进水氧化的机理

具有较好光稳定性的无机半导体材料的光催化整体水裂解被证明是实现可扩展和经济可行的太阳能制氢的最有希望的方法之一，以解决与能源和环境相关的问题。精确地设计和修饰能有效利用可见光的光催化剂以促进水氧化是一个非常迫切的问题。Qi 等通过原位光沉积创新助催化剂解决 $BiVO_4$ 水氧化缓慢的问题，阐明助催化剂的局部结构和促进水氧化的机理[36]。DFT 计算结果表明，与常用的 CoO_x 助催化剂相比，在 $BiVO_4$ 的面上原位形成的 FeOOH 和 CoOH 纳米复合物（简称 $FeCoO_x$）不仅降低了水氧化的吉布斯自由能垒，而且对电子转移和电荷分离有更好的促进作用。$FeCoO_x/BiVO_4$（Co 或 Fe 位）和 $CoO_x/BiVO_4$ 的决速步是 O^{**} 吸附一个 OH^- 形成 OOH^*。吉布斯自由能下降最大的是 $FeCoO_x/BiVO_4$（Co 位），而 $FeCoO_x/BiVO_4$（Fe 位）的 OER 性能远弱于相应的 Co 位，表明 Co 位是主要的 OER 位。Fe 原子的引入可以很好地调节和优化 Co 活性中心的电子结构，从而使其对 OER 中间体有更强的吸附性能。

2）DFT 计算键能

DFT 计算出 BFO 晶格参数与文献中报道的一致[37]。BFO、K/Na/Li-BFO 和 D-BFO 的氧空位形成能 $E_{vac}(V_Ö)$、V_O 水合能、E_{hydr} 和取代缺陷形成能 E_{form}。计算结果如图 8-13 所示，$E_{vac}(V_Ö)$ 随着 BFO > K-BFO ≈ Na-BFO ≈ Li-BFO > D-BFO 的增大而减小。当 BFO > K-BFO > Na-BFO > Li-BFO > D-BFO 时，E_{hydr} 比 $E_{vac}(V_Ö)$ 下降得更快，而 E_{form} 随 BFO < K-BFO < Na-BFO < Li-BFO < D-BFO 而增加。$E_{vac}(V_Ö)$ 的变化趋势是 p-型替代的直接结果，它引入 K'_{Ba}、Na'_{Ba}、Li'_{Ba} 和 V''_{Ba} 缺陷，增加了配体孔浓度。由于 V''_{Ba} 贡献了两个配体空穴，而 K'_{Ba}、Na'_{Ba} 和 Li'_{Ba} 只能产生一个配体空穴，K-BFO、Na-BFO 和 Li-BFO 的 $E_{vac}(V_Ö)$ 与 D-BFO 相似但相对较高（约 0.14eV）。由于 A 位缺陷是带负电荷的，形成的带正电荷的 $V_Ö$ 优先位于靠近 A 位缺陷的位置。E_{hydr} 的降低遵循相同的趋势。通过计算，$(Ba, Sr)FeO_{3-\delta}$ 钙钛矿中的 E_{hydr} 和 $E_{vac}(V_Ö)$ 是负相关的。不仅是电荷，缺陷的大小也会同时降低 E_{hydr} 和 $E_{vac}(V_Ö)$。引进的 Na'_{Ba}、Li'_{Ba} 和 V''_{Ba} 是 p-型缺陷，小于 $Ba×_{Ba}$。这两种特性导致对 $OH_Ö$ 的空间斥力和静电斥力变小，从而增加了 $OH_Ö$ 浓度。

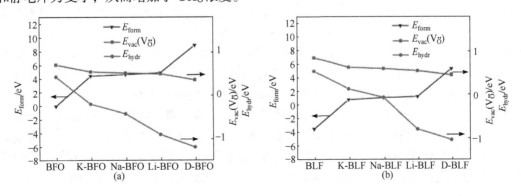

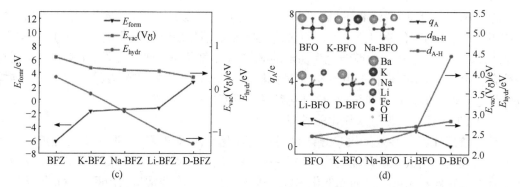

图 8-13　（a）～（c）计算 E_{form}、$E_{vac}(V_O)$ 和 E_{hydr}：（a）BFO、K-BFO、Na-BFO、Li-BFO 和 D-BFO；（b）BLF、K-BLF、Na-BLF、Li-BLF 和 D-BLF；（c）BFZ、K-BFZ、Na-BFZ、Li-BFZ 和 D-BFZ。
（d）Ba-H 距离（d_{Ba-H}）、A-H 距离（d_{A-H}，A 为 A 位正离子）和 A 位缺陷 Bader 电荷（q_A）
插图：O—H 键向 A 位缺陷旋转，以减少 OH_O 对 K'_{Ba}、Na'_{Ba}、Li'_{Ba} 和 V''_{Ba} 的排斥

3）理论分析杂化活性位点的活性和稳定性

同时提高 M-N-C 催化剂的单原子活性位点的活性和稳定性至关重要，但仍然是一个巨大的挑战。Wan 等报道了一种 Fe-N-C 催化剂，它具有氮配位的铁簇和紧密围绕的 Fe-N₄ 活性位点，用于酸性燃料电池中的氧还原反应[38]。为了解 Fe 团簇对 Fe-N₄ 活性的促进作用，进行了 DFT 计算。在石墨烯上建立一个紧挨着 Fe-N₄ 位点的 Fe₄-N₆ 模型，以模拟 Fe$_{SA}$/Fe$_{AC}$-2DNPC 的杂化活性位点。计算结果表明，N 配位铁团簇对相邻 Fe-N₄ 位点的促进作用比 C 配位铁团簇更显著，而团簇中 Fe 原子数量的促进作用则不显著。其次，从键长波动的角度，利用 MD 模拟研究了活性位点的稳定性，因为脱金属是从 Fe—N 键的延伸和断裂开始的。计算结果表明，铁团簇产生钉扎效应，抑制卫星 Fe-N₄ 位点的热振动，从而降低其脱金属倾向。

催化剂是燃料电池中的关键材料之一，对燃料电池性能影响显著，因此对于催化剂材料的研究一直备受关注[39-52]。随着计算机技术的发展，通过科学计算方法研究催化剂材料的研究成果越来越多，因篇幅限制，本书难以介绍所有的相关研究成果，有兴趣的读者可直接通过相关科学期刊、网站等进行查询和学习。

4. 电解质层优化

催化剂层（catalyst layer，CL）是发生电化学反应的区域，PEMFC 的输出性能与 CL 的结构密切相关。CL 同时承担催化电化学反应、导电质子和电子、输送气体反应物和去除产物水的功能，因此 CL 通常应由三个相组成，即催化和电子输运的固相、质子输运的电解质相和传质的孔隙相。目前常见的固相和电解质相材料分别是碳负载铂（Pt）颗粒和离聚物。这些材料的含量和组成影响 CL 的结构和性能。由于结构参数在 CL 制备中的随机性和不可控性，主要需要优化 CL 组分以提高 PEMFC 的输出性能，并由此提出了孔隙尺度模型、全电池模型等[53-54]。还提出了一些结论，如：离子聚合物和 Pt 负载含量的增加会增大催化剂的活性面积，但同时会增加氧的传输电阻率，限制催化剂的利用率；在催化活性面积和氧气的传输阻抗这一互悖的性能中催化剂活性面积更为重要等。精确的物理模型计算往往需要花费大量的时间和计算资源，与人工智能的结合开发替代模型可以大大加快

这一过程。

　　例如，为了得到最大功率密度下的 CL 层组成，通过三维计算流体力学全模型与 CL 团聚体模型耦合，模拟不同输出电压和 CL 组成下的电流密度，依据仿真结果构成了数据库。将整个数据库随机分成训练集和测试集，分别用于开发模型和评估所开发替代模型的适用性。替代模型的开发由 LIBSVM 在 MATLAB 中实现。结果表明，有效的替代模型与物理模型具有相当的精度，可以代替物理模型来预测优化过程中不同 CL 组分下的电流密度。替代模型的计算相对于精确物理模型具有 10000 倍的计算效率，可以在一秒内完成一条极化曲线的计算，而物理计算流体力学模型可能花费数百个处理器小时[55]。

　　1）DFT 计算动力学势垒

　　为了提高 HT-PEMFC 的电极性能，研究者考虑从具有较强酸性的 PFSA 中转移一个质子对膦酸的质子化[56]。DFT 计算表明，质子从全氟乙磺酸到 PFPA 的转移是一个自发过程（$\Delta_r G = -4.7$kJ/mol），动力学势垒较小，为 5.0kJ/mol。质子化 PWN 的 ^{31}P NMR 信号在与一个磺酸当量配位时显示出-1.9ppm（峰 1）的上场移动。在这种情况下，配位是由 PWN 的膦酸氧和 Nafion 的 SO_3H 基团实现的。当 PWN 的膦 POH 基团与 Nafion 磺酸中的磺酸氧原子形成额外的氢键时，PWN 的 ^{31}P NMR 信号向下场移动到$+1.6$ppm 和$+2.2$ppm（峰 P3和 P4）。

　　2）MD 模拟预测块体和界面性质

　　聚合物电解质燃料电池的阴极催化剂层对燃料电池的性能产生重大影响。Jinnouchi 报道了通过在阴极催化剂层中引入环结构骨架基质到离聚物中来提高性能[57]。通过 MD 模拟研究了 HOPI 的高氧渗透性。模拟和实验都表明，溶解度的增强对界面渗透率的提高有很大的贡献。HOPI 中的高溶解度是由其低密度造成的。MD 模拟表明，体积 HOPI 具有较低的密度[(1.90 ± 0.01)g/cm^3]。在这项工作中，通过结合单细胞、微电极和单晶表面的分析和MD 模拟，表明包含环结构单体的 HOPI、全氟-（2,2-二甲基-1,3-二氧唑）（PDD），显著提高了界面氧渗透和 ORR 活性。高渗透性源于高氧溶解度，高 ORR 活性归因于磺酸盐负离子吸附缓解催化剂中毒。

8.4　电池结构设计和模拟计算

8.4.1　电池优化

　　燃料电池的原理其实很简单，以最简单的氢燃料电池为例，在阳极处氢原子会被催化剂分解为氢离子和电子，电子通过回路形成电流，而氢离子则是穿过一层电解质薄膜到阴极，并重新吸收电子与氧气反应产生水。氢气和氧气转化成水产生的能量，便由此直接以电能的形式释放出来了。虽然氢气的利用方式简单，但能源的储存是一大问题，目前为止仍然无法安全地以极高的密度运输氢气，因此大幅降低了它的实用性，于是就有了 DMFC的设计。

　　DMFC 在技术上和氢燃料电池很像，只是把氢气换成了甲醇，透过铂和钌组成的催化剂后，产生氢离子和二氧化碳，并由氢离子通过隔膜到另一边与氧作用产生水，并在过程中发电。DMFC 的特点是能源密度高，而且在各种环境下（$-97.0 \sim 64.7$℃）都能保持液态。

然而它也有缺点，就是甲醇在高浓度下会直接穿过电解质薄膜与另一边的氧气反应，降低电压，所以利用时必须将甲醇与水配成大约 3%浓度的溶液，将甲醇直接穿过薄膜的损耗降到最低。但这么一来就表示燃料中有绝大部分是不参与反应的水，非常浪费体积与重量。工业技术研究院材料与化工研究所蔡丽端组长与其所领导的团队，通过设计优化，改变了电解质膜与电极的结构，并且改变了触媒表面的材料，让燃料电池在燃烧过程中产生的水可以被回收利用，回到阳极去稀释高浓度的纯甲醇参与反应，如此一来就可以以未稀释的高浓度甲醇作为燃料。在甲醇燃料的持续供应下，目前设计出来的 1W 功率的 DMFC，已经可以做到 7000h 的连续运转。

碱性燃料电池最大的问题在于 CO_2 的毒化。电池对燃料中 CO_2 敏感，碱性电解液对 CO_2 具有显著的化合力，电解液与 CO_2 接触会生成碳酸根离子，这些离子并不参与燃料电池反应，且削弱了燃料电池的性能，影响输出功率；碳酸的沉积和阻塞电极也将是一种可能的风险，这一最终的问题可通过电解液的循环予以处理。循环电解液的利用，增加了泄漏的风险。氢氧化钾是高腐蚀性的，具有自然渗漏的能力，甚至于透过密封的可能性，具有一定的危险性，且容易造成环境污染。此外，循环泵和热交换器的结构，以及最后的气化器更为复杂。另一问题在于，如果电解液被过于循环或单元电池没有完善地绝缘，则在两单元电池间将存在内部电解质短路的风险。需要冷却装置维护其较低的工作温度[58]。

对于不同种类的燃料电池存在或多或少的缺陷，通过电池结构优化可以改善它们的缺点，从而使燃料电池的电化学性能增加。在优化电池结构中，可以通过材料模拟计算达到事半功倍的效果，而且还可以通过建立模型，确定优化结果，因此通过模拟计算提高优化电池结构的效率成为较好的选择。

8.4.2　结构模拟计算实例

1. PEMFC 的三维流场流道设计

PEMFC 使用昂贵而又稀缺的 Pt 作为催化剂，使电池整体成本过高，阻碍其大规模商业应用。为了克服这个问题，当前有两种方案：方案一是开发替代材料取代 Pt 作为新型催化剂，但目前仍没有成功开发出的 Pt 含量很少或不含 Pt 的且能保持像 Pt 一样活性和稳定性的新型催化剂；方案二是提高燃料电池在高电流密度下的性能以增加其功率密度，这样可降低额定功率下所需 Pt 的使用量。在高电流密度下，研究人员一直通过新型流场设计来改善电池性能，如由丰田汽车公司提出的三维流场概念。与传统的二维流场不同，三维流道的几何形状可促进反应气体进入催化层参与反应，能显著增强其传质性能。

基于此，上海交通大学燃料电池研究所章俊良教授课题组通过实验测试和数值模拟设计研究了具有三维流道几何形状的两种类型流场[59]，第一种是三维波浪形流场，其通过垂直于流道平面方向上的对流作用来促进氧气的传输；第二种是三维梯度深度波浪形流场，流道深度从上游区到下游区逐渐减小，通过增加流道平面方向上和垂直于流道平面方向上的气体流速，来改善流场下游区氧气供应不足和水淹的问题。

三维通道流场设计的基本原理是引入穿透平面对流，以增强氧气从通道到 CL 的传输。如图 8-14（a）所示，与传统的二维流场相比，通过平面方向（图中的 z 方向）的流速为零，因此，扩散对氧的传输起主导作用，特别是在高电流密度下，扩散对氧的传输相当有限。

相反，在 3d 通道内 z 方向有一个速度分量[图 8-14（b）和（c）]，证明存在氧气向催化层的对流，这是使用 3D 和梯度 3D 流场时电池性能提高的关键原因。同时，z 速度在通道波前端为正，而在通道波的中部和末端为负，这种局部旋涡具有通过惯性效应清除 GDL 中积水的能力，这是三维通道几何性能改善的另一个原因。

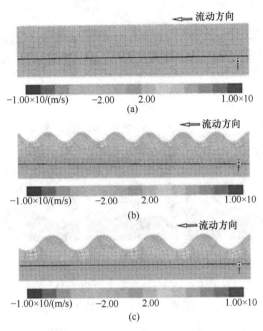

图 8-14　穿透平面方向的流速与二维流场（a）、三维流场（b）、梯度三维流场（c）[59]

通过对这三种流场进行数值模拟研究，依据基本守恒方程（能量、动量、连续性、组分等）和电化学守恒方程（电子和质子等），使用三维两相等温稳态模型对不同流场进行数值模拟分析研究，结果表明：①三维波浪形流道能够使气体在垂直于流道平面方向上产生对流，显著增强了氧气从流道到催化层的传输，局部氧浓度增大，最终使得浓差极化更小；②当氧气流过波浪形流道时，在垂直于流道平面方向（z 方向）上的速度分量由正变负，存在局部涡流，通过惯性效应排出反应积累的水，从而改善了电池的水管理；③三维梯度深度流场沿流道在流道平面方向上和垂直于流道平面方向上气体的速度增大，改善了下游区氧气供应不足和水淹的问题，从而使得电流密度分布更均匀；④三维波浪形流道增加了气体的流动阻力，导致压降和泵送功率的增大，然而由于氧气传输和排水性能的改善，在高电流密度（2.0A/cm^2）下，三维波浪形流场和三维梯度波浪形流场的净输出功率比传统二维流场提高了 87.4% 和 114%。

2. 量子力学模拟甲醇电化学氧化反应机理

甲醇燃料电池使用甲醇（分子式：CH_3OH）作为发电的燃料。甲醇燃料电池主要的优点在于甲醇储运方便、产量巨大、能量密度高，此外在大气压下其能在从 $-97.0\sim64.7℃$ 的温度范围内都保持液态，并且不需要间接式燃料电池的复杂汽化产生氢气的过程；但其存在发电效率不高、体积大和质量大等问题，从而限制了甲醇燃料电池在生活中的广泛应用。威斯康星大学麦迪逊分校化学与生物工程系的科学家 Mavrikakis 与日本大阪大学的科学家森川良忠共同合作在 PNAS 上借助量子动力学模拟，详细阐述了铂催化层上甲醇电化学氧化反应的动力学机理（图 8-15）[60]。

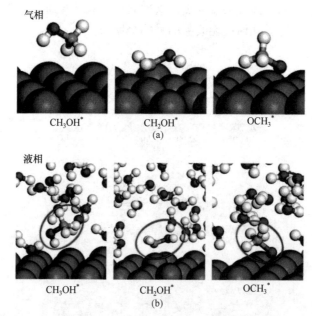

图 8-15 （a）汽相-CH₃OH、CH₂OH 和 OCH₃ 在未带电的 Pt(111)上的最佳结合几何构型；（b）来自 CH₃OH、CH₂OH 和 OCH₃ 在未带电 Pt(111)上平衡的 AIMD 轨迹的代表水相的快照[60]

通过计算 CH₃OH、CH₂OH 和 OCH₃ 的平均结合能分析可知，在水相中，CH₃OH 和 CH₂OH 在未带电的 Pt(111)上的结合能与气相情况下的相应结合能相似。另外，OCH₃ 在水相中显著不稳定（0.58eV）。这些差异主要是由于这些吸附物的结合几何结构和化学功能所致。通过量子动力学模拟巧妙地限制 C—H 键和 O—H 键的方法，精细地解释了键断裂过程中水溶剂和正负电极的影响。研究结果发现，在水溶剂环境下甲醇电化学氧化为甲氧基是吸热过程，而氧化为羟甲基却是等能过程。进一步，相比于 O—H 键的断裂，可以发现水溶剂更多地降低 C—H 键的断键能垒，这主要是因为 O—H 键与周围水分子可以形成一定的氢键。

3. PEM 燃料电池传输现象的三维计算分析

Berning 等建立了聚合物电解质膜燃料电池的非等温三维计算模型[61]。该模型结合了一个完整的电池与膜电极组装（membrane electrode assembly, MEA）和气体分配流通渠道。除相变外，该模型考虑了所有主要的输运现象。该模型以计算流体力学代码，并进行了仿真，重点对物理浓度和反应物浓度、电流密度、温度和水通量的详细三维分布进行了分析。Berning 提出的 PEMFCPEM 燃料电池模型是一个全面的三维非等温稳态模型，详细描述了以下输运现象：多组分的流动、流动通道中的对流热和质量传递、反应物通过多孔电极的扩散、电化学反应、质子通过膜的迁移、水通过膜的输送、电子通过固态基体的输运、共轭传热。控制这些过程的方程包括控制流体流动的全质量和动量守恒方程（Navier-Stokes 方程）、物种守恒和能量方程以及另外四个专门针对燃料电池过程的物态变化方程，包括：

多元扩散的 Stefan-Maxwell 方程、质子通过膜的传输的 Nernst-Planck 方程、电化学动力学的 Butler-Volmer 方程、液态水通过膜的 Schlogl 方程。

　　除相变外，该模型考虑了流道、电极和电解质膜中的所有主要输运现象，模拟结果清楚地显示了流速、传质速率、电流和温度的三维分布特性。

　　燃料电池内部的温度分布对几乎所有的运输现象都有重要影响，了解由于不可逆转而引起的温度升高的幅度可能有助于防止故障。根据研究[62]可以看出，靠近进口区域的温度升高可以超过几开尔文，进口区域的局部电流密度最高。由于聚合物电解液导电性低，膜内温度最高。一般情况下，阴极侧的温度略高于阳极侧；这是由于可逆和不可逆熵的产生。详细的温度分布也是当前模型最终扩展到包括多相现象的关键。相变还没有被考虑进去，但在这里应该简要地概述其机理。阴极处的温升决定了该区域气相的欠饱和程度，进而导致液态产品水的蒸发，从而提供冷却，抵消了温度的上升。因此，在等温模型中任何相变的实现都不能得到物理上有代表性的结果。通过聚合物电解质膜燃料电池的非等温三维计算模型的构建，使得电池优化的针对性有了进一步的提高，可以针对表现出的问题和发现的规律进行电池的优化设计。

8.5　氢能与燃料电池展望

　　随着能源需求的日益增长，化石燃料的消耗与 CO_2 排放总量快速上升，"清洁、低碳、安全、高效"的能源变革已是大势所趋。氢能及燃料电池以其绿色、无污染、高效的优点，成为未来理想的新型动力电池。燃料电池成为脱碳解决方案和绿色发展的重要组成部分。在 2019 年，燃料电池展现出 10% 的增长。在 2020 年，燃料电池的发展状况也远好于传统能源行业。因此，本章主要基于网络报道、媒体新闻、文献资料，对氢能及燃料电池的优缺点、分类等进行了归纳，针对氢能及燃料电池电解质及隔膜材料、催化剂材料、电池结构优化等方面的模拟计算实例进行了梳理和总结，期待能为燃料电池的发展添砖加瓦。

　　燃料电池从 1838 年开始发展至今，经历了理论研究、实际应用等发展阶段，目前已经较为成熟，可用于主供电设备使用的兆瓦级燃料电池装置、备用能源设备使用的小型不间断电源供应装置、家用热电联产燃料电池装置等方面。在该类材料的计算和模拟方面，为了满足高稳定性、高功率密度的需求，国际国内已经开展了一系列研究，在燃料电池催化剂和结构设计等方面取得了较好的成果。进入 21 世纪 20 年代以来，新的能源方式和储能方式日新月异地改变着世界，世界各地成千上万台燃料电池将为车辆与建筑提供清洁的能源，并且通过制造安全、清洁的能源帮助国家电网减少碳排放。燃料电池商业成功的延续是帮助世界能源需求走上可持续发展道路的重要环节。

课 后 题

1. 什么是燃料电池？请阐释其产能机理。
2. 燃料电池的优缺点是什么？
3. 燃料电池有哪几种分类方式？分别包含哪些？
4. 燃料电池的主要组成部分是什么？

5. 阐述燃料电池催化剂的分类。
6. 谈一谈燃料电池和锂电池等二次电池的差异。

参 考 文 献

[1] Felseghi R A, Carcadea E, Raboaca M S, et al. Hydrogen liquefaction and storage: Recent progress and perspectives[J]. Renewable & Sustainable Energy Reviews, 2023, 4(176): 113204.

[2] Shao Zh G, Yi B L. Developing trend and present status of hydrogen energy and fuel cell development[J]. Bulletin of Chinese Academy of Sciences, 2019, 34(4): 469-477.

[3] Staffell I, Scamman D, Abad A V, et al. The role of hydrogen and fuel cells in the global energy system[J]. Energy & Environmental Science, 2019, 12(2): 463-491.

[4] Zhao D Y, Zou W W, Zhao K, et al. Key technology of hydrogen fed proton exchange membrane fuel cells[J]. Chinese Journal of Nature, 2020, 42(1): 44-50.

[5] Zhang S. Analysis and prospect of the development status of hydrogen energy and fuel cells[J]. Modern Chemical Research, 2022, 11: 9-11.

[6] Chen J L. Research progress of electrolytes for low temperature solid oxide fuel cells[J]. Shandong Chemical Industry, 2019, 48(17): 78, 81.

[7] Du Z X. Application advances of manufacturing technology for key materials of vehicle fuel cell stack[J]. Chemical Industry and Engineering Progress, 2021, 40(1): 6-20.

[8] Liu M, Chen L, Lewis S, et al. Three-dimensional protonic conductivity in porous organic cage solids[J]. Nature Communications, 2016, 9(7): 1-9, 12750.

[9] Cheng J, Yang G, Zhang K, et al. Guanidimidazole-quanternized and cross-linked alkaline polymer electrolyte membrane for fuel cell application[J]. Journal of Membrane Science, 2016, 501: 100-108.

[10] Ben Salah Y, Tabe Y, Chikahisa T. Two phase flow simulation in a channel of a polymer electrolyte membrane fuel cell using the lattice Boltzmann method[J]. Journal of Power Sources, 2012, 199: 85-93.

[11] Chen N, Wang H H, Kim S P, et al. Poly(fluorenyl aryl piperidinium) membranes and ionomers for anion exchange membrane fuel cells[J]. Nature Communications, 2021, 12(1): 2367.

[12] Kwon T, Lim Y, Cho J, et al. Antioxidant technology for durability enhancement in polymer electrolyte membranes for fuel cell applications[J]. Materials Today, 2022, 58(9): 135-163

[13] Lawler R, Cho J, Ham H C, et al. CeO$_2$(111) surface with oxygen vacancy for radical scavenging: A density functional theory approach[J]. Journal of Physical Chemistry C, 2020, 124(38): 20950-20959.

[14] Hwang C K, Lee K A, Lee J, et al. Perpendicularly stacked array of PTFE nanofibers as a reinforcement for highly durable composite membrane in proton exchange membrane fuel cells[J]. Nano Energy, 2022, 101(10): 107581

[15] Zhang L, Doyle-Davis K, Sun X. Pt-based electrocatalysts with high atom utilization efficiency: from nanostructures to single atoms[J]. Energy & Environmental Science, 2019, 12(2): 492-517.

[16] Wang Y H, Le J B, Li W Q, et al. In situ spectroscopic insight into the origin of the enhanced performance of bimetallic nanocatalysts towards the oxygen reduction reaction (ORR)[J]. Angewandte Chemie International Edition, 2019, 58(45): 16062-16066.

[17] Gao L, Li X X, Yao Z Y, et al. Unconventional p-d hybridization interaction in PtGa ultrathin nanowires boosts oxygen reduction electrocatalysis[J]. Journal of the American Chemical Society, 2019, 141(45): 18083-18090.

[18] Gao Y, Xue Y R, Qi L, et al. Rhodium nanocrystals on porous graphdiyne for electrocatalytic hydrogen evolution from saline water[J]. Nature Communications, 2022, 13(1): 5227.

[19] Zhang J C, Chen G B, Liu Q C, et al. Competitive adsorption: reducing the poisoning effect of adsorbed hydroxyl on Ru single-atom site with SnO_2 for efficient hydrogen evolution[J]. Angew Angewandte Chemie International Edition, 2022, 61: e202209486.

[20] Xiao F, Wang Q, Xu G L, et al. Atomically dispersed Pt and Fe sites and Pt-Fe nanoparticles for durable proton exchange membrane fuel cells[J]. Nature Catalysis, 2022, 5(6): 503-512.

[21] Yang C L, Wang L N, Yin P, et al. Sulfur-anchoring synthesis of platinum intermetallic nanoparticle catalysts for fuel cells[J]. Science, 2021, 374(6566): 459-464.

[22] Li Y, Pillai H S, Wang T, et al. High-performance ammonia oxidation catalysts for anion-exchange membrane direct ammonia fuel cells[J]. Energy & Environmental Science, 2021, 14(3): 1449-1460.

[23] Mu X Q, Gu X Y, Dai S P, et al. Breaking the symmetry of single-atom catalysts enables an extremely low energy barrier and high stability for large-current-density water splitting[J]. Energy & Environmental Science, 2022, 15(8): 4048-4057.

[24] Tian X, Zhao X, Su Y Q, et al. Engineering bunched Pt-Ni alloy nanocages for efficient oxygen reduction in practical fuel cells[J]. Science, 2019, 366(6467): 850-856.

[25] Luo M C, Zhao Z L, Zhang Y L, et al. PdMo bimetallene for oxygen reduction catalysis[J]. Nature, 2019, 574(7776): 81-85.

[26] Li J, Sharma S, Liu X, et al. Hard-Magnet L1(0)-CoPt nanoparticles advance fuel cell catalysis[J]. Joule, 2019, 3(1): 124-135.

[27] Yu L, Mishra I K, Xie Y, et al. Ternary $Ni_{2(1-x)}Mo_{2x}P$ nanowire arrays toward efficient and stable hydrogen evolution electrocatalysis under large-current-density[J]. Nano Energy, 2018, 53: 492-500.

[28] Ding R, Chen Y W, Li X K, et al. Atomically dispersed, low-coordinate Co-N sites on carbon nanotubes as inexpensive and efficient electrocatalysts for hydrogen evolution[J]. Small, 2022, 18(4): 2105335.

[29] He Y, Hwang S, Cullen D A, et al. Highly active atomically dispersed CoN_4 fuel cell cathode catalysts derived from surfactant-assisted MOFs: carbon-shell confinement strategy[J]. Energy & Environmental Science, 2019, 12(1): 250-260.

[30] Wan X, Liu X F, Li Y C, et al. Fe-N-C electrocatalyst with dense active sites and efficient mass transport for high-performance proton exchange membrane fuel cells[J]. Nature Catalysis, 2019, 2(3): 259-268.

[31] Yang L J, Shui J L, Du L, et al. Carbon-based metal-free ORR electrocatalysts for fuel cells: past, present, and future[J]. Advanced Materials, 2019, 31(13): 1804799.

[32] Asset T, Atanassov P. Iron-nitrogen-carbon catalysts for proton exchange membrane fuel cells[J]. Joule, 2020, 4(1): 33-44.

[33] Fu X G, Li N, Ren B H, et al. Tailoring FeN_4 sites with edge enrichment for boosted oxygen reduction performance in proton exchange membrane fuel cell[J]. Advanced Energy Materials, 2019, 9(11): 1803737.

[34] Mun Y, Lee S, Kim K, et al. Versatile strategy for tuning ORR activity of a single Fe-N_4 site by controlling electron-withdrawing/donating properties of a carbon plane[J]. Journal of the American Chemical Society, 2019, 141(15): 6254-6262.

[35] Li J, Chen S G, Yang N, et al. Ultrahigh-loading zinc single-atom catalyst for highly efficient oxygen reduction in both acidic and alkaline media[J]. Angewandte Chemie International Edition, 2019, 58(21): 7035-7039.

[36] Qi Y, Zhang J W, Kong Y, et al. Unraveling of cocatalysts photodeposited selectively on facets of $BiVO_4$ to boost solar water splitting[J]. Nature Communications, 2022, 13(1): 484.

[37] Wang Z, Wang Y H, Wang J, et al. Rational design of perovskite ferrites as high-performance proton-conducting fuel cell cathodes[J]. Nature Catalysis, 2022, 5: 777-787.

[38] Wan X, Liu Q T, Liu J Y, et al. Iron atom-cluster interactions increase activity and improve durability in Fe-N-C fuel cells[J]. Nature Communications, 2022, 13(1): 2963.

[39] Liu S W, Li C Z, Zachman M J, et al. Atomically dispersed iron sites with a nitrogen-carbon coating as highly active and durable oxygen reduction catalysts for fuel cells[J]. Nature Energy, 2022, 7(7): 652-663.

[40] Xie H, Xie X H, Hu G X, et al. Ta-TiO$_x$ nanoparticles as radical scavengers to improve the durability of Fe-N-C oxygen reduction catalysts[J]. Nature Energy, 2022, 7(3): 281-289.

[41] Zhang H, Zhou Y C, Pei K, et al. An efficient and durable anode for ammonia protonic ceramic fuel cells[J]. Energy & Environmental Science, 2022, 15(1): 287-295.

[42] Wu Z P, Caracciolo D T, Maswadeh Y, et al. Alloying-realloying enabled high durability for Pt-Pd-3d-transition metal nanoparticle fuel cell catalysts[J]. Nature Communications, 2021, 12(1): 859.

[43] Sun F, Qin J S, Wang Z Y, et al. Energy-saving hydrogen production by chlorine-free hybrid seawater splitting coupling hydrazine degradation[J]. Nature Communications, 2021, 12(1): 4182.

[44] Liu S Y, Liu J Y, Liu X F, et al. Hydrogen storage in incompletely etched multilayer Ti$_2$CT$_x$ at room temperature[J]. Nature Nanotechnology, 2021, 16(3): 331-336.

[45] Yang Y P, Xu X C, Sun P P, et al. AgNPs@Fe-N-C oxygen reduction catalysts for anion exchange membrane fuel cells[J]. Nano Energy, 2022, 100(9): 107466.

[46] Li X L, Liu Q B, Yang B L, et al. An initial covalent organic polymer with closed-F edges directly for proton-exchange-membrane fuel cells[J]. Advanced Materials, 2022, 34(36): e2204570.

[47] Yang Y, Gao F Y, Zhang X L, et al. Suppressing electron back-donation for a highly CO-tolerant fuel cell anode catalyst via cobalt modulation[J]. Angewandte Chemie International Edition, 2022, 61(42): e202208040.

[48] Xiao Z Y, Sun P P, Qiao Z L, et al. Atomically dispersed Fe-Cu dual-site catalysts synergistically boosting oxygen reduction for hydrogen fuel cells[J]. Chemical Engineering Journal, 2022, 446(10): 137112.

[49] Yang B L, Li X L, Cheng Q, et al. A highly efficient axial coordinated CoN$_5$ electrocatalyst via pyrolysis-free strategy for alkaline polymer electrolyte fuel cells[J]. Nano Energy, 2022, 101(10): 107565.

[50] Huang S Q, Qiao Z L, Sun P P, et al. The strain induced synergistic catalysis of FeN$_4$ and MnN$_3$ dual-site catalysts for oxygen reduction in proton- /anion- exchange membrane fuel cells[J]. Applied Catalysis B: Environmental, 2022, 317(11): 121770.

[51] Zhang H, Aierke A, Zhou Y T, et al. A high-performance transition-metal phosphide electrocatalyst for converting solar energy into hydrogen at 19.6% STH efficiency[J]. Carbon Energy, 2023, 5(1): 0217.

[52] Wang Y, Yu H T, Wang D B, et al. Low proton adsorption energy barrier of S-scheme p-CNQDs/VO-ZnO for thermodynamics and kinetics favorable hydrogen evolution[J]. Chemical Engineering Journal, 2022, 437(6): 135321.

[53] Hou Y Z, Deng H, Pan F W, et al. Pore-scale investigation of catalyst layer ingredient and structure effect in proton exchange membrane fuel cell[J]. Applied Energy, 2019, 253(11): 113561.

[54] Deng H, Hou Y Z, Chen W M, et al. Lattice Boltzmann simulation of oxygen diffusion and electrochemical reaction inside catalyst layer of PEM fuel cells[J]. International Journal of Heat and Mass Transfer, 2019, 143(11): 118538.

[55] Wang B W, Xie B, Xuan J, et al. AI-based optimization of PEM fuel cell catalyst layers for maximum power density via data-driven surrogate modeling[J]. Energy Conversion and Management, 2020, 205(2): 112460.

[56] Lim K H, Lee A S, Atanasov V, et al. Protonated phosphonic acid electrodes for high power heavy-duty vehicle fuel cells[J]. Nature Energy, 2022, 7(3): 248-259.

[57] Jinnouchi R, Kudo K, Kodama K, et al. The role of oxygen-permeable ionomer for polymer electrolyte fuel cells[J]. Nature Communications, 2021, 12(1): 4956.

[58] Liang G X. Development of alkaline fuel cells[J]. Battery, 2004, 34(5): 364-365.

[59] Yan X H, Guan C Z, Zhang Y J, et al. Flow field design with 3D geometry for proton exchange membrane fuel cells[J]. Applied Thermal Engineering, 2019, 147(1):1107-1114.

[60] Herron J A, Morikawa Y, Mavrikakis M. *Ab initio* molecular dynamics of solvation effects on reactivity at

electrified interfaces[J]. Proceedings of the National Academy of Sciences of the United States of America, 2016, 113(34): E4937-E4945.

[61]　Berning T, Lu D M, Djilali N. Three-dimensional computational analysis of transport phenomena in a PEM fuel cell[J]. Journal of Power Sources, 2002, 106(1-2): 284-294.

[62]　Berning T, Djilali N. Three-dimensional computational analysis of transport phenomena in a PEM fuel cell: a parametric study[J]. Journal of Power Sources, 2003, 124(2): 440-452.

第9章
太阳电池材料计算研究实例

>>> **学习目标导航**

➤ 了解太阳能以及太阳能的利用途径，为进一步学习太阳电池奠定基础；
➤ 熟知太阳电池的工作原理以及光生伏特效应；
➤ 理解并学习太阳电池材料模拟计算的实例。

本章知识构架

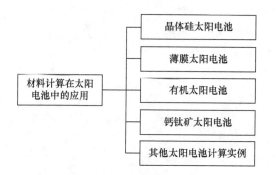

9.1 概 况

人类社会进入工业时代以来，能源消耗日趋增大。以现在的能源消耗速度，可开采的石油资源将在几十年后耗尽，煤炭资源也只能供应人类约 200 年。再加上能源危机[1]，尤其是以天然气、石油和煤炭为代表的传统能源所形成的能源危机，离人类越来越近。能源已成为世界关注的一个重大问题。同时，随着环境污染的日趋严重，也促使人们努力去开发新能源，特别是可再生能源。风能和潮汐能等虽属可再生能源，但受地理环境等条件的限制，唯有太阳能辐射到地球的每个角落，因而成为 21 世纪最具大规模开发潜力的新能源之一。

我国幅员辽阔，太阳能资源丰富，太阳能利用条件较好的地区占国土面积的 2/3 以上，特别是在西部地区，人口密度低，距离骨干电网远，交通不便，显然太阳能是这些地区的能源的最佳选择。太阳因内部发生核反应，温度高达 1.5×10^7K，会辐射出大量的热能，照射到地球上的太阳能非常巨大。大约 40min 照射到地球上的太阳能就足以满足全球人类一年的能量需求，而且利用太阳能还可减少环境污染。

目前太阳能的利用主要集中在热能和发电两方面，对于工业和其他产业部门，后者则是最理想的方案。利用太阳能发电目前有两种办法：一种是利用太阳能加热液体，使之变成气体用以驱动涡轮机发电；另一种就是太阳电池。根据半导体光生伏打效应（光伏效应）制成的太阳电池，即光伏电池是将太阳辐射能直接转换为电能的转换器件。用这种器件封装成太阳电池组件，再按需要将多块组件组合成一定功率的太阳电池方阵，经与储能装置、测量控制装置及直流-交流变换装置等相配套，即构成太阳电池发电系统，也称为光伏发电系统。

它具有不消耗常规能源、无传动部件、寿命长、维护简单、使用方便、功率大小可任意组合、无噪声、无污染等优点。因此，自 1954 年第一块太阳电池问世以来，得到了飞速发展。仅经过 40 多年的时间，目前已成为空间卫星的基本电源和地面无电、少电地区及某些特殊领域的重要电源，并将进一步发展成为 21 世纪世界能源舞台上的主要成员之一。

目前太阳能光伏商业市场增长迅猛、潜力无限，实验室中也在不断地开发研制新型的太阳电池。按照制作材料的不同，太阳电池可分为晶体硅太阳电池、薄膜太阳电池、染料敏化电池、有机太阳电池、量子点太阳电池、钙钛矿太阳电池[2]。

与此同时，计算机技术的发展使得第一性原理计算模拟的应用越来越广泛。用理论计算来分析电池材料能够从原子尺度分析电化学反应动力学，结合高精度的实验表征技术往往可以很好地诠释结构和性能之间的关系。用理论计算来指导实验往往能节约时间和成本。在下文中将具体介绍每种电池的具体结构、特征与计算实例。

9.2 材料计算在太阳电池中的应用

9.2.1 晶体硅太阳电池

2017 年，约 1.7%的全球电力需求由光伏（photovoltaic，PV）组件产生的电力满足，其中绝大多数来自晶体硅（c-Si）太阳电池的贡献。晶体硅太阳电池目前占光伏市场份额的95%，预计未来几十年仍将是主导的光伏技术。自早期的太阳电池研究以来，人们关注的焦点一直是极少数的材料，如无定形硅和结晶硅。研究过程基本上是自下而上的，即理论工作的主要任务是解释实验结果。而且现在的研究部分是"自上而下"的，这意味着理论上的考虑和计算将首先估计一个概念的潜力，然后进行实验。

DFT 计算 Si/SiO_2 太阳电池的效率极限：估算给定材料效率极限的理论计算是一个两步过程。第一步需要从理论上推导材料参数，这项任务可以通过第一原理计算或通过有效质量近似计算来实现决定新材料的能带结构，如吸收系数和态密度等量。随后用来评估给定材料的效率极限，通过带隙（效率的第一个估计直接从带隙开始）计算 SQ（Shockley-Queisser）极限。然而采用这种方法时，吸收系数中包含的大量信息会丢失。

因此，为了研究新型光伏吸收材料的适用性，Liu 等[3]展示了如何将第一性原理计算与器件模拟相结合，来确定由 SiO_2/Si 超晶格和同轴 ZnO/ZnS 纳米线制成的太阳电池的效率极限。其说明了如何逐步从 SQ 极限到实际效率，并且能够确定一个给定概念的潜力，以及那些第一性原理计算无法获得的参数所需的临界数量级。同时还演示如何确定光阱方案的必要厚度和必要质量，以获得足够的光子吸收。根据 SQ 理论计算了理想系统的效率极限，也计算了具有有限移动率、非辐射寿命和吸收系数的更实际的设备的效率极限。

根据折射率的定义通过第一性原理计算得到 SiO_2/Si 量子阱与 ZnO/ZnS 纳米线的吸收系数及吸收率。得知三个 SiO_2/Si 超晶格的值非常接近这个交叉点，而 ZnO/ZnS 纳米线的带隙略高，短路电流太低，这意味着它需要更高的带隙底单元或结构才能获得最佳性能。

通过第一性原理计算，得到了材料的光学和部分电学性质。例如，利用表 9-1 中给出的相同的迁移率和剂量，获得了三个 SiO_2/Si 超晶格和作为载流子寿命函数的 ZnO/ZnS 纳米线的电池参数，随后这些光电特性被用来模拟完整的器件。这些器件模拟能够确定器件特性的临界值，如移动性和载流子寿命，而这些也是确保高效光伏能量转换所必须满足的。

表 9-1 迁移率和有效剂量[3]

物理量	SiO_2/Si 超晶格			ZnO/ZnS 纳米线
	$w_{Si}=1.08nm$	$w_{Si}=1.62nm$	$w_{Si}=2.16nm$	
电子迁移率 $\mu_n/[cm^2/(V \cdot s)]$	17.6	20.5	8.2	10
空穴迁移率 $\mu_p/[cm^2/(V \cdot s)]$	4.3	6.3	8.8	10
导带状态的有效密度 N_C/cm^{-3}	3.64×10^{19}	4.44×10^{19}	5.68×10^{19}	1×10^{19}
价带状态的有效密度 N_V/cm^{-3}	6.57×10^{19}	2.58×10^{19}	2.3×10^{19}	1×10^{19}
折射率 n	2.37	2.57	2.71	2.5

近年来在非晶/晶硅异质结（silicon heterojunction，SHJ）太阳电池和钙钛矿/SHJ 串联太阳电池方面的研究成果将氢化非晶硅（a-Si：H）置于光伏研究的前沿。由于三价硼在非晶态四价硅中的有效掺杂效率极低，器件的光捕获受到其填充因子（fill factor，FF）的限制。研制高导电性且 FF 损耗最小的 a-Si：H 掺杂材料是一项具有挑战性但又至关重要的工作。Liu 等报道了光浸渍可以有效地提高掺硼 a-Si：H 薄膜的暗电导。光诱导弱束缚氢原子的扩散和跳跃，激活硼掺杂[4]。理论计算结果得到势垒（A 和 C 之间的能量差约为 0.46eV）和 Si—H—Si 中氢的结合能（0.5～1.05eV），捕获的氢的结合能 B—H—Si 为 0.96～1.51eV，明显低于 Si—H 键（>3eV），这解释了 p-a-Si：H 中比 i-a-Si：H 中存在更多的亚稳态氢构型。将弱束缚氢原子与 p-a-Si：H 中的正常 Si—H 键区分，以加强光诱导暗电导率增加的机制，结果证明光诱导暗电导率的增加和硼掺杂激活确实来自弱束缚的氢原子，而不是 p-a-Si：H 中的正常 Si—H 键。

9.2.2 薄膜太阳电池

以硅为主的太阳电池从 1954 年第一块单晶硅太阳电池开始，已经获得了极大的发展和演化。第一代单晶硅太阳电池虽然效率高，但制备所需的高纯硅工艺复杂且成本较高。为降低成本，薄膜太阳电池在此基础上得到了很大的发展，它以非晶硅、铜铟镓硒（CIGS）薄膜、碲化镉薄膜为代表。这类太阳电池最大的优点为成本低、制备工艺相对简单、易实现自动化生产，已在 1980 年开始实现产业化生产[5]。但是非晶硅薄膜太阳电池存在光致衰减效应（Staebler-Wronski 效应，SW 效应），因而阻碍了它的进一步发展。多晶硅薄膜太阳电池因同时具有单晶硅的高迁移率及非晶硅材料成本低、可大面积制备的优点，且无光致衰减效应，因而在薄膜太阳电池方面得到了越来越多的重视。另外，CIGS 薄膜作为一种性能优异的化合物半导体光伏材料应用于薄膜太阳电池上也成为各国研究的热点之一，其光电转换效率高、性能稳定且不会发生光致衰减效应。这里将着重介绍非晶硅（a-Si）、多晶硅（poly-Si）、CIGS 这几种薄膜太阳电池。

1. Sentaurus TCAD 计算设计硅基薄膜太阳电池

半导体太阳电池的计算机仿真技术继承于传统的半导体工艺模拟和器件模拟技术，即 TCAD（technology computer aided design）模拟技术。在传统 TCAD 软件家族里，最为大家所熟知的两大巨头便是来自 Silvaco 公司的 Silvaco TCAD 套装与来自 Synopsys 公司的 Sentaurus TCAD 套装。这两款软件包可以实现从半导体器件制造工艺模拟，到分立器件物理特性（电、光、声）仿真，再到电路集成系统性能测试的"全栈式"计算机模拟和设计自动化，因此被广泛使用于现代半导体设计与制造领域，堪称行业标准。其超高的模拟精准度甚至可以用来指导半导体生产线的参数调试。

在光电器件仿真方面，TCAD 软件的核心都是先通过各类光学仿真器建立器件内部的稳态光场分布并获得载流子激发速率，再利用有限元分析求解器件内部在指定工作电压下的稳态电场与载流子流场，并最终推算出电极处的光电流强度以及器件的光电能量效率。

传统 TCAD 仿真软件至今仍然活跃在以硅太阳电池为代表的传统光伏器件研究领域。例如，斯坦福大学崔毅团队[6]便使用了 Sentaurus TCAD 计算并指导设计了硅基薄膜背接触太阳电池，通过使用 TCAD 模拟计算验证了纳米结构薄膜太阳电池全反接触设计的优点。

薄膜硅太阳电池具有更高的效率，因而可以使硅光伏系统成为一种经济有效的能源解决方案，纳米结构被认为是一种很有前途的方法，使薄硅成为一种有效的吸收材料。然而，具有纳米结构的薄硅太阳电池由于严重的俄歇复合和增大的表面积而导致效率不高，通常在短波长光下产生 50% 的外量子效率（external quantum efficiency，EQE）。因此，他们提出了一种具有 13.7% 功率转换效率的亚 10 毫米厚硅太阳电池，它克服了纳米结构器件的关键问题：螺旋和表面复合。图 9-1 是使用 Sentaurus TCAD 模拟硅基太阳电池，获得伏安曲线、内外量子效率等器件特性参数，模拟结果显示 450nm 的纳米锥结构减少了表面积的增加，增加了光吸收，同时减小了载流子的损耗，明显增加了长波光的吸收。并且通过薄硅与厚硅的太阳电池的光伏特性，结果显示超薄纳米硅太阳电池中获得了较高的功率转换效率。

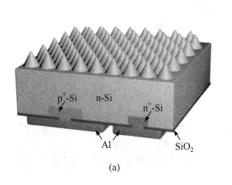

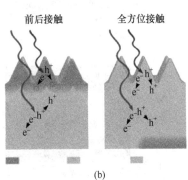

(a)   (b)

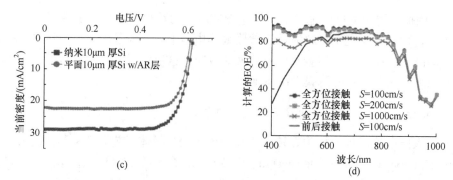

（c）

（d）

图 9-1 使用 Sentaurus TCAD 模拟硅基太阳电池获得的伏安曲线、内外量子效率等器件特性参数[6]

2. 光电模拟验证四结硅基薄膜太阳电池的优异性

硅作为地球上含量第二的元素，是太阳电池的重要材料，目前人们对硅的研究已经非常透彻。高效晶体硅光伏发电设备在大型电力生产和工业化的市场中占主导地位，其他的光伏发电技术还有锡、有机物和钙铁矿太阳电池等。但是目前太阳电池的光电压不高，很难应用于便携式电子设备，所以这也是太阳电池发展需要克服的难点。

南开大学光电子薄膜器件与技术研究所研究员张晓丹通过已经成熟的等离子体增强化学气相沉积（plasma enhanced chemical vapor deposition，PECVD）工艺制备出四结硅基薄膜太阳电池[7]，该太阳电池的开路电压高达 3.0V，这一电压可以为许多可穿戴、便携式和可控的家用电子设备等电子产品供电，这也为太阳电池在便携式电子领域的应用奠定了基础。

该研究对组件电池进行了光电模拟，以证明其巨大的性能潜力；图 9-2 J-V 曲线所示模拟电池的优良性能参数，从器件工程的角度证实了 1J 电池结构的有效性，为进一步的器件设计提供了指导。通过进一步模拟 1J、2J、3J、4J TFSC 在 AM1.5 光照条件下的 J-V 特性图，证明了这种四结硅太阳电池具有高达 3.0V 的光电压和 15.03% 的效率。

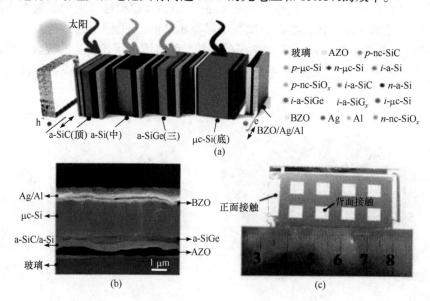

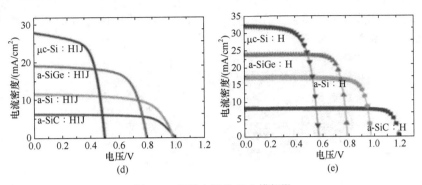

图 9-2　组件电池的光电模拟[7]

在这项工作中，研究人员用等离子体增强化学气相沉积工艺成功制备出四结硅基薄膜太阳电池，并且证明这种太阳电池具有高达 3.0V 的光电压和 15.03%的效率。这一研究丰富了功能性光电子器件中的器件库，并可为可穿戴便携式和可控制的家用电子设备供电，扩充了太阳电池的应用领域。

气相沉积技术是利用气相中发生的物理、化学过程，改变工件表面成分，在表面形成具有特殊性能（如超硬耐磨层或具有特殊的光学、电学性能）的金属或化合物涂层的新技术。

3. 非晶硅薄膜太阳电池中的 FDTD 光学模拟

随着纳米材料和微纳尺寸器件构型在太阳电池领域的兴起，光学设计的重要性日益突出。一方面，由于纳米块材，如纳米线、纳米柱等，在空间上天然的稀疏性，或者因为纳米晶薄膜材料中有限的载流子传递效率对材料厚度的巨大限制（通常在几百纳米以内），导致这类器件在光能吸收方面可能有先天的不足。另一方面，合理使用微纳结构的光学共振特性，能显著提高器件对共振波段的有效吸收，甚至还有可能在光学性能上超越一般的块材器件。

在这样的背景下，传统 TCAD 软件普遍采用的基于光线追踪（ray trace）算法的光学仿真器变得不再适用。与此同时，一类更加注重器件微纳光学性能计算、精简载流子输运模拟的仿真模式开始在太阳电池领域兴起。例如，Lumerical 公司的 FDTD（finite-differencetime-domain）光学仿真器便是其中的代表。得益于对麦克斯韦方程的直接（数值）求解，这类仿真模式能更加准确地还原器件的各类光学模式和载流子激发分布，尤其在对拥有光子晶体、表面等离激元等光学现象的器件上有突出的表现。

美国得克萨斯大学奥斯汀分校 Shaochen Chen 团队[8]研究人员使用 FDTD 光学仿真探究了使用金属条栅结构在薄膜电池中获得广谱、广角、偏振不敏感的光吸收增强的可能。如图 9-3 所示，使用 FDTD 光学模拟准确获取薄膜太阳电池中的光学模式其背后的物理机理便是充分利用了薄膜器件中 Fabry-Perot 共振、平面波导以及金属条栅的表面等离激元等多种光学模式，而 FDTD 模拟成为揭示这一作用机理的利器。

在实验方面，香港科技大学范志勇教授团队使用纳米拓印技术将类似上述的器件设计理念应用于超薄非晶硅电池的设计创新中（图 9-4）[9]，成功使器件的光学性能获得了约 30%的提升。使用 FDTD 光学模拟还原使用复杂器件构型下的内部光场信息，解释了长波区表面等离子体共振和波导模的增强。在这里，FDTD 光学模拟同样在器件设计指导与论文理论说明上提供了强有力的支撑。

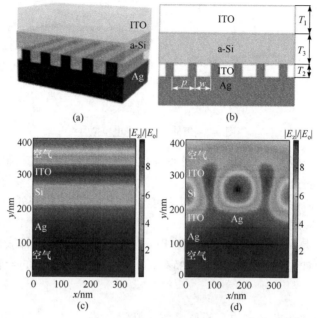

图 9-3　使用 FDTD 光学模拟准确获取薄膜太阳电池中的光学模式[8]

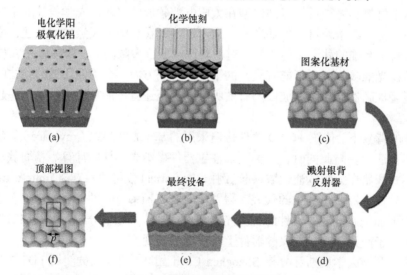

图 9-4　超薄非晶硅太阳电池[9]

4. CuPbSbS₃ 新型薄膜太阳电池中的 DFT 计算

新一代薄膜太阳电池光伏技术已经取得了长足的进步与发展，吸收层材料是薄膜太阳电池的重要组成部分。基于电子维度（electronic dimensionality）的概念，有应用前景的光吸收材料需要具备高电子维度。如今，高效率光伏器件的吸收材料都是具有高电子维度的。例如，以 Cu(In, Ga)Se₂、CdTe 以及 CH₃NH₃PbI₃ 为吸收层的太阳电池均达到了高于 20%的光电转换效率。但是，卤素钙钛矿器件的稳定性相对较低，使用寿命相对较短；Cu(In, Ga)Se$_2$ 和 CdTe 的原材料（In 与 Te）较为短缺，进而限制了其大规模的生产与应用。因此，需要探索地球储量丰富且稳定性高的薄膜太阳电池吸收层材料。

基于此，华中科技大学武汉光电国家研究中心唐江教授课题组和肖泽文教授课题组合作，报道了 CuPbSbS$_3$ 新型薄膜太阳电池的开发与应用[10]。CuPbSbS$_3$ 是一种名为车轮矿的天然矿物，禁带宽度约为 1.3eV，适用于单结薄膜太阳电池吸收层材料。根据 DFT 的计算结果，CuPbSbS$_3$ 具有 3D 电子和结构维度，同时还具有太阳电池吸收层材料所需的光电特性，如直接带隙、良好的载流子传输特性以及较高的光吸收系数。根据缺陷计算，在富 S 条件下能够合成缺陷容忍、弱 p 型导电的 CuPbSbS$_3$。

实验中，利用在制备金属硫化物薄膜中所广泛采用的 BDCA 溶液法合成了纯相、致密且结晶度高的 CuPbSbS$_3$ 薄膜（图 9-5）。基于 glass/ITO/CdS/CuPbSbS$_3$/Spiro-OMeT-AD/Au 结构的 CuPbSbS$_3$ 薄膜太阳电池取得了 2.23%的初始器件效率，展现出了 CuPbSbS$_3$ 在薄膜太阳电池领域中具有一定的潜力。

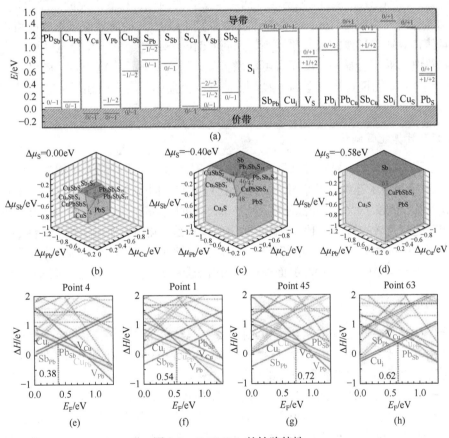

图 9-5 CuPbSbS$_3$ 的缺陷特性

该研究结合 DFT 计算和实验研究，证明了 CuPbSbS$_3$ 是一种适用于薄膜太阳电池的新型低成本光伏材料。DFT 计算结果表明，CuPbSbS$_3$ 具有 3D 的结构和电子维度（高效率光伏器件的先决条件）、1.3eV 的直接带隙、较高的光吸收系数、p 型导电以及缺陷容忍。实验上采用 BDCA 溶液法沉积了纯相、致密且结晶度良好的 CuPbSbS₃ 薄膜。glass/ITO/CdS/ CuPbSbS₃/Spiro-OMeTAD/Au 结构的器件取得了 2.23%的初始光电转换效率(特别是具有较高的开路电压，$V_{OC} = 699mV$)，展现出在 CuPbSbS₃ 薄膜光伏领域具有一定的潜力，值得进一步探索。

5. 通过半导体合金带隙和掺杂调控实现高效 CdTeSe 太阳电池的第一性原理研究

碲化镉（CdTe）是一种低成本、高效率的薄膜太阳电池领军材料，拥有近乎理想的带隙（1.48eV）和高吸收系数。目前，CdTe 薄膜太阳电池的太阳能-电能转换效率已达到 22.1%。但是，由于 CdTe 的本征缺陷问题，CdTe 电池的开路电压（V_{OC}）远低于其带隙，限制了其光电转换效率的进一步提高。而通过外部掺杂增大开路电压方法也遇到了自补偿和稳定性问题。

Saib 等[11]基于能带设计和第一性原理计算结果，提出如果用 CdTe₁₋ₓSeₓ 半导体合金作为太阳电池的吸光层，将进一步提高太阳电池的转换效率。一方面，能带计算显示虽然 CdSe 的带隙比 CdTe 高，CdTe₁₋ₓSeₓ 合金的带隙由于弯弓效应可以从 1.48eV 减小到 1.39eV（$x = 0.32$），这样 CdTe₁₋ₓSeₓ 吸光层就可捕获更多长波的光，提高电池的短路电流（J_{SC}）；另一方面，作者发现在 CdTe₁₋ₓSeₓ 合金中受主缺陷（CuCd）的有效缺陷形成能可以大幅度降低，但其有效缺陷过渡能级几乎不变，因而 CdTe₁₋ₓSeₓ 合金的 p 型导电性可以进一步增强，其开路电压并不会减小，反而有可能增大。该研究从理论角度出发，提出并论证了提高 CdTe 太阳电池能量转换效率的方案，同时以该合金体系为例阐述了计算半导体合金中缺陷的方法。

6. DFT 计算能带结构

了解和调整卤化物钙钛矿在实际环境下的物理行为对于设计高效耐用的光电子器件至关重要。Li 等报道了连续光照射导致二维杂化钙钛矿中面外方向>1%的收缩，这种收缩是可逆的，并强烈依赖于特定的超晶格堆积[12]。基于 DFT 能带结构计算，预测了在面外方向光诱导收缩时能带色散的增加，下一步合乎逻辑的步骤是量化收缩对电子输运特性的影响。计算结果表明 10min 的短时间内，电荷传输明显增强，即使光诱导收缩的效应刚刚开始。电荷传输特性的改善与 DFT 模拟预测的面外色散的增加是一致的，表明了层间传输途径的激活。

7. DFT 计算原位阳离子交换能

半导体的强光吸收是许多光电子和光伏应用中非常需要的特性。半导体吸收器的最佳厚度主要由其吸收系数决定。迄今，这一参数被认为是一种基本的材料特性，实现更薄的光伏的努力依赖于增加复杂性和成本的光捕获结构。Wang 等证明了在三元硫系半导体中，由于光学跃迁矩阵元素的增强，工程阳离子无序导致了相当大的吸收增加[13]。为了从实验上调整阳离子失序，首先评估了原子重新排序的热力学，特别是诱导失序所需的生成能差。采用 DFT 计算原位阳离子交换能。根据相位能量学的最高理论（包括自旋-轨道耦合效应的混合 DFT），计算出 AgBiS₂ 中原子的整体有序-无序焓差为 17.4meV，表明在轻度退火条件下，AgBiS₂ 中阳离子位交换是可达的。阳离子交换的机制可能是缺陷介导的离子迁移。阳离子无序工程 AgBiS₂ 胶体纳米晶体提供了比其他光伏材料更高的吸收系数，实现了高效极薄的吸收体光伏器件。

8. CdTe 中 Cd 和 As 间质扩散势垒的 DFT 计算

CdTe 太阳电池技术是太阳能工业中成本最低的发电方法之一，得益于快速的 CdTe 吸收器沉积、$CdCl_2$ 处理和 Cu 掺杂。但是 Cu 掺杂具有光电压低和不稳定等问题。因此，在 CdTe 中掺杂 V 族元素是解决这些问题的一条有希望的途径。研究人员利用 V 族氯化物对 CdSeTe 太阳电池进行了低温有效的 V 族掺杂[14]。DFT 计算表明，高温退火对 CdTe 中 V 族掺杂的有效扩散可能不是必要的（图 9-6）。DFT 计算的 Cd 在 CdTe 中的扩散势垒为 0.35～0.40eV（图 9-6），仅略小于 V 族掺杂的扩散势垒。镉原子在 300℃以上的温度下容易扩散。DFT 计算验证了一系列 V 族高离子材料[即 V 族氯化物（MCl_3），如 PCl_3、$AsCl_3$、$SbCl_3$ 和 $BiCl_3$]在溶液法中用作掺杂剂前体，其各种物理性质不同 Cd 族 V 化合物（即 Cd_3M_2 化合物，如 Cd_3P_2 和 Cd_3As_2），能够在多晶 CdTe 薄膜太阳电池中实现低温和有效的非原位 V 族掺杂。

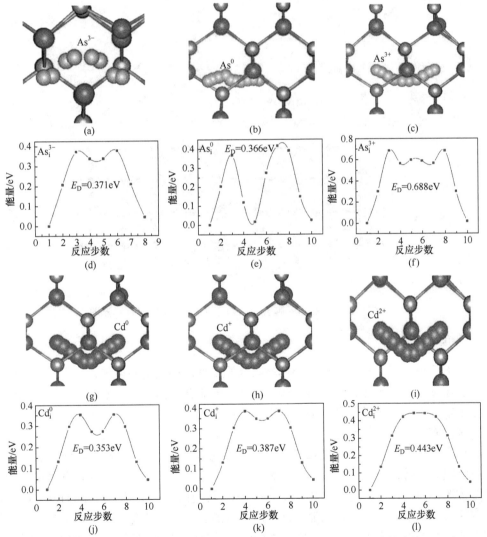

图 9-6　DFT 预测了不同电荷态 As_i（a、b、c）和 Cd_i（g、h、i）在 CdTe 中的扩散路径。As_i（d、e、f）和 Cd_i（j、k、l）在 CdTe 中的扩散能曲线

最稳定位置的能量被设为零

9. DFT 计算阐明反应机理

缺陷辅助复合导致的能量损失（E_{loss}）使得碳基钙钛矿太阳电池（perovskite solar cell，PSC）（C-PSC）的光伏性能不如金属电极电池。Zhang 等系统地研究了环境因素（水分和氧气）对 $CsPbI_2Br$ 晶体薄膜在退火过程中缺陷管理的影响[15]。$CsPbI_2Br$ 干膜在空气中重新退火的所有实验数据清楚地表明，空气中的水分显著减慢了其中的氧化分解反应动力学。为了阐明机理，通过 DFT 计算了 H_2O 和 O_2 在 $CsPbI_2Br$ 表面的吸附能（ΔH_{abs}）。如图 9-7 所示，对于 $CsPbI_2Br$ 在潮湿空气中的氧化分解反应，其表面吸附的 H_2O 分子首先需要被 O_2 取代，而这一过程无疑需要额外的能量。同时，无水空气中的氧化反应不需要这种能量。H_2O 和 O_2 分子之间的这种竞争性吸附降低了 $CsPbI_2Br$ 在潮湿空气中的氧化反应动力学。

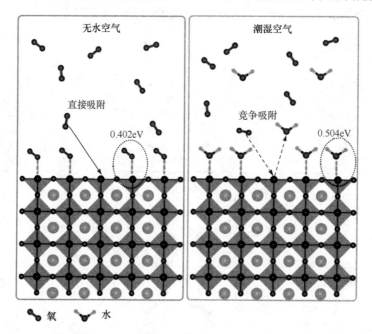

图 9-7　$CsPbI_2Br$ 单元胞表面 H_2O 和 O_2 分子吸附过程示意图

9.2.3　有机太阳电池

有机太阳电池是一类以有机半导体材料为光活性层的光电转换装置。由于有机半导体材料特别是聚合物半导体材料可通过溶液加工方式制备大面积、低成本、柔性太阳电池，有机太阳电池在移动电子充电设备、车载半透明光伏发电玻璃窗、太阳能光伏-建筑物一体化等领域都有巨大的应用潜力。

有机半导体材料的光伏性能可调范围宽，可利用化学手段对材料的能级、载流子迁移率以及吸收光谱等性能进行有效调控。有机太阳电池可采用打印、印刷等方法进行加工，可借鉴传统塑料的加工工艺，通过类似于制造摄影胶卷的"卷对卷"（roll to roll）滚动加工流程制造大面积柔性薄膜太阳电池。该生产工艺能够有效降低光伏电池的制造成本。有机太阳电池能很好地克服传统硅基太阳电池面临的部分问题，与硅基太阳电池形成优势互补，两者的结合将显著拓宽太阳电池的实际应用领域。因此，有机太阳电池技术越来越受到研究者的重视。

1. 单结有机太阳电池中的分子模拟计算

有机太阳电池因其具有质轻、光电特性易调节、可实现半透明以及可加工成大面积柔性器件等优点，近年来备受关注，成为目前热门的研究领域之一。衡量太阳电池性能的关键指标是光电转换效率。随着材料、器件制备优化及相关机理研究方面不断突破，小面积单结器件的效率达到 14%，大面积单结器件的效率也超过 10%（面积为 1cm²）。高效率仍然是目前有机太阳电池研究追求的首要目标，也是其实现产业化的关键。利用有机材料的优势，通过优化材料与器件结构来获得更加高效及低成本的有机太阳电池是科研工作者追求的目标。

中南大学邹应萍研究团队设计合成了一种基于苯并噻二唑为核的 DAD 结构稠环的 A-DAD-A 型非富勒烯有机受体光伏材料 Y6，与中国科学院化学研究所李永舫研究团队（正向器件制备和表征）、华南理工大学曹镛和叶轩立研究团队（反向器件制备和表征）合作，制备了正向/反向器件均为 15.7% 光电转换效率的单结有机太阳电池，验证效率为 14.9%（图 9-8），为已报道单结有机太阳电池效率的世界最高纪录[16]。该研究分子设计成功同时实现在器件中开路电压和短路电流密度最大化，尤其是当共混膜厚度增至 300nm 时，器件依然可以保持 13.6% 的效率，这对于有机太阳电池的大面积制备非常重要。此项工作对有机太阳电池未来工业化生产（卷对卷技术）具有积极的推动作用。

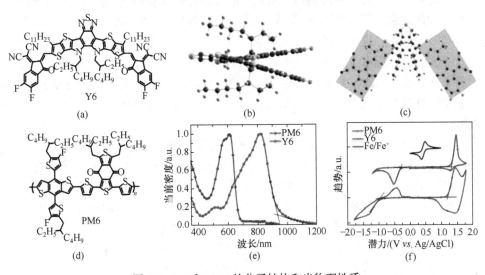

图 9-8　Y6 和 PM6 的分子结构和光物理性质

鉴于此问题，邹应萍研究团队在前期的研究中，将电子受体单元苯并三氮唑引入非富勒烯受体稠环的中心核，形成一种 DAD 稠环结构，进而合成了 A-DAD-A 型有机小分子受体光伏材料 BZIC。研究表明，这种 A-DAD-A 型小分子受体可有效拓宽材料吸收光谱，同时降低器件电压损失。基于 A-DAD-A 型分子结构，他们通过引入具有高迁移率的苯并噻二唑来替代稠环中心的苯并三氮唑，用并噻吩取代稠环末端的噻吩来调控目标分子的电子迁移率，进一步增强和拓宽材料的吸收光谱。这样得到的非富勒烯受体 Y6 具有较强的吸收和较窄的带隙（1.33eV）以及优异的电子迁移率。研究者采用 Gaussian 16（B.01 修正），运用密度泛函 ωB97X-D 方法在 6-31+G(d, p) 基组水平上对所设计合成材料进行分子模拟。

计算结果发现，连接稠环中心核 N 原子上的烷基链由于位阻效应，会导致分子自身发生一定的扭曲，进而可以阻止分子过度聚集。从化学合成角度，只需通过引入简单的烷基链就可调控分子的聚集，从而改善目标分子的结晶度和溶解性。这也大大降低了分子合成难度，实现了材料低成本化。

研究者考察了 Y6 薄膜状态下的吸收光谱和电化学能级，选取了与其吸收互补能级匹配的聚合物供体材料（PM6）共混。在对共混形貌优化后，制备了正向/反向器件均为 15.7% 光电转换效率的单结有机太阳电池。为了确保器件效率的准确性，作者将制备好的 PM6∶Y6 器件送至具有资质的 Enli Tech 光电实验室进行第三方数据验证。结果显示，基于 PM6∶Y6 的器件可获得 14.9% 的光伏验证效率。值得注意的是，共混膜在无任何后处理下仍能获得 15.3% 的光电转换效率。得益于 Y6 厚膜状态下的高电子迁移率，作者将 PM6∶Y6 的共混膜厚度增至 300nm 时，器件依然可以保持 13.6% 的效率，这对于有机太阳电池的大面积制备非常重要。该工作表明采用 A-DAD-A 型非富勒烯受体的设计策略为材料合成提供了新思路。通过匹配合适的聚合物供体，可同时实现器件短路电流密度和开路电压最大化。这一研究成果对单结有机太阳电池的研究具有极其重要的推动作用。

2. CGMD 模拟证实剪切冲量调控可实现柔性有机太阳电池大面积印刷制备

随着有机太阳电池器件性能的逐步提高（单节器件效率现已超 16%），众多课题组将太阳能光电器件的研究从活性层供/受体分子设计和器件结构的优化转移到柔性大面积印刷上来，并取得了可观的进展。然而，很少有工作将实验室小面积旋涂技术与工业上卷对卷印刷工艺结合起来，探求二者间存在的定量关系，这主要是因为单从工艺参数上确定二者间的联系十分困难。因此，采用合适的计算或表征手段联系二者就显得十分重要。一方面，这有利于降低卷对卷印刷工艺的性能损失；另一方面，这也有助于印刷有机太阳电池的商业化应用。

南昌大学/江西师范大学陈义旺教授、胡笑添研究员团队联合西安交通大学马伟教授课题组[17]首次通过冲量计算，并结合形貌一致性表征和 CGMD 模拟，证实了传统旋涂工艺与狭缝挤出印刷工艺间的内在联系，并定量计算出二者形貌演化间的转换系数，这种规律在富勒烯和非富勒烯受体体系中均得到证实。此外，探究二者间联系的研究思路也为未来印刷有机太阳电池的商业化应用开辟了一条切实可行的理论道路。在经典力学中，物体所受合外力引起的动量增量，称为冲量。与状态量动量不同，冲量是一种过程量，表述了力对质点作用一段时间的累积效应，反映了质点运动状态发生变化的原因。分析和计算不同成膜条件下获得活性层薄膜所受冲量的累积量，并将其与多种形貌表征技术（形貌演化、分子链堆叠和动力学模拟）结合起来，就能借助形貌一致性研究寻找出不同成膜条件下薄膜所受冲量累积量间的联系，继而表明冲量作用对形貌的影响。通过综合考量墨水浓度及制膜过程中的具体参数（旋涂转速、印刷走带速度、墨水入料速度等），证实了传统旋涂工艺与狭缝挤出技术间的冲量转换因子，并借此全印刷制备了低效率损失的高效大面积有机太阳电池模组。基于 1.04cm² 有效面积的富勒烯受体（PTB7-Th∶PC71BM）和非富勒烯受体（PBDB-T∶ITIC）太阳电池器件，器件效率达到了 9.10% 和 9.77%，基于 15cm² 有效面积的富勒烯受体和非富勒烯受体太阳电池模组，器件效率分别为 7.58% 和 8.90%（图 9-9）。

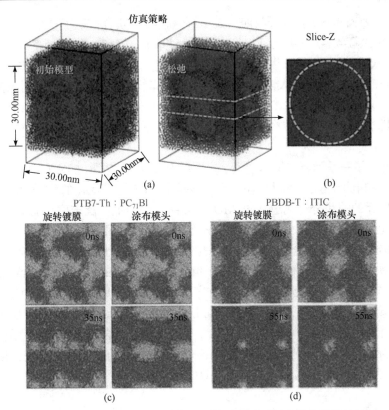

图 9-9 CGMD 模型示意图及活性层供/受体随时间变化的模拟结果

    冲量累计量和 CGMD 模拟的表征证明了这个现象的不同成膜方式。冲量累积量的计算基于动量定理，结合形貌一致性表征就能推导出二者间的转换系数（T）。基于研究思路和转换关系的计算，小面积（$1.04cm^2$）柔性光电器件被扩展为有效面积为 $15cm^2$ 的大面积柔性太阳电池模组。此外，大面积模组经过 5000 次弯折后仍能保持稳定的器件性能，证明了其优异的耐弯折性能。结合形貌一致性表征的冲量累积量计算的研究思路巧妙地解决了目前光电器件由小面积旋涂制备到大面积卷对卷印刷过程中很难将二者真正定量联系起来的难题，也为未来印刷有机太阳电池的商业化应用开辟了一条实际可行的理论道路。

3. DFT 计算应用于有机聚合物太阳电池

    基于先进的供体/受体材料、设备工程和优化工艺流程，聚合物太阳电池在过去十年间发展迅猛。然而，有机半导体材料的低光捕获效率和低载流子迁移率仍然阻碍了聚合物太阳电池的进一步发展。聚噻吩材料作为极具前景的供体材料，是高效光伏材料优秀候选者之一。但是，以噻吩为基础的单元在本质上是强电子富集的，并最终对基于聚噻吩的聚合物太阳电池的光电转换效率输出产生不利影响。近年来，人们广泛研究了利用结构效应来增强聚合物太阳电池性能，特别是施主-受主（D-A）策略，该策略被证明是开发具有广泛吸收、低能级和增强电子性能的施主聚合物的有效方法。此外，结构修饰可导致严重聚集，不仅影响供体聚合物的分子和功能性，还可以有效控制体异质结薄膜形态，从而影响太阳电池的光伏性能。

香港浸会大学的 Wong 教授与四川大学彭强教授[18]联合报道了一系列基于苯并二噻吩（BDT）和 5,6-二氟-4,7-双（4-烷基噻吩-2-基）苯并[c][1,2,5]噻二唑，制备的如 PffBB-n（n = 10、12、14 或 16）的低带隙供体-受体聚合物材料，开发出用于高性能体相异质结（bulk heterojunction，BHJ）聚合物太阳电池。基于良好的激子解离、优异的平衡电荷载流子迁移率以及最小的复合损失，在 PffBB-n：PC71BM 基聚合物太阳电池中，PffBB-14 表现出最优良的光伏性能，最大光电转换效率为 9.93%，V_{OC} 为 0.92V，J_{SC} 为 16.77mA/cm²，FF 为 64.36%。

研究者开发了一系列新的供体-受体共聚物：PffBB-n，并通过 DFT 计算来探测 PffBB-n 聚合物的分子和电子性质。如图 9-10 所示，显示了 DFT 计算优化的分子构象和 PffBB-n 乙基取代重复单元的前线分子轨道。HOMO 在 π-缀合骨架上广泛定位，而 LUMO 主要在苯并噻二唑单元上。这种前沿分子轨道电子分布将极大地增强有效的分子内电荷转移。同时利用 XRD 确定 PffBB-n 聚合物的结晶度，表明强 π-堆叠能力和结晶性质可以为有效电子传输和激子扩散提供高度有序的网络。XRD 测量以确定 PffBB-n 聚合物的结晶度，显示出 PffBB-n 具有较长烷基侧链表现出增强的有序分子堆积，烷基侧链越长，通过 π-π 堆积排列的聚合物越接近。利用原子力显微镜（atomic force microscope，AFM）研究 PffBB-n：PC71BM 混合薄膜的微相分离行为。PffBB-n：PC71BM 混合薄膜的 AFM 图像在轻敲模式中记录相应的 AFM 高度和相位图像。结果还表明，供体聚合物极强的聚集强度将阻碍形成理想的均匀供体/受体互穿网络，以实现有效的光伏性能。

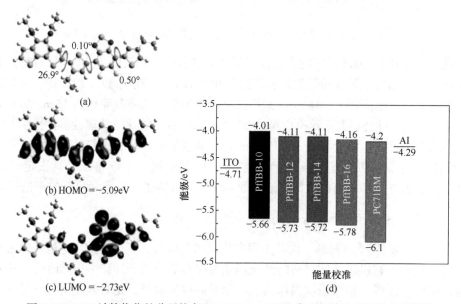

图 9-10　DFT 计算优化的分子构象和 PffBB-n 乙基取代重复单元的前线分子轨道

该研究开发了一系列新的供体-受体共聚物 PffBB-n（n = 10、12、14 和 16），作为应用的低带隙供体材料高效 BHJ 聚合物太阳电池。紫外吸收光谱、DFT 理论计算和 XRD 显示，PffBB-n 表现出有趣、强大且可控的聚集行为，其可通过附着在聚合物主链上的烷基侧链的大小，加工温度和所用溶剂来调节。利用温度依赖性聚集效应，制备并研究了具有 PffBB-n：PC71BM 的 BHJ 聚合物太阳电池，并对其在不同温度下的旋光性能进行了研究。在制造的聚合物太阳电池中，PffBB-14：PC71 基 BM 的器件在 80℃下旋涂活性混合层，显示出最佳的光伏性能，最高光电转换效率为 9.93%，V_{OC} 为 0.92V，最高 J_{sc} 为 16.77mA/cm²，FF 为 64.36%。AFM 研究显示，这种优异的器件性能归因于强的聚集扩展的吸收、优异的激子解离、理想的膜形态、更好的平衡电荷载流子迁移率和最小的复合损失。

4. DFT 计算解释能级变化

非富勒烯受体的分子设计是高效有机太阳电池的重要组成部分。支链烷基修饰通常被认为是一种反直觉的方法，因为它可能会引入不必要的空间位阻，从而减少非富勒烯受体中的电荷输运。Li 通过用支链烷基取代 Y6 基二噻吩[3,2-b]-吡咯苯并噻唑核上的噻吩单元的 β 位置，设计和合成了高效的非富勒烯受体[19]。DFT 计算四种二聚体结构的 HOMO 和 LUMO 之间的能隙。在 Y6 二聚体中 HOMO 和 LUMO 变得高度对称并离域，解释了薄膜吸收红移的原因。L8-BO、L8-HD 和 L8-OD 的光学带隙分别为 1.40eV、1.43eV 和 1.42eV，略大于 Y6（1.35eV）。L8-BO 的 2-丁基侧链具有较好的结构顺序，有助于构建优化的多长度尺度形态，实现高载流子生成、低电荷重组和平衡电荷输运。这些特性使得高性能有机太阳电池同时具有低损耗、高 J_{SC} 和高 FF，表现出前所未有的效率。L8-BO 具有蓝移的薄膜吸收和上移的 LUMO 能级，与 PM6 施主更匹配，在不严重牺牲 J_{SC} 的情况下降低了电荷转移驱动力和非辐射能量损失，提高了 V_{OC}。

5. DFT 计算能级

功率转换效率高达 18%的非富勒烯受体有机太阳电池具有巨大的实际应用潜力。然而，高效 NFA 有机太阳电池的非辐射复合损耗明显较大，其原因尚不清楚。Chen 等通过结合瞬态吸收光谱、光伏表征和详细的能量损失分析，明确地展示了自由载流子复合形成的 NFA 三重态激发性电子，作为一个主要的非辐射复合和能量损失通道[20]。为了使 NFA 中的三重态激发性电子形成合理化，对 PBDB-T、PM6 和 IXIC-4Cl 的能级进行了 DFT 计算。PBDB-T 和 PM6 供体的 T_i 态均比 S_1 态低约 0.6eV，但比 IXIC-4Cl 的 S_1 态高约 50meV，而 IXIC-4Cl 的 T_1 比 S_i 态低约 0.4eV。因此，低于 NFA IXIC-4Cl S_1 的 CT 态只能重组为 NFA 的 T_1 态，而不能重组为聚合物供体，这与实验结果一致。这与聚合物-富勒烯有机太阳电池形成了鲜明的对比，后者的 CT 态重组为聚合物供体的三重态。IXIC-4Cl 的 CT 与 T 之间的巨大能量抵消可以有效地驱动 ^{3}CT 激子弛豫到 T_1 态，并湮灭器件中的光生电荷。这一过程首次在 NFA 有机太阳电池中被直接探测和 NIR-TA 测量证实，显示了 NFA 由电荷重组形成的三重态激子。

6. 分子动力学模拟应用于有机太阳电池

随着非富勒烯小分子受体的发展，有机太阳电池的 PCE 迅速提高。尽管这些非富勒烯小分子受体器件的形态稳定性严重影响其固有寿命，但它们的基本分子间相互作用以及它们如何控制有机太阳电池的性质-函数关系和形态稳定性仍不清楚。Ghasemi 等发现非富勒烯小分子受体在聚合物中的扩散表现出阿伦尼乌斯行为，并且活化能 E_a 与聚合物和非富勒烯小分子受体之间的熵相互作用参数 χ_H 呈线性关系[21]。利用分子动力学模拟导出了小分子受体的密度（g/cm³；298K）和热转变温度（℃）。密度值表示平衡状态下三个独立导出轨迹上的平均值。根据类似块体材料模拟研究中报道的平均密度与温度的关系图，得到了相变温度。

9.2.4 钙钛矿太阳电池

近年来以钙钛矿材料为基础的钙钛矿太阳电池在短短几年内将太阳能的光电转换效率提升至 22.1%，且钙钛矿电池内的固态电解质在一定程度上解决了电解液外漏、挥发等安全及耐用问题，因此得到了人们的广泛关注。

钙钛矿狭义上指化学成分为 $CaTiO_3$ 的矿物质，现将其广义地理解为具有 ABX_3 结构的所有化合物。太阳光照射下钙钛矿染料吸收光子产生电子-空穴对，并且脱离束缚形成自由载流子，故钙钛矿在太阳电池中起吸收光子的作用，是整个钙钛矿太阳电池的核心。在钙钛矿材料中，可以通过调节其中元素含量的比例将材料带隙控制在 1.4eV，降低载流子复合概率，提高入射光的吸收率和光电转换效率。钙钛矿材料同时可以高效完成入射光的吸收、光生载流子的激发、输运、分离等多个过程，并能高效传输电子和空穴，其载流子寿命远长于其他太阳电池[22]。

1. 钙钛矿太阳电池中的第一性原理计算

钙钛矿太阳电池的效率从 2009 年的 3.8%上升到 22.1%的认证效率，迅速成为学术界理论研究与实验研究关注的热点。这种效率的快速增加归因于钙钛矿光吸收层独特的电子结构与性能，对钙钛矿材料结构和特性的充分理解对于钙钛矿太阳电池材料的设计和性能的优化非常重要。在这种意义上，第一性原理计算显得尤为重要，如钙钛矿太阳电池材料晶体结构和相变、电子结构、缺陷、自旋轨道耦合、范德华力、氢键、离子/空位迁移、位移电流、铁电性、光电流计算、特性曲线滞后、第一性原理新材料预测等。

在通常情况下，$CH_3NH_3PbI_3$ 具有三种不同的结构，分别是：①正交结构；②四方结构；③立方结构。实验和理论计算都表明正交结构是最稳定的结构。随温度升高，这三种不同的结构可以发生正交-四方-立方的相变。在 $CH_3NH_3PbI_3$ 中，由于 CH_3NH_3 与 PbI_6 之间的相互作用较弱的 H 键结合，因此在计算晶格常数时需考虑范德华修正的影响。考虑范德华修正之后将极大地提高晶格常数的计算精度，更好地与实验数据相符合[23]。

作为新一代太阳电池材料，$CH_3NH_3PbI_3$ 优异的光电性能与其独特的电子和能带结构密切相关。$CH_3NH_3PbI_3$ 中价带顶和导带底分别由 Pb 的 6s 和 I 的 5d 轨道构成。采用 LDA 方法计算得到的 $CH_3NH_3PbI_3$ 的能带带隙数值与实验测量值非常接近，但是，这忽略了自旋轨道耦合（SOC）效应的影响。事实上，由于重离子 Pb 的存在使得 SOC 不能被忽视，考虑SOC 之后 $CH_3NH_3PbI_3$ 带隙的计算值将极大地降低（0.52eV）。在电子结构的计算过程中，SOC 起至关重要的作用，考虑 SOC 之后将使得电子在带隙处的简并消失，从而极大地降低了带隙。近年来，人们采用了很多更加高级的算法（如 PBE+SOC、HSE+SOC、GW+SOC 等）来对有机钙钛矿的能带结构进行精确计算。

在有机-无机钙钛矿材料中，空位起极其重要的作用。空位对材料中载流子的行为具有重要影响。研究空位的形成及作用机制是非常必要的，同时，通过人为调控材料中的空位种类和浓度也是开发新材料提高电池效率的有效途径。理论研究表明：在 $CH_3NH_3PbI_3$ 中，具有较浅能级的缺陷具有较低的形成能，并且缺陷能级通常位于价带顶或导带底附近。与

传统 Ⅳ 主族半导体不同，$CH_3NH_3PbI_3$ 不会在能带带隙深处形成缺陷能级。$CH_3NH_3PbI_3$ 中缺陷的这一特征有助于提高材料中载流子寿命和降低载流子复合，从而使得 $CH_3NH_3PbI_3$ 具有较高的光电转换效率。

众所周知，Pb 是一种有毒的元素，对环境和动物都具有明显的毒害作用。从环保的角度考虑，开发不含 Pb 的钙钛矿太阳能材料十分必要。研究人员通过阳离子替换的方式设计了一系列不含 Pb 的有机钙钛矿化合物，并对它们的电子和光学性能进行了计算。计算表明：$Cs_2InSbCl_6$ 和 $Cs_2InBiCl_6$ 具有合适的带隙和光吸收效率，是非常有潜力替代 $CH_3NH_3PbI_3$ 的新型无 Pb 有机钙钛矿材料。无论从成本还是工作量考虑，应用第一性原理开发和设计新型有机钙钛矿材料都具有更高效和低成本的优点（图 9-11）。

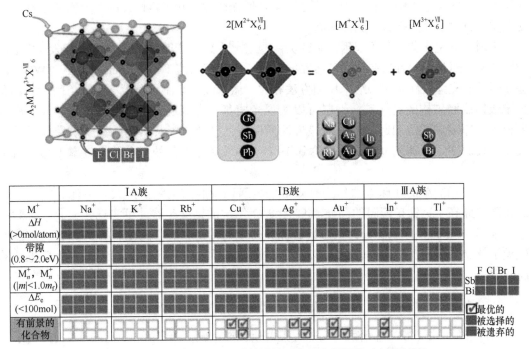

图 9-11 通过第一性原理计算设计不含铅有机钙钛矿新材料[23]

由于钙钛矿的优异光生电子和空穴提取速率，对于基于 SnO_2 电子转移层（ETL）的平面钙钛矿太阳电池尤为突出。北京科技大学 Zhang 和 Si 等[24]采用石墨炔（GDY）有效地提高 SnO_2 和钙钛矿之间的匹配，包括 ETL 本身的电性能优化，随后引起钙钛矿生长的界面改性以及钙钛矿的界面缺陷钝化等方面。掺杂 GDY 的 SnO_2 层最终使电子迁移率提高了 4 倍，并且使电子提取的能带对准更加容易。同时，增强的疏水性有效地抑制了钙钛矿形核，从而形成了具有减小的晶界和较低的缺陷密度的高质量薄膜。

系统 DFT 的研究进一步表明，电性能的提高源自形成的 C—O σ 键和钝化的 Pb-I 反位缺陷，均来自于 GDY 中的乙炔键。器件具有 21.11% 的效率和可忽略的滞后现象。这种 GDY 材料为钙钛矿太阳电池的精细界面设计提供了更多见解。

2. 模拟计算高效钙钛矿回廊腔太阳电池

作为有机-无机杂化钙钛矿半导体的 $CH_3NH_3PbI_{3-a}X_a$（X = I、Br、Cl）引起了人们的高度关注。由于其低的成本及简单的制造方法，钙钛矿太阳电池的光电转换效率迅速提升。目前钙钛矿太阳电池的最高效率已达到 22.7%（2017 年），而理论效率理论计算值为 31%，因此，提高光电转换效率仍然具有充足的空间。为了能够接近理论效率，研究人员致力于优化钙钛矿组分、吸收材料、薄膜制备等。根据早期报道，厚度约为 300nm 的 $MAPbI_3$ 薄膜一次只能吸收约 70%的入射光。因此，光电转换器件的效率可以通过提高光捕获效率和钙钛矿膜质量提高钙钛矿的光伏性能。目前有很多研究，如构筑光学结构和利用等离子体效应，作为提高钙钛矿器件光捕获性能的方法。然而，这些方法有诸多缺点，会降低甚至破坏器件的光伏性能。例如，在电子传输层（ETL：TiO_2，ZnO）构建的额外光学结构势必增加器件的厚度，并且不可避免地在钙钛矿活性膜中引入缺陷。具有等离子体效应的核壳金属纳米材料由于体缺陷和表面缺陷会严重降低光伏性能和稳定性。因此，需要发展更简便适用的方法实现光捕获性能的提高。

中国科学院化学研究所宋延林研究员课题组[25]受到回音壁对光/声捕获的启发，模拟回廊腔结构，通过压印方法在钙钛矿活性层构筑了回廊腔结构（whispering gallery，WG）以提高器件的光捕获性能。与纳米压印方法相比，微米级图案压印模板更为简单耐用。具有微米级回廊腔结构的钙钛矿活性层可以实现光捕获，有效地解决了电子传输层和金属纳米材料因厚度和缺陷引起的问题。该方法所制备的钙钛矿膜具有高的钙钛矿薄膜质量和较少的表面缺陷，其光电转换效率达到 19.80%，较对比器件的光电转换效率（15.30%）高 29.4%。

该研究用简单的压印方法作为有效方法构筑回廊腔结构钙钛矿太阳电池，降低了表面缺陷并提高了钙钛矿薄膜的品质。具有 WG 结构的钙钛矿器件可实现光捕获，有效加速电子-空穴分离和抑制复合，从而具有优异的光电转换性能。优化后的 WG 钙钛矿器件展现了低 *J-V* 滞后。该研究表明，这种压印技术提供了一种制造高性能钙钛矿太阳电池的简便方法。

3. 实验研究和理论模拟相结合构建高效稳定的 2DRP 层状钙钛矿太阳电池

与传统的三维（3D）卤化物钙钛矿太阳电池材料相比，二维 Ruddlesden-Popper（2DRP）层状钙钛矿因其提高的耐湿性、优异光稳定性和热稳定性、超低的自掺杂行为和显著降低的离子迁移效应而成为钙钛矿太阳电池的研究热点。2DRP 层状钙钛矿稳定性来源于表面有机胺分子的保护作用、低维下钙钛矿容忍因子的有效调控以及由有机胺分子间弱的范德华力和氢键作用主导的层间相互作用。但氢键和范德华力作用力较弱，层状钙钛矿骨架稳定性提升受限，同时弱相互作用限制了 2DRP 层状钙钛矿的自组装以及跨层间的电荷传输，从而影响钙钛矿活性层的薄膜质量及光生载流子的分离与传输特性。对层间相互作用的调控研究有望增强 2DRP 钙钛矿薄膜的稳定性，同时提升 2DRP 层状钙钛矿太阳电池的光电转换效率。

南京工业大学先进材料研究院黄维院士团队、陈永华教授和吉林大学集成光电子国家重点实验室&材料科学与工程学院张立军教授通过实验研究和理论模拟相结合，通过创新性地引入一种含 S 原子的有机胺，通过 S 元素之间的相互作用实现层间相互作用有效调控，探究了其对 2DRP 层状钙钛矿薄膜结晶动力学、稳定性以及电荷传输特性的影响规律，构建了高效稳定的 2DRP 层状钙钛矿太阳电池。

该研究首次报道了通过层间相互作用调控构建高效稳定的 2DRP 层状钙钛矿太阳电池。由于 S-S 相互作用引起的层间相互作用，强烈面外优先生长的 2DRP 层状钙钛矿薄膜可实现低的缺陷态密度和有效的层间电荷传输，从而提升了太阳电池的光电转换效率。此外，增强的层间分子相互作用，使得 2DRP 层状钙钛矿太阳电池的稳定性显著提高。通过选择有机胺分子制备 2DRP 层状钙钛矿，实现层间相互作用调控为构建高效且稳定的二维层状钙钛矿太阳电池提供了一个新思路。

4. 三元结构平板钙钛矿太阳电池器件的仿真计算

有机-无机卤化物钙钛矿太阳电池近年来发展迅猛，其光电转换效率已突破 22%。但是其在高湿度和持续光照条件下的长期稳定性仍需提高。透明金属氧化物半导体具有稳定能带结构和化学稳定性，有望替代传统有机电荷传输材料，制备更加高效、稳定的钙钛矿太阳电池。

华北电力大学李美成教授团队[26]在 MAPbX（MA=CH$_3$NH$_3$，X= I$_3$、Br$_3$ 或 I$_2$Br）体系的钙钛矿电池中引入稳定、低成本的 Cu∶NiO$_x$ 空穴传输材料、ZnO 电子传输材料以及 Al 电极，采用当前太阳电池领域适用的 wxAMPS 模拟程序，建立了具有 glass/FTO/Cu∶NiO$_x$/MAPbX/ZnO/Al 三元结构的器件模型，并对其进行了理论分析和讨论。

图 9-12 所示为 MAPbX（MA = CH$_3$NH$_3$，X = I$_3$、I$_2$Br 或 Br$_3$）薄膜载流子产生和复合速率的模拟计算值，样品结构为 Cu∶NiO$_x$（HTM）/MAPbX/ZnO（ETM）。不同光吸收层

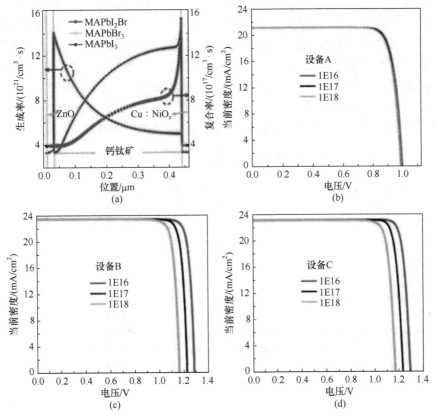

图 9-12　MAPbX（MA = CH$_3$NH$_3$，X = I$_3$、I$_2$Br 或 Br$_3$）薄膜载流子产生和复合速率的模拟计算值[26]

缺陷浓度的器件模拟 J-V 特性曲线。固定 Cu：NiOₓ（HTM）和 ZnO（ETM）的实验参数，Br 掺杂使得钙钛矿薄膜的电荷复合速率降低，载流子收集效率提高。模拟的 J-V 曲线表明钙钛矿膜中的缺陷态会使 V_{OC} 显著降低，而其对 J_{SC} 的影响不明显。

研究发现，活性材料的带隙和太阳电池的使用温度显著影响器件性能，同时，光伏参数对光吸收层厚度和缺陷密度具有强烈的依赖性。在一定的模拟条件下，MAPbBr₃、MAPbI₂Br 和 MAPbI₃ 电池的最高转换效率分别为 20.58%、19.08%和 16.14%。该工作为设计和制备低成本、高稳定性的卤化物杂化钙钛矿太阳电池提供了思路和方法。

5. DFT 计算研究电极性能的变化

碳基钙钛矿太阳电池（C-PSC）是一种稳定、经济的光伏电池。然而，由于严重的电极相关能量损失，C-PSC 一直只能有相对较低的功率转换效率。Zhang 等报道了一种单原子材料作为背电极在 C-PSC 中的应用。Ti₁-rGO 由固定在还原氧化石墨烯（rGO）上的单个钛（Ti）吸附原子组成，具有明确的 Ti₁O₄-OH 构型，能够调整还原氧化石墨烯的电子性能[27]。DFT 计算表明，rGO 和 Ti 吸附原子之间存在明显的电荷转移，这导致了相对于裸 rGO 的电子结构的显著变化，显著提高了 Ti₁-rGO 电荷传输材料的电导率。

6. 不同阴离子吸附在碘空位上的 FAPbI₃ 的密度泛函弛豫板

一般式 ABX₃ 的金属卤化物钙钛矿，其中 A 为一价阳离子，如铯、甲铵或甲脒；B 是二价铅、锡或锗；而 X 是卤化物阴离子，已经显示出其作为薄膜光伏的光收割机的巨大潜力。在研究的大量成分中，立方α相三碘化甲脒铅（FAPbI₃）已成为最具潜力的高效、稳定的钙钛矿太阳电池半导体，最大化该材料在此类器件中的性能对钙钛矿研究界至关重要。Jeong 等提出了一个阴离子工程概念，使用伪卤化物阴离子甲酸盐（HCOO⁻）来抑制出现在晶界和钙钛矿薄膜表面的阴离子空位缺陷，并增加薄膜的结晶度[28]。DFT 计算估计了不同阴离子对表面 I⁻空位的相对结合亲和力（图 9-13）。与 Cl⁻、Br⁻、I⁻和 BF₄⁻相比，HCOO⁻对 I⁻空位具有最高的结合能。此外，还计算了界面处 FA⁺阳离子与 HCOO⁻以及与其他阴离子

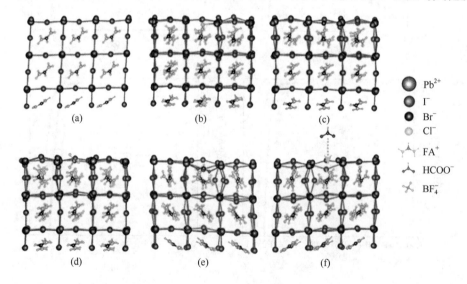

（a）   （b）   （c）

Pb²⁺
I⁻
Br⁻
Cl⁻
FA⁺
HCOO⁻
BF₄⁻

（d）   （e）   （f）

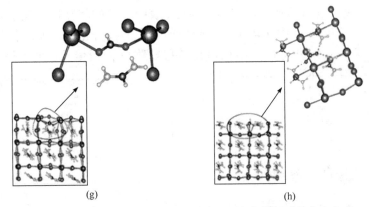

图 9-13　不同阴离子对表面 I⁻空位的相对结合亲和力

（a）纯 FAPbI₃ 的结构，其顶部为 Pb-I 端部表面，底部为 FA-I 端部表面；Cl⁻（b）、Br⁻（c）、BF₄⁻（d）和 HCOO⁻（e）钝化表面前视图；（f）HCOO⁻碘空位钝化的说明；（g）、（h）DFT-松弛的 FAPbI₃ 平板，HCOO⁻吸附在 Pb-I（g）和 FA-I（h）端接表面的碘空位上

所有化学物质都用球棍表示。Pb²⁺，灰色；碘，紫色；氧气，红色；碳，深棕色；氮，浅蓝色；溴，红褐色；氯，亮绿色；硼原子，深绿色；氟化物，黄色；氢原子，白色

的成键能，发现界面处 FA⁺与 HCOO⁻形成的键比与其他阴离子形成的键更强。因此，研究者得出结论，HCOO⁻的作用，消除阴离子空位缺陷。

7. DFT 计算应用于钙钛矿太阳电池

缺陷引起的非辐射损耗是目前限制杂化钙钛矿器件性能的主要因素。实验报告表明，在碘差合成条件下，存在点缺陷作为有害的非辐射复合中心。然而，这些缺陷的微观性质仍然是未知的。Zhang 等证明了在低碘条件下，在典型的杂化钙钛矿 MAPbI₃（MA=CH₃NH₃）中可以高密度地存在氢空位。它们作为非常高效的非辐射复合中心，具有非常高的载流子捕获系数 $10^{-4}cm^3/s$ [29]。计算表明，即使在单分子中，MA 中 N—H（C—H）键的解离能也比 FA 中 N—H（C—H）键的解离能低 0.9eV（0.4eV），这表明本质上 FA 比 MA 更稳定。FA 合金化显著抑制氢空位的形成及其诱导的非辐射复合。MA 提高杂化钙钛矿的相稳定性。适量的过量碘（即碘介质条件）合成 MAPbI₃，可以最大限度地减少 $V_H(N)$（贫碘条件）和 I_i（富碘条件）造成的非辐射损失。

8. DFT 计算应用于超薄钙钛矿太阳电池

高功率转换效率的 PSC 若要商业化，必须具有长期的稳定性，这通常通过加速降解试验来评估。PSC 的一个持续障碍是通过湿热测试（85℃和 85%相对湿度），这是验证商用光伏组件稳定性的标准。Azmi 通过对室温下形成的二维钙钛矿层的尺寸碎片进行裁剪，制备了湿热稳定的 PSC[30]。DFT 结果表明，由于抑制了与表面陷阱态相关的非辐射复合，二维钙钛矿钝化膜显示出比对照三维钙钛矿膜更强的光致发光（PL）发射和更长的 PL 衰减寿命。在湿热测试条件下，PSC 的功率转换效率为 24.3%，在超过 1000h 后仍保持其初始值的 95%，从而满足光伏组件的关键工业稳定性标准之一。

通过 DFT 的第一性原理计算，研究了 FAPbI₃ PbI₂ 端基(001)表面上油氨分子的不同取向，发现分子的—NH₃基团与 Pb 和 I 原子相互作用，结合能为−1.55eV。弛豫结构如图 9-14（a）所示。Bader 电荷分析表明，分子向 FAPbI₃ 转移了 0.81 个电子。图 9-14（b）中绿松石色和黄色的等值面分别代表电荷消耗区和电荷积累区,表明分子的相互作用端主要受电荷再分配的影响。在 C 板和 D 板中比较了分子吸附前后态的部分密度,发现价带和导带边分别由 I 和 Pb 主导。从分子到 $FAPbI_3$ 的电荷转移导致 D 面板传导带的占用。

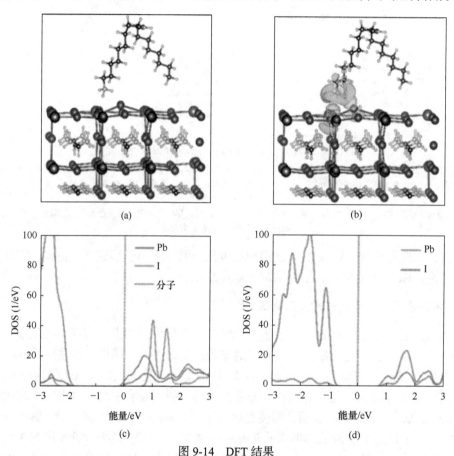

图 9-14　DFT 结果

（a）弛豫结构;（b）电荷密度差;（c）$FAPbI_3$ PbI_2 端基(001)表面上油氨分子的部分态密度;
（d）$FAPbI_3$ 原始 PbI_2 端基(001)表面状态的部分密度

9. DFT 计算确定晶格结构

在卤化物钙钛矿太阳电池中,二次相过量碘化铅（PbI_2）的形成对功率转换效率有一定的积极影响,但会损害器件的稳定性,并在电压扫描时造成较大的滞后效应。Zhao 通过 RbCl 掺杂,将 PbI_2 转化为无活性的$(PbI_2)_2RbCl$ 化合物,有效地稳定了钙钛矿相[31]。为了确定$(PbI_2)_2RbCl$ 可能的晶格结构,使用第一性原理软件 VASP 进行 DFT 计算。结果表明,未应变$(PbI_2)_2RbCl$ 的理论晶格常数在水平方向（a 轴和 b 轴）为 8.42Å,在垂直方向（c 轴）为 15.16Å。然后,通过原子结构分析软件 VESTA 进一步模拟衍射条纹,其中衍射波长设置为 1.54Å。通过对$(PbI_2)_2RbCl$ 在不同应变下的衍射图的模拟发现,当施加水平方向为 2.5%、垂直方向为 3.5%的应变时,在 $2\theta =11.35°$、28.62°和 34.58°处有显著的峰,这与实验结果一致。

9.2.5 其他太阳电池

1. 染料敏化电池

1991年，Grätzel教授在染料敏化太阳电池研究工作中取得突破性进展，该小组以 TiO_2 薄膜电极作为电池的光阳极，制备获得了能量转换效率可达 7.9% 的 DSSC。这种电池因制备简单、成本低等特点，可以满足一般电子器件的需求。而其特有的柔性结构和较大的变形能力，使其可以与人体表面共形，具有舒适性，可应用于可穿戴电子器件。由于染料敏化电池具有较好的柔性，其可以有效地实现能量转换和存储新型纤维形状集成器件。在便携式和可穿戴电子产品领域有更好的应用前景。此外，染料敏化电池的能量转换效率和稳定性对其实际应用的影响至关重要，研究者们不断研发作为对电极、光阳极和电解质的新材料进行性能优化，为染料敏化电池的性能优化和材料的改性提供思路。

1) 分子动力学理论模拟计算染料敏化后的二氧化钛光阳极的改性钝化过程

染料敏化太阳电池被称为"下一代"太阳电池，具有广阔的应用前景。然而，传统的染料敏化太阳电池所使用的都是有机溶剂，其缺点是沸点低、易挥发、易燃烧，给电池的封装带来了困难；而水系电解液则具有非常小的饱和蒸气压、不挥发、沸点较高，较宽的电化学窗口等优点。哈尔滨工业大学李欣教授课题组与澳大利亚莫纳什大学利昂·斯皮西亚教授合作开展了染料敏化太阳电池的研究[32]，该研究通过实验及分子动力学理论模拟计算的方法，研究了染料敏化后的二氧化钛光阳极的裸露表面进行十八烷基三氯硅烷改性钝化过程。研究发现，烷基硅烷改性可以极大程度地抑制界面电子复合，从而提高开路电压和短路光电流密度，最终使得水系电解液染料敏化太阳电池的效率达到创纪录的 5.74%（图 9-15）。

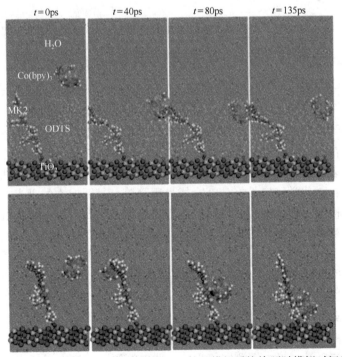

图 9-15　经 odts 处理和未处理的染色 TiO_2 簇的模拟系统快照随模拟时间的变化

2）二维石墨烯增强光诱导染料敏化太阳电池的电子运输

在染料敏化太阳电池中，限制效率的关键因素在于光生电子-空穴的复合，为解决这一问题，科学家们曾将一维纳米材料与氧化钛复合，但仍有许多问题亟待解决。而二维石墨烯是材料和凝聚态物理领域冉冉升起的一颗新星，其具有零禁带宽度，且其中的电子以无质量点的形式存在，使其具有超强的导电性。这种特异的电学和形貌特性将比一维材料在染料敏化电池领域表现出更优异的性能。因此，Yang 等[33]通过实验，证明了比起普通电极和一维碳管复合电极，二维石墨烯桥复合电极可以不牺牲开路电压，更好地抑制电子空穴复合，提升电子传输速率，以提升光电转换效率（图 9-16）。研究者将 2D 石墨烯桥接到染料敏化太阳电池的纳米晶体电极中，这将带来更快的电子传输速率、降低的重组能以及更高的光散射能力。基于上述优点，在不改变开路电压的情况下，其短路电流密度提高了 45%，总的转换效率为 6.97%，相对于纳米晶二氧化钛光电阳极，该值增加了 39%，该性能也优于 1D 纳米材料复合电极。

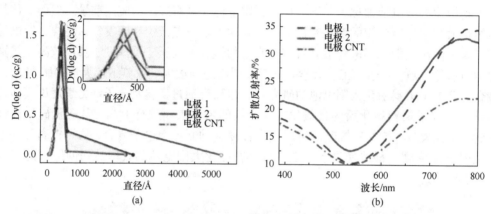

图 9-16　（a）由 N₂ 脱附等温线计算的 BJH 孔径分布；（b）敏化电极的扩散反射率[33]

2. 量子点太阳电池

近年来，量子点太阳电池已成为国际上的研究热点。此类电池的主要特点是以无机半导体纳米晶（量子点）作为吸光材料。量子点是准零维纳米材料。粗略地说，量子点 3 个维度的尺寸均小于块体材料激子的德布罗意波长。从外观上看，量子点恰似一极小的点状物，其内部电子在各方向上的运动都受到局限，即量子局限效应特别显著。

量子点有很多优点：①吸光范围可以通过调节颗粒的组分和尺寸来获得，并且可以从可见光到红外光；②化学稳定性好；③合成过程简单，是低成本的吸光材料；④具有高消光系数和本征偶极矩，电池的吸光层可以制备得极薄，因此可进一步降低电池成本；⑤相对于体相半导体材料，采用量子点可以更容易实现电子供体和受体材料的能级匹配，这对于获得高效太阳电池十分关键。更重要的是，量子点可以吸收高能光子并且一个光子可以产生多个电子-空穴对（多激子效应），理论上预测的量子点电池效率可以达到 44%。因此，量子点太阳电池通常被称为第三代太阳电池，具有巨大的发展前景。

1）SCAPS 软件理论模拟倒置结构量子点太阳电池

胶体量子点由于其优异的光吸收和发射特性，带隙可调性和溶液加工性，已经应用于太阳电池、发光二极管、光电探测器等光电子器件等领域。PbS 量子点在红外区域的强吸收特性使其成为制造全光谱串联太阳电池有力的候选者，这是提高太阳电池效率超过 SQ 极限的有效策略。基于倒置结构的高效 PbS 胶体量子点太阳电池已经很久没有出现在人们视野中了，主要是由于其瓶颈是在照明侧构建有效的 pn 异质结，并且平滑的带对齐以及没有严重的界面载流子复合。

上海科技大学宁志军助理教授团队[34]探讨了溶液加工的氧化镍（NiO）作为 p 型层和具有碘化物配体的硫化铅（PbS）量子点作为 n 型层在光照侧建立 pn 异质结。通过插入一层以 1,2-乙二硫醇作为配体的轻掺杂 p 型量子点来有效地禁止在界面处的界面载流子复合，实现器件的电压改善。基于这种梯度器件结构设计，倒置结构异质结 PbS 量子点太阳电池的效率提高到 9.7%，比以前的最高效率高出一倍。

该研究通过使用 SCAPS 软件对功率转换效率在电子迁移率和陷阱密度方面的理论模拟表明，提高载流子迁移率和降低缺陷密度可以将器件性能增强高达 16%（图 9-17）。该工作设计并制作了以 NiO 为 p 型层的倒置结构、量子点太阳电池和以碘化物配体为 n 型活性层的 PbS 量子点。太阳电池的效率提高到 9.7%，该值与常规器件结构的量子点太阳电池接近，为提高量子点太阳电池效率提供了一个新的平台，并为此提出了串联太阳电池。相信界面工程策略的快速提升可以进一步提升器件性能。

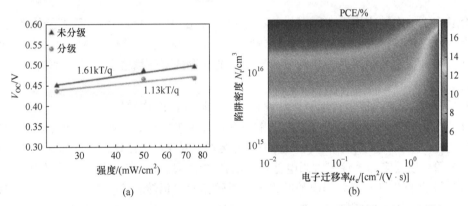

图 9-17　使用 SCAPS 软件对功率转换效率在电子迁移率和陷阱密度方面的理论模拟

2）PbS 量子点太阳电池中的场强分布模拟

硫化铅（PbS）是一种典型的具有强限域效应的半导体材料，它们的带隙可以覆盖整个可见光到中红外区域。由于其合成简便，吸光性能优异，易于大面积印刷，且具有独特的多激子效应，使得它们在光伏领域具有很大的应用潜力。然而，目前的量子点太阳电池的效率依旧远低于理论量子效率，降低活性层厚度，提高光吸收是一种有效地提高量子点太阳电池效率的方法。近年来，诸多研究证实，贵金属纳米颗粒的引入能大幅度提高太阳电池的效率。在已报道过的贵金属纳米晶中，纳米金双锥具有独特的等离子体性能，其光谱可覆盖可见光和近红外区域（600～1300nm）。与金棒相比，金双锥两端更为尖锐，具有更优的场增强效应，且随着光谱的红移，金双锥的尺寸增大，其尺寸通常要大于普通的金棒。因此，金双锥与 PbS 量子点太阳电池相结合，有望大幅度提高光捕获效率，进而提高电池转换效率。

苏州大学功能纳米与软物质研究院马万里教授课题组和苏州大学纺织与服装工程学院程丝教授课题组合作[35]，利用纳米金双锥和金球的协同增强效应，大幅度提高了 PbS 量子点太阳电池的效率（图 9-18）。该研究第一次将金双锥引入 PbS 量子点太阳电池，金双锥的光谱与传统 PbS 量子点的光谱完美匹配。由于近场增强和散射效应，电池的开路电压及短路电流得到同时提高，电池效率得到大幅度提高。

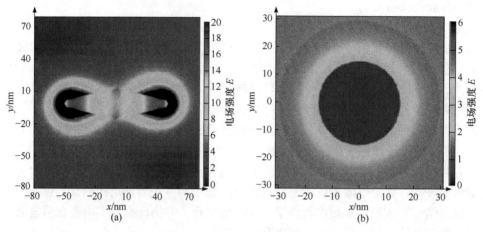

图 9-18　场强分布模拟图[35]

金双锥第一次被应用于 PbS 量子点太阳电池，由于金双锥独特的等离子体效应，PbS 量子点太阳电池的转换效率从 8.09% 提高到 8.92%。当将金双锥和金球混合后引入 PbS 太阳电池，两种贵金属纳米晶的协同效应导致了宽光谱的吸收增强及电池效率进一步提高到 9.58%。

3）实验和理论模拟结合证实近红外量子点太阳电池的优异性

PbS 量子点具有优异的光吸收和发射特性，带隙可调性、高稳定性和溶液加工性，除此以外，其带隙可以覆盖整个可见光到中红外区域，因此可被广泛应用于如近红外探测器、发光二极管、场效应晶体管和太阳电池等光电器件中。然而，尽管具有如此吸引人的特性，但是所获得的 PbS 量子点太阳电池的光电能量转换效率仍然较低，这主要是由于配体交换的不完全以及量子点薄膜制备过程中产生缺陷所致。这些陷阱状态导致载流子复合损失，阻碍电荷传输，最终限制了器件的光电能量转换性能。

北京航空航天大学张晓亮课题组和瑞典乌普萨拉大学 Erik Johansson 合作[36]，针对这一问题进行了深入研究。其发表文章的亮点在于利用液相配体交换充分去除量子点表面的油酸配体，并将量子点置于中性体系中防止量子点团聚，进一步优化胶体量子点配体交换的有效性和墨水稳定性，从而减少量子点太阳电池器件的载流子复合，提升器件的光伏性能。

该工作使用碘化铵进行液相配体交换，成功制备出 PbS 量子点墨水，并且量子点墨水具有很好的稳定性。量子点太阳电池的光电能量转换效率达到 11.4%，并且器件表现出很好的稳定性。实验和理论模拟的结果证实，量子点太阳电池优异的光伏性能归因于表面钝化有效减少载流子复合。这项工作全面给出了胶体量子点墨水体系的重要设计思路，为量子点墨水技术在光伏或其他光电器件中的应用提供了重要指导。研究者相信，所研究的稳定量子点墨水为量子点太阳电池的产业化迈出了重要的一步。

9.3 太阳电池材料展望

太阳电池自 1954 年问世以来飞速发展，成为空间卫星的基本电源和地面无电、少电地区及某些特殊领域的重要电源。在该类材料的计算和模拟方面，为了满足高转换率的需求，国际国内已经开展了一系列研究，在钙钛矿、薄膜、有机太阳电池方面取得了较好的成果。进入 21 世纪至今，我国凭借迅速发展起来的薄膜电池产业和国产化的专业材料及设备制造业已跻身于世界先进行列。太阳电池发电以其独特优势，超过风能、水能、地热能、核能等资源，有望成为未来电力供应的主要支柱。随着太阳能发电市场的不断扩大，太阳能发电材料，即太阳电池材料的研究也将持续深入，在此过程中，科学计算作为材料研究的重要手段，无论是在传统太阳电池材料提高光电转换效率方面，还是在未来太阳电池新材料开发方面，都将发挥越来越大的作用。

课 后 题

1. 太阳能为什么能成为 21 世纪最具大规模开发潜力的新能源之一？
2. 利用太阳能发电的方法有几种？分别是什么？
3. 太阳电池的发电原理是什么？
4. 根据所用材料不同，太阳电池可分为哪几类？目前发展最成熟的，在应用中居主导地位的是哪一类电池？
5. 染料敏化纳米晶体太阳电池是模仿光合作用原理研制出的一种新型太阳电池，其优势有哪些？
6. 填充因子是代表太阳电池性质优劣的一个重要参数，它与哪些物理量有关？
7. 太阳电池的光照特性，即开路电压和短路电流与入射于太阳电池的光强符合什么函数关系？
8. 如果未来太阳电池价格显著下降，能源结构会有什么变化？

参 考 文 献

[1] Guan Y R, Yan J, Shan Y L, et al. Burden of the global energy price crisis on households[J]. Nature Energy, 2023, 2(8): 304-316.

[2] Lin R X, Wang Y R, Tan H R, et al. All-perovskite tandem solar cells with 3D/3D bilayer perovskite heterojunction[J]. Nature, 2023, 6: 1-3.

[3] Liu Z, Krueckemeier L, Krogmeier B, et al. Open-circuit voltages exceeding 1.26V in planar methylammonium lead iodide perovskite solar cells[J]. ACS Energy Letters, 2019, 4(1): 110-117.

[4] Liu W Z, Shi J H, Zhang L P, et al. Light-induced activation of boron doping in hydrogenated amorphous silicon for over 25% efficiency silicon solar cells[J]. Nature Energy, 2022, 7(5): 427-437.

[5] Wen X X, Chen C, Lu S C, et al. Vapor transport deposition of antimony selenide thin film solar cells with 7.6% efficiency[J]. Nature Communications, 2018, 9: 2179.

[6] Jeong S, Mcgehee M D, Cui Y. All-back-contact ultra-thin silicon nanocone solar cells with 13.7% power conversion efficiency[J]. Nature Communications, 2013, 4: 2950.

[7] Liu B F, Bai L S, Li T T, et al. High efficiency and high open-circuit voltage quadruple-junction silicon thin film solar cells for future electronic applications[J]. Energy & Environmental Science, 2017, 10(5): 1134-1141.

[8] Wang W, Wu S M, Reinhardt K, et al. Broadband light absorption enhancement in thin-film silicon solar cells[J]. Nano Letters, 2010, 10(6): 2012-2018.

[9] Huang H T, Lu L F, Wang J, et al. Performance enhancement of thin-film amorphous silicon solar cells with low cost nanodent plasmonic substrates[J]. Energy & Environmental Science, 2013, 6(10): 2965-2971.

[10] Liu Y H, Yang B, Zhang M Y, et al. Bournonite $CuPbSbS_3$: An electronically-3D, defect-tolerant, and solution-processable semiconductor for efficient solar cells[J]. Nano Energy, 2020, 71: 104574.

[11] Saib S, Benyettou S, Bouarissa N, et al. First principles study of structural, elastic and piezoelectric properties of $CdSe_xTe_{1-x}$ ternary alloys in the wurtzite structure[J]. Physica Scripta, 2015, 90(3): 035702.

[12] Li W, Sidhik S, Traore B, et al. Light-activated interlayer contraction in two-dimensional perovskites for high-efficiency solar cells[J]. Nature Nanotechnology, 2022, 17(1): 45-52.

[13] Wang Y, Kavanagh S R, Burgués-Ceballos I, et al. Cation disorder engineering yields $AgBiS_2$ nanocrystals with enhanced optical absorption for efficient ultrathin solar cells[J]. Nature Photonics, 2022, 16(3): 235-241.

[14] Li D B, Yao C, Vijayaraghavan S N, et al. Low-temperature and effective *ex situ* group Ⅴ doping for efficient polycrystalline CdSeTe solar cells[J]. Nature Energy, 2021, 6(7): 715-722.

[15] Zhang G Z, Zhang J X, Yang Z C, et al. Role of moisture and oxygen in defect management and orderly oxidation boosting carbon-based $CsPbI_2Br$ solar cells to a new record efficiency[J]. Advanced Materials, 2022, 34(40): 2206222.

[16] Yuan J, Zhang Y Q, Zhou L Y, et al. Single-junction organic solar cell with over 15% efficiency using fused-ring acceptor with electron-deficient core[J]. Joule, 2019, 3(4): 1140-1151.

[17] Meng X C, Zhang L, Xie Y P, et al. A general approach for lab-to-manufacturing translation on flexible organic solar cells[J]. Advanced Materials, 2019, 31(41): 1903649.

[18] Huang L Q, Zhang G J, Zhang K, et al. Temperature-modulated optimization of high-performance polymer solar cells based on Benzodithiophene-Difluorodialkylthienyl-Benzothiadiazole copolymers: aggregation effect[J]. Macromolecules, 2019, 52(12): 4447-4457.

[19] Li C, Zhou J D, Song J L, et al. Non-fullerene acceptors with branched side chains and improved molecular packing to exceed 18% efficiency in organic solar cells[J]. Nature Energy, 2021, 6(6): 605-613.

[20] Chen Z, Chen X, Jia Z Y, et al. Triplet exciton formation for non-radiative voltage loss in high-efficiency nonfullerene organic solar cells[J]. Joule, 2021, 5(7): 1832-1844.

[21] Ghasemi M, Balar N, Peng Z, et al. A molecular interaction-diffusion framework for predicting organic solar cell stability[J]. Nature Materials, 2021, 20(4): 525-532.

[22] Lee S W, Bae S, Kim D, et al. Lead immobilization for environmentally sustainable perovskite solar cells[J]. Nature, 2023, 617(5): 687-695.

[23] Yun S N, Zhou X, Even J, et al. Theoretical treatment of $CH_3NH_3PbI_3$ perovskite solar cells[J]. Angewandte Chemie International Edition, 2017, 56(50): 15806-15817.

[24] Zhang S C, Si H N, Fan W Q, et al. Graphdiyne: bridging SnO_2 and perovskite in planar solar cells[J]. Angewandte Chemie International Edition, 2020, 59(28): 11573-11582.

[25] Wang Y, Li M Z, Zhou X, et al. High efficient perovskite whispering-gallery solar cells[J]. Nano Energy, 2018, 51: 556-562.

[26] Sajid S, Elseman A M, Li M Ch, et al. Computational study of ternary devices: stable, low-cost, and efficient planar perovskite solar cells[J]. Nano-Micro Letters, 2018, 10(3): 51.

[27] Zhang C Y, Liang S X, Liu W, et al. Ti_1-graphene single-atom material for improved energy level alignment in perovskite solar cells[J]. Nature Energy, 2021, 6(12): 1154-1163.

[28] Jeong J, Kim M, Seo J, et al. Pseudo-halide anion engineering for alpha-$FAPbI_3$ perovskite solar cells[J]. Nature, 2021, 592(7854): 381-385.

[29] Zhang X, Shen J X, Turiansky M E, et al. Minimizing hydrogen vacancies to enable highly efficient hybrid

perovskites[J]. Nature Materials, 2021, 20(7): 971-976.

[30] Azmi R, Ugur E, Seitkhan A, et al. Damp heat-stable perovskite solar cells with tailored-dimensionality 2D/3D heterojunctions[J]. Science, 2022, 376(6588): 73-77.

[31] Zhao Y, Ma F, Qu Z H, et al. Inactive(PbI$_2$)$_2$RbCl stabilizes perovskite films for efficient solar cells[J]. Science, 2022, 377(6605): 531-534.

[32] Dong C K, Xiang W C, Huang F Z, et al. Controlling interfacial recombination in aqueous dye-sensitized solar cells by octadecyltrichlorosilane surface treatment[J]. Angewandte Chemie International Edition, 2014, 53(27): 6933-6937.

[33] Yang N L, Zhai J, Wang D, et al. Two-dimensional graphene bridges enhanced photoinduced charge transport in dye-sensitized solar cells[J]. ACS Applied Nano Materials, 2010, 4(2): 887-894.

[34] Wang R L, Wu X, Xu K M, et al. Highly efficient inverted structural quantum dot solar cells[J]. Advanced Materials, 2018, 30(7): 1704882.

[35] Chen S, Wang Y J, Liu Q P, et al. Broadband enhancement of PbS quantum dot solar cells by the synergistic effect of plasmonic gold nanobipyramids and nanospheres[J]. Advanced Energy Materials, 2018, 8(8): 1701194.

[36] Jia D L, Chen J X, Zheng S Y, et al. Highly stabilized quantum dot ink for efficient infrared light absorbing solar cells[J]. Advanced Energy Materials, 2019, 9(44): 1902809.

第10章
生物质材料计算研究实例

➤ 学习生物质基本知识，掌握生物质材料发展概况；

➤ 理解并学习生物质材料模拟计算的实例。

本章知识构架

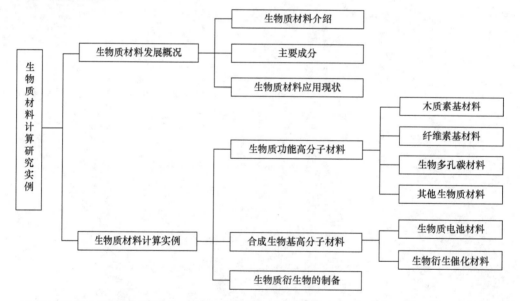

计算材料学在理论和实验上对原有的材料研究手段进行了改进，帮助研究人员在生物质材料研发过程中，摆脱解析推导的束缚，对实验研究方法进行改革，有助于从实验现象中揭示客观规律，是理论和实验研究的桥梁。通过计算模拟实际的实验过程，利用理论模型和计算，对材料的结构与性能进行预测和设计，帮助材料研究人员对生物质材料继续研究。

10.1 概　况

根据现有趋势，从 2015 年到 2050 年，化石燃料开采量将增加 53%，生物量和金属矿石量增加 87% 和 96%，非金属矿物增加 168%[1]，此外，预计世界资源需求也将从 2015 年的 524EJ 增加至 2040 年的 864EJ[2]，而化石资源的开采速度比自然界化石产量高出 10000 倍，随着石化和矿石资源的不断消耗，其成本也在不断增长，导致其衍生的有机、无机材料的可持续发展受到挑战，以这些材料为基础的能源、医疗、材料等在内的全球制造业的成本大幅提升[3-4]。目前，化石燃料提供的能量占全球能源需求的 80%，如何减少对石油的依赖，是当今世界最大的挑战，发展"绿色技术"，着力研究开发具有高附加值的可再生资源。其中，生物质材料因其在全球范围内广泛分布、资源丰富、可再生、环境友好等特点受到人们的关注，它可将储存的太阳能转化成煤、石油、天然气等能源燃料。

国际能源机构（International Energy Agency，IEA）定义，生物质（biomass）为光合作用形成的各种有机体，其中包括所有的动植物和微生物。生物质材料一般是指利用秸秆、木屑等农林废弃物，鸡蛋壳、牡蛎壳等生活垃圾为原料，借助物理、化学和生物过程生成绿色材料，具有环境友好、成本低廉等优点[5-6]。其被大众认为是新世纪最有潜力的可再生绿色资源。目前，生物质能已成为主要的能源形式之一，占全球能源负荷的 10%～14%，而在发展中国家的偏远和农村地区，生物质能占能源供应总量的主要份额高达 90%[7]。生物质以 $1.64×10^{11}$t/a 的速度再生，相当于当前石油年产量的 15～20 倍，且其由二氧化碳与水通过光合作用生成，燃烧后释放二氧化碳，根据元素守恒定律可知，整个过程不会增加空气中二氧化碳的含量，是碳中性的，因此开发利用生物质能，对解决能源、生态环境问题具有十分积极的作用[8]。

碳中和（碳中性）：总释放碳量为零，排放多少碳就做多少碳抵消措施来达到平衡。碳中和是一种理念，而碳抵消是一种具体的行为方式[9]。

目前，许多文献存在与生物质材料相关或者相近的概念，如生物体材料、生物材料、天然高分子材料、生态材料、生物基材料等，为了更好地阐述它们的差别与关联，以下将对其进行简单介绍。

生物体材料：一般是指在生物体中合成的、具体组成某种组织细胞的成分，如纤维蛋白、胶原蛋白、磷脂、糖蛋白等，通常指蛋白质、核酸、脂类和多糖四大类，有时也称为生物大分子或生物高分子。然而，相较于生物质材料，生物体材料偏向于强调具体组成某种组织细胞的成分，所以木材秸秆这种由纤维素、木质素等生物质材料组成的复合体就不能归到生物体材料中。生物体材料或者说生物大分子是一类特殊的生物质材料。

生物材料：一般是指与医学诊断、治疗有关的一类功能材料，主要用于制备人工器官或医疗器械以代替或者修复人体受损的组织器官，有时也称为生物医学材料。

天然高分子材料：指的是由自然界产生的非人工合成的高分子材料，它是相对于合成高分子材料提出的。例如，石墨、辉石、石棉、云母等为天然高分子材料。

生态材料：指同时具有满意使用性能和优良环境协调性的材料。所谓的环境协调性指资源和能源消耗小、环境污染小和循环再利用率高。生态材料的概念是在 20 世纪末期基于能源、资源和环境污染等压力，人们强调材料与环境和可持续发展关系的背景下提出的。它通过研究材料整个生命周期的行为，强调材料对环境的影响。

生物基材料：按照美国材料与试验协会（American Society for Testing and Materials）的定义，是指一种有机材料，其中碳是经过生物体的作用后可再利用的资源。生物基材料强调经过生物体的作用后含碳可再利用的有机材料而不注重生物降解性和可再生性，因此涵盖了生物蜡、天然橡胶等不易生物降解的有机材料。

基于上述分析，上述材料的关系如图 10-1 所示。

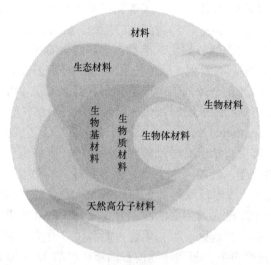

图 10-1　各种与生物质材料相关或者相近材料的关系图

10.2　生物质材料计算实例

10.2.1　生物质功能高分子材料

1. 木质素基材料

木质纤维素生物质被认为是最有前途的可再生资源之一，可以替代化石材料来制备生物基高分子材料，由脱氢酶自由基聚合过程形成，该过程涉及香豆醇、松柏醇和芥子醇三种苯丙酸单体，单体的比例因植物来源而不同，进而产生多种木质素。木质素以其固有的形式呈现出复杂的、明显无序的结构，主要通过松柏基、芥子基和对羟基苯基醇之间的自由基偶联形成导致不同的单元由醚键（C—O）或碳碳键（C—C）连接[10-11]。目前是造纸用纤维素纸浆和一些化学衍生物的副产品，根据工业提取过程的不同，可分为硫或无硫木质素。大部分木质素通过硫磺法（硫酸盐法或亚硫酸盐法）进行分馏，硫酸盐木质素是最重要的一种木质素，但大多用于燃料使用；亚硫酸盐法得到的木质素磺酸盐是可用木质素的主要来源，可作为分散剂或黏合剂应用[12]。苏打和有机溶剂木质素可通过无硫工艺获得，是木质素的较新来源，在聚合物材料中有很好的应用前景[13]。

近年来，高性能木质素基功能材料[14]得到了发展，如具有抗菌、抗氧化或紫外吸收性能[15-16]，进一步开发木质素的关键是对其进行化学改性，特别是通过酯化或烷基化进行修饰，延长分子链长度或引入新的化学活性位点，如烯丙基、炔烃、苄基、酚等。

Buono 等[17]以点击化学与绿色方法协同作用，以生物聚合物为原料，不使用溶剂或催化剂，将木质素转化为高性能增值材料，探讨硫醇与马来酰亚胺之间的已知反应，以获得新的生物基芳香大分子结构，并建立木质素基硫醇-马来酰亚胺高分子材料的第一个实例。他们用不同的多官能硫醇聚合马来酰亚胺钠木质素（Mal-SL），通过在水和甲醇中的溶胀实验和动态力学分析（dynamic mechanics analysis，DMA）了解硫醇-马来酰亚胺网格的结构，结构如表 10-1 所示。

表 10-1　水、甲醇溶胀实验及主要 DMA 结果

样本	水溶胀		甲醇溶胀		动态力学分析	
	溶胀度/%	溶解度/%	溶胀度/%	溶解度/%	T_α/℃	v_e/(mol/L)
2-SH-Mal-SL_1.3[a]	—	—	—	—	—	—
3-SH-Mal-SL_1.3[a]	—	—	—	—	—	—
4-SH-Mal-SL_1.3	68.1±0.7	11.8±0.2	23.0±0.1	16.6±0.6	19.9±0.3	1.95
2-Φ-SH-Mal-SL_1.3	34.3±2.3	8.3±0.9	21.9±0.4	8.2±0.3	46.0±8.8	0.85
2-SH-Mal-SL_1.1	73.6±3.0	5.2±0.1	31.5±1.5	26.5±0.8	20.2±1.4	0.37
3-SH-Mal-SL_1.1	62.2±1.0	7.8±0.3	22.8±0.5	17.7±0.4	19.2±1.6	1.18
4-SH-Mal-SL_1.1	37.6±3.0	5.9±0.4	21.8±0.7	10.6±0.7	31.1±0.6	1.54
2-Φ-SH-Mal-SL_1.1	15.2±0.5	3.2±0.2	24.7±0.4	2.4±1.9	44.0±0.3	0.51
2-SH-Mal-SL_0.7[b]	—	—	—	—	—	—
3-SH-Mal-SL_0.7	40.4±1.3	3.3±0.3	33.6±1.9	11.7±2.3	58.8±0.1	0.52
4-SH-Mal-SL_0.7	66.3±3.1	16.0±0.7	28.2±0.2	23.6±0.6	44.6±11.1	0.81
2-Φ-SH-Mal-SL_0.7[b]	39.0±1.2	5.1±1.1	25.5±0.4	3.9±0.2	—	—

a. 不能加工在 2mm 胶片上；b. 成功地加工在 2mm 薄膜中，但由于其高脆性，无法通过动态力学分析。

　　了解木质素纳米颗粒形成的分子机理，可以准确地指导木质素纳米颗粒的功能化，对于生物质的价值化具有重要意义。在分子水平上进行机械研究的试错方法极其困难且资源密集。通过结合分子模拟揭示了木质素芳环的分子内相互作用是驱动木质素聚集成木质纤维素纳米纸（lignocellulosic nanopaper，LNP）的内力。还开发了与木质素二聚体的构型分布和 LNP 产率相关的定量芳香相互作用，用于指导 LNP 的合成和功能化[18]。

　　除此以外，作为天然有机高分子吸附剂，木质素材料可用其衍生物经过一定的化学改性后，在水处理中得到了广泛的应用，可作为吸附剂、絮凝剂和阻垢剂。Gao 等[19]制备了不同交联密度的交联木质素（LNE）和不同羧甲基取代度的羧甲基交联木质素（LNEC）系列木质素吸附剂，用于去除水中氟喹诺酮类（FQ）抗生素氧氟沙星（OFL）。LNE 和 LNEC 对 OFL 的吸附性能良好，均表现出较高的吸附容量（最大为 0.828mmol/g）。后通过量子化学计算，用 DFT 比较 5 种结构相似的 FQ、两种分子探针和两种 LN 基吸附剂的静电位，如图 10-2 所示，红色区域的电子云密度（electronic cloud density，ECD）较高，蓝色区域较低。并使用 Multiwfn 软件估计各化合物芳香环上的平均静电位，证明得到 LNE 和 LNEC 是高效、环保的吸附剂。

2. 纤维素基材料

　　纤维素作为生物质中最主要的组成部分，占生物质组成的 40%～60%，是自然界中最丰富的天然生物高聚物，是一种独特的、可持续的、功能性材料，具有成本低、层次结构的纤维结构、高比表面积、热稳定性、亲水性、生物相容性和机械柔韧性等优异性能，是可持续利用的理想材料，将纤维素初步衍生的平台分子催化转化得到更高附加值的化学品，已成为能源领域的重点研究方向之一。

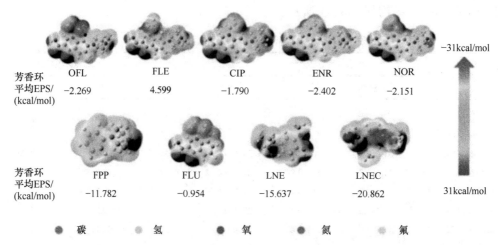

芳香环
平均EPS/
(kcal/mol)

OFL	FLE	CIP	ENR	NOR
−2.269	4.599	−1.790	−2.402	−2.151

−31kcal/mol

芳香环
平均EPS/
(kcal/mol)

FPP	FLU	LNE	LNEC
−11.782	−0.954	−15.637	−20.862

31kcal/mol

● 碳   ● 氢   ● 氧   ● 氮   ● 氟

图 10-2   五种 FQ、两种分子探针、LNE 和 LNEC 的电子云密度

Zhang 等[20]将糠醛的电催化升级反应作为模型，采用新颖的气相水热法，设计并构筑了碳纤维布负载金属磷化物电极，并利用该电极对糠醛电催化转化体系进行组装，实现了高选择性、高法拉第效率、高电流密度糠醛加氢还原转化到糠醇、氧化转化为糠酸；通过同位素标记法，直接证明糠醛电催化加氢的氢来自于水中的氢原子（图 10-3）。此外，通过DFT 对糠醛高效电催化加氢机理进行探究，结果表明，该催化体系具有较高的吸附氢原子浓度及较高的氢气脱附能，可抑制电催化析氢过程，从而实现其对糠醛电催化加氢的选择性。该研究成果对如何设计高催化活性、高选择性电催化转移加氢催化剂和电催化有机合成体系的设计和构建具有指导意义。

催化活性：催化剂对于某一给定化学反应所具有的催化能力，是催化剂的重要性能之一。工业上常用以下指标表示催化活性：①时空产率（又称催化剂的生产率），指在一定反应条件下单位时间单位体积（或质量）的催化剂所得产物的量；②转化率，指在一定反应条件下单位体积（或质量）的催化剂在单位时间内转化某一原料反应物的量；③产率（也称单程产率），指在一定反应条件下某一原料反应物的总量中变为某种产物的百分数。这些指标实用方便，催化活性与催化剂的使用时间具有很大的关系，可用催化活性随时间的变化曲线（也称催化剂寿命曲线）表示[21]。

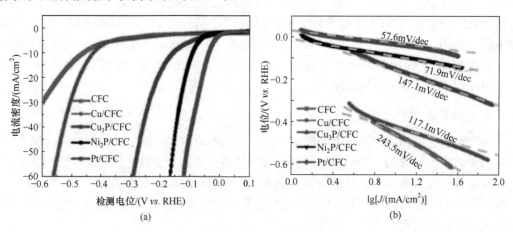

(a)   (b)

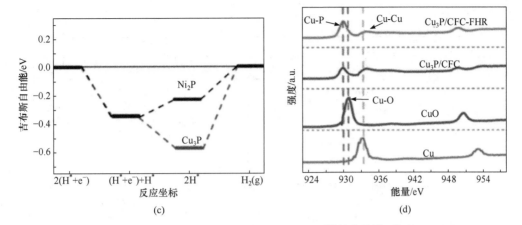

图 10-3　（a）Pt/CFC、Ni₂P/CFC、Cu₃P/CFC、Cu/CFC、CFC 的极化曲线；（b）Pt/CFC、Ni₂P/CFC、Cu₃P/CFC、Cu/CFC、CFC 的 Tafel 图；（c）计算在 Cu₃P($1\overline{1}0$）、Ni₂P(001)表面上 HER 的能量变化，通过设定标准氢电极的参考电位，将 2（H⁺+e⁻）对 H₂反应的能量变化定义为零；（d）Cu、CuO、Cu₃P/CFC、Cu₃P /CFC-FHR 的 Cu L₃,₂边 XAS 光谱

此外，纤维素材料还可用于超级电容器和电池的开发，纤维素本身是绝缘的，不利于电荷储存，但涂覆导电层或添加导电填料，可形成导电复合材料，可作为高效、柔性电极与用于储能应用的活性材料结合使用。目前，已开发出许多基于纤维素复合材料的电能储存器件，并具有良好的电化学性能，其中纤维素用作柔性基底[22]，用于加固结构，或用作复合主链。例如，Sharma 等[23]基于三维纤维素/石墨/聚苯胺复合材料的柔性超级电容器，三维石墨表面的多孔网状结构为活性电极材料中的电解质离子提供了一条简单的路径。Saborío 等[24]以羧甲基纤维素水凝胶为基础，将两个电极组装在同一材料配制的固体电解质介质中，制备出一种柔性、轻质、坚固、轻便、易管理的全羧甲基纤维素对称超级电容器。将羧甲基纤维素糊与柠檬酸在水中交联制成水凝胶，不仅可以简单地负载氯化钠，还可以制备出高效的固体电解质介质和电活性电极。后利用 SEM、红外、拉曼等表征方法对制备的水凝胶的形貌、结构进行表征，以及利用 DFT 对模型配合物进行计算，考察了羧甲基纤维素钠盐（NaCMC）和导电聚合物间的相互作用，如图 10-4 所示，以及循环伏安法、恒电流充放电法和电化学阻抗谱法对组装后的超级电容器的电化学性能进行了验证。

纤维素在其他领域的应用同样受人关注。马里兰大学胡良兵教授、李腾教授发表了利用离子交联工艺实现轻质、高压缩强度和优异水稳定性的纤维素-石墨泡沫材料的常压制备研究。基于金属阳离子和带负电的纤维素分子链间的相互作用，纤维素凝胶在常压干燥时可抵抗增加的毛细作用力以阻止多孔结构坍塌。采用 DFT 计算了金属离子与纤维素分子链间的结合能以揭示不同离子的交联作用，其中三价离子的结合能高于二价和一价，与实验结果基本吻合[25]。

中国林业科学研究院林产化学工业研究所刘鹤研究员和武汉大学陈朝吉教授基于超分子化学策略，利用纤维素分子与二维纳米膨润土间的强配位作用，构建了一种高强度、高离子电导率和优异耐低温性能的纤维素-膨润土超分子水凝胶。他们利用 DFT 计算了不同环境下分子间相互作用的结合能，结果显示纤维素与膨润土之间的结合能是纤维素与纤维素之间结合能的14 倍，进一步揭示了纤维素与膨润土之间的相互作用，为阐明水凝胶的力学性能增强机制提供了理论支撑[26]。

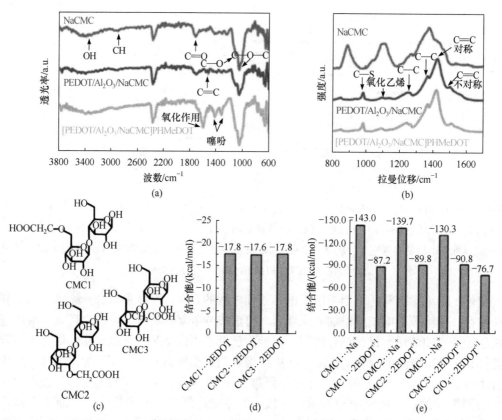

图 10-4　NaCMC、PEDOT/Al₂O₃/NaCMC 和[PEDOT/Al₂O₃/NaCMC] PHMeDOT 的红外（a）和拉曼（b）光谱（激发波长 785nm）；（c）用于表示 *n*=1、2 或 3 的 NaCMC:CMC*n* 的模型化合物；（d、e）比较中性（CMC*n*···2EDOT）和带电配合物（CMC*n*···2EDOT⁺¹、CMC*n*···Na⁺和 ClO₄···2EDOT⁺¹）的结合能

　　研究人员设计了一种新型的空气和水下形状记忆纤维素气凝胶（PNFCA/BRU），通过耦合透钙磷石和聚乙烯亚胺改性的纳米原纤化纤维素实现选择性吸附 Cu(Ⅱ)离子。基于材料表征、吸附实验和 DFT 计算等手段探究了 PNFCA/BRU 在复杂水环境中对 Cu(Ⅱ)离子的吸附行为及机理，研究表明气凝胶表面配合、离子交换和化学沉积是优异吸附能力的主要驱动力[27]。

　　美国得克萨斯农工大学 Amir Asadi 团队研究了导致碳纳米材料在水中稳定的纤维素纳米晶（CNC）和原始碳纳米管及原始石墨烯纳米片（pCNT/pGnP）之间的分子相互作用。实验和量子水平上的 DFT 模拟均表明 CNC 和 pCNT/pGnP 之间的非键（物理）相互作用并非碳纳米材料-CNC 水分散体稳定的唯一机制：在 CNC 的羟基和 pCNT/pGnP 的缺陷位点之间形成了 C—O 共价键，从而抑制了其在极性溶剂中再团聚的发生。实验结果表明，除了物理相互作用外，CNC-pCNT/pGnP 之间还存在更强的相互作用。反应路径计算表明，CNT 和 CNC 之间的反应产物具有良好的稳定性[28]。

　　3. 生物多孔碳材料

　　为降低大气中的二氧化碳浓度，相关研究人员开发了烷醇胺溶剂、膜分离和离子液体吸收等技术，在所开发的各种策略中，固体吸附剂对二氧化碳的吸附具有效率高、工作温度范围宽、成本效益高、安全性好等优点而被优先采用[29]。目前，各种各样的多孔材料已被用于二氧化碳的捕获和储存，包括沸石、金属有机骨架、多孔聚合物等，但这些材料的制备工艺往往较为复杂，对化工原材料的使用量也较大。然而，这些材料的合成过程往往比较复杂，对化工原料的使用过多，而多孔碳材料具有制备简单、能耗低、吸附性能好等优点，已成为吸附二氧化碳的理想材料。

为使碳材料具有高的孔隙率，研究人员常进行物理或化学活化。物理活化通常使用适当的气体作活化剂，如蒸气、空气、二氧化碳，使碳化具有孔隙率，化学活化一般是将含碳材料与化学活化剂混合，如磷酸（H_3PO_4）、氢氧化钾（KOH）、氯化锌（$ZnCl_2$）等达到目的。但物理法的活化程度不如化学法，因此化学法制备的多孔碳总是显示出良好的多孔结构和高比表面积，但热解和活化通常需要在高温下进行（>800℃）[30]，作为最常见的活化剂，KOH活化具有温度低、产率高、微孔尺寸分布明显和超高的比表面积等特点，但在KOH刻蚀的碳材料中，很难获得中孔和大孔。此外，由于碳的亲水性差，多孔碳材料的应用受到了限制，而在碳基体中掺杂氮可改变其表面、界面和电子性质，显示出更大的酸性气体容量，提高碳材料的导电性和润湿性，有助于提高电容[31]，氮掺杂碳在气体储存、水净化、氧还原反应和电化学储能等方面的性能均得到提高。

哈尔滨工业大学陈忠林、康晶通过一步法成功制备出一种具有优异吸附容量的新型（N）掺杂纤维素生物炭（NC1000-10）材料用于吸附阿特拉津（ATZ）污染物。DFT计算表明，NC1000-10对ATZ的良好吸附性能主要取决于化学吸附，而π-π电子供体-受体相互作用则由于石墨化程度高而贡献最大[32]。

4. 其他生物质材料

生物质材料是一个大家族，其资源丰富，来源广泛，并且可以可再生和生物降解。常见的功能生物质材料除上述几种外，还有许多已经或将要进入人们的视线。

花色苷作为一种天然色素，具有明亮的颜色、高水溶性和各种健康益处，然而，花色苷易受到环境因素的影响导致褪色。研究团队将酚酸与壳聚糖共价结合，赋予壳聚糖对花色苷的辅色和保护作用，从而降低由抗坏血酸造成的花色苷降解。研究采用量子化学手段计算以往报道的12种小分子辅色剂与矢车菊素-3-*O*-葡萄糖苷（C3G）之间的结合能，筛选出理论结合最强的辅色小分子（芥子酸）。从分子动力学角度出发，发现芥子酸-壳聚糖接枝物可与C3G形成更多的氢键，并迅速吸引更多C3G分子靠近。不仅如此，引入功能片段大大降低芥子酸-壳聚糖接枝物与C3G之间的结合能使体系更加稳定[33]。

清华大学深圳国际研究生院设计合成了一种富含赖氨酸的类弹性蛋白多肽，并通过化学法用甲基丙烯酸基团对赖氨酸位点进行共价修饰。为了探究修饰对类弹性蛋白多肽（elastin peptide，ELP）的影响，研究者通过分子建模与动力学模拟的方法对修饰前后ELP的构象以及温度诱导的构象变化进行表征，结果显示甲基丙烯酸基团的修饰增加了赖氨酸位点的疏水性相互作用，并促进了温度诱导的蛋白结构收缩过程[34]。

生物材料已被证明是水力发电的良好候选材料，广东工业大学袁勇等研发了一种基于来自牛奶β-乳球蛋白的蛋白质纳米纤维的湿式发电机（PN-MEG）。该发电机的卓越性能归功于极高的亲水性、蛋白质纳米纤丝的高电离和表面体积比。DFT计算表明，羧基是蛋白质纳米纤维中结合水分子的有利活性位点。这项研究为常见的蛋白质纳米纤维提供了一个新的视角，并为利用生物材料开发高性能的水电设备铺平了道路[35]。

中山大学研究团队报道了一种新的蛋白质导向的氢键组装策略。在该组装过程中，蛋白质通过表面丰富的氢键作用位点（氨基酸残基）自发锚定有机配体，并借助有机配体间的强 π-π 作用定向组装，形成高度结晶的氢键生物杂交骨架。研究人员对氢键杂交骨架的组装机理进行了详尽的研究。DFT 计算证明蛋白质表面丰富的氨基酸残基可作为氢键供体，诱导 H4TBAPy 配体在蛋白质表面聚集[36]。

磺胺类抗生素（SA）广泛应用于医药、畜牧业和水产养殖业，过量摄入磺胺类抗生素可能会对生物体产生潜在毒性。以人血白蛋白（HSA）和牛血清白蛋白（BSA）为模型蛋白，采用分子对接、DFT 和多光谱技术研究了两种经典 SA——磺胺嘧啶（SMR）和磺胺甲噁唑（SMT）的毒理机制。DFT 计算结果说明，嘧啶环对 HSA/BSA 的结合作用强于噁唑环。分子建模则说明 SA 与 HSA/BSA 的结合主要通过氢键和疏水作用实现。该研究结果可以提供有关 SA 危害的有用毒理学信息[37]。

生物正交偶联反应在实现生命体内生物分子的成像、功能调节等方面具有十分重要的作用。研究人员发展了一种四唑-BCN 光点击化学反应体系，应用于生物分子的正交标记，以螺己烯为模式分子，与传统四唑-烯烃光点击化学反应进行对比。作者使用 DFT 计算方法，揭示了四唑-BCN 反应具有卓越反应速率的分子机制，由于前线轨道限制，螺己烯仅能采取 side-on 的方式形成反应过渡态，螺己烯（Sph）则既可采取 side-on 的方式，也可以采取 end-on 的方式形成反应过渡态。在 end-on 反应过渡态中，BCN 遇到的空间位阻更小，邻近芳基上位阻取代基的扭转角更小。此外，四唑-BCN 反应过渡态中，两分子间的键长更大，其分子结构更接近底物本身的结构[38]。

苏黎世联邦理工学院的 Donald Hilvert 联合加利福尼亚大学洛杉矶分校的 Gonzalo Jiménez-Osés 报道了他们利用计算设计的蛋白 DA7 高效、高立体选择性地催化杂 Diels-Alder 反应。研究人员基于 DFT 的 Rosetta 设计预测了两个突变体，随后选取了 8 个可能的底物结合位点的残基进行突变，从中筛选出五个位点的残基再次进行重组随机突变，对重组库筛选后又经过两轮连续的易错 PCR、热点残基的聚集诱变以及有利突变的混合叠加，得到了高活性的突变体蛋白 DA7（图 10-5）[39]。

聚脯氨酸是一种中性可水溶的聚氨基酸，由脯氨酸 N-羧基环内酸酐（ProNCA）开环聚合得到，通常需要严格无水条件且耗时长达一周。而研究人员发现，在乙腈-水混合溶剂中以普通一级胺为引发剂即可实现可控 ProNCA 开环聚合。机理实验与 DFT 计算共同表明水在聚合过程中扮演了质子酸的角色，帮助了决速步的质子转移过程，从而将反应能垒降低了 7.1kcal/mol，显著加速了聚合反应进程[40]。

糖基化修饰是重要的蛋白质翻译后修饰，该修饰在后者的细胞识别、免疫应答、信号转导等生理学过程发挥重要作用。研究者开发了一种可以在水相中进行的，通过化学催化的方法对多肽和蛋白质半胱氨酸位点的高效糖基化的方法，各种糖基单元都可以兼容该反应体系，同时反应具有良好的化学选择性和立体选择性。研究者通过计算化学对反应机理进行研究，其优势构型的产物与实验中监测的产物结构一致，进一步说明反应是通过糖自由基中间体进行的[41]。

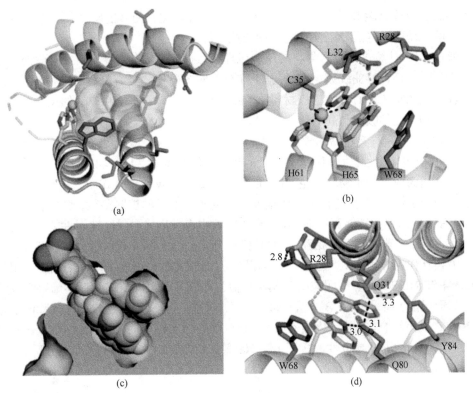

图 10-5　（a）DA7 的晶体结构；（b）反应过渡态的对接模型；（c）活性位点的剖视图；（d）将（b）翻转 90°的视图[39]

10.2.2　合成生物基高分子材料

生物质基材料是以生物质材料为原料，经过工艺合成方法得到的小分子化合物或高分子材料，以部分小分子化合物为单体的高分子材料[42]，如生物基化合物、功能糖产物等，在医疗、能源等领域皆有应用。

1. 生物质电池材料

生物衍生的碳材料由于其固有的杂原子掺杂和丰富的动植物来源，而成为具有竞争力的候选材料。传统的生物衍生碳材料，包括棉、木、骨、丝、纤维素等，通常呈现不规则的形态，只有表面能够吸附多硫化锂，导致硫的利用率低和多硫化物的溶解。近年来，霉菌的衍生碳基材料开始出现在电池系统中，如孢子碳基复合材料具有结构均匀、比表面积宽、孔隙率适宜、原位掺杂等特点，表现出一定的储硫和固硫作用。Zhou 等[43]受脊椎动物体内运动氧气的主要媒介——红细胞结构的启发，通过黑曲霉衍生的碳基及其表面嵌入的 TiO_{2-x} 纳米颗粒，构筑了一个仿生微细胞正极材料作为能量储存的高效媒介，得到类细胞膜功能的 ANDC/TiO_{2-x} 双凹中空载体，所获得的碳基材料结构稳定、尺寸均一、纯度高且具有多孔结构，最后通过熔融扩散实现活性硫的负载。

模拟红细胞的微细胞可以将活性物质限制在内部中空腔体中，其双凹结构赋予其丰富和缩短的电子/离子通道，可容纳一定程度的体积膨胀，具有出色的结构耐久性。当负载硫后，足够的反应位点能够促进多硫化物的稳定吸附和转化，使其能够像具有选择性渗透和转化能力的细胞膜一样运行，实现电池的长期循环。

后通过 DFT 计算进一步对材料的反应机理进行探究，从态密度分析、电荷密度分布的优化结构及对电荷转移曲线数据分析可知，TiO$_{2-x}$ 对多硫化物具有更强的电荷转移能力，因此仿血红细胞 ANDC/TiO$_{2-x}$/S 正极材料具有缩短的电子/离子通道和丰富的反应位点，可实现对多硫化物的化学吸附和高效转化。

二维 MoS$_2$ 薄膜具有较高的理论容量，可用作锂和钠离子电池的负极材料，但其电导率低，循环过程中体积变化大，影响了电极的倍率性能和寿命。Liu 等[44]采用简单的水热法，得到以棕榈丝为原料的生物质中空碳纤维（biomass hollow carbon fiber，BHCF）垂直生长的多层 MoS$_2$ 纳米片，丰富的孔隙有效地缩短了离子和电子的扩散路径，改善了电极反应动力学，具有优异的锂和钠储存性能，在锂离子电池中表现出优异的高速率性能。后利用 DFT 对 MoS$_2$ 纳米片和碳衬底间的相互作用机理进行研究，如图 10-6 所示，使用 GGA 模拟交换和相关相互作用，用 PBE 泛函、PAW 赝势和 DFT-D2 校正表示范德华相互作用。使用 Quantum-ESPRESSO 计算平面波的动能截止值为 40Ry。利用 MoS$_2$ 和石墨烯层组成的平板模型计算形成能，而采用 NEB 方法计算揭示不同性能差异背后的机制。计算验证了垂直生长在 BHCF 表面的 MoS$_2$ 的优化结构以及 MoS$_2$ 的 S 边与碳表面的强相互作用。BHCF 的多层纳米片结构和增强的导电性改善了 Li、Na 离子和电子的扩散，改善了电极反应动力学。

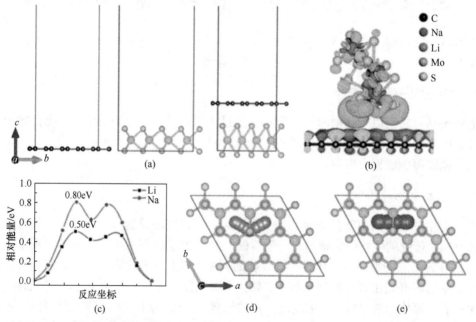

图 10-6　（a）碳、MoS$_2$ 和 MoS$_2$/碳杂化的优化结构；（b）在碳表面垂直生长的 MoS$_2$ 的电子密度差；（c）Li 和 Na 原子在 MoS$_2$ 中的扩散势垒；Li（d）和 Na（e）相应扩散路径

金属锌负极具有诸多优势，然而不可控的枝晶生长、腐蚀和钝化现象严重阻碍锌电池系统的性能，使其难以实现大规模商业化。研究人员采用了可再生的、低成本的、环保的细菌纤维素（bacterial cellulose，BC）纳米纤维，通过原位自组装的方法，在金属锌负极表面设计了一种具有独特的三维（3D）多孔结构的离子筛（IS）来抑制金属锌负极的枝晶生

长。DFT 计算表明，D-葡萄糖分子中含有丰富的极性羟基，可以引起对 Zn 离子更高的结合能，这意味着当[Zn(H$_2$O)$_6$]$^{2+}$纵向穿越 IS 层时，Zn 离子倾向于吸附在细菌纤维素纳米纤维上，并破坏水合 Zn^{2+}的溶剂化平衡，促进[Zn(H$_2$O)$_6$]$^{2+}$物种的去溶剂化。因此，去溶剂化能降低的配位锌离子更容易被还原并沉积在电荷密度低的金属锌负极区域，大大缓解了尖端诱导效应[45]。

南京林业大学梅长彤等报道了双功能含木质素的纤维素纳米纤维（LCNF）-MXene（LM）层对稳定锌负极界面的协同作用。一方面，LCNF 在相对较低的孔隙率下提供足够的强度以抑制扩散受限的枝晶。另一方面，MXene 用作锌门控层，促进锌离子迁移，限制活性水/阴离子在电极/电解质界面降解，并引导锌沉积。作者利用 DFT 模拟计算了水合 Zn^{2+}对 MXene 和 LM 膜的吸附能[46]。

东华大学武培怡、焦玉聪课题组提出凝胶电解质官能团诱导 Zn^{2+}沿(002)晶面的沉积策略，将两性离子聚合物聚-3-（1-乙烯基-3-咪唑啉）丙磺酸盐（PVIPS）引入细菌纤维素网络中，开发了聚两性离子型凝胶电解质。DFT 计算证实，VIPS 具有强的吸附能，说明 VIPS 中的 SO$_3^-$和咪唑环在电镀/剥离过程中对 Zn(002)晶面的沉积具有协同作用[47]。

苏州大学邵元龙教授团队将天然羊毛中具有良好生物相容性的羊毛角蛋白提取出来，提出了一类含有卡拉胶和羊毛角蛋白的混合生物凝胶电解质，用于调节锌离子电池（ZIB）水溶液中的界面电化学（图 10-7）。研究团队从 DFT 计算方面系统分析了再生羊毛角蛋白对锌离子吸附以及锌负极沉积动力学过程进行了系统研究。结果表明羊毛角蛋白可以显著促进锌离子的界面传输速率，有效抑制锌枝晶和副反应过程，提升锌离子电池的电化学稳定性[48]。

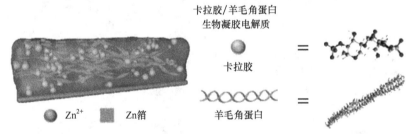

图 10-7　卡拉胶/羊毛角蛋白生物凝胶电解质的合成示意图[48]

研究人员将纳米纤维素和 ZrO$_2$ 颗粒利用简单的溶液浇铸法制备了纤维素/ZrO$_2$ 隔膜（ZC），以实现无枝晶且极其耐用的锌负极。通过模拟电场分布可以发现，由于 ZrO$_2$ 粒子的高介电常数和优异的化学稳定性，ZrO$_2$ 在外部电场作用下产生的有利的 Maxwell-Wagner 极化可以在界面周围提供均匀分布的电场以调节 Zn 沉积，降低 Zn^{2+}沉积的成核过电位，抑制锌金属腐蚀并实现可逆的 Zn^{2+}电镀/剥离行为[49]。

2. 生物衍生催化材料

1）选择性氧化碳氢化物的壳聚糖衍生催化剂

碳氢化物的选择性氧化是生产高附加值氧化产物的重要化学过程[50-51]，但由于 C—H 键的惰性及附带发生的过度氧化，其面临转化率低和选择性差的问题[52]，因此寻找高效的催化剂已成为目前研究人员的主要任务。目前，多孔 M-N-C（M 为 Fe、Co 和 Ni）材料成为优异的非均相催化剂，具有如下特性：①石墨碳载体在苛刻催化条件下具有良好的稳定性；②杂原子氮稳定的高活性金属中心；③具有高表面积的可控多孔结构能够促进反应底物的吸附和传质[53-54]。尽管相关研究已取得一定进展，但已报道的 M-N-C 催化剂效率却差强人意，并且反应通常需要在 80~140℃下进行。在温和条件下进行选择性氧化 C—H 键反应是相关研究的一个长期目标，实现这一目标的关键是增加暴露的活性位点的数量，并提高每个位点的内在活性。负载型单原子催化剂有望成为解决这一问题的有效途径，其中具有活性金属单一位点的多孔 M-N-C 催化剂是最有希望的备选材料。

Zhu 等[55]报道了一种通过热解生物质衍生的壳聚糖制备克级的钴单原子催化剂（Co-ISA/CNB）的方法，使用 $ZnCl_2$ 和 $CoCl_2$ 盐作为有效的活化剂和石墨化剂可产生具有超高比表面积（$2513m^2/g$）和高度石墨化的多孔带状碳纳米结构，Co 元素作为孤立的单一位点存在，被氮稳定后形成 CoN_4 结构。上述特性使 Co-ISA/CNB 成为在室温下选择性氧化芳烃的有效催化剂（图 10-8）。对于乙苯氧化反应，Co-ISA/CNB 催化剂转化率高达 98%，选择性为 99%，而 Co 纳米颗粒几乎不能催化该反应。为进一步揭示可能的反应机理，Zhu 等进行了 DMPO（5,5-二甲基-1-吡咯啉-N-氧化物）自旋俘获电子顺磁共振光谱实验，后通过 DFT 探讨了 Co-ISA/CNB 催化剂与 Co-NP 反应活性明显差异的机理。

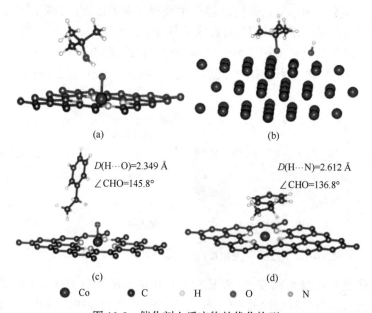

图 10-8　催化剂上反应物的优化构型

（a、b）Co-ISA/CNB 和 Co(0001)表面 TBHP；（c、d）乙苯在 Co-ISA/CNB 上的 CoN_4O 位点和 CoN_4 位点[55]

2）固碳的生物质基离子液体催化剂

催化固定 CO_2 生产有价值的精细化工产品，对发展环境中过量碳的绿色可持续循环具有重要意义。Zhao 等[56]采用大气 CO_2 为碳源，苯硅烷为氢供体，简单合成了一系列无毒、可生物降解、可回收的乙酰胆碱羧酸盐生物离子液体，将生物质基离子液体作为催化剂（图 10-9），在温和条件下催化 CO_2 与胺的甲基化和甲酰化反应，生成甲酰胺和甲胺。该反应体系具有良好的底物普适性，对多种具有不同取代基的芳香胺均表现出较好的活性，且 Zhao 等[56]对反应体系产物的选择性进行了较好的调控，仅通过决定体系中是否加入溶剂和降低反应温度，就实现了产物高选择转化为甲基胺或甲酰胺，溶剂的极性差异对反应的活性和选择性具有较大的影响。

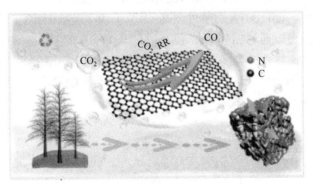

图 10-9 离子液体催化剂制备示意图

后通过 NMR 实验研究硅烷、CO_2 和催化剂的结合模式，并且通过梯度实验证明了反应动态过程中可能存在的产物或中间体，基于实验结果，作者提出了可能的反应机理。再进一步分析 NMR 实验的结果，发现随着时间的延长，底物的含量逐渐减少，而甲酰化产物先是增加而后逐渐减少，但甲基化产物则是随着底物和甲酰化产物的减少而逐渐增加，进一步推断 N—CH_3 可能是通过 B 路径形成的。

于是作者通过 DFT 计算对推断结果进行验证，当反应以路径 A 进行时所需要的活化能比路径 B 高，所以反应以路径 B 进行更加容易，在对比加催化剂或不加催化剂的 DFT 计算中，发现催化剂可以大大降低反应的活化能，这验证了催化剂在体系中具有重要的作用。

3）氮掺杂的碳电催化剂

以低成本的木质生物质（雪松）为碳源，以不同材料中的氮作为氮源制备了氮掺杂的碳电催化剂，用于 CO_2 转化为 CO，并进一步作为 Zn-CO_2 电池的正极材料（图 10-10）。

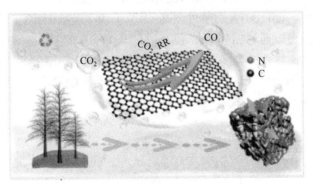

图 10-10 用于高效电催化 CO_2 的生物质氮掺杂碳还原为 CO 及 Zn-CO_2 电池[57]

在原始和石墨氮掺杂石墨烯和吡啶氮掺杂石墨烯中，从二氧化碳到*COOH 的转化是一个吸热过程（自由能上升）。因此，吸附*COOH 后，自由能途径变为下坡放热过程。在第三步中，自由能仍然呈下降趋势，说明*CO 与催化活性位点之间的结合力较弱，导致 CO 气体容易从催化剂表面逸出。相反，对于吡咯 N 来说，*COOH 的吸附是放热过程，而 CO 的形成是吸热过程，这意味着*COOH 在吡咯 N 上转化为*CO 更困难。具体来说，对于原始石墨烯，由于初始能垒过高（2.85eV），需要较高的电能才能克服，因此 CO_2RR 性能最差。而引入负氮原子后，石墨晶格的自由能势垒和过电位明显降低，表明 CO_2RR 活性增强。其中，决速步对石墨 N、吡啶 N 和吡咯 N 的能量分别为 1.58eV、1.51eV 和 1.64eV。

因此，CO₂RR 在石墨 N 和吡啶 N 上的势垒应该比在吡咯 N 上的势垒更低，从而更有利于 CO₂RR（图 10-11）。

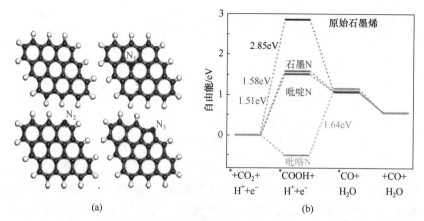

(a)　　　　　　　　　　　(b)

图 10-11　（a）DFT 优化不同催化剂的结构[石墨 N（N₁），吡啶 N（N₂），吡咯 N（N₃）]；（b）CO₂RR 的自由能图[57]

4）固氮的生物衍生光催化剂

使用 NH₃ 在 50℃ 及可见光条件下，将生物质衍生的 α-羟基酸和葡萄糖胺化为氨基酸[58]（图 10-12）。利用 DFT 研究 CdS 表面乳酸转化为氨基酸的光催化过程，从实验结果看，整个反应分为三个步骤：包括乳酸脱氢，丙酮酸与氨加成生成亚氨基酸，最后亚氨基酸还原生成丙氨酸。从乳酸中提取第一个 H 原子的初始脱氢步骤是整个决速步。研究人员研究了 CdS 纳米片催化剂上以六方纤锌矿 CdS(100)表面为主要表面的乳酸脱氢机理。DFT 计算表明，乳酸更倾向于在 CdS(100)表面通过羧基 O 原子和 α-羟基 O 原子配位到邻近的 Cd 中心。这种结合的乳酸可以通过相邻的 S 位点通过其 O—H 键或 C_{α}—H 键的断裂而引发脱氢。前者的激活势垒比后者低得多（1.07eV *vs.* 1.40eV，图 10-13），得益于羟基 H 原子与 S 位点的距离较近（0.270nm）。这一结果表明，CdS 上的乳酸脱氢主要是通过其 α-羟基的离解产生氧中心自由基发生的。

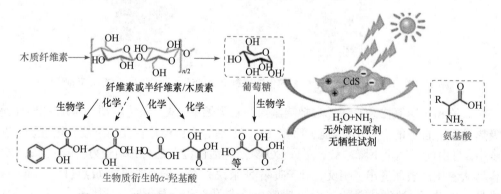

图 10-12　葡萄糖或生物质衍生的 α-羟基酸的光催化胺化成氨基酸[58]

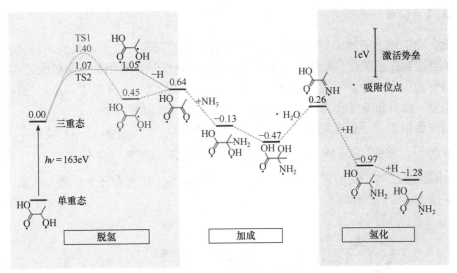

图 10-13　DFT 计算 CdS(100)上乳酸胺化制丙氨酸不同反应步骤的能量分布

10.2.3　生物质衍生物的制备

1. 生物质油脂制备烃类燃料和高级脂肪醇

生物质油脂作为一种可再生能源，它的开发利用是解决我国能源短缺问题和实现可持续发展的重要途径。目前人们已经建立了许多以生物质油脂为原料生产烃类燃料的工艺，其中催化剂采用的主要是传统的硫化态 NiMo 和 CoMo 催化剂或贵金属催化剂，如 Pt、Pd和 Rh。然而，硫浸出的风险和贵金属的高成本使其在环境和经济上的吸引力都大大降低。另外，在油脂生产脂肪醇的领域，一般使用的是 Cu-Cr 基催化剂，反应需要在苛刻的条件（250～350℃和 10～20MPa）下进行，且 Cr 的引入会带来环境污染的风险。因此，使用无硫、非贵金属基催化剂，尤其是镍基催化剂对生物质油脂进行加氢处理引起了广泛的关注。Peng 等[59]在使用 Ni/ZrO₂ 催化剂催化硬脂酸转化的反应中发现，即使在高转化率下（96%）仍然存在少量脂肪醇，虽然他们提出 Ni/ZrO₂ 催化剂上脂肪酸加氢脱氧的反应机理，并认为ZrO₂ 提供了用于吸附脂肪酸的表面氧空位，但对脂肪醇的存在并未进行阐明。

基于上述研究进展及尚且存在的问题，Ni 等[60]通过湿浸渍（iwi）、正向共沉淀（pc）和并流共沉淀（pfc）方法合成了一系列 Ni/ZrO₂ 催化剂（分别为 iwi-Ni/m-ZrO₂、pc-Ni/t-ZrO₂和 pfc-Ni/t-ZrO₂），并用于脂肪酸选择性加氢形成烃类燃料或脂肪醇的研究。通过一系列的表征，作者认为加氢产物的选择性变化与 ZrO₂ 载体的氧缺陷有关：ZrO₂ 载体的氧缺陷会影响负载的金属 Ni 的电子密度，进而影响氢气在金属 Ni 上的解离方式，最终影响产物的选择性。利用 DFT 研究原始和缺氧 ZrO₂ 对 Ni 团簇吸附和电子结构的影响，对 ZrO₂ 上负载的 Ni 有两种模型进行研究：①通过 Ni—O—Zr 键负载在化学计量的 ZrO₂ 表面上的 Ni₄簇；②负载在含有氧缺陷的 ZrO₂ 表面上的 Ni₄簇。模型②中 Ni₄簇的稳定性大大增强，吸附能从化学计量的 ZrO₂ 上的−4.15eV 增加到含有氧缺陷的 ZrO₂ 上的−6.43eV。DFT 计算说明积聚在 Ni 原子簇上的负电荷源自氧空位中的电子，而 Ni 原子簇上的正电荷是电子通过 Ni—O—Zr 键从 Ni 原子向载体转移的结果。

2. 木质素的解构

木质素在工业上通常采用遗弃处理,但随着研究的深入,以木质素为原料制备高附加值的化学品受到广泛关注,在高品质液体燃料和高值化学品等领域具有极大的应用潜力。木质素的解构作为一种重要的处理方法,受到越来越多的关注,开展了一系列的科学研究,其中有相当一部分研究工作采用了材料基因工程中的计算研究方法。

近期媒体报道了一种在温和条件下通过直接解构 C_{sp^2}—C_{sp^3} 和 C—O 键从木质素生产苯酚的方法[61],如图 10-14 所示,研究发现,沸石催化剂既能有效催化 C_{sp^2}—C_{sp^3} 键的直接断裂,去除丙基结构,又能催化脂肪族 C_β—O 键的水解,在芳香环上形成 OH 基团。苯酚的产率可达 10.9%,选择性为 91.8%。

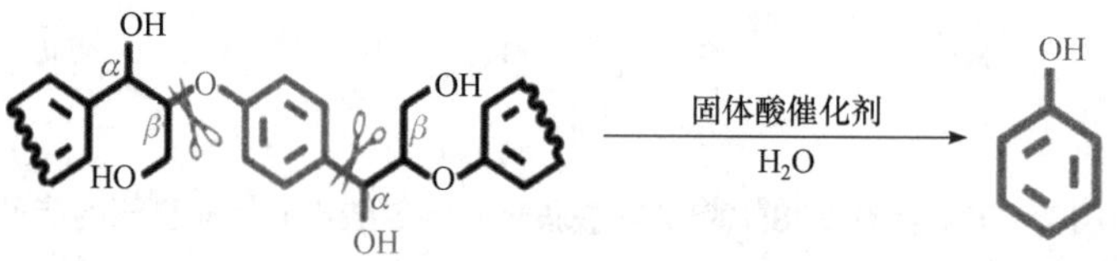

图 10-14　通过直接分解 C_{sp^2}—C_{sp^3} 键和水解 H(p-羟基酚)结构的脂族 C_β—O 键耦合反应木质素制酚的途径;C_{sp^2}—C_{sp^3} 是芳基 C—C_α 键[61]

C_α 羟基最初在 HY_{30} 的布朗斯特酸位点被质子化,导致氧离子(结构 I)的形成,然后随着 H_2O 的消除,氧离子转化为碳离子(结构 II)。热力学上,侧链上的 γ-甲基随后在沸石的作用下转移到脂肪族 C_α 位置,演变成化学吸附的结构 III,迁移势垒为 1.18eV(TS-1),随后由沸石提取的质子以 0.88eV(TS-2)的较低势垒传递到结构 IV。然后,结构 IV 在 C_α 位置经历第二次质子化,形成碳正离子 V(结构 V),这将通过 H_2O 的陷阱来实现,这给出了叔醇的几何结构(结构 VI),并同时完成布朗斯特酸位点的另一次质子再生。然后,将叔醇的苯环(结构 VI)向布朗斯特酸位点吸热转变,得到合适的几何结构(结构 VII),使得 C_{sp^2} 位置(结构 VIII)能够质子化,有效屏障为 0.57eV(TS-3)。得到的碳正离子 VIII 经历所需的 C_{sp^2}—C_{sp^3} 键 β 断裂,放热生成苯酚和丙酮。

10.3　生物质材料展望

生物质材料的制备是一种利用物理、化学和生物手段将秸秆、木屑、鸡蛋壳等废弃材料转化为绿色材料的过程,也是人类认识自然、改造自然,并实现可持续发展的过程。研究初期,生物质材料被应用于农业的土壤改良及工业废水的污染物吸附。随着认识的深入,生物质材料中丰富的活性基团及材料本身具有的特殊结构等性质使其能够实现金属离子的可逆脱嵌,在电池电极材料应用中展现出优异的电化学性能。近年来,理论材料学的加入推动了此类材料在材料设计、化学改性、反应机理模拟等方面的发展,但是这一手段对于部分反应的关键中间产物以及复杂界面上电荷转移过程的预测作用是相对有限的,因此把材料制备与理论计算有机结合将成为未来实现高性能生物质材料结构设计的关键。

课 后 题

1. 炭化和非炭化生物质如何作为电池电极的组分?
2. 传统生物质材料以木材为主, 其主要利用的方式是什么?
3. 多孔 M-N-C 材料作为非均相催化剂, 具有哪些特性?
4. 请说明材料计算方法在生物质材料改性中发挥的作用。

参 考 文 献

[1] Hatfield-Dodds S, Schandl H, Newth D, et al. Assessing global resource use and greenhouse emissions to 2050, with ambitious resource efficiency and climate mitigation policies[J]. Journal of Cleaner Production, 2017, 144: 403-414.

[2] Kambo H S, Dutta A. A comparative review of biochar and hydrochar in terms of production, physico-chemical properties and applications[J]. Renewable and Sustainable Energy Reviews, 2015, 45: 359-378.

[3] Yadav A, Sharma V, Tsai M L, et al. Development of lignocellulosic biorefineries for the sustainable production of biofuels: Towards circular bioeconomy[J]. Bioresource Technology, 2023, 381: 129145.

[4] Arevalo-Gallegos A, Ahmad Z, Asgher M, et al. Lignocellulose: A sustainable material to produce value-added products with a zero waste approach: A review[J]. International Journal of Biological Macromolecules, 2017, 99: 308-318.

[5] Kumar V, Fox B G, Takasuka T E. Consolidated bioprocessing of plant biomass to polyhydroxyalkanoate by co-culture of *Streptomyces* sp. SirexAA-E and Priestia megaterium[J]. Bioresource Technology, 2023, 376: 128934.

[6] Wei S J, Li F, Zhu N W, et al. Biomass production of chlorella pyrenoidosa by filled sphere carrier reactor: Performance and mechanism[J]. Bioresource Technology, 2023, 383: 129195.

[7] Sansaniwal S K, Pal K, Rosen M A, et al. Recent advances in the development of biomass gasification technology: A comprehensive review[J]. Renewable and Sustainable Energy Reviews, 2017, 72: 363-384.

[8] Manikandan S, Vickram S, Sirohi B, et al. Critical review of biochemical pathways to transformation of waste and biomass into bioenergy[J]. Bioresource Technology, 2023, 372: 128679.

[9] Zhong C, Hou D Y, Liu B C, et al. Water footprint of shale gas development in China in the carbon neutral era[J]. Jouornal of Environmdntal Management, 2023, 331: 117238.

[10] Constant S, Wienk H L J, Frissen A E, et al. New insights into the structure and composition of technical lignins: a comparative characterisation study[J]. Green Chemistry, 2016, 18(9): 2651-2665.

[11] Lan W, de Bueren J B, Luterbacher J S. Highly selective oxidation and depolymerization of alpha, gamma-diol-protected lignin[J]. Angewandte Chemie-international Edition, 2019, 58(9): 2649-2654.

[12] Lora J. Chapter 10: Industrial Commercial Lignins: Sources, Properties and Applications[M]//Belgacem M N, Gandini A. Monomers, Polymers and Composites from Renewable Resources. Amsterdam: Elsevier, 2008.

[13] Laurichesse S, Huillet C, Av Rous L. Original polyols based on organosolv lignin and fatty acids: new biobased building blocks for segmented polyurethane synthesis[J]. Green Chemistry, 2014, 16(8): 3958-3970.

[14] Duval A, Lawoko M. A review on lignin-based polymeric, micro- and nano-structured materials[J]. Reactive and Functional Polymers, 2014, 85: 78-96.

[15] Yu J, Wang J F, Wang C P, et al. UV-absorbent lignin-based multi-arm star thermoplastic elastomers[J]. Macromolecular Rapid Communications, 2015, 36(4): 398-404.

[16] Dehne L, Vila Babarro C, Saake B, et al. Influence of lignin source and esterification on properties of lignin-

polyethylene blends[J]. Industrial Crops and Products, 2016, 86: 320-328.

[17] Buono P, Duval A, Averous L, et al. Lignin-based materials through thiol-maleimide "click" polymerization[J]. ChemSusChem, 2017, 10(5): 9849-9892.

[18] Chen L, Luo S M, Huo C M, et al. New insight into lignin aggregation guiding efficient synthesis and functionalization of a lignin nanosphere with excellent performance[J]. Green Chemistry, 2022, 24(1): 285-294.

[19] Gao B, Li P, Yang R, et al. Investigation of multiple adsorption mechanisms for efficient removal of ofloxacin from water using lignin-based adsorbents[J]. Scientific Reports, 2019, 9(1): 637.

[20] Zhang X, Han M M, Liu G Q, et al. Simultaneously high-rate furfural hydrogenation and oxidation upgrading on nanostructured transition metal phosphides through electrocatalytic conversion at ambient conditions[J]. Applied Catalysis B: Environmental, 2019, 244: 899-908.

[21] 袁运开, 顾明远. 科学技术社会辞典·化学[M]. 杭州: 浙江教育出版社, 1992.

[22] Anothumakkool B, Soni R, Bhange S N, et al. Novel scalable synthesis of highly conducting and robust PEDOT paper for a high performance flexible solid supercapacitor[J]. Energy & Environmental Science, 2015, 8(4): 1339-1347.

[23] Sharma K, Pareek K, Rohan R, et al. Flexible supercapacitor based on three-dimensional cellulose/graphite/polyaniline composite[J]. International Journal of Energy Research, 2019, 43(1): 604-611.

[24] Saborío M G, Svelic P, Casanovas J, et al. Hydrogels for flexible and compressible free standing cellulose supercapacitors[J]. European Polymer Journal, 2019, 118: 347-357.

[25] Wang R L, Chen C J, Pang Z Q, et al. Fabrication of cellulose-graphite foam via ion cross-linking and ambient-drying[J]. Nano Letters, 2022, 22(10): 3931-3938.

[26] Wang S H, Yu L, Wang S S, et al. Strong, tough, ionic conductive, and freezing-tolerant all-natural hydrogel enabled by cellulose-bentonite coordination interactions[J]. Nature Communications, 2022, 13(1): 3408.

[27] Wang Q Y, Zuo W, Tian Y, et al. Flexible brushite/nanofibrillated cellulose aerogels for efficient and selective removal of copper(Ⅱ)[J]. Chemical Engineering Journal, 2022, 450: 138262.

[28] Aramfard M, Kaynan O, Hosseini E, et al. Aqueous dispersion of carbon nanomaterials with cellulose nanocrystals: an investigation of molecular interactions[J]. Small, 2022: e2202216.

[29] Gao A, Guo N N, Yan M, et al. Hierarchical porous carbon activated by $CaCO_3$ from pigskin collagen for CO_2 and H_2 adsorption[J]. Microporous Mesoporous Materials, 2018, 260: 172-179.

[30] Kazmierczak-Razna J, Nowicki P, Pietrzak R. The use of microwave radiation for obtaining activated carbons enriched in nitrogen[J]. Powder Technology, 2015, 273: 71-75.

[31] Wang G Q, Zhang J, Kuang S, et al. Nitrogen-doped hierarchical porous carbon as an efficient electrode material for supercapacitors[J]. Electrochim Acta, 2015, 153: 273-279.

[32] Cheng Y Z, Wang B Y, Shen J M, et al. Preparation of novel N-doped biochar and its high adsorption capacity for atrazine based on pi-pi electron donor-acceptor interaction[J]. Journal of Hazardous Materials, 2022, 432: 128757.

[33] Ai X, Pan F, Yang Z C, et al. Computational design of a chitosan derivative for improving the color stability of anthocyanins: Theoretical calculation and experimental verification[J]. International Journal of Biological Macromolecules, 2022, 219: 721-729.

[34] Guo Z W, Xu Y Y, Dong L N, et al. Design of functional hydrogels using smart polymer based on elastin-like polypeptides[J]. Chemical Engineering Journal, 2022, 435: 135-155.

[35] Liu J, Huang L, He W, et al. Moisture-enabled hydrovoltaic power generation with milk protein nanofibrils[J]. Nano Energy, 2022, 102: 107709.

[36] Chen G S, Huang S M, Shen Y, et al. Protein-directed, hydrogen-bonded biohybrid framework[J]. Chem, 2021, 7(10): 2722-2742.

[37] Zhu M, Pang X, Wan J, et al. Potential toxic effects of sulfonamides antibiotics: Molecular modeling, multiple-spectroscopy techniques and density functional theory calculations[J]. Ecotoxicology and Environmental Safety, 2022, 243: 113979.

[38] Kumar G S, Racioppi S, Zurek E, et al. Superfast tetrazole-BCN cycloaddition reaction for bioorthogonal protein labeling on live cells[J]. Journal of the American Chemical Society, 2022, 144(1): 57-62.

[39] Basler S, Studer S, Zou Y, et al. Efficient Lewis acid catalysis of an abiological reaction in a de novo protein scaffold[J]. Nature Chemistry, 2021, 13(3): 231-235.

[40] Hu Y L, Tian Z Y, Xiong W, et al. Water-assisted and protein-initiated fast and controlled ring-opening polymerization of proline N-carboxyanhydride[J]. National Science Review, 2022, 9(8): nwac033.

[41] Wan L Q, Zhang X, Zou Y, et al. Nonenzymatic stereoselective S-glycosylation of polypeptides and proteins[J]. Journal of the American Chemical Society, 2021, 143(31): 11919-11926.

[42] 何玉凤, 钱文珍, 王建凤, 等. 废弃生物质材料的高附加值再利用途径综述[J]. 农业工程学报, 2016, 32(15): 1-8.

[43] Zhou S Y, Hu J Y, Liu S G, et al. Biomimetic micro cell cathode for high performance lithium-sulfur batteries[J]. Nano Energy, 2020, 72: 104680.

[44] Liu G, Cui J, Luo R, et al. 2D MoS2 grown on biomass-based hollow carbon fibers for energy storage[J]. Applied Surface Science, 2019, 469: 854-863.

[45] Jiao S Q, Fu J M, Wu M Z, et al. Ion sieve: tailoring Zn^{2+} desolvation kinetics and flux toward dendrite-free metallic zinc anodes[J]. ACS Nano, 2021, 16(1): 1013-1024.

[46] Liu C, Li Z, Zhang X, et al. Synergic effect of dendrite-free and zinc gating in lignin-containing cellulose nanofibers-MXene layer enabling long-cycle-life zinc metal batteries[J]. Advanced Science, 2022, 9(25): e2202380.

[47] Hao Y, Feng D, Hou L, et al. Gel electrolyte constructing Zn (002)deposition crystal plane toward highly stable Zn anode[J]. Advanced Science, 2022, 9(7): e2104832.

[48] Shao Y Y, Zhao J, Hu W G, et al. Regulating interfacial ion migration via wool keratin mediated biogel electrolyte toward robust flexible Zn-ion batteries[J]. Small, 2022, 18(10): e2107163.

[49] Cao J, Zhang D D, Gu C, et al. Modulating Zn deposition via ceramic-cellulose separator with interfacial polarization effect for durable zinc anode[J]. Nano Energy, 2021, 89: 106322.

[50] Gao Y J, Hu G, Zhong J, et al. Nitrogen-doped sp^2-hybridized carbon as a superior catalyst for selective oxidation[J]. Angewandte Chemie-International Edition, 2013, 52(7): 2109-2113.

[51] Jeffrey J L, Terrett J A, Macmillan D W C. O—H hydrogen bonding promotes H-atom transfer from α C—H bonds for C-alkylation of alcohols[J]. Science, 2015, 349(6255): 1532.

[52] Liu W G, Zhang L L, Liu X, et al. Discriminating catalytically active FeN_x species of atomically dispersed Fe—N—C catalyst for selective oxidation of the C—H bond[J]. Journal of the American Chemical Society, 2017, 139(31): 10790-10798.

[53] Yang S L, Peng L, Huang P P, et al. Nitrogen, phosphorus, and sulfur Co-doped hollow carbon shell as superior metal-free catalyst for selective oxidation of aromatic alkanes[J]. Angewandte Chemie-International Edition, 2016, 55(12): 4016-4020.

[54] Nakatsuka K, Yoshii T, Kuwahara Y, et al. Controlled synthesis of carbon-supported Co catalysts from single-sites to nanoparticles: characterization of the structural transformation and investigation of their oxidation catalysis[J]. Physical Chemistry Chemical Physics, 2017, 19(7): 4967-4974.

[55] Zhu Y Q, Sun W M, Chen W X, et al. Scale-up biomass pathway to cobalt single-site catalysts anchored on N-doped porous carbon nanobelt with ultrahigh surface area[J]. Advanced Functional Materials, 2018, 28(37): 1802167.

[56] Zhao W F, Chi X P, Li H, et al. Eco-friendly acetylcholine-carboxylate bio-ionic liquids for controllable

Nmethylation and N-formylation using ambient CO_2 at low temperatures[J]. Green Chemistry, 2019, 21(3): 567-577.

[57] Hao X Q, An X W, Patil A M, et al. Biomass-derived N-doped carbon for efficient electrocatalytic CO_2 reduction to CO and Zn-CO_2 batteries[J]. ACS Applied Materials & Interfaces, 2021, 13(3): 3738-3747.

[58] Song S, Qu J F, Han P J, et al. Visible-light-driven amino acids production from biomass-based feedstocks over ultrathin CdS nanosheets[J]. Nature Communications, 2020, 11(1): 4899.

[59] Peng B X, Yuan X G, Zhao C, et al. Stabilizing catalytic pathways via redundancy: selective reduction of microalgae oil to alkanes[J]. Journal of the American Chemical Society, 2012, 134(22): 9400-9405.

[60] Ni J, Leng W H, Mao J, et al. Tuning electron density of metal nickel by support defects in Ni/ZrO_2 for selective hydrogenation of fatty acids to alkanes and alcohols[J]. Applied Catalysis B: Environmental, 2019, 253: 170-178.

[61] Yan J, Meng Q L, Shen X J, et al. Selective valorization of lignin to phenol by direct transformation of C_{sp^2}—C_{sp^3} and C—O bonds[J]. Science Advances, 2020, 6(45): eabd1951.

缩 略 语

英文缩写	英文全名	中文全名
AFC	alkaline fuel cell	碱性燃料电池
AIMD	*Ab initio* molecular dynamics	第一性原理分子动力学
AIP	American Institute of Physics	美国物理研究所
BCV	bootstrap cross validation	自展法交叉验证
CFD	computational fluid dynamics	计算流体力学
CNN	convolutional neural network	卷积神经网络
CSD	Cambridge Structural Database	剑桥结构数据库
DOD	United States Department of Defense	美国国防部
DOE	United States Department of Energy	美国能源部
DSSC	dye-sensitized solar cell	染料敏化太阳电池
FVM	finite volume method	有限体积法
ESF	European Science Foundation	欧洲科学基金会
FDM	finite difference method	有限差分法
FEM	finite element	有限元法
GBDT	gradient boosting decision tree	梯度提升决策树
GGA	generalized gradient approximation	广义梯度近似
HER	hydrogen evolution reaction	析氢反应
HF	Hartree-Fock	自洽场迭代
HTE	high-throughput experimentation	高通量实验
ICSD	the Inorganic Crystal Structure Database	无机晶体结构数据库
IGCAR	Indira Gandhi Centre for Atomic Research	印度甘地原子研究中心
LBM	lattice Boltzmann method	晶格玻尔兹曼方法
LCA	life cycle assessment	生命周期评价
LDA	local-density approximation	局域密度近似
LES	large eddy simulation	大涡模拟
LOOCV	leave-one-out cross validation	留一法交叉验证
MCCV	Monte Carlo cross validation	蒙特卡罗交叉验证
MCFC	molten carbonate fuel cell	熔融碳酸盐燃料电池

续表

英文缩写	英文全名	中文全名
MCM	Monte Carlo methods	蒙特卡罗方法
MD	molecular dynamics	分子动力学
MEA	membrane electrode assembly	膜电极组装
MGE	material genetic engineering	材料基因工程
MGED	materials genome engineering databases	材料基因组工程数据库
MGI	materials genome initiative	材料基因组计划
ML	machine learning	机器学习
MPI	Max Planck Institute	马克斯·普朗克研究所
NASA	National Aeronautics and Space Administration	美国国家航空航天局
NIMS	National Institute for Materials Science	日本国立材料科学研究所
NIST	National Institute of Standards and Technology	美国国家标准与技术研究院
NSF	National Science Foundation	美国国家科学基金会
NSRDS	National Standard Reference Data Series	美国国家标准参考数据系统
OER	oxygen evolution reaction	析氧反应
OF-DFT	orbital-free density functional theory	无轨道密度泛函
OLED	organic light-emitting diode	有机发光二极管
OLSR	ordinary least square regression	普通最小二乘回归
OQMD	open quantum materials database	开放量子材料数据库
ORR	oxygen reduction reaction	氧化还原反应
PAFC	phosphoric acid fuel cell	磷酸燃料电池
PDOS	partial density of states	偏态密度或投影密度
PEMFC	proton exchange membrane fuel cell	质子交换膜燃料电池
PLSR	partial least squares regression	偏最小二乘回归
QMC	quantum Monte Carlo	量子蒙特卡罗
QR	quick response	快速响应
RNN	recurrent neural network	递归神经网络
RTL	repeated testing learning	重复学习测试
SAC	single-atom catalysts	单原子催化剂
SOFC	solid oxide fuel cell	固体氧化物燃料电池
SVR	support vector regression	支持向量回归
TEM	transmission electron microscopy	透射电子显微镜